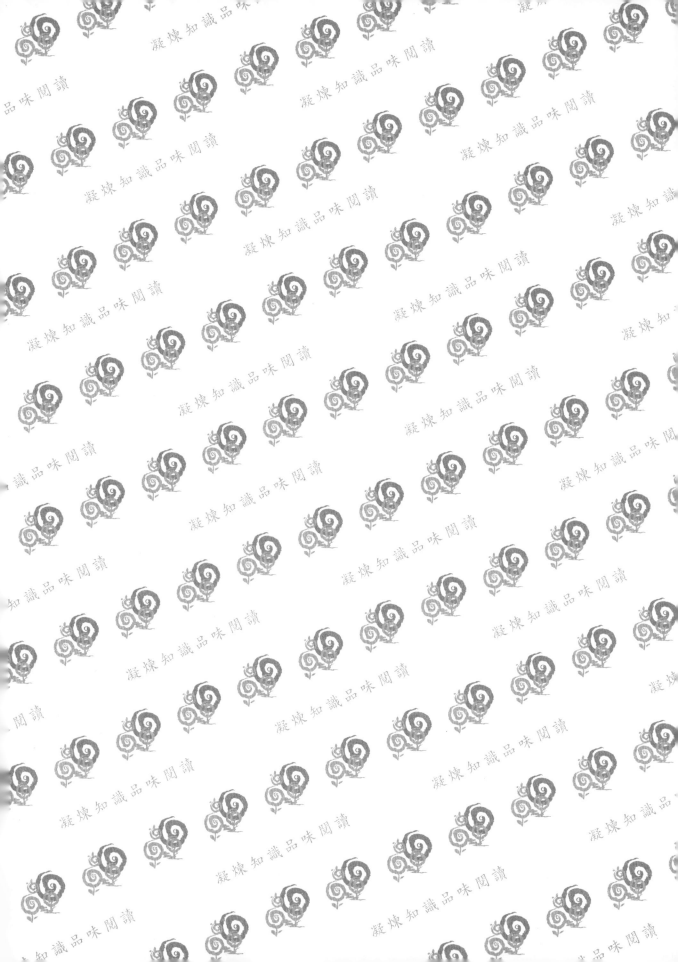

環境科學概論
原理與台灣環境

黃家勤 —————— 編著

五南圖書出版公司 印行

序

　　這本書我利用教學與研究的空檔以及假期斷斷續續的寫，經過大約四年終於完成。雖然環境科學的英文教科書很多，也都內容充實，版面精美，但就實用或情感連結的觀點，談環境問題不能沒有在地元素。希望這本書除了讓學生與社會大眾了解環境的科學原理之外，也可以認識我們自己的環境與我們的問題。環境科學範疇很廣，本書所有內容整理自各不同領域的前人知識。在寫這本書的過程，我深深體會知識累積與共享的力量。類似 Wikipedia、Creative Commons、Our World in Data 這樣的知識分享平台，以及在這些平台無私分享知識的每個人，都對社會的進步做了顯著的貢獻，也讓這本書成為可能。我也感謝在我寫這本書過程提供寶貴意見的同仁與業界友人，以及中研院經濟所于若蓉研究員在人口方面給我的許多建議。我也要感謝五南圖書公司的鼎力支持，讓本書能夠出版。

黃家勤

目錄

第一部分　地球環境與環境問題

第1章　認識我們的環境

圖 1.1　我們稱為家的地球是個有水、大氣、陽光與繽紛生命的星球。

　　人類依靠自然環境存活。我們從環境獲取生存所需的空氣、水、食物與能量,這些自然資源的取得以及它們的品質對人類的生存至關重要。雖然人類社會持續受到疾病與天災的侵襲,但數十萬年來,地球環境一直維持在穩定、健康的狀態,並提供人類生存所需的各種資源。發生在 18 世紀的工業革改變了地球這樣的長期狀態,人類社會開始使用能源與機械大量生產食物與製造用品。糧食供應充足、營養改善之後,世界人口快速成長，並大規模開發自然資源，且向環境排放廢氣、廢水以及各種廢棄物。人類活動改變了地球環境長久以來的穩定狀態，導致環境品質下降。我們所呼吸的空氣、飲用的水，以及攝取的食物變得不乾淨與不健康。人類的行為也動搖了地球環境精巧的平衡，威脅到包括人類在內的所有地球生物。目前的地球環境呈現無法永續的狀態。為了阻止環境品質的持續劣化，我們必須了解環境，同時運用我們所擁有的科學知識，來解決環境問題，讓我們以及未來的世代可以繼續擁有健康的生活環境，並取得所需的自然資源，享受健康、富足的生活。

1.1 環境與環境科學

環境（environment）指圍繞在生物體周邊，並可以對這個或這群生物的生存與福祉造成影響的物理、化學或生物因子。**科學**（science）則是透過觀察與試驗，對自然界的結構與行為進行系統性探討的各種活動。科學家運用物理學、化學、地球科學、生物學、生態學，還有許多其他基礎科學的知識，來了解環境的運作規律，並解決各種環境問題，這個領域稱為**環境科學**（environmental science）。環境科學是一個整合性科學，終極目標在達成地球的永續發展。地球環境是一個龐大的整體，所有局部的干擾終將影響到全球環境，因此環境科學不只探討與解決局部性的環境問題，也經常牽涉到全球規模的問題了解與解決。全球暖化是這樣的典型例子，雖然溫室氣體來自無數的局部汙染源，但經過大氣擴散與氣流輸送，造成全球暖化與氣候變遷。因此，對於暖化現象的了解與解決，必須運用全球規模的環境科學研究。

1.2 地球

地球的形成

地球是一個很特別的星球，這個中型的行星有水、大氣與陽光，以及合宜的其他環境條件，因而孕育了繽紛的生命。地球同時有周而復始、各具特色的四季變化。有人稱地球為**孤獨星球**（lonely planet），因為在我們目前所知的宇宙，仍未發現另一個類似地球，可以支持生命的行星。從遠離地球的太空船往回看，地球是顆不太明亮、藍白相間的星球，孤獨的漂浮在黑暗的浩瀚宇宙。宇宙是個超乎想像的龐大實體，天文學家至今無法確切告訴我們宇宙的規模。根據不太精確的估計，我們所在的銀河系有大約兩千億個如太陽一般的恆星，而宇宙又有大約兩千億個類似銀河系的星系，這樣的數量與規模遠超過我們根據生活經驗可以做到的想像。

　　根據**大爆炸理論**（the Big Bang Theory），宇宙起始於 138 億年前某個瞬間的大爆炸。巨大的能量由中心點向四面八方投射，並在逐漸擴大的空間形成質子與中子。數秒鐘之後，這兩種粒子在高溫環境中融合，這個**太初核合成**（primordial nucleosynthesis）形成了最原始的輕元素，包括氫（原子序 1），氦（原子序 2），鋰（原子序 3），以及鈹（原子序 4）。更重的元素要在大爆炸發生數十億年之後才開始形成，此時一些質量集中的區域吸收了周邊的星體及宇宙塵，形成質量龐大的天體，重力在這些天體內部形成巨大壓力與極度高溫，足以將輕元素融合成為更重的元素，這個過程稱為**恆星核合成**（stellar nucleosynthesis），所形成的元素包括碳、氮、氧等。在靠近恆星核心的部分可以形成更重的原素如矽與鐵。形成比鐵重的元素需要更巨大的能量，發生在**超新星**（supernova）的爆炸。巨大恆星在耗盡融合所需的元素並形成鐵之後，逐漸冷卻並收縮，重力收縮所造成的壓力與高溫使得鐵原子也無法穩定存在，瓦解成為質子與中子，並釋出巨大能量與爆炸，成為異常明亮的超新星，在接著發生的**中子捕獲反應**（neutron capture reaction）形成比鐵重的元素。地球在恆星演化的背景下形成，含有宇宙所有的 93 種天然元素。

　　地球與太陽系是銀河星系的一部分。銀河系是宇宙大約兩千億個星系之一，是個直徑 10 萬至 18 萬光年的盤狀星系，太陽系位於圓盤內部，距銀河中心約 25,000 光年。從地球往銀河系中心看，銀河系呈現如圖 1.2 的長條狀。銀河系的數千億個恆星當中，有些恆星的年代與宇宙幾乎一樣古老。據此推測，銀河系在大爆炸後不久就已形成。

圖 1.2　在地球所見的銀河系，其中心離地球約 25,000 光年。

　　太陽系在大約 46 億年前由一個巨型星雲經過重力塌縮形成。太陽系質量集中於太陽，其他成員是一群受到太陽重力束縛的天體，包括 8 個行星與它們的衛星，另有一些比行星小的**矮行星**，以及數量眾多的**小行星與彗星**。

　　太陽系最靠近太陽的幾個行星依序為水星、金星、地球和火星，這四個行星主要由岩石組成，稱為**類地行星**（terrestrial planet）。離太陽更遠的 4 個行星依序是木星、土星、海王星與天王星，這些**類木行星**（Jovian planets）的質量與體積比類地行星要大得多，但組成以氣體為主，主要為氫氣與氦氣，內部存在較重的元素，也可能有固態核心。

圖 1.3　太陽系的行星，依序為水星、金星、地球、火星、木星、土星、海王星、天王星、冥王星（矮行星）。

表 1.1　太陽系各行星的規模

行星	直徑（公里）
水星	2,440
金星	6,052
地球	6,371
火星	3,390
木星	69,911
土星	58,232
海王星	25,362
天王星	24,622

　　地球是太陽系第三個靠近太陽的行星。地球與太陽的距離恰巧使它成為一個可以

孕育生命的特別行星。地球形成於大約 45 億年前，原本為太陽系星雲（nebula）的一部分，包含氣體、冰，以及塵粒。這些微細的物質被一個較大的核心吸引、聚集，並壓縮成為地球。原始地球的形成大約費時一到兩千萬年，在這期間，地球透過**行星吸積作用**（planetary accretion）吸引周邊星體，並逐漸長大。

地球的元素

　　剛形成的地球由熔融的岩漿與氣體構成。熔岩因重力作用而產生**化學分化**（chemical differentiation），以鐵為主的較重元素下沉形成核心，越往外層，輕元素的含量越高。因此，地球整體的元素組成與我們在地表所見的地殼很不相同。地球整體含量最高的元素是鐵（32.1%），再次是氧（30.1%）、矽（15.1%）、鎂（13.9%），還有少量的鎳、硫、鈣、鋁，各占 1～3%，以及合占 1.2% 的許多更微量元素。地球最外圍是固態的地殼，由岩石構成，元素組成以氧的含量最高（46.6%），包括氧氣以及更多結合在化合物分子，如石灰石（$CaCO_3$）中的氧原子。地殼含量次多的元素為矽，占 27.7%。氧與矽合占地殼質量的 75%，其他元素所占比例都在 10% 以下，依序為鋁、鐵、鈣、鈉、鉀、鎂，及含量更少的其他元素。生物選擇性攝取地球元素，因此生物體元素組成與地殼有很大差異。在地球天然存在的 92 種元素當中，生物體大量含有的元素只有 4 種，包括氧（65.0%）、碳（18.5%）、氫（9.5%）、氮（3.3%），另外還有鈣（1.5%）、磷（1.0%），以及含量少於 1% 的鉀、硫、氯、鈉、鐵與更微量的元素。

表 1.2　地球整體與地殼的元素組成

地球		地殼	
鐵	35%	氧	47%
氧	30%	矽	28%
矽	15%	鋁	8%
鎂	13%	鐵	5%
鎳	2%	鎂	4%
硫	2%	鈣	2%
鈣	1%	鉀	2%
鋁	1%	鈉	2%
其他	1%	其他	2%

地球的大氣

　　早期地球大氣以二氧化碳為主，並無我們目前熟知的氧氣。大約 40 億年前，海洋出現了能夠行光合作用的單細胞生物**藍綠菌**（cyanobacteria），這些細菌透過光合作用將二氧化碳與水合成有機物，並釋出氧氣。在藍綠菌之後，地球又演化出許多可以行光合作用的綠色植物，大氣氧氣含量逐漸增加，二氧化碳濃度則同時降低。目前地球海平面的大氣平均壓力約 1013 百帕（hPa），稱為 1 大氣壓，其中氮氣占 78%、氧氣 21%、氬氣 0.9%，所有其他氣體占 0.1%。有些氣體雖然含量極微，但對地球生物有顯著的重要性，例如水氣提供生物生存所需的水分，並吸收地表放射的紅外線，維持大氣溫度。二氧化碳也有類似為大氣增溫的效果，同時也是植物行光合作用，製造有機物的主要物質。

地球的水

　　水是地球能夠支持生物生存的主要原因。水不但是構成生物體的主要物質，大量的水也調和了地球溫度，使得地球適合生物生存。水氣與其他天然存在的溫室氣體，包括二氧化碳、甲烷、氧化亞氮，造成天然溫室效應，捕捉與滯留陽光能量，使地球可以維持適合生物生存的溫度。海洋的水緩和了大氣日夜溫差，並透過洋流輸送熱量，平衡不同緯度的大氣溫度。水同時也是生物營養物質的輸送媒介，無論是地球環境中巨觀的營養鹽循環，或是生物體內部的營養物質與代謝物的輸送，都以水為主要媒介。先前理論認為地球的水是由早期大氣中普遍存的氫氣與地球內部反應產生的氧氣結合而成。但較現代的觀察發現，水冰是許多彗星的主要構成物質，所以地球的水也可能是地球在形成過程，透過吸積作用從周邊的小星體取得。早期地球的水以氣體型態存在，直到地球冷卻之後，大氣中的水氣凝聚，才形成覆蓋在地球表面的原始海洋。

地殼

　　地球表面看似靜止，但地殼實際是由漂浮在熔岩上的移動**板塊**（plate）所構成。板塊因下方熔岩的牽引而互相推擠、拉扯與錯動。海洋深處地殼較薄，地底熔岩由地殼張裂處湧出，形成新的地殼。在海洋與陸地交會的板塊邊界，較重的海洋板塊下切到陸地板塊下方，並持續被推擠到地殼深處而熔融消失。板塊演替的過程雖然緩慢，但經過百萬、千萬，甚至億年的地質年代，可以重新塑造地球表面的樣貌。目前地球的板塊分布可以追朔到兩億四千五百萬年前的三疊紀，持續的板塊運動在當時形成一整塊**盤古大陸**（Pangea），此後的板塊運動造就了現今地球陸塊的分布型態。

板塊運動造成陸地氣候區持續改變，並影響陸域生物的分布，對於地球生物的演化有重大影響。板塊分離也造成生物的地理區隔與新物種的形成，加速地球生物多樣性的演化過程。板塊運動也造成火山、地震與斷層等劇烈的地質活動，可以造成大規模環境災害。

地球的生物

形成初期熾熱的地球經過數千萬年冷卻之後，達到適合生物生存的溫度。根據比較肯定的化石證據推斷，地球生物出現在 37 億年前。有關地球如何孕育出生命有各種不同推論，其中一個推論認為早期大氣含有形成有機物與胺基酸所需的簡單分子，包括水、甲烷、氨與氫。閃電促成了這些分子之間的反應，合成簡單的有機物與有機體。這些有機體經過長期演化形成早期生物。也有理論認為地球生命開始於深海熱泉，熱泉噴出的氣體含有形成有機物所需的化學物質，這些氣體在高溫環境經過熱泉周邊礦物的催化，反應生成有機物分子與有機體，並逐漸演化出複雜的生命形式。另一個假說認為地球生命來自其他星球，存在生物的星球受到其他天體的撞擊，噴出帶有有機物的碎屑，並在地球上演化出生命。這些不同的理論顯示，科學家仍然無法確定地球的生命是如何開始的。

不同生物物種的細胞構造有許多相似之處，生物學家推斷所有地球生物有共同的祖先。在長久的演化過程，新的物種出現，而舊的物種也會滅絕。據估計，曾經出現在地球的物種有百分之九十九目前已經滅絕。

細菌（bacteria）與**古菌**（archaea）是地球早期生命的主要形式。早期的地球大氣不含氧，因此生物都為簡單的厭氧性微生物，也就是不需要氧氣的微生物。這類微生物仍然大量存在現今地球的無氧環境，如濕地與海洋底泥，以及下水道裡面的汙水當中。這些生物逐漸演化出光合作用能力，並在大氣中累積氧氣，導致 24 億年前大氣含氧量突然增加的**大氧化事件**（great oxygenation event）。氧氣的出現不但造成地殼礦物氧化，大幅改變地球礦物的化學組成，同時也因此演化出許多需氧生物，為往後動物的出現創造條件。**真核生物**（eukaryotes）於 18.5 億年前出現，這些單細胞生物有複雜的**細胞器**（organelles），並可以利用氧氣，促成了此後物種的快速多樣化，並於 17 億年前開始有了多細胞生物。多細胞生物由具備不同功能的細胞構成，讓這些生物可以適應多樣的生存環境，並在地球表面廣泛分布。

地質學家根據化石考證，以生物演化各重要階段來區分地球歷史，稱為**地質年代**（geological period）。最大尺度的地質年代單位是**宙**（eon），依照大尺度的生物分類區分為**冥古宙**（Hadean）、**太古宙**（Archean）、**元古宙**（Proterozoic）、**顯生宙**（Phanerozoic）。地質年代第二大的尺度是**代**（era），再次為**紀**（period）與**世**（epoch）。地球生物發展史上一個特別重要的階段是**寒武紀大爆發**（Cambrian explosion），這個事件開始於 5.41 億年前，並持續了約 2 千萬年，這期間新的物種在地球大量演化出現。地質學家將寒武紀一直到現在稱為**顯生宙**（Phanerozoic Eon），顯生宙又區分為古生代、中生代、新生代。古生代大多數動物沒有脊椎，也就是**無脊椎動物**。中生代有大量爬行動物，經常被稱為**恐龍時代**。進入新生代後，哺乳動物取代了恐龍，成為優勢動物，演化出目前多樣的哺乳類動物。圖 1.4 是細節的**地質年代螺旋**（geological time spiral），我們目前所處的地質年代為顯生宙、新生代、第四紀的**全新世**（Holocene）。

地球生物的演化過程歷經了幾次**大規模滅絕**（mass extinction）。二疊紀－三疊紀滅絕事件（Permian–Triassic extinction event）發生在距今 2.52 億年前，造成 70% 的陸域脊椎動物物種滅絕。接下來的侏羅紀與白堊紀時期（Jurassic and Cretaceous periods），恐龍主宰了地球。發生在 6,600 萬年前的白堊紀－第三紀滅絕事件（Cretaceous– Paleogene extinction event）造成非禽類恐龍（non-avian dinosaurs）的全數滅絕。此後脊椎動物種類快速增加、體型逐漸變大，成為構造最複雜的一類生物。

1.3 環境系統

地球的四個環境圈

地球環境由水、大氣、地殼以及生物組成，它們分布在球殼（sphere）一般的地球表面，在中文被稱為圈。地球環境可分為水圈（hydrosphere）、大氣圈（atmosphere）、岩石圈（lithosphere）、生物圈（biosphere），這四個環境圈結合成為整個地球環境。

圖 1.4　地質年代螺旋。地質年代根據生物演化的不同階段來加以區分。

圖 1.5　地球環境包括大氣圈、水圈、岩石圈與生物圈等四個環境圈。

　　水圈涵蓋地球所有含水的空間，包括液態的水與固態的冰雪，以及大氣所含的水氣。海洋是地球水的最大儲存庫，其他還包括陸地上的湖泊、河流，以及儲存於地層中的地下水與存在大氣中的雲與水氣，與存在高山與極地冰帽的冰雪。水透過蒸發、降雨、下雪、入滲、川流等水文程序在環境中移動與循環。雖然海洋儲存地球絕大部分的水，但海水爲鹹水。地球的淡水絕大部分以固態冰的狀態存在陸地冰原或高山冰河。地球淡水的第二大儲存庫是地下水。我們最常利用的淡水來自陸地的湖泊與河川，這部分的水占水圈整體的比例不高但卻非常重要，我們日常生活用水以及農業與工業生產所需的水主要由這部分供應。

　　大氣圈從地表往上延伸到大約 500 公里高的大氣層邊緣，但空氣集中在離地表50 公里之內的對流層與平流層。大氣提供生物呼吸所需的氧，以及植物生長所需的二氧化碳與其他氣體。大氣流動也造成風以及各種天候現象，如降雨、下雪、風暴與乾旱。大氣也輸送水分以及生物生存所需的各種元素，尤其是碳、氮、硫等。大氣層可以阻隔各種有害的宇宙射線，大氣最外圍的氧氣分子吸收極強的短波紫外線，較長波長的紫外線則被我們所熟知的臭氧層所吸收。大氣對於有害輻射線的吸收創造了地球表面適合生物生存的環境。

　　岩石圈包括地球最外層的固態地殼以及地幔最上層的軟流圈。岩石圈有顯著的高低變化，包括綿延的高山、廣闊的平原，以及海洋底床突出的海脊與深陷的海溝。岩石圈最外層包括岩石風化與堆積而來的土壤，以及更下層的岩基（batholith）。岩石圈含有生物所需的各種元素，以及植物生長所需的土壤。岩石圈也提供人類建造各種結構物所需的基礎與材料。

　　生物圈由地球所有生物以及他們所賴以生存的非生物環境構成，爲地球生態系的總和。生物圈的範圍從離地表幾公里的大氣，一直到大海最深處。生物圈裡面的生物包括動物、植物與微生物，這生物因環境條件而形成不同的大型群落，稱爲**生物群系**（biomes）。沙漠、草原、森林爲地球許多生物群系中的三個例子。生物圈的生物除了肉眼可見的動植物之外，還包括許多肉眼無法看見的大量微生物。微生物將生物所產生的有機物分解成無機物，讓元素可以再次爲生產者所利用。因此，微生物爲驅動生態系物質循環與能量流動所不可或缺。

地球環境系統

　　爲了方便討論，我們經常把自然環境做不同尺度的切割，然而地球環境是一個緊密結合的整體，稱為**地球環境系統**（earth environmental system），系統的各個部分透過物理、化學，或生物程序連結並互相影響。因此地球某一部分環境的變化將影響到與其直接相鄰的周邊，並因為**漣漪效應**（ripple effect）而擴散到更大範圍。不同環境單元之間的影響是雙向的，某一環境因周邊的影響而發生變化時，這個變化將反過來影響其周邊，形成一個**反饋迴路**（feedback loop）。環境系統的反饋迴路動態而複雜，人類對於環境的干擾經常造成不可預期的後果。因此在探討環境問題時，必須考慮到環境單元之間連動的特性，如此在面對複雜的環境問題時，可以有全面與周延的考慮。

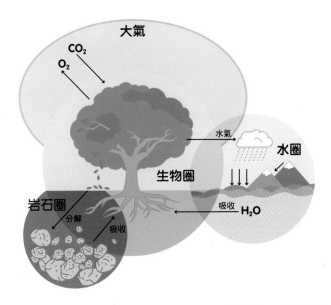

圖 1.6　地球的大氣圈、水圈、岩石圈與生物圈緊密結合，成為整體的地球環境。

　　以汞在環境中的傳輸為例，火力發電廠燒煤排放氣態汞到大氣中。空氣中的汞經由氣流輸送到遠處，一段時間之後，經過反應與沉降回到地面。地表的汞再經由雨水或融雪的攜帶進入河川或海洋，並透過生物攝取而進入食物鏈，最後影響到人類。在這個例子，汞在環境中的傳輸歷經了大氣圈、岩石圈、水圈與生物圈，充分顯現地球環境的連結性。解決環境問題必須考慮不同環境圈之間的連結，做全面性的了解與分析，才能得出有效的解決方案。

地球的海洋與陸地

　　海洋占地球表面積超過 70%，其餘不到 30% 是陸地。**陸半球**（land hemisphere）

指陸地面積最集中的半球，包含全球約 85% 的陸地。陸半球包括歐洲、非洲及北美洲的全部，以及亞洲與南美洲的大部分，歐洲位於陸半球的中央。**水半球**（water hemisphere）的陸地面積約全球的 15%，中心點位於紐西蘭附近的海洋。

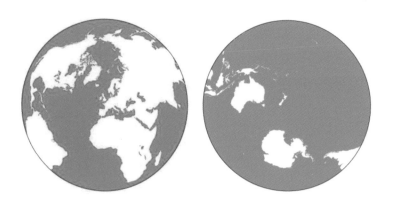

圖 1.7　地球的陸地集中在陸半球，包含 85% 的陸地面積，中心點位於法國境內。水半球以海洋為主，中心點在紐西蘭附近海洋。

　　地球有太平洋、大西洋、印度洋等三個主要海洋，其中最大的太平洋約占海洋總面積的二分之一。地球陸地包括六個主要區塊，分別是亞洲、歐洲、非洲、北美洲、南美洲、大洋洲（包括澳大利亞與各太平洋島嶼）、南極洲。陸地面積最大的亞洲占全球陸地面積 30%，亞洲也是全球人口最多的區域，約占世界人口 60%。

　　整個地球（包括陸地與海洋）由七個主要板塊構成，包括太平洋板塊、歐亞板塊、印澳板塊、北美洲板塊、南美洲板塊、非洲板塊、南極洲板塊，這些板塊持續漂移與推擠，形成陸地的山脈與高原。主要的山脈與高原包括亞洲的喜馬拉雅山、中國的青藏高原、北美洲的洛磯山脈、南美洲的安地斯山脈，以及歐洲的阿爾卑斯山脈。

地球的氣候區

　　大氣的溫度與濕度是決定地球氣候的兩個主要環境因子。一地區大氣的溫度與濕度受到緯度、高程、洋流、大氣循環以及地形等因素影響。緯度是影響日照與氣溫的最主要因素，全球陸地可以根據緯度大略區分為**熱帶**（torrid zone, 赤道與南北回歸線之間）、**溫帶**（temperate zone, 回歸線至極圈之間），以及**寒帶**（frigid zone, 南北極圈內部）。由於大氣與海洋環流的影響，全球氣候區的分布遠比這樣的劃分複雜，形成許多規模不一的次要氣候區。

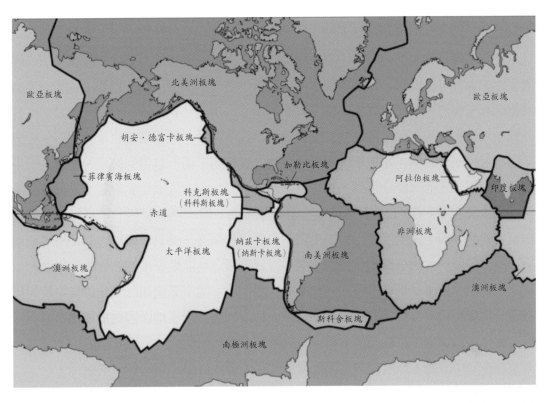

圖 1.8　地殼由許多板塊所構成，在古生代至中生代期間，大約 3.35～1.75 億年前，地球陸地為完整的盤古大陸（pangea），由於板塊漂移，形成圖上顯示的目前板塊分布。

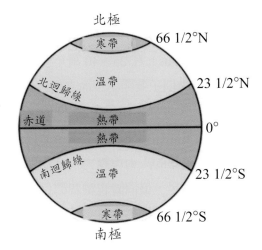

圖 1.9　日照差異在地球形成不同的氣候區。南北緯 0° 到 23.5° 之間為熱帶，23.5° 到66.5° 之間是溫帶，66.5° 到 90° 之間是寒帶。

1.4 地球環境保護與永續發展

　　地球環境是韌性而穩定的，可以緩衝外來的衝擊並修復外力造成的破壞。例如經過大火的森林，幾個月之後小草長出，再過幾年又逐漸演替出灌木與喬木，其他生物也逐漸回來棲息，恢復原有的生機。我們使用過的水與受到汙染的空氣，經過自然界各種淨化機制，可以回復清淨狀態。然而，在許多方面，地球環境也是脆弱的。數億年的發展與演替建構了地球環境的微妙平衡，這樣的平衡一旦遭到破壞，將發生一系列的後續變化，並可能危害到人類以及其他生物的生存。大氣臭氧層破壞是個典型的例子。大氣在 20～30 公里左右高度有臭氧集中的一層，這些臭氧分子可以吸收對生物有害的紫外線，讓生活於地表的生物與人類受到保護。臭氧破壞物質的使用導致南極上空臭氧層的大面積缺損，過強的紫外線威脅到這地區地表生物的健康與生命。

　　人為溫室效應是地球環境脆弱性的另一個例子。溫室氣體如二氧化碳與甲烷的排放造成地球暖化，改變地球氣候長期以來的穩定狀態。許多地區因此遭遇暴風雪與水災，另外地區則發生長期乾旱並導致作物歉收。暖化也造成冰雪融化與海平面上升，淹沒許多海岸設施。許多地方也因為氣候改變，導致昆蟲肆虐或傳染病盛行。

　　人口快速成長以及資源大量開發與使用，是造成地球環境破壞的根本原因。我們大面積開發土地以生產糧食或做為居住空間，我們也大規模開採自然資源來滿足各種需求。人類社會同時也產出各種廢棄物，須要自然環境來加以消化與更新。由於地球資源的蘊藏量或更新速率有限，過度消費將導致資源枯竭。另一方面，人類社會排放廢棄物的速率若超出自然界的消化能力，將造成廢棄物累積與環境汙染。

　　環境問題是相當近代的問題，而大量人口的資源使用是造成環境劣化的根本原因。現代人類的祖先智人（homo sapiens）在 25～40 萬年前演化出來，數十萬年來全球人口維持在極低水準，在 18 世紀中期工業開始革命之前，全球只有大約 7 億人口。僅兩百多年之後的今天（2021 年），世界人口已超過 79 億。除了人口成長之外，環境問題形成的另一原因是資源的大量開採與使用。工業革命為人類的生活帶來巨大的改變，能源與機械取代了延續數十萬年的人力與獸力，食物與商品的生產效率大幅提升。工業化固然為人類帶來生活的富足，但同時也讓我們付出沉重的代價。我們呼吸的空氣、喝的水，以及用來生產食物的土地都變得不乾淨，甚至威脅到我們的健康與生命。人為的大氣暖化讓我們遭遇越來越頻繁的天災，人類的活動加速了物種滅絕，導致地球生物多樣性降低，生態系的功能受損。這類情況讓我們不禁要問，幾十年、百年，甚至千年以後的未來，人類是否仍可擁有高品質的生活環境。這顯然不是個容易回答的問題，答案取決於我們如何對待這個我們賴以生存的地球。

　　永續發展（sustainable development）或稱**可持續發展**，是維護地球長遠生機的一個重要概念。根據永續發展原則，各世代人類在使用環境，滿足需求的同時，必須以不影響未來世代滿足他們的需求爲前提。若各個世代的人類都遵循這樣的不劣化原則，則地球環境可以持續更新與自我維持，達到永續發展的目標。環境**承載容量**（carrying capacity）指在不傷害環境健康的前提下，環境可供應物資或提供服務的最大限度。欲達成永續發展，我們必須了解環境的承載容量，並在這樣的限度之下來做環境的永續利用。

1.5 地球環境面臨的挑戰與機會

　　目前的地球環境面臨重大挑戰，其中氣候變遷與生物多樣性的喪失尤其受到關切。人類社會排放到大氣的二氧化碳與其他溫室氣體遠超過地球對這些氣體的吸收與轉化能力，溫室氣體持續在大氣中累積，造成**全球暖化**（global warming）與氣候變遷，所導致的天災以及對生物與生態的傷害，嚴重威脅到人類社會的存續。雖然氣候變遷的議題受到世界各國重視，並有意願透過跨國合作來因應，但各國目前的作爲仍遠落後於阻止氣候顯著變化所需的努力。**生物多樣喪失**（biodiversity loss）是人類社會面臨的另一個重大挑戰。土地開發與自然資源開採，以及汙染與外來物種的引進等，威脅到許多野生物種的族群存續，加速物種滅絕速率。生物多樣性的喪失影響到生態系功能的完整性與環境品質。人類對生物進行基因改造，也可能永遠改變地球生物的基因組成。

　　雖然我們面臨許多挑戰，但情況也非全然悲觀。近數十年來環境問題得到普遍的關注，環境保護技術也有長足的進展，環境問題在許多方面逐漸獲得改善，許多嚴重汙染的河川逐漸恢復生機，最近的衛星監控也顯示，全球森林的覆蓋面積近年來持續增加。透過野生物貿易管理的國際合作，許多瀕絕物種的族群數量逐漸恢復，得免於滅絕。世界許多主要城市的空氣比二、三十年前乾淨。營養與環境衛生的改善也使得許多傳染性疾病獲得控制，開發中國家的嬰兒死亡率大幅下降，世界各國的國民平均壽命顯著提高。

1.6 環境科學與科學方法

　　科學方法（scientific method）是科學探索過程所採取的系統性程序，目的在有效率的取得正確的知識。科學方法包括三個主要部分：問題的認知與表述、觀察或試驗與數據收集，以及假說的擬定與測試。

　　環境科學探討人類與自然環境之間的互動規律，並提出人與環境共榮發展的策略。環境科學是一門綜合性科學，除涉及物理學、化學、生物學、生態學之外，也包含人文與社會層面的科學，如經濟學、社會學、政治學與倫理學等。以下是與環境科學最爲相關的科學領域：

- **地球科學**探討地球物理環境的狀態與程序，所涵蓋的物理環境包括大氣、陸地與水域，自然程序則包括氣候、氣象、水文，以及各種地質活動。

- **生物學**探討各種形式生命的構造、生理、發育與演化，亦即有機體如何生存、生長與繁衍，以及生物如何演化。

- **生態學**探討生物之間，以及生物與無生命的物理環境之間的互動規律。生態學讓我們了解人類活動如何影響其他生物以及周邊的環境，而其他生物與物理環境又如何反過來影響人類社會。

　　科學問題的探討必須遵循嚴謹的程序，以確保探索的效率以及結論的正確性，這樣的嚴謹程序稱爲科學方法。早在 17 世紀，學者在進行自然科學研究時即認識到嚴謹探索程序的重要性，並開始採取科學方法。科學方法涉及系統性的觀察、量測、試驗，以及假說的建構、測試與修正。科學方法有別於日常生活資訊的取得以及決斷過程。對於日常事務，我們根據經驗與直覺做出合理的決斷，但科學研究所探討的問題經常不是如此直觀或容易理解，科學研究的結論也必須更精準與明確。因此，科學研究必須採取系統性的試驗或觀察，以及嚴謹的推論過程。雖然不同主題的科學研究可能涉及不同的方法與程序，但我們可以大致歸納出以下科學方法的程序，以及各程序必須遵循的原則：

1. **問題的發掘與界定**：純粹的好奇心或有明確待解決問題時促使我們去尋求解答，這階段必須對問題的背景進行了解，並對待解答問題做明確的界定。

2. **文獻蒐集與問題了解**：在進行試驗或調查之前，必須先搜尋文獻報告，了解相關問題的前人研究，以免除不必要的摸索。

3. **提出假說**：提出的假說必須明確，可以被證實或推翻。

4. **試驗與資料蒐集**：在這個階段，我們設計各種試驗或透過實地調查來取得數據，以驗證所擬定的假說。

5. **假說的檢定與修訂**：假說若經驗證為眞，則可獲致確定的結論。假說若未能通過驗證，則須根據試驗結果進行必要的修正，並重新經過試驗與驗證。

6. **同儕審定**：同儕指在同一領域做類似研究的專家，他們了解所探討的主題。同儕審定可以避免研究者主見造成的偏誤，或因試驗或數據解讀的偏差導致不正確的結論。為避免權威、人際壓力或利益糾葛影響審查的客觀性，同儕審定經常採用單方或雙方匿名的審查方式。

7. **成果發表**：成果發表可以對知識的進展作出貢獻。研究資源取之於社會，因此成果發表是研究人員的職責之一。成果的公開也讓學術界或社會大眾可以加以檢視，並提出評論或建議。

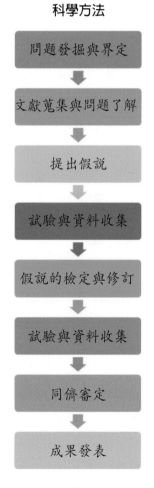

科學方法

問題發掘與界定

文獻蒐集與問題了解

提出假說

試驗與資料收集

假說的檢定與修訂

試驗與資料收集

同儕審定

成果發表

圖 1.10　科學方法的問題探討程序。科學研究必須遵循嚴謹的程序，以確保探索效率與結論的正確性。

　　良好的試驗設計可以讓我們有效率的取得正確答案，同時避免偏誤。許多科學研究將接受試驗的群體分成**處理組**與**對照組**，其中處理組的個體受到某個欲測試因子的影響，而控制組個體則排除這個影響因子。透過兩組觀察結果的比對，我們可以了解這個變因是否對受試群體造成可觀察的影響。

　　自然現象包含許多不確定因子，自然觀察取得的數據往往大量而紛亂，此時運用合適的**統計方法**（statistics）讓我們可以歸納出有意義的結論。例如使用直條圖讓我們可以直觀判斷一個班級男女學生的身高分布。我們可以進一步比較男生與女生的平均身高。再更進一步，我們可以用合適的**統計測試**（statistical test）來了解，數據所顯示男女生平均身高不同是否只是抽樣造成的差異，還是有實質的不同。統計分析的結果經常存在不確定性，數據的呈現必須包含這樣的不確定性。統計測試常以**信心水準**（confidence level）來描述不確定性，一般要求結論必須有 95% 以上的信心水準。以上面男女學生平均身高為例，要說該班男女學生的平均身高存在差異，我們經常要求結論必須有 95% 的確定。科學研究也經常使用**迴歸分析**（regression）來了解兩個因子之間的相關性。例如圖 1.12 使用一群人的身高與體重數據來做迴歸分析，分析的結果可以告訴我們身高與體重是否相關，以及相關程度的高低。

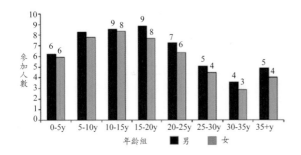

圖 1.11　直條圖讓我們可以對數據做直觀的了解與研判。

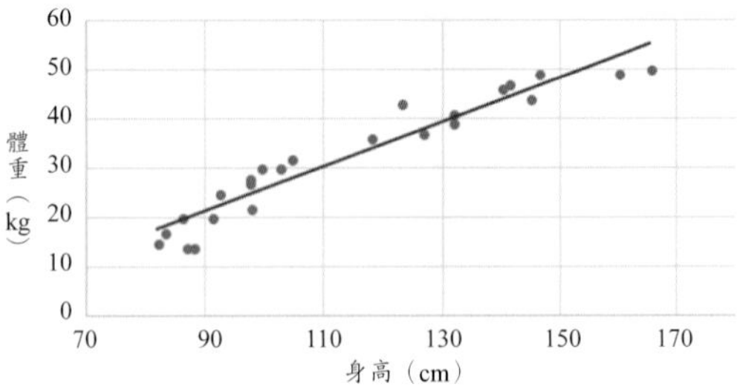

圖 1.12　類似身高與體重的迴歸分析讓我們了解兩個參數是否具有相關性，以及相關性的高低。

　　科學研究非常重視試驗的**可再現性**（repeatability）。某種理論或定律在被提出之前必須經過一再的測試，並可得到相同的結論，以確定觀察到的現象不只是偶然發生。**同儕審定**可以確保研究結論的正確性，學術刊物所發表的論文都經過類似的審查程序。權威的專業期刊都有非常嚴謹的同儕審定，大幅降低研究報告錯誤的機會。

1.7 臺灣是個環境多樣的島嶼

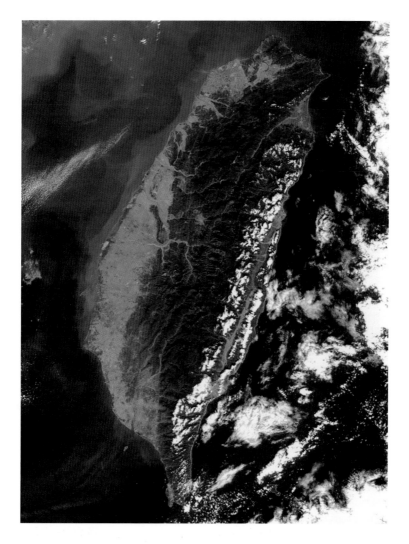

圖 1.13　臺灣為多山的島嶼，山岳的不同氣候區與濃密的森林創造了豐富的生物多樣性。

臺灣本島由板塊擠壓形成

　　臺灣本島面積 36,188 平方公里，南北長 394 公里，東西最寬處 144 公里。海島東邊為太平洋、西邊為臺灣海峽與歐亞大陸，南邊為巴士海峽與菲律賓群島，北邊為東海與琉球群島。臺灣海峽平均寬度約 200 公里，最窄處為新竹至中國福建省平潭島，直線距離約 130 公里。

　　臺灣位在歐亞板塊東側的前緣，在臺灣島形成之前，這片太平洋西側海域因來自西邊陸地沉積物的堆積而變淺，位於南方的菲律賓海板塊往北移動，並在這個區域斜插入歐亞大陸板塊。大約 600 萬年前，菲律賓海板塊前緣的呂宋島弧撞上歐亞板塊，造成陸地沉積物抬升並露出海面，成為古臺灣島。持續的板塊擠壓在島嶼中央形成南北走向，約 200 公里長的崇山峻嶺，島嶼的抬升至今仍持續進行。菲律賓火山島弧與臺灣島合併形成東部海岸山脈與花東縱谷。臺灣島西邊的臺灣海峽深度不大，平均在 40 公尺左右。島嶼東部海岸位於下切的海洋板塊前緣，海床相當陡峭，海岸往外延伸的海床深度都在 3,000 公尺以上。

圖 1.14　花東縱谷位於歐亞大陸板塊與菲律賓海板塊交界。

臺灣是海洋國家

　　臺灣是個海島，因此地理、氣候，以及文化與經濟活動都與海洋息息相關。臺灣西部以平緩的砂質沉積海岸為主，東部則主要為陡峭的岩石海岸。島嶼北端是曲折的岬角海岸，灣澳形成許多天然港口，景觀也崎嶇多變。東部高山與深海相接，為陡峭的斷層海岸，清水斷崖為這一段海岸的代表性景觀。臺灣南端為珊瑚礁海岸，適合觀光遊憩、生態保育與環境教育。西部沙質海岸由河流所攜帶的大量砂土沉積而成，為平直、單調的沙灘，以及部分的潟湖與沙洲。低平的西部海岸周邊是臺灣主要的漁業養殖區。西南部雲林、嘉義、台南沿海地勢低平，且因地下水超抽造成地層下陷，為臺灣淹水最嚴重的區域。

臺灣有五類主要地形

臺灣本島多山，山地與丘陵地合占島嶼三分之二面積。臺灣本島可以概分為五類主要地形：

- **山地**所占面積最廣，山脈大致呈南北走向，五個主要山脈為中央山脈、玉山山脈、阿里山山脈、雪山山脈，以及海岸山脈。玉山為臺灣第一高峰，高程 3952 公尺。
- **丘陵**普遍分布在中央山脈西側，面積較大者有苗栗丘陵、竹東丘陵、恆春丘陵。
- **盆地**散布於山地、丘陵及臺地之間，如臺北盆地、臺中盆地、埔里盆地，以及位於東部，跨越花蓮與台東的泰源盆地。
- **平原**主要由河流沖積而成，面積最大的是嘉南平原，其他還有屏東平原、蘭陽平原、花東縱谷平原。花東縱谷平原位於歐亞大陸板塊與菲律賓海板塊的接合帶，由許多河川的沖積扇集合而成。
- **臺地**原為河流沖積扇，後因地盤隆起以及河流的切割，形成高度與面積都不大的平坦地面。臺灣較大的台地分布在島嶼西部，包括林口臺地、桃園臺地、大肚臺地、八卦臺地。

臺灣的山脈

山脈（mountain range）指一連串連續的高山或山丘。如圖 1.15 所示，臺灣的五個主要山脈集中在島嶼中央，山脈東西兩側有顯著的氣候差異。

- **中央山脈**是臺灣最早形成的山脈，同時也是臺灣島嶼的主幹，以及高峰最多的山脈。此一山脈從宜蘭蘇澳往南延伸到屏東鵝鑾鼻，全長 330 公里。中央山脈也是全島各主要水系的分水嶺。
- **雪山山脈**位於中央山脈的西北邊，全長約 180 公里。由於位置偏北且海拔高度高，雪山山脈成為臺灣雪期最長的山峰，也因此留下許多早期冰川侵蝕的遺跡。
- **玉山山脈**位於雪山山脈南邊，與中央山脈平行，全長 120 公里。其中玉山主峰為臺灣最高峰。
- **阿里山山脈**位於玉山山脈西邊，與玉山山脈平行。山脈由濁水溪南岸往南延伸到高雄鳳山，全長 135 公里。此一山脈山勢平緩，高度在 1000～2500 公尺之間。阿里山曾是臺灣最大的原木產區，又由於有公路可達，成為臺灣最主要的森林風景區。

- **海岸山脈**位於島嶼東部，山脈東側為太平洋，西側為花東縱谷。山脈從花蓮市區南方往南延伸到臺東市北邊，長度約 135 公里。海岸山脈曾為菲律賓呂宋島弧的一部分，由於位處板塊邊界，海岸山脈的地質活動頻繁。

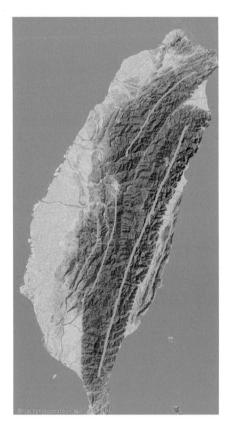

圖 1.15　臺灣的主要山脈。最北為雪山山脈，往下由右到左為海岸山脈、中央山脈、
　　　　玉山山脈，以及阿里山山脈。

　　除了山地、丘陵、盆地、平原與臺地之外，臺灣還有一些比較不普遍的地形。臺灣位於板塊邊界，板塊擠壓造成下沉板塊熔融，較輕的岩漿噴發出地面，形成**火山地形**，陽明山國家公園所屬的大屯火山群為這類地形。臺灣也有一些**峽谷地形**，這些地方在地面抬升之後受到劇烈的河流侵蝕形成，太魯閣國家公園內的峽谷為這類地形的代表。**石灰岩地形**是海底珊瑚骨骼與貝類遺骸，以及海洋浮游藻的石灰質沉積物，因地殼抬升而露出地面，並經過風化形成，臺灣南端的墾丁國家公園為這類地形的代表。**沖積扇地形**由山區河流所夾帶的砂石等沉積物，在河流出了山區之後流速減緩沉

積而成，形狀以山谷出口為頂點向低處呈現扇形坡面，雪霸國家公園的佳陽沖積扇為這類地形的代表。

臺灣的河川短且流量變化大

　　臺灣面積小且地形陡峭，因此河川規模都不大，且洪枯流量差異顯著，降雨期間河水暴漲，雨後迅速消退，甚至乾枯。由於坡陡流急，且集水區大多屬砂岩、頁岩及板岩等脆弱的地質環境，因此河水混濁，河川輸砂量大。臺灣共有 131 個河川水系，為方便管理，這些河川根據其規模、行政區位與經濟發展狀況等條件區分為 21 個主要河川、29 個次要河川，以及 81 個普通河川。臺灣最大的幾個河川水系為濁水溪（長度 186 公里），高屏溪（171 公里）、淡水河（159 公里）、大甲溪（140 公里）、曾文溪（138 公里）、秀姑巒溪（104 公里）、蘭陽溪（98 公里）。

圖 1.16　臺灣為多山的島嶼，河川規模小，且洪枯流量變化大。

臺灣有許多天然災害

　　臺灣位於太平洋**熱帶氣旋**（颱風）的路徑上，平均每年有 3 到 4 個造成較大災害的熱帶氣旋經過，豪雨在排水不良的區域或低窪的沿海地區造成**水災**。又臺灣有許多崇山峻嶺，且地質構造不穩，在大雨期間容易發生**山崩與土石流**。臺灣位於環太平洋地震帶，因此**地震**頻繁，時有強震造成災害。就全球氣候帶來看，臺灣位處中緯度下沉氣流的高壓區，天氣晴朗，雖然夏季山區有經常性的地形雨，但若無颱風帶來降雨，也常發生**乾旱**。臺灣位處熱帶，動植物多屬不耐嚴寒的品種，冬季北方大陸冷氣團來襲時氣溫可能降至攝氏 10 度以下，造成農漁作物的重大**寒害**。

臺灣的附屬島嶼與離島

臺灣本島有一些小型附屬島嶼，包括蘭嶼、小蘭嶼、綠島、小琉球、龜山島、龜卵嶼、七星岩以及基隆東北方的棉花嶼、彭佳嶼、花瓶嶼、基隆嶼、和平島、中山仔嶼、桶盤嶼、燭臺嶼。離島指遠離臺灣本島的島嶼，包括澎湖群島、金門、馬祖，及南海諸島。這些附屬島嶼與離島依照其地質構造可分為火山島、珊瑚島礁、大陸島三大類型。臺灣位於板塊邊界，下沉板塊形成的岩漿自海洋地殼裂隙處噴出，形成海底火山，若頂部露出海面則形成火山島。臺灣主要的火山島包括綠島、蘭嶼、釣魚台列嶼、龜山島，以及澎湖群島。珊瑚礁島是海底珊瑚礁因地殼變動或海平面下降而露出水面所形成的島嶼。臺灣主要的珊瑚礁島有琉球嶼（小琉球），以及南海的東沙島與太平島。大陸島為陸地沿海丘陵因氣候變暖，海水位上升，峽谷被海水淹沒之後高於海面的山頭，臺灣這樣的島嶼包括位於中國大陸沿海的金門島以及馬祖列嶼。臺灣最大的三個離島為金門島、澎湖島與蘭嶼，面積分別為 134、65、47 平方公里。

結語

地球環境是一個龐大而複雜的系統，雖然為了方便討論，我們把地球環境區分為大氣圈、水圈、岩石圈與生物圈，但實際上這些環境單元是連結成為一體而互相影響的。透過漣漪效應與反饋作用，環境干擾造成的影響複雜難料。在處理環境問題時，對於環境系統的全面的了解可以降低不確定性。我們對於環境做任何改變也都應秉持著審慎的態度，避免發生不可預期的後果。

環境品質的維護有賴良好的管理，而對於環境運作規律的了解是環境系統管理的基礎。因此，環境科學是環境保護與環境管理不可或缺的知識，不但對於專業的環境管理人員，也包括所有生活在環境之中，使用環境的每個人。

本章摘要

• 環境與環境科學的定義

- 宇宙與太陽系的形成
- 太陽系的組成
- 地球整體以及地殼的元素組成
- 地球生物演化的歷程與地質年代
- 地球環境的各個圈
- 地球環境系統與反饋迴路
- 永續發展的定義
- 環境承載容量與永續發展之間的關係
- 科學方法的定義與科學方法的程序
- 臺灣本島與離島的形成
- 臺灣的地形與環境

問題

1. 地球環境與太陽系其他行星的環境有何不同？爲何地球可以支持生物生存，而其他行星不行？
2. 類地行星與類木行星有哪些主要差異？什麼因素造成這些差異？
3. 比較地球整體與地殼的元素組成差異，什麼因素造成這些差異？
4. 什麼是地質年代？地質年代劃分的依據爲何？
5. 說明寒武紀大爆發與顯生宙。
6. 什麼是環境圈？
7. 以一個環境問題說明地球環境是連結一體的系統。
8. 說明永續發展的定義，以及永續發展與乘載容量之間的關係。
9. 爲何環境科學的探討必須使用科學方法？科學方法與日常生活的簡單推理有何不同？
10. 以一個環境問題爲例，說明如何以科學方法進行探討。
11. 爲何許多環境問題探討必須用到統計方法。
12. 臺灣島如何形成？
13. 說明臺灣地形的一些特性。

專題計畫

1. 使用 Google Map 印出臺灣的地形圖，並標示出臺灣的五個山脈。

2. 使用 Google Map 印出臺灣的地形圖，並標示出淡水河、濁水溪與高屏溪。

3. 使用 Google Map 觀察並印出陸半球與水半球。

4. 使用 EXCEL 或任何繪圖軟體，畫出地球各行星直徑的直條圖，並說明圖片比使用數字呈現時的優勢。

第2章　環境問題與永續發展

圖2.1　永續發展的目標是讓未來世代也可以享受我們目前擁有的富足生活與健康環境。

在將近 20 萬年的歷史，人類大部分時期過著**狩獵與採集**的生活。我們的祖先採集野生植物可食用部分作為主食，並獵捕野生動物食用，這樣的生活型態對環境的影響局部而且輕微。在距今 10,000 到 12,000 年前，人類社會從狩獵與採集社會演變到群居的**農耕社會**，開始畜養牲畜，並種植可食用的作物，生活型態也由小群體的移居社會，演變到群聚的定居社會，住民剷除地面草木，並整地、翻土以利農業耕作，每經過一段時間，他們必須另闢土地，以取得新的肥沃耕地。有些社會採取火耕，焚燒草木來補充土地肥份。這類看似不永續的耕作方式，卻因人口數量少，使用的土地面積不大，因而未對自然環境造成大規模破壞。

2.1 環境問題是個非常近代的問題

工業革命標示著人類社會與環境之間關係的一項重大轉變。工業革命開始於 1700 年代的英國與 1800 年代的美洲，蒸氣動力與機械的使用大幅提高了糧食生產與商品製造的效率，同時也帶動貿易並創造新的工作機會。營養與衛生的改善造成人口快速增加，且鄉村人口往市鎮移動，以尋找新的工作機會。市鎮人口聚集導致資源需求集中以及廢棄物聚積，原始的汙染形態逐漸顯現。

二十世紀開始，機動車輛的使用以及公路網的建構大幅提高人口擴散與土地開發的速度。化學工業的興起以及化學肥料與農藥的使用，使得糧食生產效率倍增。石油化學工業則創造出許多合成材料，新的商品如雨後春筍一般出現，滿足人們各種不同的需求。生產技術的提升固然改善人類的生活，但大量的資源使用與廢棄物產出也對環境造成沉重負荷。到了 1960 年代，環境汙染問題逐漸受到大眾關注，並引發了環境保護的社會運動。

經過幾十年的努力，目前許多國家的國民享有比上一個世代更好的環境品質，但大多數開發中國家仍然貧窮且生活環境惡劣。另有一些人口眾多的發展中國家，如中國、印度、印尼、巴西等，正處在經濟快速發展階段，這些國家的大量物資需求以及汙染排放對地球環境造成沉重負荷。

2.2 大量人口與快速的經濟成長是環境問題的根本原因

工業革命之後由於生產效率提升，世界人口開始了爆炸性的成長，從工業革命初期的大約 8 億成長了將近十倍，到目前的將近 80 億。在人口成長的同時，個人的平均消費也呈倍數提升，這兩個因素的相乘效果造成大量物資需求與環境衝擊。

圖 2.2　過度消費是造成環境問題的重要原因。左圖為烏干達的水果攤，物資稀少的生活型態造成的環境衝擊低，與右圖美國高度消費的生活型態形成強烈對比。

GDP 可以衡量經濟富裕程度

　　國內生產總值（gross domestic productivity, GDP）為一個國家內部一年所生產貨物與所提供服務的金錢價值，此一產值越大則國家的經濟規模越大。**人均國內生產總值**（per capita GDP）則為平均每個國民的年經濟產值。如圖 2.3 所示，全球的人均國內生產總值（GDP）從 1960 年的不到 4,000 美元，成長到 2019 年的 11,400 美元，成長了大約 3 倍。

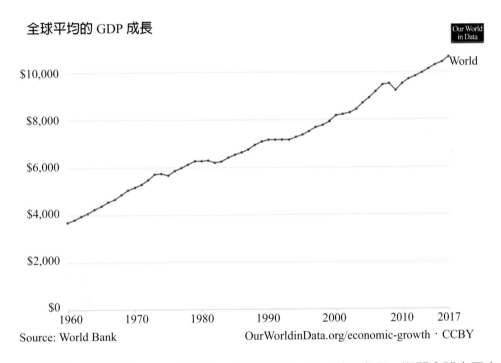

全球平均的 GDP 成長

Source: World Bank　　　　　OurWorldinData.org/economic-growth · CCBY

圖 2.3　全球平均的人均 GDP 在過去 60 年成長了 3 倍，若考慮同一期間全球人口由 30 多億成長到目前接近 80 億，全球的經濟產值成長了大約 8 倍，對地球環境造成沉重的負荷。

但經濟產值不等同於國民福祉

　　雖然 GDP 可以用來表示一個國家的經濟發展程度，然而隨著經濟發展，社會的需求也更加多元，財富不再是人們所追求的唯一目標，此時經濟產值無法全面衡量國民的生活福祉。聯合國開發計畫署（United Nations Development Programme, UNDP）於 1990 年編製了**人類發展指數**（Human Development Index, HDI），該指數就健康、經濟與教育三個面向，更全面的評估一個國家國民的生活福祉。圖 2.4 顯示，人類發展指數與 GDP 有相當高的相關性。我國並未列入聯合國的這項評比，但根據行政院主計總處的統計，與列入評比的 189 個國家比較，我國 HDI 的 2020 年排名為第 21位。2018 年 HDI 全球排名的前 3 名依序為挪威、瑞士及愛爾蘭。亞洲主要鄰近國家當中，新加坡位居第 9 名、日本第 19 名、南韓第 23 名、中國大陸第 86 名。

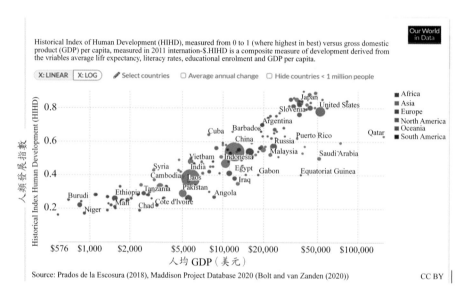

圖 2.4　人類發展指數與人均 GDP 有很高的相關性，經濟產值高的國家經常也有較好的環境、教育、健康與社會的永續性。

生態足跡可以顯示環境衝擊

　　人類社會依靠自然界的生產力來生產食物、纖維與木材，也從自然界取得製造物品所需的能源與礦物資源，所產生的廢棄物則依靠大自然的淨化能力來加以消化。由於自然資源的蘊藏量與更新速率都有一定限度，人類必須在這樣的限度之內使用自然資源，社會的發展才能永續。**生態足跡**（ecological footprint）運用這樣的概念，以一個社會平均維持一個人的生活型態所需的地球面積來表示環境負荷。維持一個人生活所需的土地面積包括居住空間、能源生產、食物與用品生產，以及廢棄物的淨化與資源更新。生態足跡大致與一個國家的 GDP 成正比，但有些國家因為資源使用不當或生產效率低，因而生態足跡偏高。另有一些國家由於良好的管理，資源使用效率高，單位經濟產值的生態足跡較小。圖 2.5 是世界各主要國家的生態足跡。根據這樣的估計，目前全球的生態足跡已大於 1.7 個地球，顯示人類目前的生活方式是無法永續的，而必須採取更簡約的生活型態，與更有效率的使用地球資源。

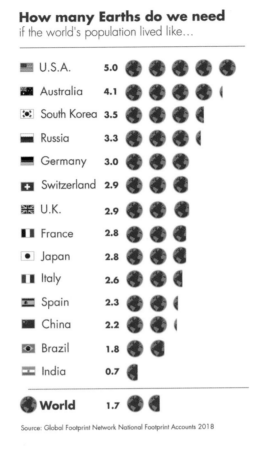

圖 2.5　生態足跡為維持一個人或一個國家生活方式所需的土地面積，目前全球生態足跡是地球面積的 1.7 倍，這樣的生活方式是無法持續的。

環境資源有被無節制使用的特性

　　商品的生產需要成本，這些成本來自原料、機具、人力、資金與技術等。企業生產商品所需負擔的成本稱為**內部成本**，然而許多商品的生產也使用環境資源，例如從環境中取得水、空氣，並造成水汙染與空氣汙染，但這些資源的使用與汙染所造成的損失經常不由使用者來負擔，我們稱這部分的生產成本為**外部成本**。

環境資源，例如乾淨的水、空氣或健全的生態，屬於**公共財**，若無付費或補償機制，很容易被無節制的使用，導致效率低落並造成環境汙染。美國生態學者**哈定**（Garrett James Hardin）將公共資源浪費與低效率使用的現象稱為**公有財的悲劇**（tragedy of the commons）。他以一個共有牧場為例來說明這個現象。這個牧場原可讓每位農民放牧一定頭數的牛，但有個農民理解到，多養一頭牛可以增加收益，而他只承受一小部分因為過度放牧所造成的損失，然後他繼續多養兩頭、三頭，或更多頭牛。若不加管理，每個農民都這樣做，則牧草將被啃食殆盡，造成一場所有人的災難。大眾可以無償使用的環境資源，如土地、水與空氣等，都容易有類似的濫用情形。建立環境有價的觀念，並落實使用者付費與損壞者賠償的原則，可以導正這樣的不合理現象。許多國家對事業單位徵收汙染排放費，依照汙染物的排放量來對排放者收費，並對傷害環境的行為處以重罰，以減少汙染或環境資源的無效率使用。

貧窮也造成環境問題

貧窮對環境永續造成不利的影響。在極度艱困的生活條件下，基本需求的滿足成為優先考量。此時人們開闢土地生產食物、砍伐樹木作為柴火，嚴重的土壤侵蝕使原來的樹林成為不毛之地，土地失去生產力，而居民的生活也更加困苦，形成貧窮與環境破壞的惡性循環。有些開發中國家的農民使用**火耕**，他們清除原生樹林、焚燒草木來取得土地，經過幾年耕作，地力降低之後再另尋土地，重複相同的操作。廢耕後的土地不但貧瘠，裸露的地面也因曝曬而水分快速蒸發，風雨侵蝕導致土壤流失，成為無生產力的荒地。

圖 2.6　一個收集柴火的東非家庭。貧窮國家人民為滿足生活的基本需求而無法顧慮到環境保護與資源保育，環境破壞導致生產力降低，貧窮情況更加惡化。

　　貧窮國家的環境資源也經常因為貿易而受到發達國家的掠奪。例如發達國家從貧窮國家低價進口木材、礦物等天然資源，而將環境破壞與汙染留在這些國家。另外也有一些國家將高汙染性產業遷往貧窮國家，除享受當地便宜的勞力之外，也掠奪便宜的天然資源，並利用寬鬆的環保法令排放汙染，造成在地居民生活環境惡劣。有些進步國家把在本國無回收價值的廢棄物低價或免費輸往低度開發國家，雖然這些國家可以從廢棄物回收一部分有價值的原物料，但留下更多難以處理的廢棄物，這類**汙染輸出**的做法破壞貧窮國家的環境，並傷害大眾健康。臺南二仁溪沿岸 1970 年代盛行的廢五金處理是進步國家汙染輸出的典型案例。這些簡陋的工廠從進步國家低價進口廢五金與廢電子產品，並使用酸液處理之後電解，以取得黃金、白金與鋅或錫等有價值的金屬，留下大量無法自然分解的廢電路板等廢棄物，並排放含有高濃度金屬及其他毒性物質的廢酸與廢水，使二仁溪一度成為全臺灣汙染最嚴重的一條河川。雖然廢五金處理創造了一些就業機會，但卻造成當地環境品質惡劣與嚴重汙染，後續的整治也付出了巨額的費用。

圖 2.7　台南灣裡的電子廢棄物處理曾是發達國家汙染輸出的一個類型。開發中國家雖可從其中取得一些有用物質，但付出重大的環境代價。1992 年國際間簽訂了巴塞爾公約（Basel Convention），禁止有害廢棄物的跨國轉移。

2.3 環境問題有許多類型

　　環境問題可概括為汙染、資源枯竭、生物多樣性喪失，以及氣候變遷等四大類型。雖然我們做這樣的歸類，但這些問題在大部分情況是互相關聯的。

汙染影響人體健康與生態

汙染（pollution）指人類排放到自然界的物質在環境中滯留，數量足以對人體健康或自然生態造成危害。環境有許多**自淨機制**（self-purification），可以將人類產出的廢棄物透過各種物理、化學與生物程序將其稀釋、沉降或分解。許多汙染物可以在環境中被降解成為簡單成分，並再次被初級生產者利用（主要為可以行光合作用的綠色植物），完成自然界的**元素循環**（element cycle）。然而，自然界的自淨作用有一定速率，在廢棄物產量不多的情況下，可以將廢棄物即時降解，而不造成累積。但若廢棄物的排放速率超出自然界的自淨能力，則這些廢棄物將在環境中累積，造成汙染。

圖 2.8　自然界有自淨能力，在汙染量小的情況下，河水可以保持清淨，如左圖河川。若汙染物排放量超出自然界的自淨能力，則環境品質降低，如右圖，形成汙染問題。

目前估計，全球有 11 億人無法取得乾淨的飲用水，而廢汙水未經妥善處理的社區人口更達這個數字的兩倍。在空氣汙染方面，雖然進步國家的空氣品質在過去三、四十年來有了顯著改善，但開發中國家的空氣品質卻持續惡化。中國及印度等新興經濟體的空氣汙染情況尤其嚴重。根據估計，全世界每年有大約三百萬人因空氣汙染所導致的疾病死亡，空氣汙染已成為 21 世紀人類健康最大的威脅。在毒性物質汙染方面，這幾十年來，隨著石化工業發展與人工合成物質的使用，有機毒物持續在環境中散布與累積，許多這類汙染物甚至影響到南北極區生態。

圖 2.9　空氣汙染每年造成全球三百多萬人死亡。汙染是普遍存在的全球性問題，但有些國家的問題特別嚴重。不但空氣，我們喝的水與吃的食物也普遍受到汙染，威脅到我們的健康。

地球的自然資源逐漸枯竭

自然資源指可以滿足人類需求的各種天然物質。人類的生活需要各種不同資源，包括生活的空間、呼吸的空氣、飲用的水、攝取的食物、製造物品所需的原料與能源等。根據可再生性，我們將資源區分為**永久性資源**（perpetual resources）、**可再生資源**（renewable resources）與**不可再生資源**（nonrenewable resources）。

太陽能能是一項永久性資源。跟據估計，太陽還有 60 億年壽命，因此在可預見的未來，太陽可以穩定供應人類社會所需的能量。可再生資源指在人類使用之後，可以在合理的時間內得到更新，持續滿足人類需求的天然資源。水、空氣、土壤、食物、林木、風力、水力、生質能等，是這一類型的資源。資源的再生依靠地球生態系的運作，是生態系服務的一部分。保持生態系功能完整性可以確保資源的更新與持續供應。若資源利用超出自然界的更新速率，則自然界可供應的資源將逐漸減少，終至枯竭。森林是很好的例子。有限度的採伐，則森林可以源源不絕的供應木材。若採伐速率大於森林更新的速率，則森林的面積將逐漸縮小，終至無法生產足夠的木材供人類使用。環境破壞與汙染影響生態系的運作與自然資源的更新。

不可再生資源指在人類社會利用之後，無法在合理時間內更新的資源。礦物的開採使用造成蘊藏量減少。煤、石油與天然氣是有機物歷經千萬到億年的累積與礦化形成，其來源雖是生物，但這些化石能源更新所需年代久遠，對人類社會而言是一項不可再生資源。

圖 2.10　這個加油機所標示的 E85 為酒精含量 85% 的汽車燃料。酒精由甘蔗或玉米製
　　　　造，屬於可再生資源，其餘的 15% 的汽油為化石能源，為不可再生資源。

　　人類社會逐漸面臨資源枯竭的問題。石油與天然氣蘊藏量正在快速減少，預計
大約 50 年後就無法經濟開採。煤的蘊藏雖然豐富，但因為高汙染特性，預期將不是
未來能源的選項。銅與鋅等金屬也預期將在 20 年後出現供應短缺。在可再生資源方
面，雖然最近的衛星影像顯示全球森林覆蓋面積在過去 30 年有了增加，但面積仍然
遠小於更早的年代。森林面積減少不但降低林木供應能力，也傷害到地球的生物多樣
性，並影響全球氣候。漁業資源是另一個自然資源枯竭的例子。儘管漁撈技術改進以
及許多國家對漁業進行補貼，全球漁獲量在 1990 年代達到一億噸的高峰之後就無法
再增加（圖 2.11），因為漁獲量已超過漁業資源的生產量。透過國際合作以及較好的
漁業資源管理與復育，最近幾年全球漁獲量有回升的趨勢。

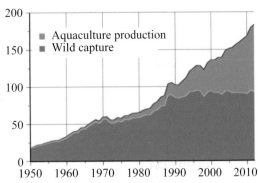

圖 2.11　由於過度捕撈，海洋漁獲量（藍色）在 1990 年代到達高峰之後，就未再增加。
　　　　養殖漁業則快速成長（綠色部分），來滿足開發中國家在經濟發展之後對於
　　　　水產的大量需求。

　　為確保資源永續利用，我們必須在自然界更新速率的範圍使用可再生資源，同時必須維護地球生態系的完整性，以確保地球的資源更新能力。對於不可再生資源，我們必須循**節約**（conserve）、**再利用**（reuse）、**再循環**（recycle）這樣的優先順序進行資源保育，以延長有限資源的供應。我們也必須盡量使用可再生資源，例如風力、水力、太陽能、生質能等能源，來取代煤、石油與天然氣等不可再生能源。

圖 2.12　一部公車上的亮眼宣傳。資源節約應循減量（reduce）、再利用（reuse）、資源回收（recycle）這樣的優先順序。減量是少使用或不使用，例如購買不包裝或包裝簡單的商品。再利用是重複使用，例如使用可重複使用的購物袋或飲料杯。資源回收是把用過的物品回收作為原料，例如使用過的鋁罐回收到工廠作為製造新鋁罐的原料。

生物多樣性喪失影響生態系功能

　　地球生物相依相生，每一種生物都由自然界取得他生存所需的資源，同時也對生態系的穩定與資源再生做出貢獻。**生態系服務**（ecological system service）指對人類生存及生活品質有貢獻的生態系功能或產物。生態系的物種越豐富，則其功能越完整，系統也越穩定。**生物多樣性**（biodiversity）指全球或某特定生態系內部，生命形態的多樣程度。生物多樣性讓生態系可以為人類提供完整的服務，並維持環境的穩定與資源的持續更新。生物多樣性降低將危害到生態系結構與功能的完整性，導致環境品質劣化以及環境承載力降低。人類的許多行為加速了物種滅絕，降低地球的生物多樣性，這些行為包括棲地破壞、氣候變遷、過度採捕，以及外來物種的引進。雖然物種以一定的速率自然滅絕，但目前人為因素造成的物種滅絕速率大約是自然滅絕約1,000 倍，等同於地球生物發展史上的另一次大滅絕事件，若我們不加緊扭轉這樣的趨勢，則地球將在數十年之內面臨生態危機。

圖 2.13　熱帶雨林有很高的生物多樣性，可以提供完整的生態系服務，如淨化水質與生產食物。右圖開墾之後的土地生物多樣性低，生態系服務的功能少。

氣候變遷造成全面性環境問題

　　工業革命之後人類持續向大氣排放二氧化碳、甲烷、氧化亞氮等溫室氣體，導致人為溫室效應與全球性的氣候變化，稱為**氣候變遷**（climate change）。煤、石油、天然氣等化石燃料的使用產生大量二氧化碳。大面積森林砍伐也導致二氧化碳釋出與大氣二氧化碳累積。畜牧業飼養大量牛、羊，並排放甲烷到大氣，肥料的使用造成農田釋出大量氧化亞氮。這些人為活動導致大氣溫室氣體濃度升高以及人為溫室效應。目前全球平均溫度高出 20 世紀平均溫度約攝氏 1 度。若我們不採取行動，則預估到 2100 年，大氣溫度將比 1900 年高出攝氏 2～6 度。地球升溫將導致全面性的環境災害，大風暴、洪水、乾旱、森林大火，以及海水面上升造成的淹水情況將越來越頻繁。生物與生態也受到氣候變遷的影響，未能遷移或無法適應氣候變化的物種將因此滅絕。氣候變遷若沒有及時且有效控制，將對人類社會造成重大衝擊。

圖 2.14　美國加州的野火。越來越頻繁的野火與森林火災是氣候變遷的許多負面效應之一。

2.4 環境品質顯現改善跡象

雖然地球環境仍存在許多問題，但經過數十年努力，我們也取得一些明顯的進展，許多國家的環境品質正在逐漸改善。

人口成長逐漸緩和

全球人口在 20 世紀增加了 4 倍，但人口成長率在 1960 年代到達高峰之後就逐步下降。1960 年代世界人口以 2% 的年成長率增加，這個成長率目前已降到約 1.1%，而且還持續在降低。根據這樣的趨勢，預期到 2100 年，世界人口將趨於穩定。

圖 2.15　世界各國生育率普遍降低，全球人口成長趨緩有利於降低地球的負荷。

水、空氣與土壤汙染有了改善

　　許多國家的環境品質在過去數十年有了顯著改善，已開發國家的環境改善尤其明顯。以空氣品質爲例，如圖 2.16 所示，1990 年與空氣汙染相關的疾病在全球造成的年死亡數爲每十萬人 115 人，這個數字在 2017 年已降低到大約 66 人。其它環境的品質，例如水環境、土壤環境，也都在逐步改善當中。

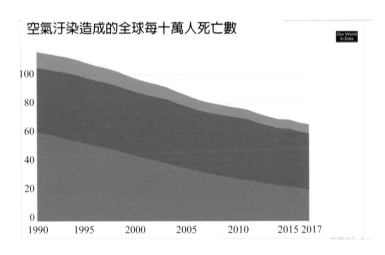

圖 2.16　1990～2017 年全球空氣汙染造成的每百萬人死亡人數。圖上顯示全球空氣汙染在過去 30 年來有了明顯改善，其中改善最顯著的是室內空氣汙染（藍色），低度開發國家許多家庭使用柴火烹煮或取暖，造成嚴重的室內空氣汙染。這個情況近 30 年來有了顯著改善。粒狀物（紅色）與臭氧（灰色）造成的年死亡人數也在降低。

可再生能源的使用日益普遍

煤、石油以及天然氣等化石能源的使用造成空氣、水與土壤的汙染，同時也排放大量二氧化碳與其他溫室氣體，成為造成地球暖化的主要原因。**可再生能源**（renewable energy）如太陽能、風力、水力與生質能的運用技術逐漸成熟，開啟了環境改善的契機。如圖 2.17 所示，可再生能源使用的比例在過去 20 年快速增長，許多國家的空氣品質因此獲得改善。發展中國家如中國與印度，與能源使用相關的汙染也逐漸在減輕。

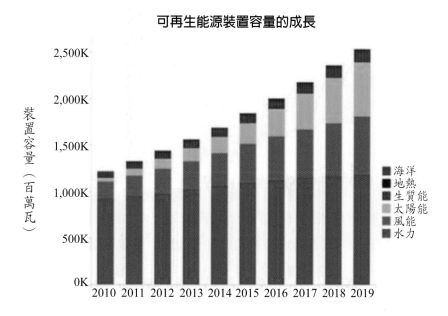

圖 2.17　國際再生能源組織的統計數字顯示，可再生能源的產出快速增加，其中以太陽能及風電成長最快。目前可再生能源的占比以傳統水力最高，其他依序為風電、太陽能、生質能，還有少量地熱與海洋發電。

森林喪失速率減緩

全球的自然保育也呈現改善趨勢，森林喪失的速率減緩。最近一項根據衛星影像所做的調查顯示，在 1986 到 2016 的這 30 年期間，全球森林的覆蓋面積增加 7.1%。全球生態保護區在數量與總面積上也都有顯著的成長。

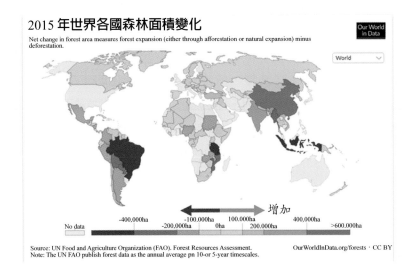

圖 2.18　全球森林覆蓋面積 2015 年的變化。雖然中南美洲與南亞仍面臨森林喪失的壓力，但中國、印度、前蘇聯與西歐國家森林的覆蓋面積都有增加。

我們比上一代更長壽而且健康

　　世界各國人民的健康狀況幾十年來有了顯著改善，主要歸功於糧食供應與環境衛生的改善。圖 2.19 顯示全球人口平均壽命在過去數十年顯著提升，從 1950 年的 55 歲，提高到 2015 年的接近 71.7 歲。同一時期，臺灣人口的預期壽命也由 71.1 歲提高到 79.7 歲。人類壽命延長的趨勢還在持續。

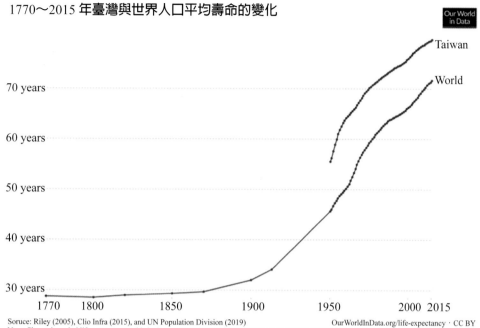

1770～2015 **年臺灣與世界人口平均壽命的變化**

圖 2.19　工業革命之後，尤其是 20 世紀之後，全球人口的預期壽命快速提高。預期壽命是嬰兒出生時預期可以存活的年數。預期壽命的提升，除了人們更長壽之外，嬰幼兒死亡率降低也是一個重要因素。

臺灣的整體環境品質也在改善

河川逐漸恢復生機

　　臺灣從 1970 年代開始經濟快速發展，河川汙染問題漸趨嚴重，但這樣的趨勢在 1990 年代開始有了改變，河川汙染顯現逐年減輕的趨勢。臺灣城市生活汙水處理率由 1990 年代的不到 10% 成長到 2021 年的 65.5%。汙水處理的成效顯現在河川水質的改善，圖 2.20 顯示，在 2001 到 2018 年之間，河川汙染指數由 3.9 下降到 2.6。

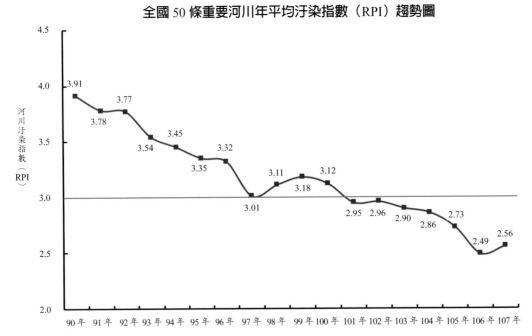

圖 2.20　臺灣 50 條重要河川的平均汙染指數逐年降低。汙染指數 5.0 為汙染情況最嚴重，0 為最輕微。

空氣品質明顯改善

　　臺灣的空氣品質在過去 20 年也有顯著改善。圖 2.21 顯示，空氣中各主要物染物含量都呈現下降趨勢。細懸浮微粒（PM2.5）可以造成呼吸道疾病、肺癌、心血管疾病等嚴重疾病，因而受到社會大眾高度關切。最近幾年透過發電廠燃煤減量、工業廢氣管制，以及街道落塵清理等措施，空氣中細懸浮微粒含量顯著下降。

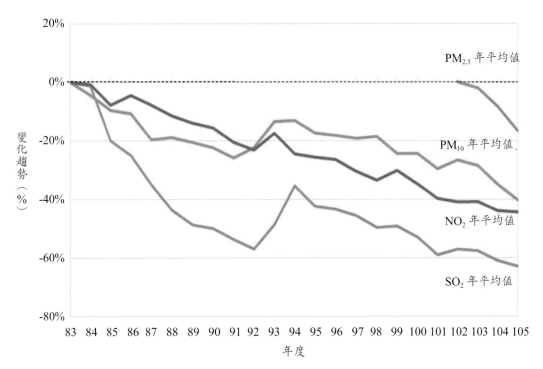

歷年各汙染物濃度變化趨勢

圖 2.21　臺灣空氣品質在過去 20 多年顯現改善趨勢，各類空氣汙染物濃度逐年降低。

生態保育區擴大

　　臺灣在自然保育方面的進展也非常顯著。近年來政府劃定了多個自然保留區、保護區與國家公園，總面積約 7,000 平方公里，占臺灣本島面積的五分之一，若加上 4,400 平方公里禁止開發的保安林地，則臺灣大約有三分之一土地屬於自然保護區。這些保護區有助於維持臺灣的自然生態、保護各種原生物種，免於開發造成的干擾甚至滅絕，對於自然保育有顯著的重要性。

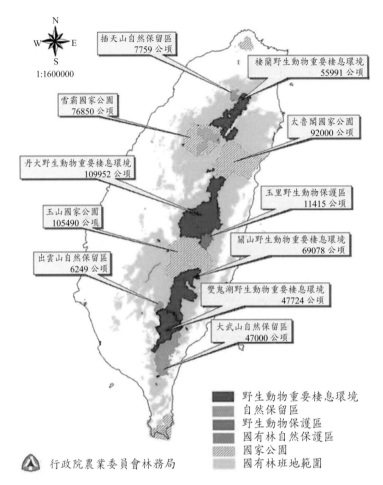

插天山自然保留區
7759 公頃

棲蘭野生動物重要棲息環境
55991 公頃

雪霸國家公園
76850 公頃

太魯閣國家公園
92000 公頃

丹大野生動物重要棲息環境
109952 公頃

玉里野生動物保護區
11415 公頃

玉山國家公園
105490 公頃

關山野生動物重要棲息環境
69078 公頃

出雲山自然保留區
6249 公頃

雙鬼湖野生動物重要棲息環境
47724 公頃

大武山自然保留區
47000 公頃

野生動物重要棲息環境
自然保留區
野生動物保護區
國有林自然保護區
國家公園
國有林班地範圍

行政院農業委員會林務局

1:1600000

圖 2.22　臺灣各類自然保護區。這些受到保護的區域約占臺灣本島面積約三分之一，對於臺灣的自然保育有顯著的重要性

案例：二仁溪的水質改善與生態復育

　　二仁溪主流位於高雄與台南兩市交界。在經濟發展初期的 1970 年代，臺灣由其他國家進口廢電器與電子產品來提取有價值金屬，眾多家庭式作業場地聚集在台南市灣裡二仁溪河口沿岸。這些違章工廠使用強酸溶解廢電路板中的金屬，並經由電解取得有價值成分，如焊錫、黃金、白金等，而含有高濃度各類金屬及其他汙染物的廢酸則任意排放，導致河川以及兩岸養殖魚塭與近海水域受到嚴重汙染。這些汙染物透過水域食物鏈的累積與放大，對水產的食品安全造成威脅，如養殖的吳郭魚與牡蠣。二仁溪上游集水區也有大量社區汙水以及養豬廢水與工業廢水排放，溪流成為匯集各類汙物的大排水溝，河水汙黑發臭。

由於汙染情況嚴重，環保署於 2001 年強力拆除二仁溪下游周邊違章廢五金工廠，然而來自上游的汙染依舊，河川水質仍然惡劣。後續的河川水質改善措施包括工廠與養豬場廢水管制、集水區下水道建設，以及高汙染支流的攔截與處理。經過超過 20 年的改善，二仁溪已不再汙黑發臭，並逐漸恢復生機。河岸濕地有大量螃蟹、彈塗魚與前來覓食的水鳥。隨著集水區汙水下水道的普及與工廠廢水的持續管制，預期水質將可進一步改善。

圖 2.23　二仁溪水質已有顯著改善，河岸濕地恢復生機，有豐富的生態，可以看到大量彈塗魚、招潮蟹，以及覓食的水鳥。

2.5 我們的環境仍然面臨許多挑戰

環境保護是持續性的工作，雖然臺灣與許多國家的環境品質在過去數十年有顯著改善，但新的挑戰陸續出現，需要持續的努力並創新技術與觀念，以下是我們目前面臨的一些主要環境問題。

毒性物質充斥環境

毒性汙染物（toxic pollutants）指人為排放到環境中，可以對人或其他生物的健康造成危害的物質，這些汙染物可大致歸類為毒性金屬、持久性有機汙染物，以及逐漸受到關注的一些新興汙染物。**毒性金屬**（toxic pollutants）是一些可以對人或生物造成健康危害的金屬，主要的這類金屬包括汞、鉛、鎘、鉻、砷。工業廢水與廢棄物是毒性金屬的主要來源。非金屬礦物石綿，以及放射性氣體氡，也可以造成肺癌。**持久性有機汙染物**（persistent organic pollutants）是人為合成，在自然環境中不易降解，且對生物具有毒性的有機物，許多我們早期使用的農藥屬於持久性有機毒物。雖然持久性農藥在許多國家已經禁用，但環境中殘餘的這類物質持續影響我們的健康與自然生態。垃圾焚化爐以及燃煤電廠也持續向大氣排放如戴奧辛等一類的持久性有機毒物。

新興汙染物（emerging contaminants）指可能對人體健康或自然生態造成危害，但傳統上未受到監測或管制的天然或人為合成物質。環境荷爾蒙、抗生素、止痛藥、避孕藥等都屬於這類物質。醫學藥品、家庭用化學物質、化妝品與個人衛生用品等，是這類汙染物的主要來源。廢汙水所含的新興汙染物大多無法以傳統的處理程序去除，這些物質的排放與累積可對自然生態造成長期與廣泛的傷害。

缺水問題日益嚴重

隨著人口成長，生產食物、製造商品，以及居家生活所需的用水也隨之增加。大量取水造成全球許多湖泊蓄水量銳減甚至乾枯，節約用水以及水資源管理與有效利用成為許多國家的重要課題，氣候變遷造成的全球降水型態改變加劇了這樣的挑戰。除了用水量日增造成缺水之外，水汙染也導致可用的水資源減少。雖然經過數十年的努力，許多國家的河川與湖泊汙染有了顯著改善，但水體中營養鹽過多所造成的優養化情況卻日益嚴重，這些營養鹽主要來自農業地區排出的肥料以及沖蝕下來的土壤。優養化影響河川、湖泊與近海生態，並對飲用水安全造成威脅。

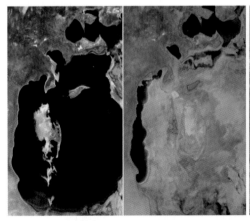

圖 2.24　大量取水造成鹹海乾涸。鹹海位於中亞哈薩克與烏茲別克斯坦交界，是一個沒有出口的內流鹹水湖。鹹海曾是世界面積第四大的湖泊。1960 年代開始，由於上游蘇聯引水灌溉，鹹海面積不斷萎縮。左圖比較 1989 年與 2014 年的衛星影像，顯示鹹海已接近完全消失，大面積湖床成為如右圖的乾燥荒漠。

空氣品質仍然不好

　　雖然整體而言全，全球空氣品質在過去數十年來有顯著改善，但空氣汙染在許多國家仍然是個主要的公共衛生問題。根據世界衛生組織估計，空氣汙染每年在全球造成 700 萬人提早死亡，包括室外與室內的空氣汙染，開發中國家的情況尤其嚴重。另一項估計認為，全球有 80% 都市居民所呼吸的空氣不符合世界衛生組織建議的標準。室內空氣汙染對於健康的危害也非常普遍，許多開發中國家的家庭使用柴火烹調食物，燻煙造成的室內空氣汙染對這些國家民眾的健康構成顯著威脅。與空氣汙染有關的疾病包括中風、心臟血管疾病、呼吸道疾病、肺癌，以及呼吸系統急性發炎。

圖 2.25　使用柴火烹調造成的室內空氣汙染對許多低度開發國家民眾造成健康威脅。

溫室氣體管制仍無法達成共識

　　化石燃料是過去幾十年來全世界的主要能源。我們使用大量的石油、煤與天然氣在交通、電力與工業。化石燃料燃燒產生大量二氧化碳，成為全球暖化的主要溫室氣體。世界各國關注全球暖化問題，自 1992 年簽署**聯合國氣候變化綱要公約**以來，國際上舉辦了許多相關會議，並簽署了多個溫室氣體減量公約。然由於全球經濟長期倚賴化石能源，加上新興經濟體，尤其是中國與印度兩個世界人口最多的國家，對於能源的大量需求，全球二氧化碳排放減量仍然遠遠落後於我們所期望的目標。在此同時，氣候變遷造成的負面效應逐漸顯現，威脅到人類社會的安全與發展。

圖 2.26　　海水位上升造成義大利水都威尼斯頻繁淹水。海平面上升只是全球氣候變遷
　　　　　的許多後果之一，其他還包括極端天候如強烈的暴雨或大雪、長期乾旱、熱
　　　　　帶傳染病流行，以及物種滅絕等。

人為滅絕造成生物多樣性喪失

　　人類的生存與發展仰賴健全的生態系服務，而生態系服務的完整性則依靠生物多
樣性。雖然物種滅絕是生物演化過程的常態，但目前物種滅絕速率遠大於天然滅絕。
物種快速滅絕導致生物多樣性降低、生態系功能缺損，長此以往必將威脅到人類社會
的存續。危害生物多樣性的因素眾多，最主要的有野生物棲息地開發、外來種引進、
汙染、過度採捕，以及氣候變遷。維護生物多樣性需要人類採取生態友善的生活方
式，以及在保育工作上持續不斷的努力。

慢性病與新興傳染病威脅大眾健康

　　人類社會自古以來持續受到疾病侵襲。早期人類的疾病多與營養不良以及衛生條
件不佳有關。隨著食物與公共衛生改善，傳統疾病造成的威脅已減輕許多，然而不同
類型的疾病繼續威脅人類的健康與生命。隨著生活型態的改變以及人口高齡化，慢性
疾病成為現代社會人類健康威脅的主要來源。許多慢性疾病與飲食或生活型態有關，
例如肥胖、糖尿病、心臟血管疾病、腦中風，以及癌症。現代化社會的生活壓力也造
成心理性疾病，如憂鬱症與自殺。傳染性疾病仍然每年在全球造成大量人口死亡。數
十年來，威脅人類的傳染性疾病由細菌性疾病轉變為病毒性疾病。**愛滋病**（AIDS）
是由於**人類免疫缺陷病毒**（human immunodeficiency virus, HIV）感染所造成，目前全

球有 3 千 8 百萬人感染愛滋病，並造成每年約 69 萬人死亡。其他新興傳染病如伊波拉毒、茲克病毒、流感病毒等，雖然都成功地受到控制，但其強烈的感染性與致死率仍然是人類生命與健康重大的潛在威脅。

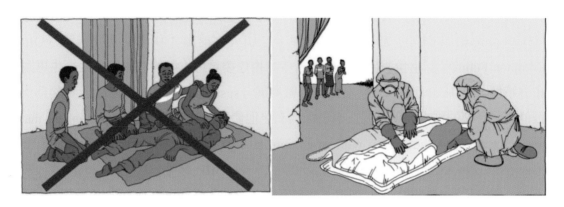

圖 2.27　伊波拉病毒緊急醫療單位對於正確處理患者屍體的宣導圖片。伊波拉出血熱是由伊波拉病毒感染所引起，有高度的傳染力與死亡率。2013 年開始的西非疫情造成將近 3 萬人感染，以及 1 萬多人死亡。

資源短缺陸續顯現

全球人口持續成長，所需的天然資源也隨著增加，許多人類傳統上使用的資源無法再生，這些資源的蘊藏量日漸減少。以目前開採速率，石油與天然氣的供應將在 50 年之內枯竭。在土地與土壤資源方面，全球可供耕作的土地面積有限，而且大多已被開發，另有一些使用中的土地因為密集耕作或放牧而至生產力下降。在漁業方面，許多海域的漁業資源已被極限開發，甚至造成魚類族群崩潰。礦產資源也面臨類似問題，銅與鋅的蘊藏逐漸枯竭，鋁礦與鐵礦在更久的未來也將面臨短缺。磷肥支持現代化農業的食物生產，根據一些估計，磷肥的使用量將於 2030 年達到尖峰，並在未來 50 到 100 年間逐漸枯竭，嚴重衝擊到糧食生產。

2.6 永續發展是環境保育的終極目標

保育的終極目標是人類與環境可以永久共榮發展，這樣的目標並非不可能。人類在地球上生活已有兩百萬年歷史，直到最近數十年，人類社會才面臨無法永續的情況。為確保環境永續，我們必須控制人口數量，同時提高資源使用效率，並採取簡約與可持續的生活方式。

永續發展以不影響後代的發展為前提

　　聯合國世界環境與發展委員會（World Commission on Environment and Development, WCED）於 1987 向第四十二屆大會提出「我們的共同未來（Our Common Future）」這份報告。在該報告中，擔任委員會主席的挪威籍公共衛生專家布倫特蘭（G. H. Brundtland）女士將**永續發展**（sustainable development）定義爲：既能滿足目前的需求，又不損及未來世代滿足他們需求的發展（the development that meets the needs of the present without compromising the ability of future generations to meet their own needs）。遵循這樣的發展模式，則人類社會可以與地球環境融合，在不降低環境品質與社會福祉的前提下共榮發展，這樣的境界可以代表環境保育的終極目標。要達成這樣的目標，人類社會的發展必須在自然環境可以負荷的範圍進行。永續發展是目前人類與環境之間關係的指導性思維。

支持地球永續性的三個要素

　　生物在地球生存已超過 35 億年，地球的永續性支持了生物生存與演化的漫長歷程。三個科學原理建構了地球的永續性，包括太陽提供不間斷的能量、地球元素的循環使用，以及生物多樣性提供完整的生態系服務。

太陽持續提供能量

　　生物需要能量來維持生理機能並繁衍後代。幾乎所有地球生物的能量最終都來自太陽，只有極少數**化學營生物**（chemotrophs）不須直接或間接從太陽取得能量。行光合作用的綠色植物利用陽光能量以及環境中的化學分子如二氧化碳、水及其他礦物，來合成葡萄糖、胺基酸、脂肪等有機物，並將能量儲存在這些有機物分子的化學鍵裡面，以提供維持生命所需的能量。可以行光合作用並產出有機物的生物是生態系的**生產者**（producers），其他生物則須透過食物攝取來取得所需的能量，稱爲**消費者**（consumers）。一個生態系單位時間可以產出的有機物量是該生態系的**初級生產力**（primary productivity）。由於生態系的食物最終由初級生產者提供，因此初級生產力高低決定了一個生態系可以維持的生物數量。

物質在生態系循環使用

　　初級生產除了需要陽光，也需要營養。這裡所稱的營養是植物所需的各種元素，植物從環境中攝取這些元素。根據物質不滅定律，環境中各種元素的質量是固定的，地球生物可以生生不息因為元素在自然界被循環使用。生態系中的生物體或由生物體產生的有機物，最後都被**分解者**（decomposers）分解成無機物分子，這些無機物可以再被初級生產者利用，經由光合作用合成新的有機物。

生物多樣性支持生態系的穩定運作

　　生態系的元素被循環使用，因此不虞匱乏，但這樣的循環必須由生態系中的生產者、消費者與分解者合作來達成，這說明了生物多樣性的重要性。環境中多樣的生物可建構完整而且具有韌性的食物網，確保生態系的能量傳遞與元素循環。永續發展的原則在確保自然界這項能力不隨時間降低，因此生物多樣性是永續發展的必要條件。

太陽提供永續能源

生物多樣性提供完
整的生態系服務

元素的循環使用

圖 2.28　地球的永續性依靠三個科學原則：太陽持續供應能量、元素循環使用，以及
多樣的生物提供完整的生態系服務。

2.7 環境問題包含人文與社會層面

典範（paradigm）是某個科學領域被大眾普遍接受的主流觀點。典範牽涉到認同，這樣的認同隨著時間與情境改變，稱為**典範轉移**（paradigm shift）。人們對於人與環境之間關係的看法，在不同歷史階段有不同的典範，因此也經過多次的典範轉移，從早期少數人對於自然環境遭到破壞的關切，到以資源利用為取向的實用主義觀點，再到基於道德與美學的保育觀。近代的環境保育觀主要建立在避免汙染以及其他可能破壞環境的行為，並以確保人類社會的永續發展為目標。

保育概念有長遠的發展歷史

早在西元前 4 世紀，希臘哲學家**柏拉圖**（Plato, 429～347 BC）觀察到，砍伐樹林以開採木材或開闢農地造成土壤流失，嚴重時可使完整的樹林變成破碎的荒地。18 世紀英國與法國的殖民者也察覺到，他們在殖民地大面積砍伐森林種植甘蔗以及其他經濟作物造成土壤侵蝕以及泉水乾沽。雖然有這些零星的觀察，但環境保護議題並未在當時的社會引起廣泛關注。

最早的環境主義可追朔到 18 世紀晚期到 19 世紀中葉，該時期的**浪漫主義**（Romanticism）除了形塑文學與藝術風格之外，也有許多對於大自然之美的讚賞，以及對於人類社會破壞自然環境的批判。美國作家**亨利‧梭羅**（Henry David Thoreau）雖不是第一個具有保育意識的世界公民，但他是第一個將自然保育做為創作題材的作者。1845 年，梭羅在美國麻州的**華爾騰湖**（Walden Pond）建造了一間小木屋，開始了兩年的試驗，過著最簡約與貼近大自然的生活。他把他在樹林小屋兩年的生活細節記錄下來，寫成了自然文學的經典作品《**湖濱散記**》（Walden, or Life in the Woods）。

在歐洲，19 世紀晚期的英國，工業革命對於環境造成的影響逐漸顯現，而社會卻缺乏環境保護的相關規範，工廠產生的廢氣與廢水逐漸對鄰近農村造成環境影響，並引發了逐漸強烈的環保意識，一些環保團體因此成立，如 1889 年成立的**鳥類保護學會**（The Society for the Protection of Birds），以及 1895 年成立的**歷史古蹟及自然美景保護國家基金會**（The National Trust for Places of Historic Interest or Natural Beauty）。

圖 2.29　在美國麻州華爾騰湖畔的亨利‧梭羅塑像與重建的木屋。梭羅提倡簡單的生活，他在華爾騰湖畔林中木屋住了兩年多，體驗並記錄簡單的生活，後來寫成了《湖濱散記》，成為具有環保意識的最早文學著作之一。

實用主義保育觀強調自然資源的有效利用

　　實用主義保育觀（utilitarian conservation）認為保育的目的在有效利用自然資源，為社會創造最大效益。美國總統**羅斯福**（Theodore Roosevelt）是持這樣觀點的代表性人物，他在任期內成立了**美國森林管理局**（US Forest Service），並指派森林專家**吉福德‧平肖**（Gifford Pinchot）為第一任局長。他們兩人與另一位自然學家與保育運動者**約翰‧穆爾**（John Muir）及其他保育人士共同規劃了國家森林、國家公園，以及野生物庇護所等保護區，以保護並利用國家的森林。他們認為保護這些森林的主要目的在為當時的社會提供所需資源並創造就業機會，而「為最多人創造最大效益，並延續最長時間」是保育的主要目的。

圖 2.30　約翰‧穆爾（John Muir）（右）與美國總統西奧多‧羅斯福（Theodore
　　　　　Roosevelt）（左）攝於優勝美地國家公園（Yosemite National Park），他們兩
　　　　　人是美國早期自然保育運動的倡導者。

生物中心保育觀強調道德與美學

　　有別於資源利用的觀點，**生物中心的保育觀**（biocentric conservation）認為，各
種生物以及自然環境自有其存在價值，不管它們對於人類有沒有利用價值，這樣的觀
點立足於道德與美學。美國自然主義的倡導者**約翰‧穆爾**（John Muir）是這類觀點
的代表人物。穆爾是地質學者與自然探索者，他從美國加州優勝美地山谷（Yosemite
Valley）的探索開始，經歷了猶他州、內華達州與美國西北角與阿拉斯加等區域
的調查與紀錄。他於 1890 年成功說服國會在加州中部西側的內華達山脈（Sierra
Nevada）設立優勝美地國家公園（Yosemite National Park）。他也是美國山岳協會
（Sierra Club）的創始者，並擔任了 22 年的主席。山岳協會是美國歷史最悠久、規模
最大民間保育團體。穆爾也以二十多年的時間倡導美國保育法令的立法。同一時期，

美洲野牛保育相關議題促成了另一波保育浪潮，美國總統**伍德羅‧威爾遜**（Woodrow Wilson）因此於 1916 年成立了國家公園管理局（National Park Service），這個政府組織的成立對美國的保育運動有顯著的激勵效果。

　　環境倫理另一個早期倡議者是美國的森林學家與保育學者**阿爾多‧李奧波特**（Aldo Leopold）。在美國森林保護局（US Forest Service）服務期間，他警覺到土地開發與密集放牧對公有土地造成嚴重破壞，因而積極倡議土地保育。在《**沙郡年記**》（A Sand County Almanac）這本書中，他提出了**土地倫理**（land ethic）的概念，這個新的倫理架構認為人是大自然的一部分，而不是主宰者，因此有責任去保護土地以及土地上的所有植物與動物。他認為人要學習閱讀與了解土地，以喚醒內心對於自然生態的覺知。土地利用須兼顧保育，盡可能維持自然景觀與地景的完整性。李奧波特的土地倫理為往後的環保運動提供了哲學的理論基礎。

圖 2.31　阿爾多‧李奧波特（Aldo Leopold）是土地倫理的倡議者，他的著作《沙郡年記》（A Sand County Almanac）是環境倫理概念的濫觴，對保育運動的興起有很大影響。

汙染問題引發現代環保運動

　　社會對於環境汙染的覺知促成了**現代環保運動**（modern environmental movement）。17 世紀英國倫敦的嚴重空氣汙染引起社會大眾以及主政者對於汙染問題的關注。倫敦更於 1952 年發生嚴重的空氣汙染事件，煤煙加上大氣擴散不良導致空氣品質嚴重不良，並在後續的幾天造成約兩千市民提早死亡。類似事件也於 1948 年發生在美國賓州的多諾拉（Donora），工廠排放的煤煙加上連續幾天的大氣滯留，造成這個工業小鎮 17 人死亡以及將近 6000 千人不適或送醫。許多這類獨立事件並未引起持續的關注，直到 1962 年《**寂靜的春天**》（Silent Spring）一書出版。此書作者**瑞秋·卡森**（Rachel Carson）為美國的生物學家，在書中她記錄了賓州家鄉觀察到 DDT 等化學農藥對空氣與水造成汙染，導致許多生物，尤其是昆蟲與鳥類的死亡。這本書喚醒了大眾對於殺蟲劑危害的認知，並促成 1972 年美國政府，以及之後世界各國對 DDT 的全面禁用。卡森被認為是現代環境保護運動的啟蒙者。

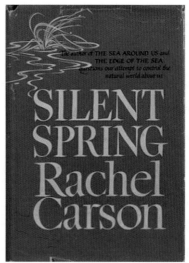

圖 2.32 《寂靜的春天》（Silent Spring）作者，美國生物學家瑞秋·卡森，被認為是現代環境運動的啟蒙者。

　　1970 年代是全球環保運動發展的重要時期，此時環境問題不只發生在先進國家，也發生在開發中國家。科學界與社會大眾也逐漸認知，一個國家造成的汙染將影響到世界各個角落。群眾環保運動啟蒙於美國大學校園，由反越戰轉化為關心地球環境的草根性運動。1970 年 4 月 22 日，第一屆**世界地球日**（Earth Day）活動在全美各地舉行，這個活動是早期最大規模的群眾環保運動，後來並擴大成為全球性活動。這時期的群眾運動促成了 1972 年在瑞典首都斯德哥爾摩舉行的**聯合國人類環境會議**（United Nations Conference on the Human Environment），會後提出了**人類環境宣言**

（Declaration of the United Nations Conference on the Human Environment），也稱為**斯德哥爾摩宣言**（Stockholm Declaration），認為健康的生活環境是人類的基本權利，必須得到確保。該宣言也提出達成此一目標的各種可行做法，當中除了合理利用地球資源與保護地球環境之外，也涉及一些社會性議題，例如良好的人口政策、消滅貧窮、推動環境教育、消除大規模殺傷性武器等。

全球環境主義是未來趨勢

全球環境主義（global environmentalism）認識到環境問題並不限於一個國家或地區，而是全球性問題。1980 年代起，全球氣候變遷與生物多樣性喪失這兩個議題逐漸受到國際社會的重視，幾個關係到全球環境的國際公約陸續簽訂。臭氧層破壞、酸雨、生物多樣性喪失、全球氣候變遷等，是全球性環境問題的典型例子，需要世界所有國家合作解決。類似「**全球思考，在地行動**（Think globally, act locally.）」這樣的口號督促民眾關注全球性環境議題，也讓**世界公民**（global citizenship）的概念擴展到環境保護領域。

2.8 臺灣的環境問題與環保運動

日據時代的臺灣被定位為日本的農業生產基地，當時工業並不發達，環境汙染問題相對輕微。二次大戰之後，尤其是國民政府遷台之後，積極發展工業，環境汙染隨之發生。1960～1980 年代將近 30 年之間為臺灣經濟快速發展時期，這一時期的環境保護與汙染控制並未受到重視，公害問題普遍存在，日積月累的結果嚴重傷害環境品質。

1980 年代的環保運動以在地居民抗議工業汙染或抗拒汙染性工業的開發個案為主。由於欠缺決策參與管道並自覺公權力未能保障他們的合法權益，受害居民往往以圍廠抗爭或封鎖道路等方式來表達訴求，這樣的做法固然為居民爭得生存權與環境權，但也有行為違法的爭議。

在民眾採取抗爭來爭取環境權的同時，環保團體也因為參與或領導民間環保運動而逐漸成形，幾個主要的環保團體包括新環境基金會、主婦聯盟，以及臺灣環境保護聯盟皆成立於 1987 年，臺灣綠色和平組織也在隔年成立。環保團體成立之後，社會大眾的環境訴求得到這些團體的奧援，表達意見及參與決策的管道逐漸寬闊，激烈的環保抗爭與社會衝突逐漸減少。隨著政治民主化，開發建設與環境保護的衝突也逐漸在法治的體制內協商解決。

　　1994 年通過的**環境影響評估法**無論在環境管理層面或是在環保運動層面都是個重要的里程碑。環境影響評估主要目的是在開發案件進行前，事先對於環境衝擊進行了解與評估，並提出因應方案。環評的行政流程強調大眾參與，提供開發案件利害相關各方參與協商的管道。

案例：臺灣的反核運動

　　臺灣在 1980 年代發電規模還不大時，核電的占比曾超過 30%，但之後新設電廠多採用火力發電，核電的占比隨總用電量的成長而逐年降低，至 2019 年，核電所占能源比例僅約 10%。運轉中的核電廠包括位於新北市萬里的核二廠、位於屏東恆春的核三廠。位於新北市石門區的核一廠於 2018 年停止商業運轉，進入除役階段。位於新北市貢寮區的核四廠則由於社會的反核壓力，在一號機建好並完成試運轉，二號機尚未建造完成的情況下，於 2015 年由政府宣告封存至今。

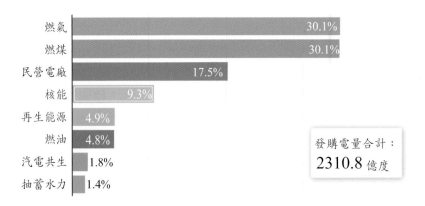

圖 2.33　臺灣 2017 年各能源別發電量占比

Source：台電開放資料

　　核一廠為 1970 年代開始的十大建設之一，該廠於 1978 年完工並開始商業運轉。後續核二、核三建造，以及 1980 年核四興建計畫提出時，社會雖有反對意見，但論點主要在政治層面，核四的興建被在野黨質疑為政商利益輸送，預算於 1985 年遭到立法院凍結。

　　1986 年 4 月蘇聯發生車諾比重大核災變，臺灣反核運動由政商問題轉爲對於核電廠安全以及核廢料處置困難的質疑。1988 年臺灣環保聯盟成立並以反核爲組織的首要目標，其成員也成爲臺灣反核運動的核心人物。環保聯盟與核四廠周邊居民組成的反核團體貢寮反核自救會結合，進行反核的街頭抗爭，但立法院仍於 1992 年通過恢復核四預算動支。

　　反核取向的民進黨於 2000 年贏得總統大選，陳水扁政府宣布停建核四，此一宣布招致行政單位以及社會重大的反對壓力，次年行政院長宣布核四復工。2002 年，民進黨占多數席次的立法院通過由陳水扁政府所提，包含非核家園條文的環境基本法。

　　2011 年，日本福島第一核電廠遭到地震所引發的海嘯破壞，並發生反應爐爐心部分熔毀以及後續的氫氣爆炸，放射性物質外洩汙染海水。福島核災勾起大眾對於車諾比核災的記憶，加重有關核電安全的疑慮。

　　2010 年代爲反核運動的高峰，期間發生多次大型反核遊行與社會運動。但同一時期，民眾逐漸對於火力發電所造成的空氣汙染以及細懸浮微粒的健康危害產生憂慮，以核電取代火力發電的意見逐漸取得優勢。擁核團體成功通過連署，於 2018 的全國性公投推出「以核養綠」一案，內容爲廢除電業法中 2025 年達成非核家園的規定。該案在全國公投取得多數支持，立法院於隔年依公投決議，修法刪除電業法中 2025 年非核家園的條文。雖然公投結果擁核民眾爲多數，但持反核立場的蔡英文政府拒絕重啟核四，認爲不用核電臺灣不致缺電，且重啟核四在技術上不可行，核廢料處置問題也無法解決。

案例：濱南工業區開發環評案

　　七股潟湖位於臺南市七股區西側海岸，面積約 1,100 公頃，爲臺灣最大的潟湖地景。潟湖以及周邊魚塭爲台南主要的漁業養殖區，並有大量水鳥以及過境冬候鳥棲息與覓食。1994 年，燁隆與東帝士兩個投資集團看中這裡的寬闊土地以及海運優勢，聯合提出了濱南工業區開發計畫，規劃在這一地區興建大煉鋼廠、石化煉油廠，以及工業港，並依規定提出環評審查。濱南案的總開發面積 3,773 公頃，其中約 60% 爲廠區，40% 爲工業港，使用的土地潟湖約占 40%，海域約占 50%，其他約 10% 爲鹽田。該案預計總投資額 4300 億台幣，估計可創造 36,000 個工作機會。

濱南開發計畫在環評審查過程遭到七股地區漁民與環保團體的激烈反對。經過 10 年的漫長環評審查與對抗，環保署於 2006 年完成該案環評書定稿本的公告，內容大幅縮小開發面積為 1,732 公頃，約原提開發面積的 46%，並避開潟湖的開發。當年稍後，該案也在內政部區域計畫委員會的審查以時空變遷以及土地利用計畫與區域未來土地利用規劃不符等原因遭到否決。開發業者提出訴願以及後續的行政訴訟。行政訴訟的判決認定案件須退回內政部重審。2009 年 9 月，內政部要求業者補件再審，但業者認為時過境遷，已無繼續投入的意願，七股潟湖全區也在這期間劃入於 2009 年成立的台江國家公園，標示著濱南案經過 15 年的漫長審查宣告終結。

濱南案受到環保團體反對的理由包括大面積工業區開發影響漁民生計、工業港的開發破壞潟湖的完整性、工業區影響自然生態以及黑面琵鷺覓食環境、高耗水耗能與高汙染，以及大量排放二氧化碳不符合國家永續發展的原則等。雖然該案遭到否決標示著國家環保意識抬頭以及國家永續發展政策的勝利，然而 15 年拖延未決的環評過程卻造成開發業者無止境的資源投入與資金閒置，至最終放棄開發並蒙受損失。

結語

近數十年來，許多國家的環境品質有了顯著改善，但我們仍然面臨一些重要的環境問題，這些問題有些是尚未完全解決的舊有問題，另有一些是以前所沒有的新興問題。許多開發中國家國民的生活品質仍然低劣，這些國家大多數社區沒有完善的公共衛生設施與乾淨的飲用水，生活環境惡劣並造成傳染病問題。全球許多城市也有嚴重的空氣汙染。發達國家有不同型態的環境問題，例如化學物質充斥，許多這類物質具有毒性或可以干擾人類的內分泌或免疫系統。土地過度開發造成生物多樣性降低，密集的耕作與放牧造成許多地區土地劣化。有些全球性的環境問題，如氣候變遷與生物多樣性喪失，甚至影響到人類社會的可持續性。

永續發展是環境保護的終極目標。地球環境支持生物超過 30 億年的生存與發展，這樣的永續性依靠三個要素，包括太陽提供不間斷的能量、物質的循環利用，以及生物多樣性提供完整的生態系服務。生物多樣性提供完整的生態系服務，是確保地球永續的核心條件。

環境科學是一門綜合性科學，內容涉及多個領域的基礎科學。科學方法是探討自然規律的一套嚴謹的系統性程序，這類程序的運用可以確保科學研究的效率與正確性。環境科學屬於科學領域，因此環境科學的探討必須遵循科學方法。科學研究的成果必須發表，以對社會的發展做出貢獻，科學報告的同儕審查可以確保研究結果的正確性。

本章摘要

- 地球主要的環境問題
- 造成環境問題的根本原因
- 人均國內生產毛額與人類發展指數
- 生態足跡
- 環境資源無節制使用與公有財悲劇
- 進步國家的汙染輸出
- 汙染、資源枯竭、生物多樣性喪失、全球氣候變遷是地球面臨的四個大環境問題
- 全球與臺灣近年來的環境品質改善
- 永續發展的定義
- 建構地球的永續性三個科學原理
- 典範的定義以及環境思潮的典範轉移
- 臺灣的環境問題與環保運動

問題

1. 為何說環境問題是個近代的問題？
2. 為何說人口成長與經濟發展是造成環境問題的根本原因？
3. 為何 GDP 不能代表生活福祉，而人類發展指數是生活福祉比較合理的指標？
4. 什麼是生態足跡？使用生態足跡來表示環境衝擊有何好處？
5. 說明公有財悲劇，以及為何環境資源容易有公有財悲劇所描述的現象。
6. 說明在什麼情況下，貧窮也造成環境問題。
7. 為何說臺灣 70 年代廢五金進口與處理是進步國家的汙染輸出？
8. 說明生物多樣性與生態系服務完整性之間的關係。

9. 在那些方面，全球環境品質在過去數十年有改善跡象？

10.說明全球目前面臨的主要環境問題。

11.說明什麼是永續發展，以及爲何永續發展是環境保育的終極目標。

12.說明支持地球永續的三個要素。

13.說明實用主義保育觀與生物中心保育觀之間的差異。

14.爲何說汙染問題導致現代環保運動的興起？

專題計畫

1. 上網查最近一年聯合國人類發展指數（Human Development Index, HDI）評估結果的世界排名，以及臺灣的名次。臺灣在哪些項目得到高分？哪些項目得到低分？

2. 上網查世界主要國家的人均生態足跡，並與臺灣的人均生態足跡比較。

3. 上網了解你住家附近一條河川過去 10 年來汙染改善的情形。

第二部分　環境科學原理

第3章　環境系統：物質、能量與生命

圖 3.1　生態系由物質、能量與生命構成。照片中的水、岩石是物質，流動的水攜帶能量，而動植物是生命。

　　環境由生命以及無生命的單元所組成，這些單元之間因爲互動而連結成爲一個生態系（ecosystem），連結生態系各個單元的程序是**能量流動**與**物質循環**。

3.1 物質

　　物質（matter）是占有空間並具有質量的實體。因溫度與壓力不同，物質有固態、液態與氣態三種可能的**相態**（state）。固態物質有固定的體積與形狀，其內部的分子緊密結合，相對位置固定。液態物質有固定的體積，但內部分子的相對位置不固定，呈現可流動狀態。氣態物質的分子分散，物體的體積與形狀都爲可變，因此是流動而且可以壓縮。

原子是區別物質的最小單位

　　原子（atoms）是參與各種化學反應的最小粒子，也是元素保有其化學性質的最小單位，不同的原子代表不同的元素。每個原子中央是帶有正電荷的**原子核**，外面圍繞著帶有負電荷的**電子**。原子核含有**質子**與**中子**，其中質子帶一個正電荷，中子不帶電。一個原子的原子核所帶正電荷的數量稱為**電荷數**，這個電荷數與外圍電子所帶的負電荷數量是一致的，因此原子是電荷中性。電荷數決定這物質是何種元素，例如電荷數 12 的元素是碳，電荷數 1 的元素是氫。物理作用或化學反應無法改變原子的電荷數，核反應則可透過原子核內部電荷數的改變使一個原子由一種元素變成另外一種元素。一個質子與一個中子有相同的質量，這質量遠大於一個電子。原子核中質子與中子的總數稱為**質量數**。有些元素的原子核可以有不同的中子數目，因此有不同的質量數。這些電荷數相同但質量數不同的原子是同一元素的不同**同位素**（isotopes）。有些同位素是穩定的，有些不穩定。不穩定同位素可以透過核衰變而成為另一種元素。每種不穩定同位素有特定的衰變速率，其半數衰變所需時間稱為**半衰期**（half-life）。我們可以利用不穩定同位素這樣的特性來進行**放射性定年**（radiometric dating），根據岩石或生物化石內已衰變同位素的比例來推斷他們的形成年代。例如鈾 -235 以一定速率衰變為鉛 -207，一塊岩石根據其內部這兩種元素的比例，我們可以推斷該岩石的形成年代，誤差在 0.1% 到 1% 之間。例如鈾 -235 的半衰期稍大於 7 億年，適用於數百萬年前一直到地球剛形成時的 45 億年前所形成岩石的定年。放射性同位素碳 -14 的半衰期約 5730 年，經常被用來作生物化石的定年。生物體內碳的來源是大氣中的二氧化碳，因此活的生物體碳 -14 的含量比例與當時大氣中碳 -14 含量一致。生物死後碳 -14 不再進入生物體，體內的碳 -14 逐漸因衰變而減少，這樣的定年法可以推斷數萬年歷史的生物化石。

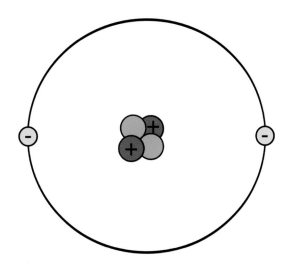

圖 3.2　一個氦原子包含原子核中兩個帶正電的質子（紅色）與兩個不帶電的中子（綠色），以及兩個在外圍，各帶一個負電荷的電子。因此，氦的電荷數 2，質量數 4。原子核的電荷數決定元素的種類。

　　元素（element）是物質的最基本組成，各元素有特定的物理與化學性質，化學反應無法對元素進行改變。例如固體的銅是由單一元素所構成，雖然銅可以與其他元素反應，生成其他物質，例如與氧反應生成氧化銅，但所形成氧化銅內部所含的銅元素並未改變。物質也可以由一種以上元素構成，這類物質我們稱爲**化合物**（compound），例如水分子是由氫與氧兩種元素所構成，二氧化碳是由碳與氧這兩種元素所構成，它們都是化合物。

　　大部分物質並非單一原子集合而成，而是由一個以上相同元素或不同元素的原子所構成，稱爲**分子**（molecule）。結合不同原子形成分子的力量稱爲**化學鍵**（chemical bonds）。當原子或分子外圍電子數量與原子核的電荷數不一致時，原子即帶有電荷，這類帶有電荷的原子或分子稱爲**離子**（ions）。例如食鹽（氯化鈉，HCl）在水中解離成爲帶一個正電荷的鈉離子（Na^+）與帶一個負電荷的氯離子（Cl^-）；硫酸（H_2SO_4）在水中解離成氫離子（H^+）與硫酸根離子（SO_4^{2-}）。

　　有些原子或分子外圍含有不成對的電子，這樣的原子或分子稱爲**自由基**（free radical）。自由基有很強的活性，可以對周邊的化學分子造成破壞。例如大氣中一些氣體可以在紫外線照射下反應生成氫氧自由基，這些自由基可以在極短時間內與周邊的其他分子反應。自由基可以對組成 DNA 的有機物分子造成破壞，導致細胞病變。

物質不會消失也無法被創造

　　物質守恆（conservation of matters）也稱為**質量守恆**（conservation of mass），說明在一個封閉的系統，物質不能被創造，也無法被毀滅。系統裡面的原子可能經由化學反應而結合，成為不同的化合物，但這些原子的種類與數量不會改變，因此質量也不變。物質守恆定律有兩個重要的意義。第一，我們無法創造物質，所以物質是有限的。例如我們大量使用銅來製造各種電器與電子產品，但因為銅無法被創造，因此終會有耗盡的一天。第二個意義是，當我們把用過的物品當成廢棄物拋棄之後，這些廢棄物所含的元素也不會消失，它們只會經由化學反應形成不同的化合物。

3.2 **生命**

生物體由有機物所構成

　　化合物由一種以上的元素組成，因此化合物的種類非常多。這些化合物可以根據其是否必須由生物來合成區分為有機物與無機物。**有機物**（organic compounds）的共同特徵是它們都以碳為分子的骨幹。有機物分子首先由初級生產者利用自然界的無機物如二氧化碳、水及少量其他元素，經由光合作用來合成。初級消費者如草食性動物由植物攝取有機物，以取得能量並合成其他有機物，依序再到次級與更高階消費者。生物的代謝性呼吸作用則循相反程序，將體內有機物氧化為無機物，主要是水與二氧化碳，以取得能量。有機物之外的其他化合物為**無機物**（inorganic compounds），例如岩石的主要成分二氧化矽與碳酸鈣，以及空氣中的氮氣、氧氣與二氧化碳，還有各種相態的水。各類無機物是植物的營養來源，因此無機物與地球生物有密切的關係。

　　生物體內的有機物根據它們的構造與功能可以區分為 4 大類：碳水化合物、脂質、蛋白質、核酸。

- **碳水化合物**（carbohydrates）以碳鏈為主幹，另外含有氫與氧兩種元素，兩者比例大約 2：1。構成生物體的碳水化合物包括醣、澱粉以及纖維素。碳水化合物是生物細胞能量的主要來源，它們提供生物細胞短時間內需要的能量，除此之外也形成生物細胞構造的一部分。

- **蛋白質**（proteins）由胺基酸聚合而成，它們構成生物體的肌肉與各種器官。身體器官所分泌的荷爾蒙也主要由蛋白質分子所組成。

- **脂質**（lipids）由碳的長鏈與氫結合而成，屬於碳氫化合，是生物體內最簡單的化學分子。脂質的主要功能在爲生物體儲存能量，除此之外它也是細胞膜以及荷爾蒙的重要成分。脂質是疏水性化合物，也就是不溶於水。許多有機毒物也是疏水性，被身體吸收之後累積在生物體的脂質中，不容易經由尿液或汗水排除，並對生物體的健康造成危害。

- **核酸**（nucleic acids）是位於細胞核內部的大型有機分子，負責遺傳訊息的保存與傳遞。核酸由許多稱爲核苷酸的單體串聯而成，每個核苷酸分子由三個部分所組成，以一個含氮鹼基爲核心，連接一個五碳糖與一個磷酸基，其中五碳糖可以是脫氧核糖或核糖，分別形成脫氧核苷酸與核苷酸，各聚合成爲**脫氧核糖核酸**（DNA）與**核糖核酸**（RNA），如圖 3.3。DNA 爲雙螺旋結構，內部的核苷酸有 4 類不同

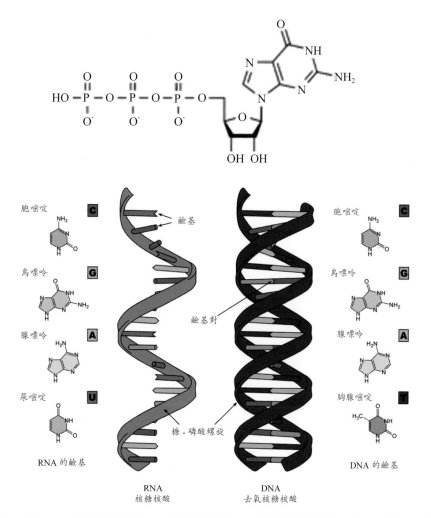

圖 3.3　DNA 與 RNA 的分子構造。上圖核苷酸以一個含氮鹼基爲核心，加上一個五碳糖和一個或者多個磷酸基團。下圖含氮鹼基有五種，分別是腺嘌呤（A）、鳥嘌呤（G）、胞嘧啶（C）、胸腺嘧啶（T）和尿嘧啶（U），含有不同鹼基的核苷酸串連成爲單鏈的 RNA 與雙鏈的 DNA

的含氮鹼基，這些含不同鹼基的核苷酸以各種不同的序列串聯成 DNA。每個生物個體內部的細胞都攜帶有屬於這個個體的獨特 DNA，在細胞複製的過程，DNA 也同時被複製。由於 DNA 對每個生物體是獨特的，因此可以運用在身分的辨識。同時，DNA 所含的遺傳訊息也可以用來了解生物的演化歷程，以及不同物種的親緣關係。RNA 分子比 DNA 小得多，而且是單鏈結構，其主要功能在傳遞 DNA 的訊息片段，並根據這個訊息來控制蛋白質的合成。

細胞是生命的基本單元

細胞（cells）是生命最基本的單元，有些生物是單細胞生物，如細菌、單細胞藻類、原形蟲等，大部分生物為多細胞，例如人體由大約十兆個、兩百多種不同類型的細胞所構成。細胞的結構包含細胞膜（membrane）、細胞間質（cytoplasm）、細胞核（nucleus）三個部分。細胞的構造與形狀因所屬器官與機能而不同。例如上皮細胞呈柱狀多角形、神經細胞有許多長的突觸、肌細胞為紡錘型、紅血球細胞為圓盤狀。細胞核內部存有由 DNA 纏繞而成的染色體，儲存著生物體的遺傳訊息。核膜將細胞核與細胞的其他部分隔開，但允許與外界進行化學上的接觸。在分裂之前，細胞先進行 DNA 複製，確保新的細胞擁有一套相同的完整 DNA。

細胞間質是細胞內部填充的膠狀液體，裡面散布著許多細胞器，各細胞器有其特定的功能，例如儲存能量、進行新陳代謝、協助蛋白質的合成等。細胞膜位於細胞的最外層，由兩層磷脂分子所構成。細胞膜可以維持細胞結構的完整，並與外界適度隔絕，只允許有用的化學分子進出。

細胞的生命週期因細胞種類而異，表皮細胞以及消化道表面細胞大約每天更新一次，而神經細胞則在神經系統發展完成之後就不再更新。細胞透過分裂來增殖，體細胞的增殖為有絲分裂，長成兩個相同的細胞。生殖細胞的產生則為減數分裂，此時細胞透過隨機的過程產生只攜帶一半 DNA 的性細胞，因此每個性細胞的基因組成都是獨特的，在交配過程，雄性與雌性性細胞結合，形成完整的一套屬於子代的 DNA。細胞分裂若受到化學物質、輻射線或病毒干擾，可能形成腫瘤，或更不受控制的惡性腫瘤（癌症），嚴重時可導致生物體死亡。

組織、器官、系統負責各種生理功能

組織（tissue）由一群構造與功能相同的細胞所組成，並在生物體的不同部位執行特定任務。人體的組織可以分成四大類，上皮組織覆蓋身體表面，或者作為各器官與腺體的包膜，有保護器官與協助內分泌與排泄的功能。肌肉組織由纖維狀細胞組成，有收縮的功能，負責身體各部分的運動。結締組織負責將身體的各個部分連接起來，以維持身體以及器官的形狀與功能。骨骼、韌帶、血管等，都由結締組織構成。**神經組織**由許多神經細胞連結而成，負責腦部與身體各部位的訊息傳遞與反應控制。

　　器官（organ）由多種組織構成並一起執行特定的任務。身體有非常多的器官，例如眼、耳、鼻、舌為與身體知覺相關的器官，心、肝、肺、胃、腎為內臟器官，內生殖器與外生殖器也由許多不同的器官所組成。

　　系統（system）由不同的器官組成並統合執行某項大規模的任務。人體共有十個不同的系統，包括骨骼系統、肌肉系統、神經系統、循環系統、淋巴系統、消化系統、呼吸系統、內分泌系統、泌尿系統、生殖系統。

營養指生物所需的元素

　　所有的生物都直接或間接從環境中獲取他們所需的元素，這些元素稱為生物的**營養**（nutrients）。自營生物如綠色植物可以攝取環境中的無機物如二氧化碳、水、硝酸鹽、磷酸鹽等，以取得它們所需的碳、氫、氧、氮與磷等元素。異營生物則須攝食其他有機體來滿足它們的營養需求。巨量營養鹽是生物需要量大的元素，如碳、氫、氧、氮、磷、硫。其他也為生物所需，但需求量較少的元素是微量營養，例如鉀、鈣、鎂、鋅、銅等。

生物也需要合適的環境條件

　　除了營養之外，生物也需要合適的環境條件，例如日照、氣溫與濕度，而這些環境條件在地球上的分布並不均勻，因此也造成不同的氣候區以及各氣候區不同的物種組成。例如赤道周邊有充足的陽光與較高的氣溫，極地地區則日照微弱，氣溫也低。又靠近海洋的陸地有較多的降水，內陸則相對乾燥與缺水。土壤情況也一樣，有些地方土壤肥沃，適合植物生長，因此可以支持大量的動植物族群，有高初級生產力。以岩石為主的地區土壤稀少，無法支持大量的植物，初級生產力低。另有一些地方可能土壤鹽份高導致植物生長困難。海洋生態系也一樣，雖然海洋不缺水，但海水極度缺乏植物生長必要的部分元素，例如鐵與氮。因此，除了營養充足的近海之外，海洋顯得相當貧瘠，生物稀少。海洋深處缺乏陽光，因此也無法生產食物。

3.3 能量

能量（energy）是做功的能力。生物體維持生理機能與進行各種活動都需要能量。能量以許多不同的形式存在，例如重力位能、動能、熱能、化學能。不同形式的能量可以互相轉換，例如水庫蓄水所含的位能可以透過水力渦輪來轉變爲電能，再經過各種電器、電子用品轉變爲我們所需形式的能量。我們身體的有機物分子存有化學能，可以透過化學轉換，產生維持體溫所需的熱能，以及進行各項活動所需的機械能。

能量有不同的品質

能量可以是集中或分散的。高度集中的能量其利用效率高，稱爲**高品質能量**。分散的能量利用效率低，稱爲**低品質能量**。各種燃料如煤、石油、天然氣，以及電力含有非常密集的能量，是高品質能量。引擎廢氣以及大氣或海洋所含的熱能非常分散，不容易利用，是低品質能量。我們使用高品質能量來做我們希望的工作。雖然能量不滅，但高品質能量在使用過程被轉換成低品質的型態，而無法再回收利用。科學上使用**熵**（ㄉㄧ）來描述物質或能量的分散程度。物質與能量都隨著時間或使用而分散，也就是熵提高，使得物質與能量的運用越來越困難。

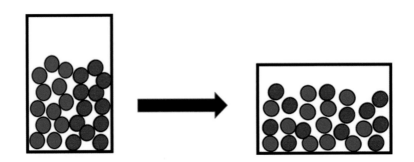

圖 3.4   物質與能量因各種程序而變得分散與紊亂，也就是系統的熵隨時間增加。高品質的物質或能量經過使用成爲難以再度利用的低品質物質或能量。

能量的運作遵循一些定律

自然界能量的存在與轉換遵循一些規律，稱爲熱力學定律。**熱力學第一定律**

（first law of thermodynamics）指出，能量是守恆的，因此也稱爲**能量守恆定律**（conservation of energy）。根據這個定律，我們既不能創造能量，也無法讓能量消失。雖然能量可以傳遞，不同形式的能量之間也可以轉換，但總量是固定的。核能是一個例外，核反應可以將物質轉換爲能量，在這種情況下能量並非守恆，但遵守質能轉換定律。

　　熱力學第二定律（second law of thermodynamics）說明，系統可用能量隨著傳遞或轉換而減少，也就是能量在傳遞或轉換過程會有一部分以低品質的型態散失，無法再被利用。例如燃煤電廠以煤爲燃料，但燒煤所釋放的熱能只有約 40% 被轉換爲我們要的電能，其餘的 60% 由冷卻水或煙囪廢氣以廢熱的形式排放。生物體內部的代謝作用也遵循熱力學第二定律。生物經由攝食取得化學能，在細胞內部，這些化學能被轉換爲熱能，或被拿來做功。這些能量被使用之後品質降低，散失到環境中。因此，生物需要持續的能量供應。

3.4 生態系的物質與能量傳遞

　　自然界各種生物或非生物現象皆由能量來驅動，例如各種天候現象以及人體的各種活動與腦部的思考。生物所需的能量最終來自太陽。陽光的能量由綠色植物透過光合作用轉換爲植物體的化學能，這些能量經由食物鏈在生態系中傳遞。

光合作用產出有機物

　　太陽的電磁輻射頻譜如圖 3.5 所示，能量集中在波長 400～700 奈米的可見光範圍。植物利用一部分可見光來進行**光合作用**（photosynthesis），可被植物利用的太陽輻射能稱爲**光合有效輻射**（photosynthetic active radiation）。

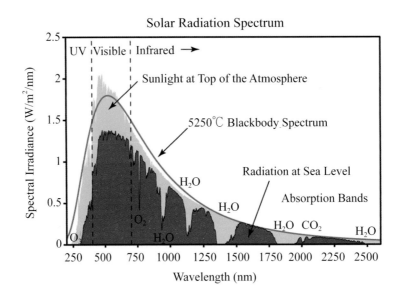

圖 3.5　太陽輻射的頻譜能量分布。黃色部分為地球大氣層外情況,紅色為海平面情況,兩者之間的差異為大氣反射與吸收造成的損失。

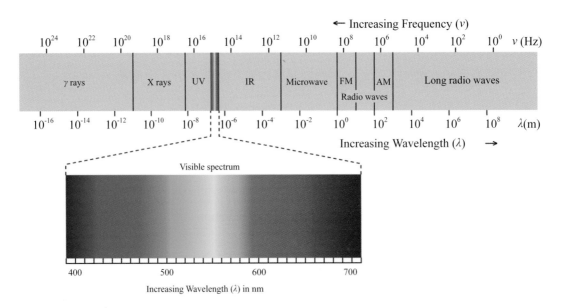

圖 3.6　波長 400～700 奈米的電磁輻射為可見光。雖然只占陽光頻譜的一個狹窄範圍,但可見光是動物視覺以及植物光合作用所利用的主要光線。

　　綠色植物的葉子含有葉綠體,為葉片細胞內的細胞器之一。葉綠體可以在陽光能量的作用之下,將來自根部的水與氣孔吸收的二氧化碳結合成葡萄糖,並釋放出氧氣:

$$12H_2O + 6CO_2 + hv（陽光能量） \rightarrow C_6H_{12}O_6（葡萄醣）+ 6O_2 + 6H_2O$$

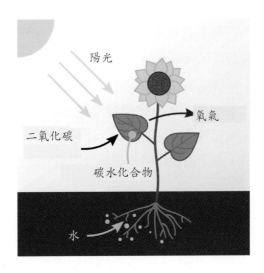

圖3.7　光合作用利用陽光、水與二氧化碳合成碳水化合物（有機物），並釋放出氧氣。

　　光合作用包括兩個不同反應階段，一個需要光線的**光反應**與一個不需要光線的**暗反應**。在光反應階段，葉綠體利用陽光，把水分離為氫氣與氧氣，其中氧被釋放出來，氫氣則在第二階段的暗反應與二氧化碳結合，形成有機物：

$$12H_2O + 陽光 \rightarrow 12H_2 + 6O_2 \ [光反應]$$
$$12H_2 + 6CO_2 \rightarrow C_6H_{12}O_6 + 6H_2O \ [暗反應]$$

生物細胞透過**呼吸作用**（respiration）來取得儲存在有機物分子中的能量：

$$C_6H_{12}O_6 + 6 O_2 \rightarrow 6 CO_2 + 6 H_2O + 能量$$

　　呼吸作用的化學反應與燃燒相同，但在遠低於燃燒溫度下由酵素催化完成，在這過程細胞取得所需的能量。在沒有氧氣的情況下，細胞進行沒有氧氣參與的呼吸反應，稱為**無氧呼吸**，此時有機物在細胞內被分解成乙醇（酒精）、乳酸等簡單的有機物分子，並釋出能量。乙醇與乳酸可暫時儲存在體內，在有氧的情況下透過有氧呼吸，完整獲取有機物分子所含的能量。

　　可以利用光線能量將二氧化碳、水及其他無機物合成有機物的生物稱為**自營生物**（autotrophs）如綠色植物。無法自行合成有機物的生物須透過食物攝取來獲得所需的營養與能量，這些生物稱為**異營生物**（heterotroph），包括消費者與分解者。自營生物合成有機物的機制稱爲**初級生產**（primary production）。一個生態系經由初級生產產生有機物的能力稱爲**初級生產力**（primary productivity）。初級生產力可以用每年每平方公尺可以產出的有機碳質量來表示（mg-C m^{-2} yr^{-1}）。陽光與水分充足且有大量植物的環境初級生產力高，可以支持大量的生物，例如熱帶雨林、濕地與熱帶海岸的珊瑚礁。少數生物不需要光合作用也能合成有機物，這些生物合成有機物所需的能量得自化學反應，這一類自營生物是**化學營生物**（chemotrophs），海底熱泉周邊可以發現這一類生物。在陽光無法到達的海床，這類微生物利用熱泉所含的礦物來反應取得能量與合成有機物，並透過食物鏈，在熱泉周邊形成一個獨特的生態系。

圖 3.8　海底熱泉周邊的大管蟲群聚，這些動物依靠熱泉周邊的化學營微生物來獲取食物。

自營生物也必須經由呼吸作用來取得所需的能量。**粗初級生產量**（gross primary productivity, GPP）爲自營生物所合成有機物的總量，而粗初級生產量扣除自體**呼吸**（respiration, R）所消耗的有機物量得到**淨初級生產量**（net primary productivity, NPP）：

$$NPP = GPP - R$$

淨初級生產量是初級生產者實際可以供應給生態系的有機物量。初級生產依賴陽光，因此有明顯的季節差異，陽光充足的夏季遠高於冬季，這樣的差異在溫帶與寒帶尤其明顯。不同生態系之間初級生產力也有很大差異，圖 3.9 爲全球的初級生產力分布情形，其中陸地生態系淨初級生產占全球 67.6%，海洋生態系占 32.4%。地表各種生物群系的初級生產力差異顯著，熱帶雨林可以高到每平方公尺每年 2200 公克，溫帶落葉林大概 1200 公克，常綠林 800 公克，農耕地 650 公克，沙漠 90 公克。熱帶海岸的珊瑚礁為海洋初級生產力最高的區域，遠離海岸的汪洋大海缺乏植物必須的部分營養，其初級生產力低，有如陸地的荒漠。表 3.1 為地球主要生態系的初級生產力。

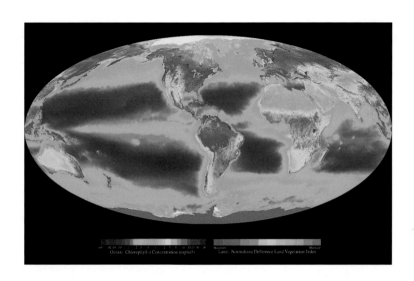

圖 3.9　全球光合作用分布（海洋部分以葉綠素濃度表示，紅色最高，藍色與紫色最低），陸地部分以植被指數顯示，綠色最高，土黃色最低）。

表 3.1　地球不同類型生態系的淨初級生產力

生態系類型	平均淨初級生產力（g/m²/yr）
熱帶雨林	2,200
樹澤與草澤	2,000
溫帶落葉林	1,200
熱帶草原	900
北方針葉林	800
農耕地	650
溫帶草原	600
極地與高山凍原	140
荒漠	90
陸地平均	773
大洋	125
河口	1,500
珊瑚礁	2,500
海洋平均	152
全球平均	333

食物鏈包含不同的營養階

異營生物以其他生物體做爲食物來源。依照食物來源的不同，異營生物可分爲以下幾類：

- **食草動物**（herbivores）以植物爲食物，稱爲初級消費者，如牛羊等動物。
- **食肉動物**（carnivores）以其他消費者爲食物，又可分爲捕食初級消費者的次級消費者，以及捕食其他肉食動物的三級消費者。
- **雜食性動物**（omnivore）以植物或動物爲主食，人類、豬、狗、老鼠都爲雜食性動物。
- **腐食性動物**（scavengers）以死亡的動物爲食物，如土狼、烏鴉、蒼蠅等。
- **食屑生物**（detritivores）以死亡動植物體或動物排泄物中的有機殘渣爲食物，如白蟻、螃蟹、糞金龜等。
- **分解者**（decomposers）是自然界的清道夫，它們將有機物分解爲無機物，這類生物包括蕈類、細菌以及原生生物。分解者透過攝食把死亡的動植物體分解成無機物，回到大自然的營養庫，它們是自然界物質循環不可或缺的成員。分解者有些是好氧的（需要氧氣），另一些是厭氧的（不需要氧氣）。好氧性分解我們稱爲**呼吸**（respiration），其最終產物爲二氧化碳與水。有機物的厭養性分解稱爲**發酵**（fermentation），其主要產物爲酒精、乙酸、甲烷、硫化氫等不穩定的化學分子，這些分子還會在環境中被好氧分解成二氧化碳、水等穩定的最終產物。麵粉發酵爲厭氧分解的典型例子，在這過程有少量的澱粉被分解成酒精。
- **寄生者**（parasites）生活在其它生物的體內或體外，並從這些生物身上獲取營養，被寄生的生物稱爲宿主（host）。寄生者對宿主的影響可以很輕微甚至有利，但也有一些寄生者對宿主造成嚴重傷害或導致宿主死亡。

以生產者爲食物的異營生物爲**初級消費者**，攝食初級消費者的爲**二級消費者**，依此類推。生態系層層攝食的關係稱爲**食物鏈**（food chain）。大多數生物有多種食物來源，因此生態系的攝食關係複雜，形成一個網狀結構，稱爲**食物網**（food web）。**營養階**（trophic level）指生物在生態系食物鏈中的層級。生產者在第一個營養階，草食性動物在第二個營養階，肉食性動物在第三個營養階，依此類推。

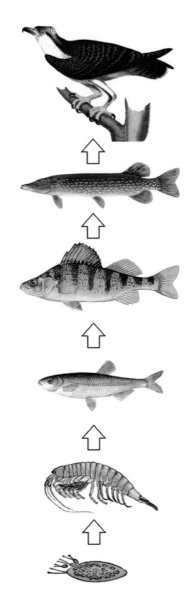

圖 3.10　簡化的水域食物鏈。食物鏈顯示一個生態系生物的攝食關係。

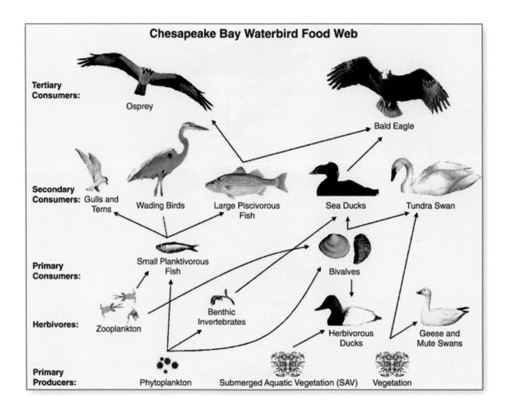

圖 3.11 　生物的食物來源可能涵蓋多個營養階，形成複雜的食物網，如這個美國東岸
　　　　　契斯比克灣（Chesapeake Bay）的水域食物網。

生態系能量往高營養階減少

　　能量與物質一樣，也透過攝食由低營養階往高營養階流動。能量在營養階之間的
傳遞效率是有限的，在傳遞過程，生物體因呼吸作用造成能量的損耗。因此，越往高
營養階，生物體所保有的能量越少，形成一個類似圖 3.12 的金字塔狀，稱為**能量金
字塔**（energy pyramid）。植物是初級生產者，因此在一個生態系統，植物體所含的
物質與能量最多，並往高營養階的草食性動物、肉食性動物等遞減。受限於物質與能
量在營養階之間的傳遞效率，一個生態系的食物網大多只能有 4 到 5 個營養階。

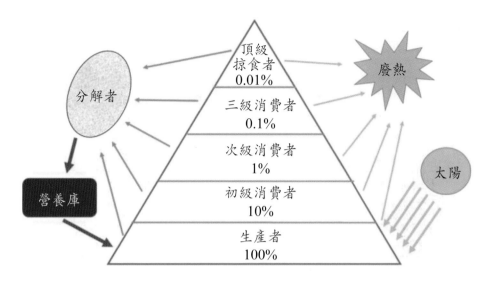

圖 3.12　生態系的能量金字塔。初級生產者捕捉陽光能量，並透過食物鏈將能量傳遞
　　　　給更高營養階生物。每個營養階的能量只有一部分（約 10%）傳遞到次一個
　　　　營養階，其餘的能量散失到環境。越高營養階所保有的能量越少，形成一個
　　　　能量金字塔。各營養階的有機物最終被分解者分解為無機物，回到營養庫，
　　　　並可被初級生產者再度利用。

　　根據能量金字塔的概念，人類素食可大幅提高食物利用效率。如圖 3.13 所示，
牧場使用玉米或大豆來飼養牲畜，如雞、豬、牛、羊，這些牲畜為初級消費者。由於
各營階之間物質與能量傳遞的有限效率，人類直接食用玉米或大豆獲取能量與營養效
率遠高於攝食肉類。因此素食一般較食用肉類經濟，對於降低食物生產的生態足跡有
顯著幫助。「蔬食做環保」的口號符合生態系物質與能量傳遞的法則。

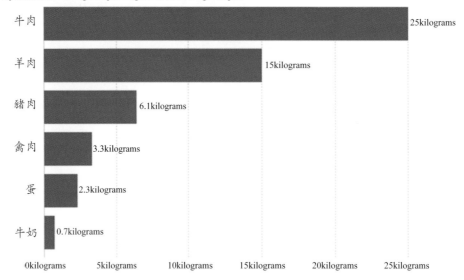

圖 3.13　生產一公斤肉類或乳製品所需的動物飼料，數值越大，則食物效率越低，牛肉的食物效率遠低於牛奶與雞蛋。

3.5 地球的元素循環

　　生物所需的各種元素在生物與物理環境之間的循環稱爲**生物地質化學循環**（biogeochemical cycle），或**生地化循環**。在此一過程，地球的元素被生物吸收利用，並在食物鏈中傳遞，最後又回歸大地，可被再次利用。透過生地化循環，地球生物可以源源不絕取得它們所需的物質。碳、氫、氧爲生物體需求量最大的幾個元素，其他重要元素還包括氮、磷、硫。

水循環

　　水分子由氫與氧兩種元素組成，生物可以從水攝取到這兩種元素。水在地球環境中的傳輸與循環稱爲**水文循環**（hydrological cycle）。

　　海洋是地球水最主要的儲存庫，海水占地球水分的 96.5%，淡水只占 2.5%，海洋以外的鹹水占約 1%。淡水的最大儲存庫是固態的冰雪，包括極區與高山的冰帽，這些冰封的淡水不易為生物所利用。淡水的第二大儲存庫是地下水，而最常做為人類社會水源的河川、湖泊與水庫蓄水則只占全球水的 0.007%。有人形容，如果全球水分是 50 加侖的桶子，則我們可以直接使用的河川與湖泊蓄水大約是一茶匙。雖然可直接取用的淡水所占比例不高，但透過不斷的循環與更新，我們可以得到持續的供應。

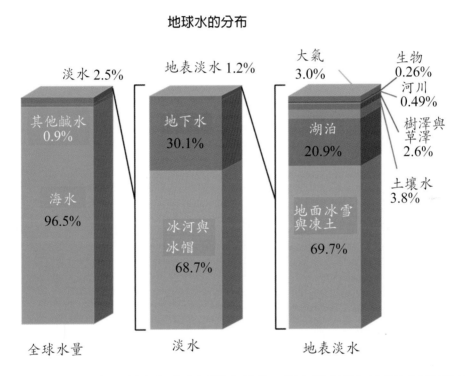

地球水的分布

圖 3.14　全球水的分布，其中海水占了絕大部分，淡水則主要為冰雪以及地下水，河川與湖泊是人類與許多生物的主要水源，這部分的水所占全球水分的比例非常低，但透過不斷的循環與更新，自然界可以持續供應淡水。

　　圖 3.15 是簡化的地球水文循環。海水或陸地水分因為陽光照射而蒸發成為水氣，這些水氣在合適條件下形成降水（降雨或下雪）。陸地的降水有一部分直接蒸發回到大氣，一部分流入河川，最終回到海洋。另有一部分陸地降水入滲到地層中成為地下水。地下水最終滲出地面成為地面水，或從海岸滲出，回到海洋。因此，水文循環的主要程序包括蒸發與蒸散（合稱蒸發散）、降水（含降雨、降雪、冰雹等所有型態的水分沉降）、地表逕流、地面水入滲與地下水滲流。有些水文程序進行快速，對於地球水分分布有顯著與立即的影響，例如蒸發散與降水，有些程序則相對緩慢，例如極

地與高山的降雪與融雪，以及地下水的入滲與滲出。人類社會大量取用淡水干擾了自然的水文程序。水壩的建造與取水阻擋了水流並降低河川流量。都市的大面積不透水表面如道路與建築阻礙雨水入滲，導致地下水位下降，並提高降雨時的地表逕流，造成洪水。大量的抽取地下水也造成地下水枯竭與地層下陷。各種來源的廢水也造成水的汙染，使得原本可以利用的水變得無法使用。由於人口持續成長，生活以及農業與工業的用水需求與日俱增，淡水短缺成為全球普遍的問題。

圖 3.15　水文循環──水經由各種水文程序如蒸發、降雨、降雪與逕流等程序在全球循環。

碳循環

　　碳是構成生物體的主要元素，地球碳的主要儲存庫包括：

- **海洋**：二氧化碳易溶於水，海水可以溶解大量二氧化碳，因此海洋是大氣二氧化碳的主要去處與最大的儲存庫。一部分海水中的二氧化碳與溶解的礦物反應形成碳酸鹽礦物（主要為碳酸鈣），並沉積於海床。也有一部分被海洋初級生產者如浮游植物吸收利用，進入海洋食物鏈，最終沉積於海床。因此，海洋對於大氣二氧化碳有淨吸收效果，稱為**碳匯**（carbon sink）。

• **大氣**：大氣中的二氧化碳主導地球的碳循環。二氧化碳為地球形成初期大氣的主要氣體。隨著綠色植物出現，光合作用吸收了大量二氧化碳，大氣二氧化碳濃度降低。工業革命之前，大氣二氧化碳的濃度約 250 ppm，工業革命之後人類社會大量使用煤、石油、天然氣等化石能源，並向大氣排放二氧化碳，二氧化碳濃因此逐年升高。目前大氣二氧化碳濃度約 420 ppm，並以每年約 2 ppm 的速率升高。

• **生物體**：大氣二氧化碳的另一重要去處為綠色植物的吸收。綠色植物透過光合作用將二氧化碳與其他營養元素合成有機物，並經由食物網將碳元素傳遞到整個生物圈。生物的呼吸作用將有機物所含的碳轉化為二氧化碳，回到大氣，完成生態系的碳循環。森林砍伐除了降低地球光合作用能力之外，也將原本儲存在植物體中的碳釋放出來，兩個因素都可提高大氣的二氧化碳含量。

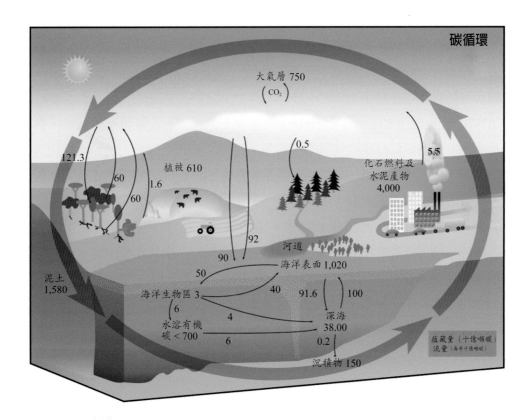

圖 3.16　地球碳的主要儲存庫（單位：10 億噸），以及各儲存庫之間的年交換量。海洋為碳的最主要儲存庫，其次是大氣與生物體，以及地殼中的礦物。碳循環的主要驅動力為自然界的光合作用與呼吸作用，以及海洋與大氣之間的交換。

- **地殼**：大氣二氧化碳的來源除生物呼吸之外，另一個重要來源是岩石風化。碳酸鈣為碳酸岩礦物的主要成分，例如石灰岩與大理石。暴露在地表的碳酸鹽礦物與水反應發生風化作用，並釋出二氧化碳。

　　大氣二氧化碳的主要天然來源是生物呼吸，尤其是微生物對有機物的降解。森林火災與火山氣體也是大氣二氧化碳的重要天然來源。石油、煤與天然氣等化石燃料是由埋藏於地層的生物體，經過數千萬到數億年緩慢的化學變質形成，這些以碳為主的燃料燃燒時釋放大量二氧化碳。由於自然的程序無法將人為排放的大量二氧化碳完全吸收，導致二氧化碳持續在大氣中累積，造成人為溫室效應。

氮循環

　　氮是生物體另一種主要構成元素。生物體的氮主要以有機物如胺基酸或核酸的型態存在。氮也是大氣含量最多的氣體，比例達 78%。大氣是地球氮的最大儲存庫，其他兩個大儲存庫是海水與海洋沉積物。土壤與生物體所儲存的氮占地球氮總量的比例不高，但這部分是地球氮循環的主要參與者。地球的氮循環如圖 3.17 所示，生態系氮循環包括以下主要程序：

- **固氮作用**（nitrogen fixation）：所有生物都需要氮元素，大氣也充滿氮氣，但只有少數生物，例如與豆科植物共生的根瘤菌，以及水中的藍綠菌，可以直接利用大氣中的氮氣，稱為**生物固氮**。其他的自營生物都必須以銨或硝酸鹽等化合物為氮的來源，異營生物則透過攝食取得所需的氮。閃電也可以固氮。閃電的高溫可以將大氣中的氮氣與氧氣結合，形成氮氧化物，這些氮氧化物可以在空氣中或土壤裏面反應，形成植物可以吸收利用的硝酸鹽，這樣的固氮程序稱為**化學固氮**。

- **氮的吸收**：氮是生物所需的巨量營養，自然界的氮循環可以持續提供植物所需的氮。植物吸收銨與硝酸鹽來合成含氮的有機物，稱為**有機氮**（organic nitrogen），例如蛋白質與胺基酸。

- **有機氮的降解**：生物體或其排泄物所含的有機氮最終被微生物分解成為無機氮。有機氮最初被微生物水解成為銨，接著再被氧化成為亞硝酸鹽與硝酸鹽，這個程序稱為**硝化作用**（nitrification）。銨與硝酸鹽可以再被植物吸收利用，完成生態系的氮循環。

- **脫硝作用**（denitrification）：硝酸鹽在無氧或缺氧環境被微生物還原成為氮氣或氧化亞氮，釋放到大氣，稱為脫硝作用。這類反應發生在沒有氧或含氧量低的環境，例如陸地的濕地以及湖泊或海洋的底泥。

- **氮肥製造**：密集耕作的農地依靠施肥來維持作物產量，氮肥為農業最主要的肥料。哈伯法（Haber process）是氮肥生產的主要程序。這個程序使用空氣中的氮氣與石化業所生產的氫氣來合成氨，並在後續的化學反應中產生尿素或硝酸銨等固體肥料。氮肥的使用大幅提高了作物產量，然農地排出的肥料也造成湖泊、水庫以及河川與近海的優養化。

圖 3.17　自然界的氮循環。大氣中的氮氣是氮的最大儲存庫，氮氣可以經由微生物的生物固氮或閃電的化學固氮，轉化為銨或硝酸鹽等，植物可以吸收利用的無機氮。生物體產生的有機氮最終被水解成為銨，再被氧化成為亞硝酸鹽與硝酸鹽。硝酸鹽透過脫氮作用被還原成為氮氣回到大氣，完成自然界的氮循環。

磷循環

磷是細胞膜以及 ATP 與 ADP 分子的主要成分，也是生物體需要的巨量營養鹽之一。ATP（adenosine triphosphate，三磷酸腺苷）與 ADP（adenosine triphosphate，二磷

酸腺苷）負責生物體的代謝作用與能量取得。磷也是動物肌肉、骨骼及內臟的重要成
分。圖 3.18 為簡化的磷循環。含磷酸鹽的礦物是地球磷的主要儲存庫，植物從土壤
取得所需的磷，並透過食物鏈往各營養階輸送。生物體所含的磷最終被微生物分解而
回到自然環境。陸地的磷隨著水流往海洋，海水中的磷可經由海洋食物鏈或化學性沉
澱沉積於海床。雖然海床沉積的磷可以經由地質活動被帶到陸地，但這樣的程序需要
很長的地質年代，因此磷被視為不可更新的資源。由於自然界的磷不以氣態存在，磷
的生地化循環要比碳或氮緩慢許多。

磷循環

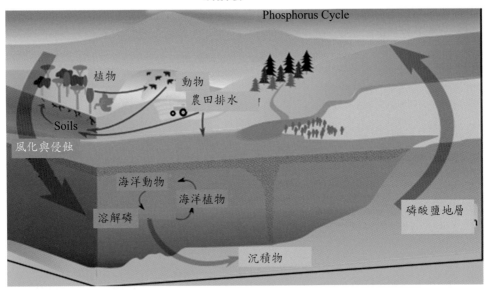

圖 3.18　磷的生地化循環。岩石與土壤中的磷被植物吸收利用，進入生態系的食物
　　　　鏈，生物生產的有機磷最終被微生物分解，成為無機磷，回到土壤。水中溶
　　　　解的磷排入海洋，經過海洋的物理、化學與生物作用，最後沉積於海床，形
　　　　成含磷礦物。

　　大多數土壤的含磷量不高，因此密集耕作的農地必須施用磷肥以確保作物的收
成。含磷量高的礦物如磷灰石常被開採來做為磷肥，海鳥棲息的島嶼也存有大量含磷
量高的鳥糞，可以被開採做為磷肥。低度開發國家磷肥取得困難，居民採用火耕，以
焚燒森林來取得草木灰燼所含的磷以及其他養分，待土地肥分耗盡之後再更換地點，
重複同樣的操作。火耕固然可以讓貧窮地區農民獲得寶貴的肥料，但這樣的作法造成
森林破壞與土壤流失，使得土地變得更加貧瘠。磷除了做為肥料之外，也是重要的工

業原料。關於磷的供應有各種不同的估計，悲觀的估計認爲供應量將在 2030 年到達高峰，並在 50〜100 年之後枯竭。雖然也有估計認爲，自然界的磷還可以持續供應數百年，但無論如何，磷是一種有限資源。

硫循環

　　硫爲地殼中含量豐富的元素，也是生物所需較大量的元素之一。硫的循環集中於陸地與水域，大氣中雖有氣態的硫化合物以及懸浮的硫酸鹽微粒，但所占比例不高。地殼與海水是硫最大的儲存庫。地層深處蘊藏大量的硫，可以在火山爆發時被噴出並沉積於地表。生物圈中的硫主要以硫酸根離子的型態存在，並以水爲主要的傳輸媒介。水或土壤中的硫酸根離子可被微生物還原爲氣態的硫化氫，並排放到大氣中。大氣中的硫經過氧化作用，最終以硫酸鹽的形態隨著降雨、降雪或乾沉降回到地面。有些海洋藻類可以合成二甲基硫（dimethyl sulfide, DMS），這些氣體在大氣中氧化成爲硫酸鹽，並隨著降雨或降雪回到地面。大氣中極細的硫酸鹽微粒對於陽光有很高的反照率，可以反射陽光並對地球造成降溫效果。海水也含有硫酸鹽，這些硫酸鹽以硫酸銨爲主。極細的鹽沫在水分蒸發之後留下硫酸銨微粒，並逐漸沉降到地面。人類活動造成的硫排放主要來自化石燃料的使用，尤其是煤的燃燒。燃煤的含硫量最高可以到 5%，這些硫在火力電廠鍋爐燃燒形成二氧化硫。二氧化硫在大氣中被氧化成爲三氧化硫，再與水分子結合形成硫酸。大氣中的硫酸是造成酸雨的主要物質。在晴天，極細的硫酸鹽微粒是霧霾的重要成分，不但影響大氣能見度，也對人體呼吸系統造成傷害，並對建築物與物品造成腐蝕。

3.6 環境系統與系統模擬

　　地球環境龐大而複雜，爲了方便觀察與理解，我們經常將環境劃分成各種大小的**系統**（system）。一個環境系統包含許多單元，這些單元透過能量、物質的傳遞與信息交換，結合成爲一個整體，並呈現系統的特徵與功能。環境系統有儲存與轉換物質及能量的功能，因此系統輸出的物質與能量可能在性質、組成與數量上都與輸入時不同。以圖 3.19 的森林系統爲例，該系統由外界取得陽光、水、二氧化碳，以及營養元素，並輸出木材、食物、氧氣，以及其他有機物。系統是爲了方便描述環境狀態或探討環境功能所作的人爲分割，這樣的分割有相當的任意性。在做環境探討時，我們以最有助於描述或理解環境的方式去做系統界定。例如，當我們探討一片森林的二氧化碳吸收效率時，若我們把這片森林看成一個系統，要比把它與周邊的草原包裹在同一個系統方便。

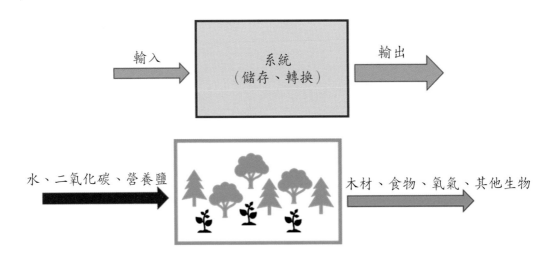

圖 3.19 系統具備一些功能，可以對輸入的物質與能量進行儲存與轉換，並輸出。例如上圖的森林系統輸入水、二氧化碳與營養鹽，輸出木材、食物、氧氣與其他生物。

　　一個封閉的系統沒有物質、能量或訊息進出，開放系統則與周邊交換與互動。雖然我們經常使用封閉系統的概念來探討環境問題，但自然環境鮮少是封閉的。在做環境問題探討時，我們經常需要描述能量或某種物質在不同系統之間的流動，這時我們會用到**通量**（flux）的概念。通量指單位時間通過系統邊界的物質或能量的數量。通量大，則系統與外界的關係密切。

　　不同環境系統之間的互動經常是雙向的，形成許多**反饋迴路**（feedback loop），在這樣的迴路，某系統的輸出影響到其周邊，而其周邊又反過來影響原來的系統。反饋有**正反饋**（positive feedback）與**負反饋**（negative feedback）。在正反饋的情況，一個環境因子的改變所造成的系統反應反過來增強這個因子，反覆增強的結果造成系統不穩定。在負反饋的情況，一個環境因子改變造成的系統反應反過來削弱這個因子，反覆抑制的結果使得系統趨於穩定。氣候變遷提供許多正負反饋的例子。暖化造成北極冰帽縮小，地球對於陽光能量的吸收增加，進一步加速大氣暖化與冰帽範圍縮小的速率，這是正反饋的典型例子。暖化也提供負反饋的案例。暖化的後果之一是大氣所含水氣增加，因而形成更大面積的雲。由於雲對陽光有很好的反射效果，大面積的雲對大氣造成降溫效果。

　　雖然我們為了需要，將環境區分成各種不同規模的系統，但這些系統實際上是相互連結的，一個系統的狀態改變，必將影響到其他系統。了解系統之間的互動，讓我們在處理環境問題時可以有宏觀視野與周延的考量，採取正確的決策。

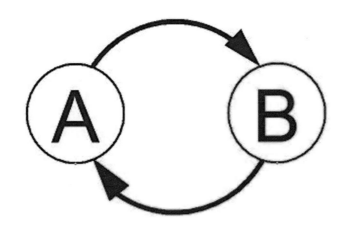

圖 3.20　在一個簡單的反饋迴路，系統 A 的輸出造成系統 B 的變化，B 系統的變化反過來影響 A 系統。在正反饋情況，兩個系統互相激化，造成系統不穩定。在負反饋情況，兩個系統互相削弱，系統趨於穩定。

　　對於環境系統運作規律的了解經常無法依靠短期以及局部的觀察，此時我們經常使用模型來進行大規模或長期的環境模擬。**模型**（model）是可以模擬各種實際現象的概念、數學方程式、計算機程式，或縮小的實體。使用模型進行科學研究有許多好處，縮小的系統有利於近距離觀察，也容易操控周邊條件來觀察系統的反應，這在實際的環境是不容易做到的。

- **實體模型**（physical model）使用放大或縮小的物體來模擬實際的系統，例如我們可以使用一個水池與渠道來模擬一個水庫與河流的系統，了解水庫放水造成淹水的可能性，或在一個大水池製作沙灘與人工海浪，來了解海岸可能的變遷。

- **電腦模式**（computer model）使用數學方程式來模擬實體環境，並運用計算機來輸入、運算與輸出。許多環境模擬的電腦模式使用螢幕來做互動式的操作，使得環境模擬變得快速且容易了解，大部分情況也比實體模型細節與準確。

- **概念模型**（conceptual model）將一個複雜的系統極度簡化，成為簡單的概念，並經常以關係圖的方式來呈現。概念模型主要目的在呈現系統的組成，以及各組成單元之間的連結與互動，讓一個複雜的系統可以一目了然，方便決策。

- **地理資訊系統**（geological information system, GIS）的發展與運用是環境管理一個重要的里程碑。GIS 的核心是一套電腦程式，用來處理大量的空間資訊，並將處理結果以容易理解的圖像來呈現。GIS 是電腦科技的產物，隨著電腦科技的進展與運算能力的提升，GIS 的功能變得更加強大。GIS 系統的運用涉及三個主要部分，包括空間資料的取得、數據的處理，以及運算結果的呈現。空間資訊的獲取主要依靠飛機或人造衛星的遙感探測（remote sensing, RS）。這些大量的空間資料被輸入GIS 系統進行分析，並將結果以圖像分類呈現，稱為圖層，例如地表植被、河川、道路、房屋等，有各自的圖層。由於 GIS 主要處理空間相關數據，因此空間定位為GIS 不可或缺的部分。GIS 的空間定位主要依靠**全球定位系統**（global positioning system, GPS）。因此，GIS、GPS、RS 結合稱為 3S，是一個強大的自然資源監測與管理系統。這個系統將傳統依靠人力收集的點數據，擴大為依靠機器收集的面數據，讓我們可以對環境狀況做全面與即時的了解，在環境管理技術上是個革命性的進展。

結語

　　生物在地球持續存在超過 30 億年，三個自然條件讓地球生物得以生生不息，包括太陽不間斷的提供能量，以及元素的一再循環使用，第三個條件是生物多樣性。多樣的生物提供完整的生態系服務，使得自然界的元素可以更新並循環使用。因此若生態系統功能健全，則生地化循環效率高，物質的生產與更新快，生態系因此充滿活力。

　　雖然自然界大多數的物質都可以透過生地化循環一再更新與使用，但物質更新與循環有一定速率，若人類社會使用這些物質的速率超過自然界的更新速率，則資源將逐漸枯竭。因此，人類社會必須更有效的利用自然資源，以達到環境永續。

本章重點

- 地球環境系統
- 地球的能量流動與物質循環
- 原子的構造

- 同位素，不穩定同位素的半衰期
- 物質的守恆
- 有機物
- 細胞、組織、器官與系統
- 能量
- 熱力學第一與第二定律
- 光合作用與初級生產
- 食物鏈與營養階
- 生態系的物質與能量流動以及能量金字塔
- 地球的主要元素循環
- 環境系統與系統模擬

問題

1. 說明物質如何在自然生態系中循環。
2. 說明什麼是化合物。
3. 說明什麼是有機物。
4. 生物體由物質構成，但物質卻不代表生命，生命與物質有何差異？
5. 什麼是高品質能量與低品質能量，各舉一例說明。
6. 舉一個自然界的現象說明熵的概念。
7. 什麼是光合作用？為何光合作用又稱為生態系的初級生產。
8. 說明化學營生物與行光合作用的自營生物的異同。
9. 比較海洋與陸地的初級生產力。
10. 根據熱力學第二定律，說明食物鏈的能量金字塔。
11. 以碳為例，說明自然界的元素循環。
12. 什麼是系統？在探討環境問題時，為何經常需要將環境區分成不同的系統？

專題計畫

1. 根據物質守恆的概念，雖然化學反應的反應物與生成物不同，但反應前後，系統所含的元素不變。上網找一個簡單的化學反應式來說明物質的守恆。

2. Google Map 是一個龐大的地理資訊系統，試著使用 Google Map 的功能選單，
   顯示不同的圖層，例如河流、城市、道路、國界等。

3. 環境系統的實體模型是縮小規模的實體環境。位於美國亞利桑那州的生物圈二
   號（Biosphere 2）是地球生物圈的一個實體模型，請上網了解生物圈二號如何
   模擬地球環境。

第4章　生態學原理

圖 4.1　生態學探討生物與其環境之間的關係，環境包括無生命的物理環境以及各種生物。

　　生態學（ecology）探討生物與其環境之間的互動規律，包括生物之間以及生物與無生命的物理環境之間的互動。Ecology 這名詞在 1866 年首先由德國科學家海克爾（Ernst Haeckel）提出，由 eco 與 logy 這兩個希臘字組合而成。eco 在希臘文為「家」或「生活場所」的意思，logy 為「學問」。因此 ecology 的字面原意是「有關生活場所管理的學問」。

4.1 生態學的內涵

　　生態學是個整合性的科學，與生態學高度相關的學門包括地球科學、生物學、基因學、演化學、動物行爲學等。生態學家探討的重要主題包括：

1. 物種的生命運作（life process）、互動與適應；

2. 生物圈的物質循環與能量流動；

3. 生態系的演替與發展；

4. 生物的數量、分布，以及生物多樣性與環境之間的關係。

圖 4.2　恩斯特·海克爾（Ernst Heinrich Philipp August Haeckel, 1834～1919）是德國生物學家、哲學家與藝術家，同時也是醫生、教授與多本著作的作者，他引介了許多新的生物學名詞，包括生態學（ecology）。

　　一個**生態系統**（ecosystem）包含裡面所有的生物，以及維持這些生物生存與繁殖的所有物質與環境條件。生態學探討生態系統的結構與功能。在結構方面，生態系統有個體、種群、群落、生態系與生物圈等不同層級。生態系統的功能非常多樣，主要的功能包括初級生產、有機物的降解與無機化（pedogenesis）、能量流動、物質循環、生態棲位的建構，以及不同物種之間的互動。一個生態系統的功能由其內部物種的生活史特徵所構建，各物種對系統內部生命的存續做出各自的貢獻，這樣的貢獻稱爲**生態系服務**（ecological service）。生態系統內部的物種愈豐富，則生態系服務的功能愈完整。由於不同物種所提供的生態系服務有重疊與可替代性，因此物種多樣性高的生態系統也比較穩定。例如熱帶雨林生產力高、食物豐富、物種多樣，因此生態系服務完整，系統也相當穩定。荒漠缺乏水分、生產力低、食物缺乏、生物多樣性低，生態系統功能單調而脆弱。

圖 4.3　　一個生態系包含物理環境以及生活於其間的所有生物，如這個美國黃石公園的地景。

　　生物的互動規律是生態學探討的重點，這些互動發生在同一物種的個體，或不同物種之間，以及生物與它們的環境之間。生態學的探討也有各種空間尺度，可以從一棵樹到一個森林，或整個陸地板塊。一片森林固然可以構成一個生態系統，一塊腐木也可以看成是一個生態系統。對於許多食屑動物，一塊腐木可能已包括它們生命史的全部活動範圍。

圖 4.4　　生態系統可以有不同的尺度，像這塊岩石與生長在上面的地衣、青苔，以及許多肉眼看不到的微生物，構成了一個生態系統。

4.2 生命支持系統

生命支持系統包括太陽、大氣圈、水圈、岩石圈與生物圈

地球生態系的運作依靠一個龐大的支持系統，這個系統維持適合生物生存的穩定環境，並提供必要資源。地球的整體環境構成了這樣的**生命支持系統**（life-supporting system），這個系統包含了太陽、大氣圈、水圈、地圈以及生物圈：

- **太陽**

  - 維持生物生存的合適溫度；
  - 供應植物光合作用所需光線，是生態系能量的最終來源；
  - 提供動物視覺所需光線。

- **大氣圈**

  - 大氣提供所有生命所需的氣體，包括動植物與微生物呼吸所需的氧氣，以及綠色植物行光合作用，合成有機物所需的二氧化碳；
  - 大氣濾除對生物有害的宇宙射線；
  - 大氣可以捕捉地表放射的紅外線，維持適合生物生存的環境溫度；
  - 大氣輸送能量，調合不同緯度的地表溫度；
  - 大氣輸送水氣，提供陸域生物所需水分。

- **水圈**

  - 水圈提供生物所需水分，降水量為影響陸域生態最重要的因素之一；
  - 水有很高的比熱與蒸發熱，可以調和陸地的日夜溫差，透過洋流輸送，海水也調和了地球各處的溫度與濕度。

- **岩石圈**

  - 岩石圈提供生物棲息場所，以及植物生長所需的土壤；
  - 岩石圈提供生物所需的各種元素；
  - 土壤是許多微生物的棲息場所，這些微生物是地球元素循環不可或缺的參與者。

·生物圈

。所有生物體都依賴其他生物來取得生存所需的資源或合適的生存環境，所以生物圈本身也是生命支持系統的一部分。

圖 4.5 太陽持續提供能量以及植物初級生產所需的光線，使地球得以生生不息。除了太陽，我們也需要水、空氣以及土地與其他生物，這一切構成了地球的生命支持系統。

生物的生長有一些限制

　　李比格最小因子定律（Liebig's Law of the Minimum）說明，一個生態系的生物數量決定在一種或少數幾種最稀少的必要資源，而不決定在資源的總量。生物生長、發育與繁衍需要許多資源，當某種必要資源短缺時，生物數量受到限制。這裡所稱的資源可以是物理的、化學的或生物的，例如陽光、水分、營養以及生存空間等。李比格定律對於了解一個生態系生物的數量與分布有很大幫助。例如作物生長需要氮、磷、鉀等必要元素，若農田磷的含量不足，則作物生長將取決於磷的供應量，增加其他元素的供應無法提高這片農田作物的產量。許多森林的營養與水分供應充足，但林下植物經常受限於日照不足而生長不好，在這種情況下，日照是這些林下植物生長的限制因子。李比格定律也被運用在生態管理，例如湖泊或水庫的植物營養過剩，浮游藻大量生長，造成優養化。根據李比格定律，水中浮游藻數量由含量最少的一種資源所決定。許多湖泊缺磷，此時控制磷的輸入可以改善這些湖泊優養化的情況。

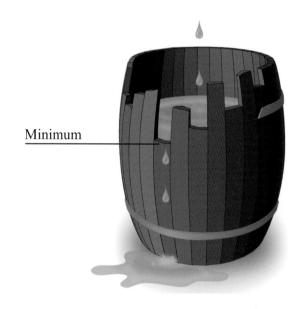

Minimum

圖 4.6　根據李比格最小因子定律，一個生態系的生物數量決定在這生態系最缺乏的必要資源，而不是資源的總量，就如一個木桶可以裝的水量決定在桶壁最短的木條。

　　薛弗德耐受定律（Shelford Law of Tolerance）說明，生物有其最適合生存的環境條件，此時生物生長快速，數量也最多。環境條件越遠離最適範圍，則生物生長越緩慢，數量也越少。若環境條件超出某種生物的耐受極限，則該物種將無法生存。

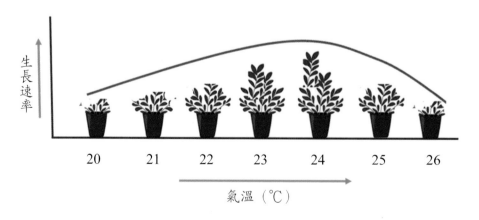

圖 4.7　根據薛福德耐受定律，生物有其最適合的環境條件，生物的生長速度或數量決定在實際環境與最適環境的接近程度，如圖中植物有最適合的生長溫度，高溫與低溫都限制植物的生長。

受限於可用空間或資源的供應量，一個生態系只能支持一定數量的生物，稱為**承載容量**（carrying capacity）。決定承載容量的因素非常多，例如水與食物的供應，或是動物可以築巢或挖洞的地點，以及排泄物排除與分解的速率等。承載容量經常不是固定，例如多水年份植物生長良好，可以支持數量比常年多的動物，乾旱年則植物生長不良，動物族群因食物供應不足而數量減少。又如地球有一定承載容量，食物短缺，可能限制人口的成長，但人類透過農業技術的改良來提高食物生產效率，擴大了地球承載容量，因此目前全球人口遠超過早期採集與狩獵的時代，也多過早期農業社會。

4.3 生命與演化

生命如何出現仍無定論

根據化石証據推斷，生物於 37 億年前出現在地球，但生命如何發生仍無定論。在生命出現之前，地球歷經一個為期約十億年的**化學演化**（chemical evolution），這一時期地表與大氣的物質組成持續變化，最終產生可以合成有機物的無機前驅物質，包括水、二氧化碳、甲烷、氮、氨與氫。實驗證實，這些氣體在電弧的催化之下可以合成氨基酸與其他簡單的有機分子。早期地球可能由閃電、火山爆發或強烈的紫外線照射提供催化這些化學反應所需的能量。另外有些理論認為，地球的生命來自其他星球，簡單的生命或有機物由宇宙塵埃攜帶來到地球，但地球仍然是我們目前所知唯一存在生物的星球。

生物的演化

演化生物學家認為所有生物是由共同的祖先經過長期演化而來。圖 4.8 的**演化樹**（evolutionary tree）或**系統發生樹**（phylogenetic tree）呈現簡化的生物演化過程，以及物種的親緣關係。早期地球生物以細菌一類的原核生物（prokaryotes，沒有細胞核的單細胞生物）以及單細胞真核生物（eukaryotes）為主。這些可以行光合作用的早期植物存在於海洋。大約 4 億年前，海洋植物演化出適應陸地環境的能力，並開始侵入陸地。早期的動物也生活於海洋。化石證據顯示，最早的海洋動物出現在大約 7.5 億年前。大約 4 億年前，在植物登陸之後，兩棲類與昆蟲也透過演化取得適應陸地環境的能力，開始了動物在陸地的生活與演化。哺乳類動物出現在生物演化的晚期，約2億多年前的三疊紀。**人屬**（genus Homo）則出現於 200～300 萬年前，這在生物演化的年代上是非常近代的事情。在兩百萬年的演化過程，人類的大腦逐漸加大，同時演化出直立行走的能力，讓雙手可以用來工作，而經由演化而逐漸靈巧的手掌也讓人類可以製造工具，並發展出現代的人類文明。

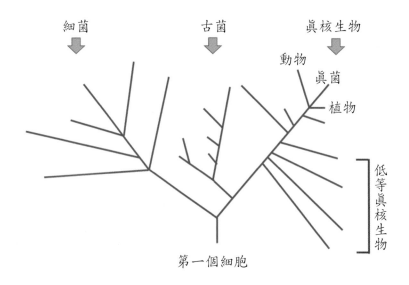

圖 4.8　演化樹（evolutionary tree）顯示簡化的生物演化歷程，以及物種的親緣關係。據信地球上所有生物有共同的祖先。

演化造成生物多樣性

在 19 世紀中期，演化理論尚未確立之前，人們對於生物體的構造以及地球物種組成隨時間改變這件事並無明確了解，直到 1858 年，兩位英國自然學家**達爾文**（Charles Darwin, 1809～1882）與**華理斯**（Alfred Russel Wallace, 1823～1913）各自提出**天擇**（natural selection）造成物種演化這樣的概念。達爾文並根據長期蒐集的證據，於 1859 年寫成第一本物種演化相關的著作《**物種起源**》（On the Origin of Species by Means of Natural Selection）。根據天擇與適應的概念，遷移或天然災害所造成的環境改變可以對生物族群造成生存壓力。由於同一物種不同個體之間存在適應能力的差異，適應能力強的個體在新的環境中存活下來，並繁衍後代，基因被保持留下來。適應力差的個體子代數量少，最終基因被淘汰。這樣的天擇使得新環境中生物族群與其來源族群基因組成的差異逐漸累積，當差異顯著到兩族群個體無法再透過交配產生具有繁殖能力的子代時，新的物種形成，這樣的過程稱爲**種化**（speciation）。種化最常發生在距離或地理屏障造成的**地理區隔**（geographic isolation）。地理區隔使得原屬同一種的兩個群體長時間獨立演化，最後產生**生殖區隔**（reproductive isolation），形成新的物種。

我們根據特徵的相似程度爲生物分類

　　生物分類法（biological taxonomy）根據物種之間的相似程度將生物加以分級與歸類。分類學家將既存的物種區分爲細菌、古菌與眞核生物等三個**域**（domain），其中細菌與古菌不具細胞核，稱爲**原核生物**（prokaryote），**眞核生物**（eukaryote）則有細胞核。細菌擁有絕大部分的物種，許多細菌分布在深海或沼澤的底泥，被我們發現的細菌只占全部種類的一小部分。人類以及大部分目前存在的動物、植物與眞菌都屬於眞核生物。域之下的分類單元是**界**（kingdom），我們最熟悉的眞核生物包括動物、植物、眞菌（如酵母菌、黴菌、菇類）、原生生物（如藻類、阿米巴蟲）等四個界。在界之下的分類層級還包括**門**（Phylum）、**綱**（Class）、**目**（Order）、**科**（Family）、**屬**（Genus）、**種**（Species）。種是最細節的分類單位，科則是最常用的分類單位。

表 4.1　人、黑猩猩與犬的生物分類，陰影顯示他們的相似程度。

層級	人	黑猩猩	犬
界	動物界	動物界	動物界
門	脊索動物門	脊索動物門	脊索動物門
綱	哺乳綱	哺乳綱	哺乳綱
目	靈長目	靈長目	食肉目
科	人科	人科	犬科
屬	人屬	黑猩猩屬	犬屬
種	智人 （*Homo sapiens*）	黑猩猩 （*Pan troglodytes*）	家犬 （*Canis familiaris*）

　　生物學家使用屬與種兩個分類學層級的二名法（binomial nomenclature）來為生物命名，稱為生物的**學名**（scientific names）或**拉丁名**（Latin names）。以人類為例，人屬於**人屬**（*Homo*）與**智人種**（*Homo sapiens*）。

　　使用綱（class）的分類層級，地球生物包括以下幾個類群：

- **哺乳類動物**（mammals）為溫血的脊索動物，這類動物具備毛髮或羽毛，並有乳腺可以分泌乳汁來哺育幼體。哺乳動物在陸地演化出來，多數具有四肢，但有一部分回到海洋或成為飛翔的動物。哺乳類動物大多數為胎生，胎生哺乳動物透過胚胎的血液循環將營養輸送到子宮中未出生的幼體。這類動物包括齧齒動物如老鼠，肉食動物如獅子、老虎，靈長類如人類、猩猩，還有許多其他動物。少數哺乳動物為非胎生，稱為有袋動物（marsupials），例如袋鼠、負鼠。有袋動物在胚胎階段即出生，並在育幼袋內發育。哺乳類動物為身體構造最複雜與智能最高的生物，尤其人類是哺乳動物最極致的代表。靈長動物包括人類、猩猩與猴子，這些動物具有可以握的手，以及指甲取代了爪子，方便使用器具。靈長類有很好的遷移與環境適應能力，為全球七大洲都存在的一類哺乳動物。其他的哺乳動物還包括蝙蝠、海洋哺乳動物、有蹄動物、有袋動物、食肉動物等。
- **鳥類**（birds）由恐龍演化而來。鳥類與其他動物不同之處在於它們有翅膀與羽毛。大部分鳥類演化出適應飛翔的身體構造與生理機能，但也有一些因生活環境不需要飛行能力，而演化出沒有飛行能力的鳥類，如企鵝與鴕鳥。飛翔需要很大的能量輸出，因此這些鳥類演化出一些其他動物沒有的生理機制，如較高的體溫，快速的代謝能力，以及高效率的呼吸系統。飛翔能力賦予鳥類高度的機動性，可以長程遷移以尋找食物及適合繁殖的棲息環境。
- **兩棲動物**（amphibians）是脊椎動物從水棲到陸棲的過渡類型。兩棲動物幼體在水中生活，用鰓呼吸，長大後用肺與皮膚呼吸，它們可以爬上陸地但是不能一生離水。樹蛙、蟾蜍、山椒魚等是兩棲動物。
- **爬行動物**（reptiles）為具有鱗甲、冷血、產卵的脊椎動物。蛇、蜥蜴、鱷魚、烏龜等都是爬行動物。爬行動物為非常古老的脊椎動物，也是地球上分布最廣的脊椎動物之一。
- **魚類**（fish）是具有頭骨、鰓以及無趾四肢的水生動物。生物學家根據口器與骨架的構造將魚區分為無頜魚、軟骨魚、硬骨魚三類。魚類演化出可以適應水中生活的能力，例如用鰓呼吸、鹽分調節、浮力控制等。魚類是生物演化過程最早出現的脊椎動物，這些脊椎動物有些留在海洋，有些遷移到陸地。硬骨魚類在海洋與淡水水域都是最主要的魚類，有 96% 的既存魚類爲硬骨魚類。

- **無脊椎動物**（invertebrate）指沒有脊椎的動物，這類生物包括昆蟲、甲殼類、軟蟲、水母、海棉等。無脊椎動物的種類與數量都遠高於脊椎動物，其中節肢動物爲最主要的無脊椎動物，種類占動物物種的將近 80%，包括昆蟲、蜘蛛，以及甲殼動物。昆蟲爲環境適應最成功、數量最多的無脊椎動物，包括常見的蜜蜂、蝴蝶、螞蟻、蒼蠅、蚊子、蟑螂等。昆蟲的分布非常廣，在土壤以及陸地的所有棲息環境都可以發現。有些昆蟲生活在水中，還有一些在水中產卵、孵化，成蟲才到陸地生活。

- **被子植物**（angiosperms）又稱開花植物，是有胚植物（高等植物）中最廣爲人知的一類，也是在演化過程最晚出現的一種植物。被子植物主宰了陸地幾乎所有森林。被子植物可以被看成是開花、結果，並使用種子繁殖的植物。許多開花植物需要由動物，如蜜蜂、蝴蝶或鳥類來授粉或傳播種子，因此跟這些動物建立了密切的關係。雙子葉植物（eudicots）的種子萌芽時有兩片子葉，是種類最多的被子植物，占了被子植物將近一半。單子葉植物（monocots）種子萌芽時爲單片子葉，大多數爲草本植物。數量比較多的單子葉植物爲蘭科、禾本科與莎草科，大部分我們食用的穀物以及田間雜草爲單子葉植物。花是植物繁衍一個很重要的演化結果，這種有效率的繁殖方式使得開花植物成爲種類最多的植物。果實爲所有被子植物開花授粉之後的產物。果子最重要的功能在保護發育中的種子，許多果子成熟之後有鮮豔的顏色來吸引鳥類及其他動物攝食，並透過這些動物的攜帶散播種子。

- **裸子植物**（gymnosperm）是種子植物的一種，因種子的胚珠外圍沒有子房壁保護而得名。裸子植物的孢子葉常排列成圓錐狀，如松樹的毬果。針葉樹是大型的裸子植物，包括壽命可達數千年的北美大紅檜以及許多松樹。銀杏也是裸子植物，因此不會產生果實，「銀杏果」看似有果肉，實際是銀杏的種皮。

- **非種子植物**（non-seed plants）是指不產生種子，可以通過無性生殖來繁衍後代的植物，包括藻類、苔蘚與蕨類。藻類植物大多數爲水生，一般沒有眞正根、莖、葉的分化，其種類繁多，已知有 3 萬種左右。小型浮游藻、海帶、紫菜等爲藻類植物。苔蘚是小型的多細胞植物，大多有莖和葉但沒有眞正的根，以孢子方式繁殖。蕨類是地球上最早出現的陸生植物，有根、莖、葉的分化，以孢子方式進行生殖，是高等的孢子植物。

圖 4.9   銀杏是裸子植物,看似果肉的種子外層實際上是種皮

4.4 生態學的層級

雖然生命的層級從細胞開始,但生態學探討主要是從個體開始,涵蓋個體、種群、群落、生態系、生物圈等五個層級(ecological organization):

- **個體**(individual)可以是個別的生物體或個別物種。**個體生態學**(autecology)也稱為**物種生態學**(species ecology),探討個體或個別物種與其他生物或無生命環境的互動。個體生態學探討的重點為個體或物種對環境的需求,如光線、濕度與營養,以及該個體或物種的生命史與行為。與動物生命史有關的重要性狀包括成熟年齡、壽命、生殖策略,另有一些性狀則是生物體與環境互動的結果,例如生長速率、食物攝取、落葉以及冬眠等。物種的性狀受環境適應、發育與演化等因素影響,因此個體生態也是整個生態體系的一部分。
- **種群**(population)指同一時間在一個棲息環境中生活與互動的一群同種生物,例如草原上的一群馬,或海裏面的一群沙丁魚。生態學家探討不同規模的種群,例如一片樹林內的某種松鼠,或臺灣本島的這種松鼠。植物也一樣,種群可以是一片人造林中的某種松樹,或中央山脈的這種松樹。**種群生態學**(population ecology)最感興趣的主題是種群的分布與數量變化。保育生物學家經常關注一些瀕危物種的數量變化,因此種群生態學在物種保育上特別受到重視。
- **群落**(community)指在某一個空間範圍內生活與互動的不同物種所構成的群集,

這些生物可以是動物、植物或微生物的組合，例如草原上的一群馬與一群羊以及其他生物構成了群落。群落中的物種以非常多樣的形式互動並相互影響。生物保育經常無法只考慮目標物種，而必須考慮整個群落，**群落生態學**（community ecology）在這種情況顯得特別重要。

- **生態系**（ecosystem）指一群互動的不同種生物與他們的無生命環境。生態系的範圍經常依照保育或研究需要來做人為界定，其規模可以有很大的差異。例如我們可以探討個別湖泊或一片森林的生態，也可能將包含湖泊與森林一個區域當成一個生態系來探討。一個生態系並非單獨存在，而是跟周邊的其他生態系互相連結。例如一個湖泊的生態會受到它的集水區影響，來自集水區的水流以及挾帶的營養物質會影響到該湖泊的生態。

- **生物圈**（biosphere）是以地球為範圍的生態系，包含所有的無生命環境與生活於其中的生物。生物圈內部的環境條件非常多樣，從海洋到陸地，從生產力非常高的熱帶雨林到生產力極低的荒漠與凍原。個別物種通常只分佈在生物圈內環境條件適合的一個狹小範圍。蓋亞（Gaia）是希臘神話中的大地女神，祂創造了原始的神祇與宇宙萬物，是所有神靈和人類的始祖。根據**蓋亞假說**（Gaia hypothesis），地球生物圈形成一個龐大的網路，其內部複雜的生物互動產生自我調節效果，可以維持生物圈在一個穩定且適合多樣生物生存的狀態。

生態結構的層級

個體　　種群　　群落　　生態系　　生物圈

圖 4.10　　生態學可以有不同的層級，包括個體、種群、群落、生態系與生物圈。

4.5 個體生態學

個體生態學探討個別生物體與其環境的互動規律，並以此來解釋某物種的數量與分布。就植物而言，個體生態學探討植物個體發芽、生長、開花、結果、落葉、休眠等各個階段的生理與形態變化與環境的關係。就動物而言，個體生態學探討動物個體的適應性、耐受性、食性、遷移、繁殖、生活史等。

棲地是某物種棲息的自然環境

棲地（habitat）指某物種棲息的自然環境，以及伴隨這類環境存在的生物群落。在這樣的環境，該物種可以取得食物與棲息處所，以及可以交配與繁衍後代的對象。對植物來說，棲息地是土壤、溫度、濕度、日照與養分適合的環境，許多植物也依靠昆蟲來為它們傳播花粉以繁殖後代。對動物而言，決定棲地的重要環境條件包括溫度、食物與飲水來源，以及躲避天敵及交配與繁衍的場所。

演化適應的結果，每個物種都有其合適的棲息環境。例如寒冷的北極為北極熊的棲地，他們有厚的皮毛與皮下脂肪，有利於在寒冷的極地環境存活與繁殖。有些物種可以局部改變自然環境，成為適合它們的棲地，例如水獺可以築壩，將一段小溪變成水潭，而現代人類則建構非常複雜與多樣的建築與城市。棲地的規模因物種而異，森林是許多鳥類的棲地，但一塊腐木可以是許多小型食屑動物的棲息環境。非常大範圍、性質類似的生物棲地稱為**生物群系**（biome），例如雨林與草原是兩個不同的生物群系。決定生物群系的主要環境因子是溫度與濕度。降水多、氣候溫暖的熱帶生物群系初級生產力高，動植物的種類與數量也比較豐富。對於物種棲地的了解可以幫助保育生物學家來做生態規劃，或進行受威脅物種的族群復育。

演化與適應的結果，不同的環境發展出特別適合生存於該環境的物種。**本地種**（native species）是某類生態系通常會出現，而且發展良好的物種。透過遷移或人為故意或不經意引進的物種則稱為**非本地種**（nonnative species）。有些非本地種因為族群發展快速，或可以對棲息地生態造成大幅度改變，威脅到其他物種的生存或生態系的穩定，這類非本地物種稱為**入侵種**（invasive species）。有些物種的族群數量對於棲地條件特別敏感，我們可以根據這類物種數量與分佈的改變，來了解棲息地環境的狀態，這樣的物種稱為**指標物種**（indicator species）。螢火蟲是指標物種的一個例子。螢火蟲需要乾淨的水域提供所需食物，因此螢火蟲的存在為該水域水質良好的一個指標。另外兩棲動物如青蛙有包括水生階段與陸生階段的複雜生命史，其族群的存在需要這些環境條件的配合，棲地環境的任何改變都可能對族群數量造成影響，因此蛙類為棲息地環境品質的一個指標物種。

生態位包含實體環境與無形的功能

　　生態位（ecological niche）除了描述生物體生存所需的環境條件之外，也包括該生物所提供的生態功能，其意涵比棲地廣泛的多。由於每個物種所需的資源以及所提供生態功能都不相同，因此各物種都有一個只屬於該物種的生態位。例如獅子生長在乾燥的熱帶草原，它們獵食草食性動物，同時透過捕食弱勢個體幫助獵物族群的進化，這是獅子生態位的部分描述。對於某個物種的生態位，我們經常問的問題包括，這物種生存的氣候帶與棲息地類型為何？例如熱帶森林或溫帶草原。它的食物來源與天敵各是什麼？它與何種物種競爭與互動？它對於棲息環境的維持或改變有何影響等這一類問題。

　　某物種由環境適應能力所決定的生態位是這個物種的**基礎棲位**（fundamental niche），然受限於各種因素，該物種只能利用一部分它的基礎棲位，這個實際的生態位稱為**實際棲位**（realized niche），因此實際棲位是基礎棲位的一部分。競爭與捕食經常是決定某物種實際棲位的主要因子。了解某物種的生態棲位是物種保育的一項主要工作。

　　生態學家根據物種生態棲位的廣度將物種區分為**廣生性物種**（generalist species）與**狹生性物種**（specialist species）。廣生性物種可以在不同的環境中生存、攝食多樣的食物，因此在環境中的分布範圍廣，也較能適應環境的改變。反之，狹生性物種的生態棲位狹窄，他們有特定的生存條件以及食物來源，只分布在特別的氣候區與棲息地。蟑螂與許多昆蟲為廣生性物種，許多大型動物則為狹生性物種。貓熊只棲息在中國某些地區的森林，並以竹子為單一的食物來源，它們是狹生性物種。狹生性物種特別容易因棲地破壞、環境變遷或外來種入侵而面臨滅絕危機。

生物採取各種策略來確保繁殖成功

　　地球既存的物種都是經過長期天擇與適應所演化出來的優勝者，這些物種各有不同策略來確保其族群延續，這些繁殖策略可以歸納為兩大類型。**r 選汰**（r-selection）物種產生大量子代，這些子代沒有或只有極少的親代照顧，因此死亡率高，它們依賴龐大的子代數量來確保繁殖成功。r 選汰物種一般體型小、壽命短、繁殖齡早，大多數魚類與昆蟲屬於這類生物。另一類我們稱為 **k 選汰**（k-selection）的物種採取完全不同的策略，這些物種的子代數量少、體型較大，也得到較好的親代照顧，因此存活率高。它們的生殖齡高並可多次繁殖，壽命也比較長。哺乳類動物為 k 選汰物種的代表，而人類則是這類生物最極端且最成功的例子。

牡蠣　　　鮪魚　　　青蛙　　　兔子　　　老虎　　　人類
每年 5 億　每年 6,000　每年 200　每年 12　每年 2　每年 5 年

r　←——————————————————→　K

圖 4.11　　生物採取各種策略來確保繁殖成功。r 選汰物種產生大量個體小的子代，以數量來確保繁殖成功。k 選汰物物種產生數量不多的子代，以良好的親代照顧來保證繁殖成功。

存活曲線顯示物種各年齡階段的生存適應

　　存活曲線（survivorship curve）顯示某物種在各年齡階段殘留的個體數量或比例，曲線可分為三個基本類型：

- Type I 為凸曲線，這類生物大多有良好的親代照顧，幼年階段死亡率低，大部分死亡發生在其最大生命期階段。K 選態物種如人類與大象的存活曲線屬於這一類型。
- Type II 為直線，這一型生物的死亡率在其生命期的各階段相當平均。這類生物可能有某種程度的親代照顧，但不及 Type I 完善，鳥類為典型的這一型生物。
- Type III 為凹曲線，這一型生物的子代數量多，但由於缺乏親代照顧，幼年時期死亡率高，死亡率隨著年齡提高或體型加大而顯著下降。r 選態物種的存活曲線屬於這一類，魚類為典型的代表。

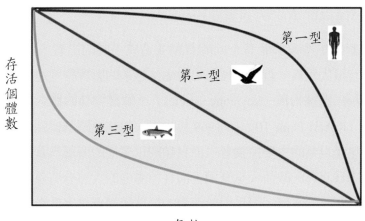

圖 4.12　存活曲線顯示物種不同年齡階段殘存的數量比例。第一型（晚死型），繁殖
　　　　數量少，但有好的親代照顧，大多數個體可以存活到生命晚期，如人類與大
　　　　象。第二型（平均型），死亡分布在各年齡階段，如大多數鳥類。第三型（早
　　　　死型），繁殖數量多，但親代照顧少或完全沒有，依靠龐大數量來保證繁殖
　　　　成功，如魚類與許多昆蟲。

分布型描述物種通常的空間分布

　　各物種有其通常的空間分布形態，稱爲**分布型**（distribution pattern）。我們可以
將分布型歸納爲三類，分別爲**群聚分布**（clustered distribution）、**均勻分布**（uniform
distribution）、**隨機分布**（random distribution）。在群聚型分布，生物族群分布呈團
塊狀，魚群以及草原的草食性動物爲典型的群聚分布。在均勻分布，生物族群在其棲
息空間均勻散布，森林中的樹木以及草原上的雜草是典型這個類型的分布。隨機分布
的生物族群，其個體的空間分布沒有固定型態，草原的掠食性動物以及海洋中的大型
魚類爲隨機分布的典型例子。

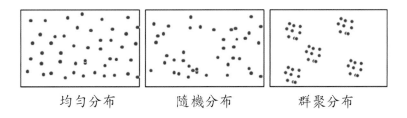

圖 4.13　不同物種有不同的分布型。在均勻分布，生物個體均勻分布在其棲地，例如
　　　　森林的樹木與草原的雜草。隨機分布沒有固定型態，如草原掠食動物與大
　　　　型魚類。群聚分布的生物成群出現，如草原的草食性動物與水中的魚群。

關鍵物種有超過其數量比例的重要性

所有生物都對生態系功能有不同的貢獻並造成不同的影響，但不同物種對於生態系的重要性有很大差異，有些物種對它所處生態系的影響程度遠超出其數量所占比例，這類物種稱為**關鍵物種**（keystone species）。關鍵物種的概念最先由美國生物學家羅伯特‧潘（Robert Paine III）於 1969 年提出。他在美國華盛頓州一個海灣的灘地上觀察到，海星是貝類的主要掠食者，而貝類則以灘地的海藻為食物。當海星被從灘地移除，貝類因為沒有天敵而大量繁殖，消耗掉灘地的大部分海藻，危及依賴海藻生存的其他物種。在這個案例，海星對於海灘的群落結構有決定性影響，是這個生態系的關鍵物種。大型肉食性動物，如老虎與獅子透過獵捕可以影響草原上草食性動物的族群數量，這些肉食動物對於草原生態有超出其數量的影響力，是關鍵物種的另一例子。人類是一個特別而極端的關鍵物種，可以想像，沒有人類的地球會是一個完全不一樣的地方。

4.6 種群生態學

種群規模決定在環境阻力

種群（population）或**族群**指在特定空間內生活與互動的同一物種群體。所有物種的存續都需要一組合適的環境條件，包括生物性與非生物性條件。環境條件合適時，種群的個體數量多、成長快。條件不適合時，種群數量少。在環境條件理想的情況，種群達到最大數量，稱為該環境的**生物潛能**（biotic potential）。阻礙種群成長的物理或生物因子稱為**環境阻力**（emvironmental resistence）。環境阻力因時間而異，任何時間的種群規模取決於生物潛能與環境阻力這兩組對立因子的平衡。種群數量受到有利因素影響而成長，但也受到不利因素的限制，因此每個環境都有其可維持的種群規模。

有利種群數量維持的因素包括：

- **物理性因子**
  - 合適的溫度與濕度
  - 充足的營養
  - 充足的日照

- **生物性因子**
  - 高繁殖率
  - 充足的食物來源
  - 高適應與遷移能力
  - 高攝食與競爭能力
  - 高防禦或避敵能力

不利種群數量維持的環境因素包括：

- **物理性因子**
  - 不適合的氣候條件
  - 缺乏陽光或水分
  - 不適合的土壤環境

- **生物性因子**
  - 競爭與掠食
  - 疾病與寄生

　　由於環境的物理與生物條件都非恆定，因此種群規模也隨著時間改變。例如植物一般在降水量多的年份生長較好，乾旱年則因缺乏水分而生長不良。疾病也經常造成動植物的大量死亡與族群衰退。由於環境阻力持續變動，真正穩定的種群數量是無法達成的，一般所稱的種群穩定是指**動態穩定**（dynamic equilibrium），也就是種群數量在一個範圍內高低震盪。

　　環境的阻力因子很多，跟種群密度無關的阻力因子稱為**非密度相關因子**，與種群密度相關的則是**密度相關因子**。大部分與氣候相關的因子為非密度相關因子，例如乾旱、熱浪、酷寒、風災、水災、森林大火等。一波酷寒可能殺死一個區域大多數的某種昆蟲，而不管種群密度的高低。一次森林大火毀滅大多數棲息的動物，而不管這些動物種群的密度。人類活動也經常造成非密度相關的種群成長阻力，例如河川汙染造成魚類死亡，土地開發造成動物的遷移或死亡，這類的種群成長阻力都是非密度相關的。人類造成的非密度相關干擾不見得都造成族群數量減少，許多時候是促成種群數量增長。例如家庭汙水與農田肥料可以促成湖泊與水庫大量浮游藻生長。又如人為溫室氣體的排放造成地球暖化，導致高緯度地區的昆蟲數量增加，這些都是人為干擾造成某種生物種群成長的例子。雖然所有生物的種群數量都受到非密度相關因子的影響，但許多生物透過遷移以及生理適應來降低非生物性阻力。例如候鳥可以長距離遷移以躲避高緯度地區的寒冬，持續得到食物供應。又如樹木無法遷移，因此在氣溫變化大的溫帶，透過落葉與冬眠，樹木可以度過低溫且日照微弱的冬季。許多動物也透過冬眠來度過寒冷、食物缺乏的冬季。

密度相關的阻力因子與種群密度有關。例如食物供應對種群數量發展的影響與種群密度有關，為密相關因子。種群密度高則食物分配少，瘦弱個體比例高，種群數量受到疾病或掠食者的影響也比較大。在非密度相關因子阻力小的情況，種群數量常受到密度相關因子支配。密度相關的環境阻力因子非常多，生態學家將其歸納為掠食、競爭、寄生、疾病等四類。

出生、死亡、遷入與遷出影響種群數量消長

生態系中一個種群的數量受到出生、死亡，以及遷入與遷出影響。種群數量的成長率等於出生率加上遷入率，減去死亡率與遷出率。許多物理或生物因素影響種群的空間分布。植物的種群分布主要受到土壤、水分與陽光等環境因素影響。動物可以快速遷徙，因此種群分布較具動態特性。影響動物種群分布的重要因素包括食物與飲水來源、掠食者的有無，以及棲息與繁衍的環境。群聚生活為動物提供許多有利誘因，因此也影響到這些種群的分布。群體搜尋與分享食物及水源比個別搜尋有效率，群體生活也可以及早警覺敵意生物的出現，或合作抵禦敵人的攻擊，降低個體受到掠食的風險。人類社會是群體生活的極致。在高度分工的現代化社會，每個人只需貢獻一種或少數幾種技能，即可換取多樣的物品與服務。

年齡結構影響種群的數量動態

年齡結構（age structure）指種群內部各年齡層生物個體所占比例。生物種群的年齡結構對於種群數量動態有很大影響。我們可以大略將種群中的個體區分為繁殖齡前、繁殖齡、繁殖齡後這三個階段。繁殖齡前與繁殖齡個體數量所占比例高的種群，其數量有高度成長。反之，繁殖齡後的生物個體所占比例高顯示種群老化，數量衰退。一個規模穩定的種群，其內部各年齡層個體所占比例均勻。

種群數量循 S 形曲線成長

　　一個生態系可支持某生物種群數量的極限稱爲**乘載容量**（carrying capacity），這個極限決定在一個或一個以上的必要資源或環境條件，例如環境的合宜度、資源的供應量、種群密度以及掠食壓力。

　　不同物種有其最適合生存的環境條件，如溫度、濕度與日照。在合適的環境條件下，種群密度高，極端的環境則只有少數耐受性高的個體可以存活。例如不同魚類各有最其最適合生存的水溫，鱒魚生活在相對低溫的水域，而鯰於則生活在溫暖的水域。紅樹林分布在溫暖的海岸濕地，而仙人掌生長在乾燥的沙漠。

　　必要資源的供應情形也是決定種群數量的重要因素，例如草原上肉食性動物的數量受到草食性動物數量的限制。在植物方面，潮濕、肥沃的土地植物生長茂盛，乾燥、貧瘠的土地植物稀少。

　　種群的密度也影響個體數量的成長，密度過高造成資源競爭，限制了種群的進一步成長。種群密度太高也造成疾病散播、排泄物累積，以及生存條件劣化等不利於數量成長的因素。

　　掠食是控制種群數量的另一重要因素。草原上食草動物數量受到肉食性動物掠食的控制，水中浮游藻數量也可能受到浮游動物掠食的影響。

　　環境條件適合且食物供應充足時，生物數量以等比級數成長，但這樣的成長顯然有其限度，最終將受到食物或空間不足、疾病或掠食等因素限制。在達到承載容量之前，種群數量歷經不同的成長階段。當少數生物個體遷移到一個新的環境時，種群先經歷一個緩慢成長的適應期，稱爲**遲滯期**（lag period）。在這個緩慢成長的階段之後，由於資源仍然豐富，種群數量歷經一個**指數成長期**（exponential growth period），種群數量快速增加。數量到達一定規模之後，環境阻力加大，種群數量進入一個**成長漸減期**（reduced growth period），此時族群數量雖仍然成長，但速率趨緩。生物數量達到環境承載容量之後，種群規模趨於穩定，到達數量的**穩定期**（stable stage）。上述種群數量成長曲線稱爲**邏輯斯諦曲線**（logistic curve）或 **S 形曲線**（S-curve），如圖 4.14 所示。

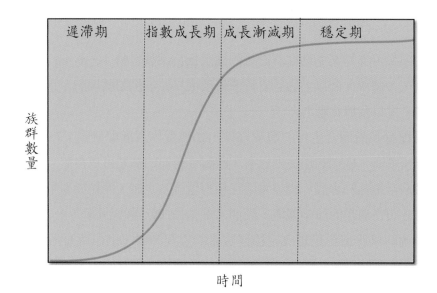

圖 4.14 種群數量循一個 S 形曲線成長，先是一個環境適應的遲滯期，接著一個快速
的指數成長期，再到成長漸減期，最後達到環境乘載容量時的穩定期。

　　種群數量成長歷程可以非常短，如微生物的二分裂（binary fission）成長，但也
可以非常長，如大型哺乳類動物或大型喬木群落的數量成長。由於環境條件不斷改
變，一個生態系的承載容量很少維持恆定，而經常是在一個數量範圍上下震盪，呈現
動態穩定（dynamic stability），如圖 4.15。例如降雨較多的年份因為水分充足，植物
生長量增加，動物因食物來源充裕而經歷一波的數量成長。當降雨量少時，則動物數
量隨著植物生長量下降，因此動物的族群數量在一定範圍內上下波動，呈現動態穩
定。在某些情況，種群數量因為成長慣性而超出環境承載容量，生態平衡受到破壞，
導致種群數量短時間內大量減少的**族群崩潰**（population crash），如圖 4.16。

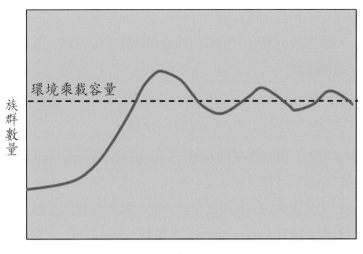

圖 4.15　環境乘載容量並非恆定，因此生物族群最大數量一般呈現上下震盪的動態穩定。

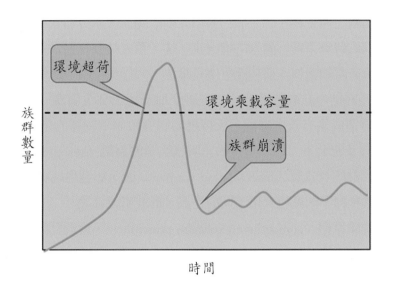

圖 4.16　種群數量超出環境乘載容量導致生態平衡破壞與族群崩潰。

4.7 群落生態學

群落包含多個互動的種群

在生態學，**群落**（community）指同一時間生活在同一空間，由一個以上物種所組成的群體。群落中物種數量與互動的複雜程度決定群落的生物多樣性。一個生物群落包含生產者、消費者與分解者，物質與能量在食物網中傳遞，透過攝食，從一個營養階往更高的營養階流動。

種間互動說明群落中不同物種之間的互動關係

群落中物種之間的互動稱爲**種間互動**（interspecific interactions）。所有物種都以生存並延續其種群生命爲目標，在這樣的前提下，生物發展出許多與其他物種互動的模式，這些互動可能是競爭的，也可能是合作的，統稱爲種間互動。種間互動可以歸納成爲五種不同類型：**競爭**（competition）、**掠食**（predation）、**寄生**（parasitism）、**互利共生**（mutualism）、**片利共生**（commensalism）。

・競爭

當兩個或多個物種使用相同的有限資源時，物種之間展開競爭，常見的必要資源包括食物、水、陽光與生存空間。植物競爭有限的陽光、水分與營養，不同種類植物因此發展出不同的競爭策略。動物的情況也一樣，草食性動物競爭草原上的食草，肉食性動物則競爭有限的獵物。鳥類競爭優良巢位，穴居生物競爭數量有限的巢穴。

物種競爭經常是一方取得優勢，並獲得全部或絕大部分資源。若競爭雙方勢均力敵，長久競爭造成兩方效率降低，天擇壓力將導致競爭物種的**生態位區隔**（niche separation）。在資源競爭方面，這樣的區隔稱爲**資源區隔**（resource partitioning）。美國緬因州雲杉林的食蟲鶯（insect-eating warbler）競爭與適應的結果，造成不同品種的食蟲鶯在雲杉的不同區位食用不同的昆蟲，形成資源區隔。

根據**競爭排除原則**（competitive exclusion principle），兩個互相競爭的物種無法長期共存於同一生態位，最終必然有一物種將另一物種完全排除。美國生物學家高斯（G.F. Gause）在他 1934 年發表的論文《生存鬥爭》中說明了此一現象，因此這個規律也稱爲**高斯原則**（Gause's principle）。競爭排除一個典型案例是 1900 年左右，美國加州南部意外引進了黃金蚜小蜂這種寄生蜂，成爲當地一種柑桔害蟲的有效天敵。這地區又在 1948 年由中國引入同屬的另一種寄生蜂。新引進的寄生蜂很快繁殖起來，至 1959 年，將大部地區的黃金蚜小蜂排除。

・掠食

在掠食關係中，**掠食者**（predator）捕食其他活的動物，稱爲**獵物**（prey）。在這樣的關係當中，掠食者與獵物各自發展出獵捕與逃避獵捕的策略，以確保各自種群的存續。掠食者可能發展出追捕或伏擊的能力，或透過偽裝來接近獵物。而獵物則發展出快速逃避、靈敏的視覺或嗅覺、形態或顏色的偽裝、身體的毒性或臭味、尖刺或硬殼等策略來逃避獵捕。

　　雖然獵捕造成獵物個體的死亡，但在物種層次，掠食關係對於獵物並非全然負面。在掠食關係中，遭到捕食的經常是體弱的個體，因此透過掠食，獵物族群可以淘汰其基因庫中缺乏競爭力的基因，提高族群存活能力。另一方面，由於獵物數量有限，掠食者族群較無效率的個體終將被淘汰，掠食者族群因此演化出較好的獵捕能力。在掠食關係中，掠食者與獵物兩個族群互動式的演化稱為**共同演化**（coevolution）。

　　共同演化不只發生在掠食關係，也可以發生在互利共生的關係。例如中美洲的牛角相思樹（*Acacia cornigera*）在它們的葉子下面的莖長有空心的肥胖短刺，短刺內部分泌糖蜜且基部的小孔可以讓一種共生的相思樹蟻（acacia ants）進出與棲息，提供這些蟻類食物與棲息環境，而這些蟻類則可以阻止昆蟲對於刺槐的攝食以及周邊植物的競爭。共同演化發展出這樣的共生關係。

　　掠食關係對掠食者與獵物雙方的族群數量造成互動式的影響。獵物數量多時，掠食者的食物來源充足，數量增加。掠食者數量增加之後，獵物受到較大的捕食壓力，族群數量下降。獵物族群數量減少造成掠食者食物不足，族群數量也跟著下降。這樣的掠食關係造成掠食者與獵物族群數量的週期性震盪，如以下案例中加拿北部山貓與雪兔相依的數量變化。

圖 4.17　牛角相思樹與相思樹蟻的共生關係。左圖牛角相思樹葉子下面的莖長有如牛角般的硬刺，硬刺內部分泌糖蜜並有開孔讓相思樹蟻進出攝食與棲息，相思樹蟻則可阻止相思樹被草食性動物攝食。共同演化造成這兩種生物的共生關係。

案例：山貓與雪兔

　　加拿大北方針葉林的雪兔是山貓的主要食物，當雪兔數量多時，山貓大約每 3 天吃 2 隻雪兔。販售皮毛的哈德遜貿易公司（Hudson Trading Company）首先發現雪兔有一個週期 8～11 年的週期性數量變化。在週期的頂峰，雪兔密度可以到達每平方公里 1500 隻，這樣的數量超過當地環境的乘載容量，因此隨著山貓的掠食以及食物缺乏，雪兔數量開始減少。雪兔數量降低到一定程度並維持幾年的低水平之後，食草生長回來，雪兔數量也隨著食物充足而快速成長。經過一兩年的數量高峰，雪兔數量再次下跌，並重複前面的數量變化週期。山貓捕食野兔，數量與雪兔有相同的變化週期，但時間落後一到兩年。

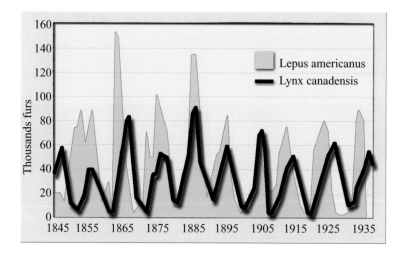

圖 4.18　山貓與雪兔相依的數量動態。加拿大山貓（左圖）以雪兔（右圖）為主要食物，雪兔數量與哈德遜灣皮毛公司買賣的山貓數量有相依震盪的關係（下圖）。雪兔數量多時，山貓食物來源充足，數量增加，對雪兔造成更大捕食壓力，雪兔數量因此減少。雪兔數量減少造成山貓食物短缺，數量也隨之減少。

• 寄生

寄生指一種生物依靠另一種生物供給營養或提供棲息場所生存，在這樣的種間互動，供應者稱為**宿主**（host），依賴者稱為**寄生者**（parasite）。寄生生物可能生活在宿主體內，例如蛔蟲，也可能生活在宿主體外，如吸血蟲。寄生生物從寄生關係獲得好處，也經常對宿主造成損害，但通常是造成宿主體弱，而不是導致宿主死亡，因為宿主的死亡將威脅到寄生者的生存。有些寄生者只有單一宿主，如蛔蟲，有些則沒有固定的宿主，例如跳蚤。沒有固定宿主的寄生生物常造成傳染病的散播。

・互利共生

互利共生指兩個生物體透過互相提供食物、居所或其他資源而彼此獲利。開花植物與蝴蝶是這種關係典型的例子。許多動物也與其腸胃道內的微生物有共生的關係。反芻動物的反芻胃內有數量龐大的微生物來分解纖維素，產生腸胃可以吸收的葡萄糖。人類腸胃道也有大量微生物來分解食物，幫助營養的吸收。整個生態系是個龐大的互利共生系統，在這樣的系統當中，生物個體從自然環境或其它個體獲取食物、棲息場所，或得到它所需的生態系服務，在這個過程，個體也為其他生物提供了服務。例如微生物分解有機物以獲取所需的能量與營養，這同時也將有機物分解為無機物，提供生態系物質循環必要的功能。

・片利共生

在片利共生關係，兩物種互動過程有一方獲得利益，另一方則既未獲利也未受到損害。鳥類在樹上築巢，在這樣的共生關係中鳥類獲得棲息場所，但樹木並未受到損害。附生植物是另一個常見的片利共生關係，這些植物著生在樹木的表皮，從空氣中吸取水分，從樹葉滴落或樹幹流下的水中取得營養，樹木本身未受到損害，但亦未從這樣的關係中得利。

群落演替達到生態系穩定

生物群落受到經常性的干擾，這樣的干擾可能非常局部，例如一顆大樹的死亡形成林冠間隙，允許新的樹苗生長。生物群落也可能受到外力的大規模破壞，例如山崩或森林火災。受到干擾的群落提供新物種遷移到這個區域的機會，新的群落結構持續改變，這樣的改變過程稱為**生態演替**（ecological succession）。

生態演替有兩種不同類型。在**初級生態演替**（primary ecological succession），生物群落從沒有土壤或有機物的陸地開始發展，例如剛冷卻的熔岩或剛暴露的岩石。演替初期以先驅物種如地衣與苔蘚為主，這些生物的出現加速了岩石風化。風化作用在岩石表面產生薄層土壤，讓草本植物與灌木可以生長，接著是小喬木。小喬木後來被大喬木取代，最終形成以大喬木林為主的**頂級群落**（climax community）。由於持續的外來干擾與環境變遷，一塊棲地經常無法形成均一的頂級群落，而是混合著各種不同演替階段的區塊。

次級生態演替（secondary ecological succession）開始於已經有土壤的地表，這類型的演替通常比初級演替快速許多。次級演替的例子包括荒廢的耕地、崩塌地、皆伐的林地等地面上的群落演替。

4.8 生態系生態學

生態系生態學（ecosystem ecology）探討大尺度的生態學主題，其焦點不是個別物種，而是整個生態系生物質的生產與利用以及能量流動與物質循環。生物質的生產是維持一個生態系的基本要件，而生產者需要陽光、水分、營養以及合適的氣溫，因此氣候與營養物質的來源成為生態系生態學重要的探討主題。人類活動對地球環境造成大規模干擾，許多這一類的干擾達到生態系甚至全球生物圈的尺度，例如農業區肥料使用造成的海洋優養化，燃煤造成的酸雨，以及二氧化碳排放造成的全球暖化與氣候變遷。

生態系具有穩定性

一個成熟的生態系可以透過不斷的改變來適應外界的壓力與干擾，並維持穩定。這樣的穩定性來自於生態系兩個不同的潛能，一個是**韌性**（persistence），另一個是**恢復力**（resilience）。韌性指生態系對於干擾的緩衝能力，也就是在外來的壓力與干擾之下，該生態系仍可維持穩定。生物多樣性高的生態系，不同物種的生態功能替代性高，因此較能承受環境的變動，維持生態系穩定。恢復力是生態系受到破壞之後復原的能力。通常生長條件良好的環境，如日照強、濕度高、土壤肥沃的土地，生態系恢復能力好。

4.9 生態學研究

　　生態學研究對象為有生命的系統，因此所涉及的變數非常多，大部分情況無法如其他科學領域一般精確，但透過好的規劃與正確的方法，以及長時間的觀察，我們仍可解答許多生態學相關的問題。生態學研究經常使用到以下一種或幾種方法：

- **田野調查**（field study）在野外實地進行，是生態學研究最常採用的方法。這類調查經常需要大量時間與人力投入，因此周詳的規劃變得非常重要。工作人員必須對於調查對象有充分了解，也需受過足夠的訓練，有好的戶外調查技能。**田野試驗**（field experiment）也在戶外進行，但對環境或觀察對象進行某種程度的操控。

- **微環境試驗**（microcosm study）讓研究人員可以在控制的環境條件下進行試驗與觀察，例如使用培養箱，我們可以對溫度、濕度與光照等進行控制，如此可以隔絕許多環境變數所造成的不確定性。

- **生物遙測**（biotelemetry）使用電子追蹤設備，可以讓研究人員知道動物的行蹤或活動範圍。放射性同位素也可以被用來了解營養鹽在生態系傳輸的途徑、規模與時間。

- **電腦模擬**（computer simulation）普遍被運用在生態學研究，這方法使用電腦程式來模擬生態或環境的各種現象。電腦模擬可以部分取代實際觀察，大幅減少田野調查的需求，使用電腦模擬也可以預測各種預想情況下生態系的可能反應。

- **地理資訊系統**（geological information system, GIS）是一個可以處理與分析大量空間數據的軟硬體設備。GIS 結合衛星遙測可以對大範圍的環境狀況或生物的分布進行觀測，是地景生態學與保育生物學研究經常使用的工具。GIS 運用衛星觀測資料，可以將點的觀察擴展到面，不但節省大量人力，對環境與生物的觀察也更加全面與細節。

- **生物統計**（biostatistics）指運用在生物學相關領域的統計方法。生態學研究的觀察數據往往眾多而紛亂，需要依賴統計分析來獲得結論。生物統計也經常被用在試驗設計。

圖 4.19　田野調查是生態學研究經常運用的方法。照片中的研究人員正在調查麓山帶
　　　　　山艾樹叢的生態。

結語

　　生態學是生物學的一個分支，探討生物與其環境之間的互動，包括生物之間以及
生物與無生命的物理環境之間的互動。生態學有許多可能運用。在物種保育方面，了
解生態學可以對生物的各種習性、生存條件，以及威脅來源有所認識，進而採取適當
的管理措施來進行該物種的保育。生態學也運用在野生動物管理、自然資源管理（農
業、林業、漁業），以及濕地生態管理等領域。

本章重點

- 生態學的定義與內涵
- 生態系與生態系服務
- 生命持系統
- 李比格最小因子定律、薛弗德耐受定律
- 環境承載容量
- 演化與生物多樣性
- 生物的分類
- 生態學的不同層級

- 個體生態學的主要定律
- 種群生態學的主要定律
- 群落生態學的主要定律
- 生態系生態學的主要定律
- 生態學研究方法

問題

1. 生態學的定義爲何？生態學探討哪些主題？
2. 什麼是生命支持系統？地球的生命支持系統包含哪些要素？
3. 使用實際的例子說明李比格最小因子定律與薛弗德耐受定律。
4. 根據生物演化樹，所有生物有一個共同的祖先，什麼因素造成目前地球如此多的不同物種？
5. 個體生態學、種群生態學、群落生態學與生態系生態學各探討那些主要內容？
6. 什麼是生物群系？什麼環境因素決定陸域生物群系的類型？
7. 說明生態位的概念。舉一個物種，說明它的生態位。
8. 生物有各種不同的分布型，你認爲人類屬於哪一種分布型？
9. 種群的個體數量不會眞正達到穩定，而是一種動態的穩定，說明動態穩定的概念。
10. 說明種群數量 S 形成長曲線的各個階段。
11. 什麼是種間互動？有哪些主要類型？
12. 什麼是演替？爲何演替可以導致群落穩定？
13. 生態系具有穩定性，什麼因素造成生態系的穩定？

專題計畫

1. 請上網了解青蛙的生活史，說明爲何青蛙被認爲是環境品質良好的指標。
2. 到野外觀察一種昆蟲、鳥類或其它生物，了解他們爲何出現在這個環境，而不出現在其他環境。
3. 羅伯特・潘（Robert Paine）根據他在美國華盛頓州一處海灘觀察海膽、海草與海星的數量互動，提出關鍵物種的概念。你能不能提出另一個關鍵物種的例子？

第5章　人口與環境問題

圖 5.1　根據預測，印度將在 2024 年超越中國，成為世界人口最多的國家。

　　人是一項重要資源。在人類社會這個龐大的共生體系，每個人對社會做出一點貢獻，透過廣泛的分工與整合，可以讓每個人滿足各種不同需求。人口眾多的社會人力充沛，經濟發達，民眾生活富足。人也是觀念創新與發明的源頭，可以帶動科學與技術的進步來改善生活與解決各種問題。人口聚集的都市也讓居民享有豐富多樣的社交與休閒活動，同時也在藝術、文學與運動方面提供更多創新的可能性。不過，人同時也是負擔。人需要食物、用水與許多其他自然資源，並依賴其他生物所提供的生態系服務來更新資源，維持人類社會的運作。大量人口意味著較多的資源需求，也構成較大的環境負荷。地球的空間與資源都是有限的，顯然無法無限制供應人類社會的需求。人口過多是目前許多環境問題的根源，人口數量的控制是人類所面臨的最大挑戰之一。在許多方面，我們已觀察到地球超荷的現象，包括汙染、地球暖化、生物多樣性降低、自然資源枯竭，以及開發中國家的大量貧窮人口，這些問題對人類未來的發展構成明顯的挑戰。

5.1 人口對環境的衝擊

人口過多造成環境超荷

　　一塊土地或整個地球可以支持多少人口生存與生活決定在許多因素，因此對於**人口過多**（overpopulation）如何界定並沒有一個數量的標準，其真正的意涵是人類社會的資源需求超過了自然界所能供應，或人類產出的廢棄物超出了環境的同化能力。更簡單的說法是，人類生存與生活所需超出了地球的承載容量。

　　人口過多在低度開發國家與發達國家所造成的問題很不相同。低度開發國家人口過多所產生的問題主要是糧食不足，以及由糧食不足所衍生的問題，包括飢荒、營養不良、疾病，以及戰爭。英國經濟學家馬爾薩斯（Thomas R. Malthus）在他 1798 年發表的**人口論**（An Essay on the Principle of Population）一書認為，人口以等比級數成長，但糧食生產為等差級數成長，因此人類社會終將面臨糧食供應不足的困境，並發生飢荒、疾病、戰爭等大型災難，使得人口數量無法進一步成長，而大量人口則忍受著飢餓與貧窮。

　　雖然馬爾薩斯的預測並不完全正確，人類歷經工業革命以及農業革命，糧食的生產效率以及產量都提高了數十倍。因此，雖然工業革命之後世界人口成長了將近十倍，但全球糧食供應仍比歷史上任何階段都要充裕。飢荒與營養不良導致高死亡率的情況的確在地球的一些地方發生。目前全球約有 7,400 萬人面臨緊急的糧食短缺，最嚴重的國家包括葉門、蘇丹、敘利亞、索馬利亞、阿富汗、剛果。然而造成這些國家糧食短缺的主要原因並不是全球糧食產量不足，而是政治衝突與戰爭。農村地區的政治或宗教衝突導致農民土地被占、農產品運輸受阻、市場機制瓦解，這些混亂破壞了糧食的生產與分配，導致產量下降，而僅有的糧食也無法分配給需要的人。

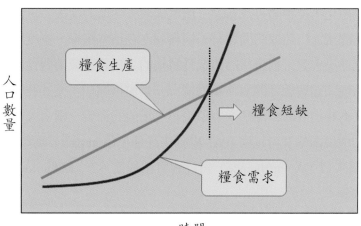

圖 5.2　馬爾薩斯認為社會人口以等比級數增加，但糧食增產速率是等差級數，因此長期而言，人類的糧食需求量將超過生產量，導致飢荒、疾病、戰爭，以及人口崩潰。

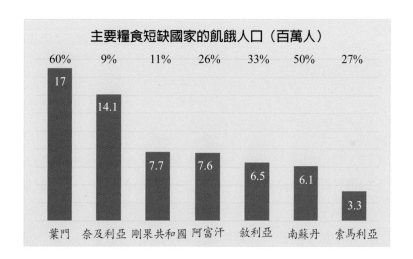

圖 5.3　主要糧食短缺國家的受影響人口數與占全國人口比例。戰爭與社會不安定造成全球 18 個國家與地區的糧食供應問題，2017 年全世界有 7,400 萬人極度糧食短缺，需要緊急援助。

　　除了糧食不足，許多低度開發國家也缺乏資金與技術來處理他們的廢氣、廢水與廢棄物，造成汙染與環境品質低劣。由於衛生下水道與供水系統的欠缺，民眾被迫使用受到汙染的水源，導致疾病盛行以及嬰兒與孩童的高死亡率。這些國家也缺乏能源，民眾採集柴火導致嚴重毀林，以及後續的土壤侵蝕與土地生產力喪失，使得糧食短缺的情況更加惡化，社會陷入「貧窮—環境破壞—生產力流失—更加貧窮」這樣的惡性循環。發達國家人口造成的問題有不同樣貌。在這些國家，過度消費加速資源枯竭，並造成環境汙染，有人稱這樣的情況為**科技的人口超荷**或**消費性的環境劣化**。發達國家這樣的環境問題與低度開發國家的情況一樣值得關切，尤其在考慮地球環境的永續性時，高度消費造成的資源枯竭與環境超荷造成的汙染一樣令人憂慮。

　　一個社會的環境衝擊度可以用 IPAT **模式**來評估，I（impact）為環境衝擊程度，P（population）為人口，A（affluence）為社會富裕程度，T（technology）代表科技運用帶來的環境改善：

$$I = P \times A \times T$$

　　低開發國家人口多，但富裕程度低，科技也比較落後。發達國家人口較少，但富裕程度高，科技也可為環境品質改善帶來正面的貢獻。發達國家的人均資源消耗可達低開發國家 20 到 40 倍，因此雖然人口少，科技也比較進步，但自然資源的消耗量以及廢棄物量大，仍然對環境造成沉重負荷。

5.2 世界人口成長的歷史

人口數量在工業化革命之後爆炸性成長

　　生物在地球生存已超過 35 億年，我們所屬的智人在地球生活也已經有 20 多萬年歷史。早期人類過著採集與狩獵的生活，由於食物取得不易，人口數量長期維持在低水準。根據人口學家的估計，在採集與狩獵的生活型態下，地球的承載容量約 1,000 萬人。人類大約在 1 萬年前農業社會出現之前到達這樣數量的人口。進入農業社會之後，人們種植作物、蓄養牲畜，獲得比較穩定的食物供應，全球人口緩慢增加。人類歷史上最大的一次人口變革是 1750 年代開始的工業革命，蒸氣動力的使用使人類得以脫離人力與獸力的生產型態，開始利用動力機械進行大規模資源開採、用品製造，以及食物生產。由於生產效率提升，人口也呈現爆炸性成長，全球人口於 1804 年到達 10 億。1960 年世界人口達到 30 億之後，糧食短缺的情況逐漸顯現。發生在 1950 到 60 年代的**綠色革命**（green revolution），透過作物品種改良、化學肥料與農藥的使用，以及灌溉系統的建立，顯著提高了糧食產量，讓人類擺脫飢餓的威脅，延續了人口的爆炸性成長。綠色革命之後，世界人口每 12～14 年增加 10 億，並於 2012 年到達 70 億。圖 5.4 顯示，世界人口在工業革命之後的指數型成長，呈現一個 **J 形曲線**。

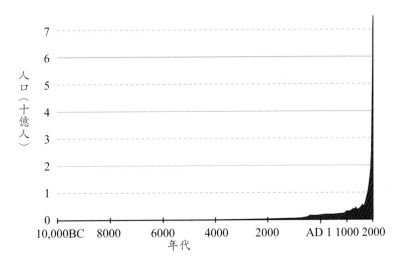

圖 5.4　從西元前一萬年到西元 2000 年的世界人口。18 世紀工業命之後人口爆炸性成長，呈現 J 形的人口曲線。

　　如圖 5.5，目前世界人口最多的國家是中國，人口接近 14 億，印度次之，超過 13 億人，這兩國家人口都遠多於人口第三多的美國，約 3.3 億人。預計到 2024 年，印度將成為世界人口最多的國家，而全球人口也將由目前的 78 億成長到 85 億。

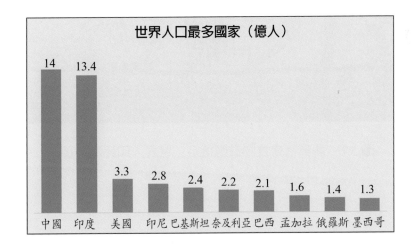

圖 5.5　世界人口最多的十個國家，預計 2024 年印度人口將超過中國。

圖 5.6 採集與狩獵的社會食物取得效率低，限制了人口增長。

圖 5.7 農業社會食物供應穩定，世界人口逐漸增加。

圖 5.8 　工業革命之後，機械動力取代人力與獸力，糧食的生產效率提升，開始了人口的爆炸性成長。

5.3 人口成長對社會與經濟的影響

對於人口成長的樂觀與悲觀看法

　　人口成長對於一個國家的經濟與社會有複雜的影響，這些影響有正面也有負面，因此人們對於世界人口的成長有樂觀也有悲觀的看法。英國的人口社會學家馬爾薩斯是典型的悲觀論者。馬爾薩斯生長與受教育於啟蒙時代，那時期人們沉浸在經濟隨著人口快速成長的樂觀社會氛圍，認為人口帶來快速的經濟成長，兩者緊密結合，因此大量人口將可創造更多的財富。社會相信，透過市場機制，也就是亞當‧斯密（Adam Smith）在《國富論》（The Wealth of Nations）裡面所稱「看不見的手」，可以為社會帶來巨大的財富。馬爾薩斯對這樣的觀點持懷疑態度，他認為人口終究會超出糧食生產可以支持的數量，而跌回可支持的範圍。

　　馬爾薩斯並不是唯一的悲觀論者。在 1968 年出版的《人口炸彈》（The Population Bomb）一書，史丹佛大學教授保羅‧埃利希（Paul Ehrlich）預測，由於人口過多，世界將在 1970～1980 年代經歷大規模饑荒以及其他社會動盪。作者倡議世界各國立即採取行動，限制人口增長。幾乎在同一個時期，另有一本同樣持馬爾薩斯

觀點的著作出版。**羅馬俱樂部**（The Club of Rome），一個國際政治的智囊團體，於
1972 年出版了由麻省理工學院教授丹尼斯・米都斯（Dennis Meadows）主筆的《**成
長的極限**》（The Limits to Growth）。該書呼應馬爾薩斯人口論的觀點，認為人類社
會對於自然資源，尤其是石油、金屬以及其他礦物資源的需求以等比級數增長，因此
資源枯竭速率要比當時各界所做的估計要快，而人類社會的發展也會在短期內因為資
源陸續耗盡而受到限制。他的觀點雖然受到廣泛重視，但也遭到許多質疑。例如他們
預測石油將在 1992 年耗盡，但後來證實，1992 年之後，石油的產量仍然持續增長。
雖然人類社會後來的發展並未如馬爾薩斯論或新馬爾薩斯論者的預言，但他們的立論
引起了社會對於人口的問題的關注與反思。

以美國經濟學者朱利安・西蒙（Julian Simon）為代表的**豐饒論者**（Cornucopian）
觀點與馬爾薩斯或新馬爾薩斯論者迥異。他們認為科技的創新，如能源效率的提升、
醫藥技術的進步、基因技術的運用，以及品種改良、化學肥料與灌溉系統在農業的使
用等，使得資源供應與糧食生產持續改善。他們認為人類掌握了所需的知識，在可預
見的未來可以滿足持續成長的資源需求。

5.4 影響人口數量的因子

人口動力學（population dynamics）是生命科學的一個分支，主要在探討社會人
口數量與年齡結構的變化，以及造成這些變化的生物與環境因子，例如出生、死亡與
遷移，以及人口數量的成長與衰退。

人口數量受到出生與死亡的影響

出生率（birth rate）是以一地當年活產嬰兒數除以年終總人口數所得的千分比。
由於這樣計算所得的出生率不只決定在活產嬰兒數，也受到年終人口數影響，因此一
般稱為**粗出生率**（crude birth rate）。臺灣 2020 年的粗出生率為 7.01‰，也就是以臺
灣約 2,350 萬人為基數，每千人一年新生的嬰兒為 7.01 人，這個數字遠低於世界平均
的 18.5‰，甚至低於歐盟的 10.4‰（2015～2020 年平均）。

總生育率（total fertility rate）代表統計人口當中，平均一個婦女在她生育年齡期
間（15～44 歲）活產的嬰兒數。若其他因子固定，則生育率越高，人口的成長速率
越快。全球生育率過去數十年無論在發達國家或開發中國家都有明顯下降。從 1960

年到 2015 年，發達國家的生育率從每個婦女 3.0 個小孩下降到 1.7。同一時期，開發中國家的生育率從 6.6 下降到 4.8。就世界整體而言，這期間的生育率從 5.1 下降到 2.5。

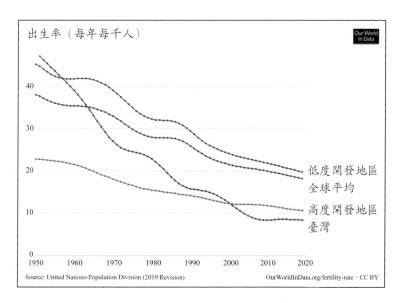

圖 5.9　全球高度開發地區與低度開發地區的出生率都在下降，臺灣出生率不只低於世界平均，也低於高度開發地區的平均。

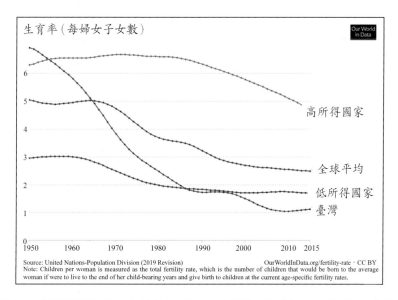

圖 5.10　全球高所得與低所得國家的生育率都在下降，臺灣 1950 年代為全球婦女生育率最高的家之一，但目前（2021 年）的生育率為世界最低。

　　人口統計學上一個重要的參數是**替代生育率**（replacement-level fertility rate），在這個生育率之下，每一對夫婦所生育且到達生育年齡的兒女剛好可以替代這對夫婦。考慮生育年齡前死亡等因素，已開發國家的替代生育率大約為 2.1，低度開發國家生育年齡前死亡的比例較高，替代生育率可以高到約 2.5。由於**人口慣性**（demographic momentum），一個國家婦女生育下降到替代水平之後，人口仍將繼續成長約兩個世代。人口慣性發生的原因是人口增長不單決定在每個婦女的生育數量，也決定在正值生育年齡婦女的總數，只有當高生育率時期出生的婦女都脫離生育年齡之後，人口成長才會停止。

　　粗死亡率（crude death rate）的表示方法與粗出生率類似，但統計的數量是每千人每年的死亡數。死亡率與出生率都受到許多經濟與社會因素影響。目前全球平均年死亡率約 8 ‰。低開發國家的營養與衛生條件不好，死亡率可以高達 15 ‰，這樣的高死亡率加上較低的死亡年齡，抑制了這些國家因高出生率可能造成的爆炸性人口成長。已開發國家人口的年死亡率大約 10 ‰，臺灣目前的人口年死亡率約 7 ‰。一些高齡化的已開發國家也有較高的人口死亡率，例如德國的 11 ‰，芬蘭 10 ‰，但原因與開發中國家不同，已開發國家人口的死亡集中在高年齡層。少數開發中國家因為營養與衛生的改善，且低齡人口所占比例高，這些國家的死亡率可能低於高齡化的已開發國家，例如巴西人口的年死亡率僅 6.5 ‰。因移民而人口年輕化的國家，其人口死亡率也較低，例如澳洲人口的年死亡率僅 7 ‰，低於大多數已開發國家。

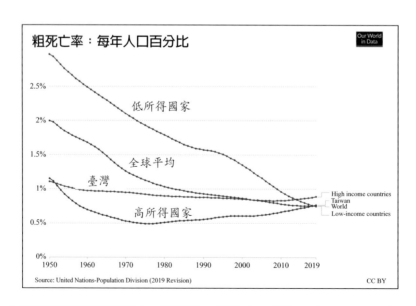

圖 5.11　由於低所得國家嬰兒死亡率降低，全球人口平均死亡率在 1950 年之後顯著下降。人口老化造成臺灣以及許多高所得國家近年來死亡率上升的趨勢。

出生與死亡造成的人口增減是人口的**自然成長率**（rate of natural increase）。人口的自然成長率受到社會經濟因素或政府政策的影響。社會經濟條件好的國家可以有較好的產婦及幼兒照護，嬰幼兒與產婦死亡率均低，可以維持人口的自然成長。政府政策，例如家庭計畫的推動，以及中國實施的強制一孩政策，也會人為的抑制人口自然成長。

人口控制一個重要指標是**人口零成長**（zero population growth）。若不考慮遷入與遷出，一個國家或地區的人口零成長發生在出生率與死亡率相等的情況。由於人口慣性，這樣的情況發生在人口達到替代生育率的兩個世代之後，約 40～50 年。人口零成長達成時間的另一個影響因素是死亡率降低，人口轉型晚期死亡率降低延後了人口達到零成長的時間。

遷入與遷出也影響一個社會的人口

遷移（migration）指人口由一個永久居住地移居到另一個永久居住地。遷移可以是**遷入**（immigration）或**遷出**（emigration）。較大規的遷移影響一個國家或地區的人口特性，包括遷出地與移居地的人口數量、年齡結構，以及社會、經濟與文化。

造成人口遷移有多方面的因素，包括促成人們離開原居住地的**推力因子**（pushing factors）以及移居地吸引人口移入的**拉力因子**（pulling factors）。經濟移民是最常見的一類移民，這些人因為尋求較好的生活而遷移到其他國家或地區，有些出於自願，有些則因為飢荒或政治動盪而離開家園。政治與宗教迫害也可以造成大規模的人口遷移，以尋求人身安全或政治與宗教自由。

遷移對遷出國與遷入國都造成一些正面與負面的影響。對於遷出國，移民在外國對本國家庭的金錢資助可以改善國家經濟，同時也舒緩本國高失業率的壓力。移民也可能回國並帶入新的技術、觀念或文化。遷出對於本國的負面影響包括降低本國的勞動力與生產力，也可能造成人口性別的不平衡，因為遷出人口大多為具有生產力的男性。遷出也造成家庭完整性的破壞，許多婦女與小孩被遺留在原居住國。

對於遷入國家，接受移民的好處是可以舒緩本國人力不足的問題，尤其新移民比較有意願接受低薪與勞力的工作。移民也為遷入國帶來不同的文化，有助於文化多樣性。移民對遷入國的負面效應之一是增加社會福利支出，尤其是在醫療與教育方面。另一個負面效應是文化與宗教差異可能造成社會的分化。

根據聯合國數據，美國有全世界最多的移民人口（外國出生者），總共 4,800 萬人，其次為沙烏地阿拉伯的 1,100 萬人，以及加拿大的 760 萬人。許多國家有很高比例的移民人口，但原因各有不同。一些人口稀少但擁有豐富石油資源的國家皆有高比例的移民人口。例如阿拉伯聯合大公國移民占人口比例超過 80%，科威特、卡達、沙烏地阿拉伯、巴林、阿曼等國，也有 34～73% 比例的移民人口。有些小國家因特殊稅制也吸引高比例的移民，例如澳門、摩納哥與新加坡，都有一半左右人口為移民。澳洲與加拿大是較晚成立且國土廣大的國家，也分別有 28% 與 21% 的移民人口。高度工業化的民主國家也吸引不少外國移民，這類國家移民占人口比例約 10～20%，例如許多西歐國家及北歐的瑞典。另有一些國家因為鄰國戰亂而湧入大量難民，例如許多伊拉克與敘利亞難民居住在黎巴嫩，占當地人口的 20%。非洲查德也有 40 萬來自蘇丹的難民，占人口的 3%。

圖 5.12　位於約旦的敘利亞人難民營。戰亂與飢荒造成許多人流離失所，難民是人口遷移的類型之一。

70 定律可以估計人口加倍時間

綜合以上四個影響因素，一個國家人口的成長率可根據以下公式計算：

成長率 = 出生率 − 死亡率 + 遷入率 − 遷出率

人口的**加倍時間**（doubling time）可以運用 70 定律來做估算。公式用 70 除以人口年成長百分率，例如若人口的年成長率為 2%，則這個人口的加倍時間是 70/2=35 年。表 5.1 為不同時期世界人口的加倍時間，由加倍時間的變化可以看出近代世界人口的爆炸性成長，但成長有逐漸緩和的趨勢。

表 5.1　不同時期的世界人口加倍時間。

年代	世界人口	人口加倍時間
西元前 10,000 年	5 百萬	
1650	5 億	1,500 年
1804	10 億	154 年
1927	20 億	123 年
1974	40 億	47 年
2025	80 億（估計）	51 年

5.5 影響人口動態的一些因素

生育率受到許多因素影響

婦女生育率受到經濟、社會與文化因素的影響。在低度開發國家，人是家庭勞動力的重要來源，因此生育兒女可以滿足家庭生計的需求。在社會福利制度尚未完善的這些國家，生養兒女也提供年邁家庭成員的生活保障。較高的嬰幼兒死亡率也提高這些社會生育兒女的誘因。在已開發國家，父母享受兒女陪伴的樂趣，小孩也為家庭帶來活力。但另一方面，養兒育女對這些國家的家庭也是重大的責任與經濟負擔，尤其是長時間的教育與高昂的教育費用。影響一個社會生育率的主要因素如下：

• **家庭對於勞動人力的需求**：低度發展的社會非常依賴人力，人丁旺盛為每個家庭所企求。青少年也經常成為重要的勞力來源，負責如照顧牲畜與幫忙農作、取水與收集柴火，以及照顧年幼的家庭成員，此時家庭人力需求成為生育較多兒女的重要誘因。

- **養育兒女的費用**：發達國家的家庭，兒女受到較好的教育，兒女進入職場的年齡也較大，每個家庭必須花費大量資源在兒女的生活照顧與教育上，這樣的負擔降低家庭生育兒女的意願。

- **社會福利與退休年金制度**：在退休給付制度完善與社會福利良好的國家，老年人口對於兒女的依賴程度低，生育大量兒女的誘因也較低。

- **嬰兒死亡率**：早期社會或低度發展國家的營養、衛生與醫療條件不好，嬰兒死亡率高，家庭傾向於多生育，以確保存活兒女的數量。

- **婦女受教育與就業機會**：受教育多的婦女自主性高，比較有追求個人自由的傾向，以及決定兒女數量的自主權。受過教育的婦女就業機率也比較高，她們對於子女數量的期待較低。受較多教育的女性與職業婦女一般也比較晚婚，縮短了可生育年數，因此產生較少的兒女。

- **避孕與墮胎的合法性或方便性**：低度開發國家教育不普及，民眾缺乏避孕觀念，或避孕用品取得不易，而未能透過避孕來降低生育率。對於非計畫中的懷孕，有些國家可以合法墮胎，降低了一部分生育率。

- **宗教與社會或文化規範**：有些宗教反對避孕，因而提高信仰家庭的生育人數。又東方文化大多有生男以延續香火，以及多子多孫多福氣的傳統觀念，助長了這些社會的生育率。

嬰兒死亡率對人口成長有顯著影響

　　嬰兒死亡率（infant death rate）是每一千個活產嬰兒一年內的死亡數。一個國家嬰兒死亡率與營養、疫苗與抗生素的使用、飲用水衛生等條件高度相關。因此嬰兒死亡率可以顯示一個國家整體的生活品質與國民健康狀況。世界各國嬰兒死亡率降低的情形如圖 5.13 所示，全球平均由 1950 年代的每千個活產約 150 個死亡降低到目前的約 40 個。根據 2019 年數據，臺灣的嬰兒死亡率為每千個活產 3.8 個死亡，但臺灣 0～5 歲幼兒死亡率高於已開發國家，甚至一些開發中國家，是個值得關注的問題。交通事故、兒虐以及溺水是造成臺灣幼兒死亡率偏高的原因。

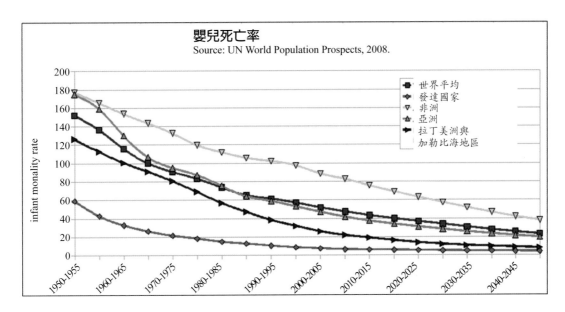

圖 5.13　世界各地區嬰兒死亡率逐年降低。

傳染病一直是世界人口的重要影響因子

　　從人口稀少的史前時代到人口高度聚集的近代，人類社會反覆經歷疫病的侵襲，疾病一直是世界人口的重要影響因子。直到今天，人類仍然受到傳統傳染疾病以及一些新興傳染病的威脅。新興傳染病為新發現，或過去 20 年未曾流行的傳染病，如伊波拉病毒（Ebola virus）、人類免疫缺乏病毒（human immunodeficiency virus, HIV），以及 2019 年新型冠狀病毒（COVID-19）所造成的病毒性感染。

　　人類遭到傳染病威脅的程度決定在三個主要因素：人口數量與分布、受感染人口與病媒的移動性，以及受影響人口的營養狀態。先進國家較少發生常態性的疫病，但在開發中國家，傳染病每年仍然造成大量人口死亡。2019 年新型冠狀病毒的大流行造成全球數億人感染以及數百萬人死亡，進步國家也無法免除偶發性大規模疫病的侵襲。

　　造成傳染性疾病的病原體包括微型病原體如細菌、病毒、原形蟲以及黴菌，以及巨型病原體如各種寄生蟲。採集與獵捕社會占據了人類 200 萬年歷史的絕大部分時間，在這些時期，聚在一起生活的人口甚少超過一百人，在這種情況下，寄生蟲是造成傳染性疾病的主要病原體。人類較大規模的人口聚集發生在西元前 5500 年的伊朗底格里斯河與幼發拉底河谷城市武魯克（Uruk），人口最多時達到 50,000 人。雖然同一時期在印度、中國、埃及以及中美洲也有一些人口聚集，但大多為分散的小鄉村，而非擁擠的都市，這樣規模的群聚未達到可以支持疫病發展所需的門檻，因此人口發展未曾遭受到傳染病侵襲的影響。直到這些小鄉村逐漸建立連結且頻繁交流之後，傳染病才對人口發展造成顯著影響。被奉為醫學之父的希波克拉底（Hippocrates, ca. 460～370 B.C.）也許是較精確紀錄如瘧疾、腮腺炎、白喉、結核病等人類疫病的第一人。

　　人類歷史上發生三次**疫病大流行**（pandemic），死亡人數最多一次是發生在1346～1353年的鼠疫，或稱**黑死病**（black plague）。鼠疫是由寄生在囓齒類動物與跳蚤的鼠疫桿菌所造成，是一種人畜共通的傳染病。藉由跳蚤叮咬，鼠疫在人類與各種動物之間傳播，受感染者最初反應是跳蚤咬傷部位鄰近的淋巴腺發炎，經常發生在鼠蹊部，未經治療，細菌可以透過血液感染身體其他部位，並且有很高的致死率。根據推斷，該次大流行開始於亞洲，經過貿易路線傳播到歐洲及非洲，估計該次疫病造成全球7,500萬到兩億人的死亡，導致全球人口顯著下降，受害最深的歐洲大約有60%的人口死亡。

圖 5.14　發生在 14 世紀中葉的鼠疫造成全世界，尤其是歐洲人口的大量死亡。

　　愛滋病（AIDS）由**人類免疫力缺乏病毒**（human immunization deficiency virus, HIV）所造成。HIV 對感染且發病者造成身體免疫力缺乏，導致各種疾病的侵襲，最後造成死亡。HIV 目前仍持續感染世界各國人口，包括發達國家與低度開發國家。愛滋病最先發現在非洲的剛果共和國，從發現到現在已經感染了 7,000 萬人口，並造成 3,500 萬人死亡。估計目前全世界約有 370 萬 HIV 感染者，大部分感染者爲撒哈拉以南非洲國家的居民，這一地區大約有 5%，或 2,100 萬人感染 HIV 病毒。由於愛滋病患者大多爲正值生產力高峰的青壯年，因此這個傳染病對一個國家經濟的影響特別大。圖 5.15 比較有無愛滋病影響下，南非 2025 年的預期人口，這個比較顯示愛滋病不但造成人口成長率下降，也改變了南非人口的年齡結構。

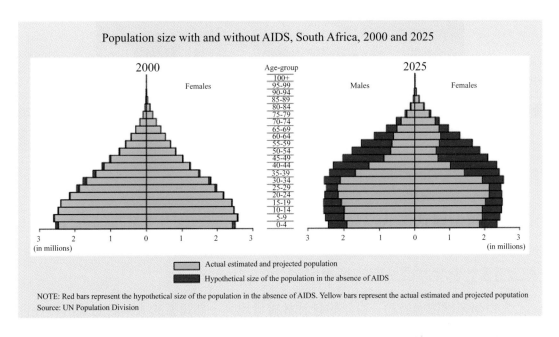

圖 5.15　在愛滋病有無的情況下，南非 2000 年與 2050 的人口數量與年齡結構。紅色部分為愛滋病所造成的人口減少。本圖顯示愛滋病影響南非的總人口數，以及中低年齡層人口。

　　流行性感冒（influenza）是一種最常的病毒感染。世界衛生組織估計，流感每年造成全球 29 萬到 65 萬人死亡。流感病毒有高度傳染性，經由飛沫以及接觸造成大規模感染，其中 1918～1920 年的大流行造成全世界三分之一人口感染，估計約有兩千到五千萬人因此死亡。該次流感致死者有許多青壯人口，與傳統流感主要造成幼兒、老人或病弱者死亡的情況不同。發生在 2019 年的新冠肺炎（COVID-19）由一種新型冠狀病毒所引起，該病毒最先在中國被發現，隨著便利與頻繁的國際旅行迅速擴散到全世界。爲控制疫情所實施的隔離措施，造成世界經濟活動的大幅減緩，對全球經濟與社會造成重大影響。

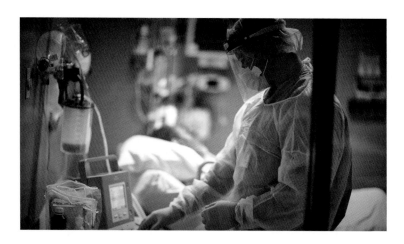

圖 5.16　醫療人員照顧新型冠狀病毒肺炎感染者，這個開始於 2019 年的疫病到目前為止造成數億人感染與數百萬人死亡。

5.6 人口轉型模式

人口隨著社會發展循一定的規律變動

　　人口學家根據過去約一百年的統計數據發現，一個國家的人口隨著經濟與社會發展，由高出生率、高死亡率的**高穩定階段**，過渡到低出生率、低死亡率的**低穩定階段**，這樣的過程稱為**人口轉型**（demographic transition）。人口轉型在西歐及美國開始於大約一百年前，開發中國家則大多發生在二次大戰以後。人口轉型可以分成以下 4 個階段，每個階段有不同的出生率、死亡率，與自然成長率。

　　高穩定階段：在現代化之前，一個社會的人口處於高出生率、高死亡率狀態。這個階段糧食供應有限，衛生條件不好，營養不良以及各種疾病與感染造成高死亡率，其中嬰幼兒與產婦的死亡率尤其顯著。由於此一階段社會的家庭生計極度依靠勞力，養育兒女可以增加家庭的勞動人力，而多產可以確保兒女存活的數量。缺乏有效的避孕方法也是造成這一階段高出生率的重要原因。

　　早期擴張階段：這個階段社會的特徵是衛生與醫療改善，人口死亡率下降，但此時出生率仍高，因此人口快速成長。典型的例子是十九世紀中葉以後，逐漸工業化的歐洲國家，以及目前部分低度開發國家。隨著食物產量提高，民眾營養獲得改善，衛生以及醫療的改善也大幅降低死亡率。出生率的降低發生在死亡率降低之後，在這個高出生率低死亡率的階段，人口快速成長。

　　晚期擴張階段：由於經濟改善以及教育與節育觀念逐漸普及，這個階段的人口出生率降低，但仍然高於死亡率，此時人口雖繼續成長，但成長速率趨於緩和。許多目前的開發中國家，例如巴西與墨西哥，是典型的例子。

　　低穩定階段：這個階段人口的出生率持續下降，並接近或低於死亡率，此時人口成長停滯或出現負成長。已開發國家例如大多數西歐國家、北美的美國與加拿大，以及亞洲的日本、韓國與臺灣，皆已進入這個低出生率與低死亡率的低穩定階段。這些國家面臨高齡化與人口衰退的壓力，此後的人口可能再度成長。

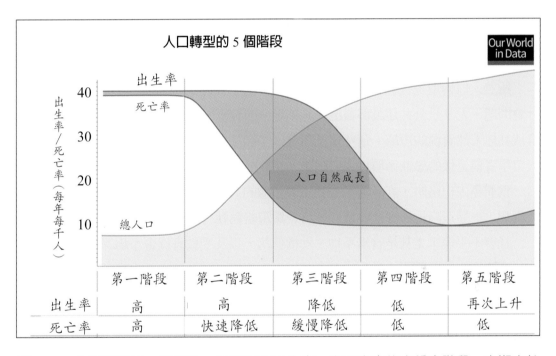

圖 5.17　人口轉型的 5 個階段。早期為高出生率、高死亡率的高穩定階段。中期由於死亡率的下降早於出生率，高出生率、低死亡率造成此一階段的人口快速成長。晚期出生率跟隨在死亡率之後下降，人口達到低出生率與低死亡率的低穩定階段。此後因人口老化，死亡率高於出生率，造成人口衰退。

　　促成轉型與人口穩定的社會與經濟因素包括：

• **經濟轉型**：農業社會需要大量人力。隨著經濟發展，社會經濟重心轉為工業與商業，家庭經濟對人力的依賴降低，生育的意願隨之降低。

• **都市化**：農業機械化造成鄉村人力需求減少，人口外移。另一方面工商業的發展吸引人口往都市集中，尋求新的就業機會。都市的生活型態也降低養育大量兒女的誘因。

- **醫療改善**：醫療改善降低嬰幼兒死亡率，家庭不再有大量生育以確保兒女數量的誘因。

- **教育普及**：教育提升個人的職業技能與謀生能力，以及對於個人自由的追求，降低對於兒女的依賴，以及為養兒育女付出長時間與大量收入的意願。兒女普遍受教育也造成家庭較重的經濟負擔，降低養育兒女的意願。

- **女權提升**：透過教育，婦女可以達成就業與經濟自主，對於生涯規劃與生育兒女的數量有較高的自主權，擺脫來自於家庭或社會對於婚姻或生育兒女的期待。受教育婦女也較重視個人自由與生活品質的追求，不希望養育較多的兒女。

　　雖然人口轉型是社會發展的自然歷程，但轉型太過快速，人口增加太快可能造成社會問題，尤其是公共建設與醫療設施不足，教育經費短缺，以及高失業率，甚至糧食或其他天然資源的短缺。這些情況將導致生活品質低落，阻礙進一步的人口轉型。人口學者稱這樣的惡性循環為**人口陷阱**（demographic trap）。

　　為避免人口陷阱，許多國家推動不同型態的人口控制措施，這些措施可以大致分成兩類，一類策略為落實社會正義，另一類策略為執行生育控制。

　　社會不平等，尤其是貧富不均、女權低落，以及受教育機會不均等，是造成生育率居高不下的重要原因。推動社會正義以實現平權，有助於降低生育率並促進人口轉型。生育控制政策是較直接、快速的人口控制策略，但也較具爭議性。比較緩和的生育控制策略是推動家庭計畫教育或提供少生小孩的經濟誘因。更具強制性的政策是強制限制生育兒女的數量。臺灣於 1950～1970 年代推動家庭計畫教育，提出「兩個孩子恰恰好，男孩女孩一樣好」的宣導口號，同時教育婦女計畫生育以及避孕的觀念，並提供避孕所需的用品與醫療服務，這項計畫有效的抑制臺灣人口過於快速的成長。某些國家例如中國，以及印度的一些地區，執行嚴格的生育控制政策，限制家庭生育兒女數量。中國在 1979～2015 年實施的一孩政策對中國人口與社會及經濟有深遠的影響。該政策有效控制中國的人口成長，加速人口轉型，提早達到人口穩定。避孕、墮胎合法化，以及一孩政策等策略雖然可控制人口成長，但也存在宗教、道德與人權方面的爭議。

圖 5.18　墮胎可以減緩人口成長，但社會大眾對於墮胎是否應合法化有不同觀點。

5.7 人口的年齡結構

　　人口的**年齡結構**（age structure）是一個國家或社會人口的年齡分布。**年齡結構圖**（age structure diagram）可以同時顯示一個統計人口的男性與女性在各個年齡層所占的人口比例。年齡結構圖一般以 5 歲為一個年齡層，在人口成長分析時，也經常將人口區分為 0～14 歲的生殖齡前（prereproductive）、15～44 歲的生殖齡（reproductive），以及 45 歲以後的生殖齡後（post reproductive）等三個階段。如圖 5.19 所示，高出生率、高死亡率的高穩定階段社會，生殖齡前以及生殖齡人口所占比例高，人口年齡結構圖呈現尖塔狀；在早期擴張階段，死亡率降低，人口年齡結構圖呈金字塔狀；晚期擴張階段人口漸趨穩定，各年齡層人口所占比例接近，年齡結構圖呈現高塔狀；在低穩定階段，人口老化，而呈現上重下輕的酒桶狀人口結構，社會低齡人口所占比例較低。全球人口平均年齡由 1970 年的 21.5 歲增加到 2019 年的超過 30 歲。根據 2019 年數據，全球生殖齡前人口占全人口的 26%，65 歲以上者占 8%，工作年齡（25～65 歲）人口占 66%。

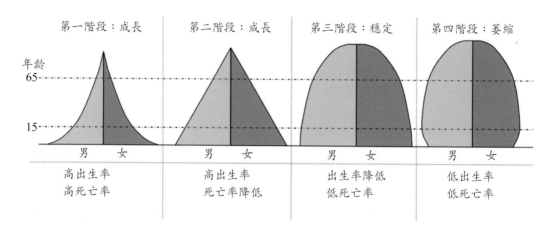

圖 5.19 人口轉型四個階段的年齡結構。第一階段，高出生率與高死亡率，人口往高年齡層迅速降低，呈現尖塔狀結構。第二階段，高出生率，但死亡率降低，呈現三角形的年齡結構。第三階段出生率漸減與低死亡率造成圓頂型年齡結構。第四階段低出生率與低死亡率造成人口老化與高人口依賴率。

案例：臺灣人口統計

臺灣人口的歷史變化

　　在地球比較寒冷時期，海水面低，臺灣與中國大陸的陸地是相連的。根據考古資料，臺灣在大約 1 萬到 3 萬年前開始有人類活動的跡象。台東長濱文化遺跡有 1 萬年左右歷史，這個遺跡為南島語族與類似文化的最北邊，有研究認為是南島語族的發源地。臺灣的信史開始於荷蘭人與西班牙人駐紮經商時期，根據荷蘭東印度公司（在臺時期 1602～1799 年）的紀錄，當時平埔族人口約 4 萬 5 千到 5 萬人，漢人約 2 萬 5 千到 3 萬。鄭成功經營臺灣時期，大量人口從中國沿海渡海來台，漢人人口接近 20 萬。滿清統治初期採取海禁政策，直到後期才開放閩粵移民。中日甲午戰爭戰敗，清廷根據馬關條約將臺灣割讓給日本，當時臺灣人口接近 300 萬。日治時期臺灣歷經 7 次人口普查，此時人口有比較精確的統計。1945 年日本戰敗，民國政府接管臺灣時，包括當時居住臺灣的日本人，臺灣人口約 600 萬人。1949 年民國政府遷台，當時估計有 121 萬人隨著軍隊與國民黨政府遷入臺灣。這波人口遷入，加上戰後的嬰兒潮，臺灣人口激增，1956 年臺灣人口達到 922 萬，而 2020 年人口為 2,360 萬人。臺灣人口歷史變化如圖 5.20 所示。根據國家發展委員會 2019 年的推估，臺灣未來人口如圖 5.21 所示，預期 2020 年到 2027 年將達到人口最高峰，在 2,360 到 2,370 萬人之間，之後人口逐年減少。

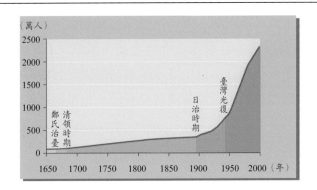

圖 5.20　臺灣人口成長曲線。從鄭成功治台與清領時期緩慢成長，到日治時期人口約 300 萬。此後人口快速成長，1945 年臺灣光復時增加到 600 萬。光復之後人口成長更為快速，2000 年人口達 2,300 萬。

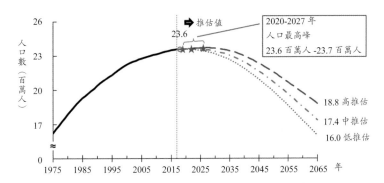

圖 5.21　臺灣人口成長歷史與未來趨勢。預期 2020 與 2027 年之間到達最高峰，之後逐年下降。

臺灣人口的年齡結構

　　臺灣人口年齡結構 2004 年到 2025 年的預期變化如圖 5.22 所示。顯示臺灣 2004 年低年齡層人口已少於中高年齡層。若生育率不變，等到生殖齡前人口進入生殖齡之後，人口老化將更加快速，預期到民國 140 年，社會將有極高比例的高齡人口。造成臺灣低生育率的因素相當多，包括養兒防老與傳宗接代觀念的改變、婦女教育水準提高、勞動參與率提升、高離婚率、國家的家庭支持系統欠缺，以及育兒環境不理想等，這些因素的綜合影響導致新世代男女不結婚或結婚後不生育。這樣的趨勢將對臺灣未來經濟造成影響，問題包括勞動力不足、青壯人口扶養負擔增加、稅收減少、社會福利支出增加等，並衍生出經濟衰退、家庭結構變化，以及老年照護等問題。與日本類似，臺灣目前法令不鼓勵接受移民，因此提高生育率成爲減緩人口老化的唯一方法。鼓勵生育的手段包括補助、減稅、提供幼兒照顧等。根據許多低生育率國家的經驗，其中以提供幼兒照顧最爲有效。提倡男女平權以及鼓勵男性分擔育兒責任，也是提高生育率長期但有效的政策。

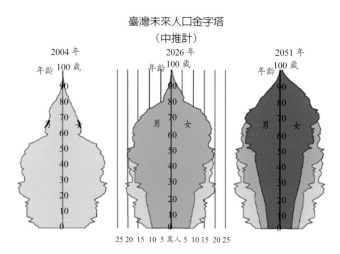

資料來源：經建會中華民國臺灣地區民93年至140年人口推計

圖 5.22   臺灣 2004 年到 2050 年的人口年齡結構變化趨勢，預期人口老化將非常快速。人口快速老化將造成許多社會與經濟問題。

案例：中國的一孩政策

共產中國在 1949 年成立之後積極鼓勵生育，將人口視爲國家生產力的根基。然而 1960 代實施的一連串錯誤經濟政策與天災，導致糧食短缺與嚴重的飢荒，造成數千萬人死亡。鄧小平於 1978 年成爲國家主席之後，除了推動私有化經濟政策之外，也體認到人口高成長將使中國人口在 30 年內達到 10 億人，對糧食供應與國民生活品質造成嚴重威脅。對此，他推動了極端的一孩化政策，從 1979 年開始，規定每個都市家庭只允許生養一個小孩，違反此項規定需額外繳交社會扶養費。這個政策雖然有效控制中國的人口成長，但也引起諸多爭議，包括普遍存在的殺害女嬰與強制墮胎等違反倫理的情況。此外，單一小孩獲得父母過多的關注與溺愛，也衍生教養問題。一孩政策一直實施到 2015 年，由二孩政策取代，

2021 年更放寬到每個家庭可以允許 3 個小孩。如下圖所示，中國的一孩政策人為加速了人口轉型，很快由高出生率、高死亡率的高穩定階段，進入到低出生率、低死亡率的低穩定階段。

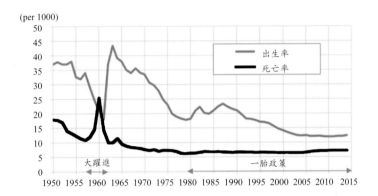

圖 5.23　中國人口的出生率與死亡率。由於錯誤的經濟政策導致飢荒，中國在 1950～1960 年代人口死亡率驟升，出生率則大幅跌落。但這個時期之後情況劇烈反轉，出生率暴漲，死亡率卻大幅下降，人口快速成長。為了避免人口太多可能造成的糧荒與貧窮，鄧小平於 1979 年開始實施一孩政策，這個政策顯著降低從 1987 年以後的出生率，抑制了中國人口成長，並人為提早了中國的人口轉型。

5.8 人口老化問題

全球人口逐漸高齡化

　　死亡率高低顯示一個國家的整體國民健康狀態。生活條件改善可以降低人口死亡率，提高人口成長率。預期壽命是嬰兒出生時預期可以存活的年數。高度發展國家有較好的營養與醫療及衛生條件，國民預期壽命高。最近幾十年來世界人口的預期壽命快速提高，全球平均預期壽命 1955 年為 48 歲，2018 年提高到 72.5 歲。臺灣 2020 年的國民平均壽命為 81.3 歲，其中男性為 78.1 歲，女性為 84.7 歲，這兩個數字在 1950 年僅分別為 53.4 歲與 56.3 歲。圖 5.24 顯示全球高、低所得國家與全球平均國民預期壽命的歷年變化。2018 年出生的嬰兒，全球平均預期壽命為 72.5 歲，其中高所得國家為 80.6 歲，低所得國家為 63.5 歲。2020 年全球預期壽命最高的幾個國家或地區是香港、日本、澳門、瑞士、新加坡、義大利，都在 84 到 85 歲之間。而撒哈拉以南的非洲國家如中非共和國、賴索托、查德等國的國民預期壽命最低，只有 53～54 歲。

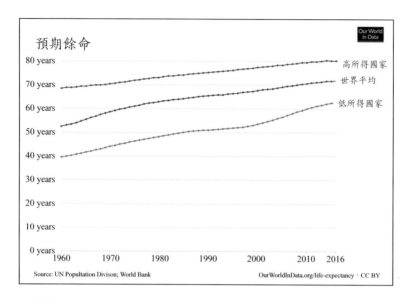

圖 5.24　高、低所得國家與全球平均國民預期壽命的歷年變化。高低所得國家的平均壽命都逐年提高。2016 年出生的嬰兒，全球平均預期壽命為 72.0 歲，其中高所得國家為 80.4 歲，低所得國家為 62.9 歲。

　　由於預期餘命大幅提升，許多國家人口漸趨高齡化，失能的情況嚴重影響老年人生活品質。**失能**（disability）指個人因為身體、心理、認知、或發育上的問題，而影響到行動或與周邊互動的能力。**預期健康壽命**（healthy life expectancy, HALE）指的是扣除失能年數之後的預期壽命，亦即一個國家人口可以健康生活的平均預期年數，這個指數較能真實反映一個國家人口可期待的有品質生活年數。全球而言，2015 年的 HALE 是 63.1 年，比平均預期壽命低了 8.3 年，也就是不良健康狀況讓人口平均損失這麼多年的有品質生活。預期健康壽命以非洲男性的 51.1 歲最低，歐洲女性的70.5 歲最高。全球女性的預期壽命高於男性約 5 歲，但女性的預期健康壽命僅高於男性 3 歲，顯示女性平均的失能期間要比男性長。

高齡化造成的社會問題

　　人口預期壽命提高是社會發展所達成的一項成就，但人口老化可能對一個國家帶來經濟與社會問題，一個顯然的影響是國家的勞動力降低與經濟發展減緩。全球而言，2060 年工作年齡人口（20～64 歲者）將比 2020 年減少 10%。一些國家如希臘、日本、韓國、拉脫維亞、立陶宛與波蘭，這 40 年之間工作年齡人口將減少超過 35%。人口老化對一個社會造成的主要問題包括：

- **工作年齡人口的負擔加重**：高齡化社會請領老年年金的人口增加，而工作並納稅的人口減少，這表示工作年齡者稅賦負擔將顯著提高，家庭可支配所得以及消費能力下降。
- **醫療與照護支出增加**：高齡人口有高比例因罹患慢性疾病而需要長期健康照護，對社會的人力與財務造成顯著負擔。
- **經濟衰退**：國家勞動人口降低將導致產業轉移到勞力較為充沛的國家，造成高齡社會經濟衰退。

緩和高齡化衝擊的策略

　　為了減緩人口老化造成的衝擊，許多國家採取了以下措施：

- **延長工作年齡**：將目前普遍採取的 65 歲退休延長到 70 歲，如此可以減輕發放年金造成的財政負荷，並可增加消費支出以活絡經濟。鼓勵企業雇用退休的時薪工作人員，或運用退休人員擔任志工，也有助於緩和國家勞動力短缺的情況。
- **提高稅賦**：較多的稅收讓政府可以有資金來支付增加的年金支出，並做好老年人的醫療與照護。雖然增稅不受納稅人歡迎，但做好老人照護不但可以維護長者的生活品質，也減輕家庭成員的照護負擔。
- **提供低收入者年金**：政府發放年金給低收入而且沒有私人年金的老年人，以維持低收入者老年生活的基本需求。
- **鼓勵企業年金制度**：政府可以立法強制要求，或透過稅負優惠鼓勵企業辦理私人年金，減輕政府的年金負荷。
- **接受移民**：年輕工作人口的移入可以緩和社會因為老化造成的勞動力不足，工作移民納稅也可以增加國家稅收，有助於彌補老年照護所需的社會福利支出。

5.9 世界人口的未來

　　根據聯合國 2019 年的預測，世界人口成長率在 1962 年達到 2.1% 的尖峰之後將持續下降，目前的成長率是 1.0%，預期到 2100 年將降到 0.1%，低於工業革命之前的水準（圖 5.25）。聯合國根據不同假設對世界未來人口所做的推估如圖 5.26 所示，若採用中位數，則世界人口將由目前的 78 億人成長到 21 世紀結束時或結束後不久的 109 億頂峰，這期間所增加的人口有大約三分之二發生在非洲國家，開發中國家占增加人口的 88%，其餘的 12% 發生在已開發國家。

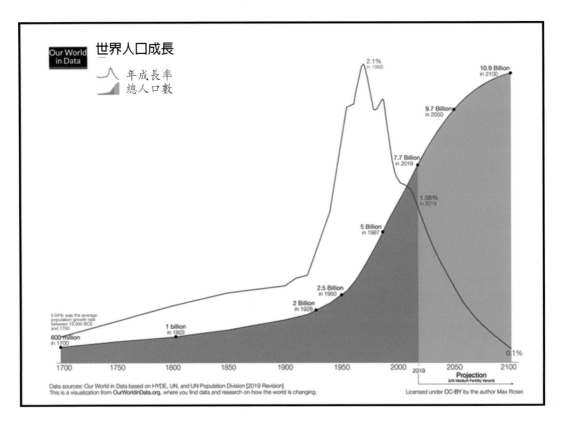

圖 5.25　全球人口 1700 年到 2100 年的成長率與總人口數（2019 年之後為推估）。

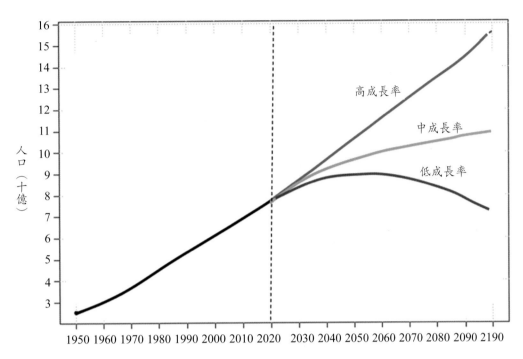

圖 5.26　不同成長率假設下的全球人口推估，若根據中成長率推估，世界人口將由目前的 78 億增加到 21 世紀結束時或結束後不久的 109 億頂峰。

案例：臺灣人口老化問題

　　根據國家發展委員會 2020 年所做推估，臺灣人口在 2019 年達到 2,360 萬之後將逐年下降，進入到人口衰退階段。由於婦女生育率長期偏低，且國民平均壽命持續提高，臺灣人口老化情形顯著。人口統計學一般將 65 歲以上人口占總人口比率達到 7%、14% 及 20%，分別界定為高齡化社會、高齡社會、超高齡社會。根據此一劃分，我國於 1993 年成為高齡化社會，2018 年成為高齡社會，僅僅 8 年之後，2026 年將邁入超高齡社會，人口老化快速。

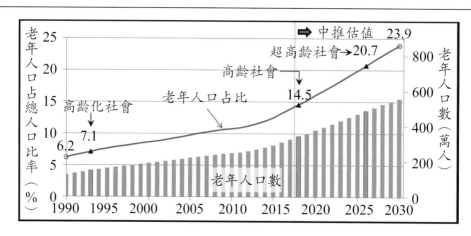

圖 5.27　臺灣 65 歲以上人口數與占比（2018 年之後為推估），顯示臺灣人口快速老化，2018 年進入高齡社會，2026 年進入超高齡社會。

　　根據美國中央情報局 2021 年報告，臺灣是全世界生育率最低的國家，平均每個婦女生產 1.07 個小孩。經濟因素是造成低生育率的主要原因，許多家庭需要雙薪來維持生活品質，加上養兒育女對家庭造成沉重的時間與經濟負擔。由於低生育率，臺灣於 2020 年總人口轉為負成長，2054 年總人口數將降到 2,000 萬人以下。到 2065 年，人口可能降到 1,601 萬到 1,880 萬人之間，屆時每百位青壯人口須扶養 101 位依賴人口，造成社會福利的沉重負擔。

結語

　　對於一個社會，人既是資源也是負擔，因此世界各國都透過各種方法來調控人口數量，既要保持經濟與社會的活力，也要防止人口過度成長造成的負面效應。世界人口成長率在 1960 年代達到最高峰之後就逐漸下降，但人口總數仍呈現上升趨勢，預期 2100 年之後，世界人口將到達 109 億的峰頂，這期間的人口增加主要發生在開發中國家，因此這些國家的人口控制對於降低世界人口成長有重大影響。

　　大多數已開發國家已完成人口轉型，達到低出生率、低死亡率的低穩定時期，這些國家由於國民預期壽命延長而有人口高齡化的情況。高比例老年人口對於經濟發展與社會福利形成沉重的負擔，各國政府都致力於進行社會與經濟政策調整，來緩和人口老化所造成的衝擊。

　　對於地球的承載容量，人口與社會及經濟學家有各種不同的看法，有些學者認為，人口過多造成資源過度使用與環境汙染，地球目前的狀況是無法永續的。然而也有其他學者認為證諸過往歷史，人類一次次地克服成長的限制，認為人類掌握足夠的知識，可以透過更有效的資源利用來滿足越來越多人口的需求。但無論如何，避免人口過度成長是明智的策略，也是世界各國目前的共識。

本章摘要

- 人口對環境的衝擊
- 世界人口成長的歷史
- 人口成長對社會與經濟的影響─悲觀與樂觀的觀點
- 影響人口數量的因素：出生、死亡與遷徙
- 70 定律與人口加倍時間
- 影響生育率的因素
- 人口轉型模式
- 人口年齡結構與對社會及經濟的影響
- 人口老化對社會的影響
- 臺灣的人口問題
- 世界人口的未來趨勢

問題

1. 為何對一個國家而言，人既是資源，也是環境問題的根源？
2. 環境衝擊可以使用 IPAT 模式來評估，根據這個模式，說明進步國家與開發中國家環境衝擊來源的差異。
3. 說明人口成長對於人類社會影響的樂觀與悲觀看法。
4. 什麼是替代生育率？為何一個社會達到替代生育率之後，人口仍會有數十年的成長？
5. 為何出生與死亡數字我們用「粗出生率」與「粗死亡率」而非「出生率」與「死亡率」？
6. 說明人口遷移的推力因素與吸力因素。

7. 一個社會的生育率受到那些因素影響？

8. 什麼是人口轉型？人口轉型有哪四個主要階段？

9. 劃出並比較人口高度成長社會與人口老化社會的人口年齡結構圖

10.說明一孩政策對於中國社會發展的利與弊，以及衍生的道德爭議。

11.說明人口老化對於一個社會的負面影響。

專題計畫

1. 上網了解你所在城市過去50年的人口變化趨勢，並說明造成這樣趨勢的原因。

2. 你與你的父親以及祖父這三代各有多少同代手足？這三代之間同代手足數量有何差異？什麼因素造成這些差異？

第三部分　生物多様性保育

第6章　生物多樣性

圖 6.1　棲息地保護是生物多樣性保育最有效的方法。

　　生物多樣性（biodiversity）指一個環境內部各種形式生命的多樣程度。包括人類的所有生物都需要合適的生存環境，並從環境中取得所需的物質與能量。生物多樣性高，則生態系穩定且功能完整，有利於所有生物的生存與發展。演化是生物多樣性的驅動力量。所有物種都在地球數十億年生物發展歷史的某個時間點演化而來。晚近的演化學研究也驗證了達爾文 1895 年在他的著作《**物種起源**》（On the Origin of Species）所做的推論，所有生物由一個共同祖先或共同的基因池分化而來，即普遍被生物學家接受的**共同祖先理論**（universal common ancestor theory）。

6.1 生物多樣性有不同的層級

生物多樣性可以在不同的生物學層級加以描述與界定。在生活當中，我們可以觀察到許多不同種類的生物，例如在一個沼澤區，我們可以看到水中的許多魚類與水生物，淺水區長有不同種類的濕地植物，岸邊有草木與各類昆蟲與大型動物，這個沼澤有豐富的物種，也就生物多樣性高。乾燥的沙漠是另一個極端的例子，這裡只有稀疏的耐旱植物，以及種類與數量都很少的昆蟲或其他動物，生物多樣性低。我們經常觀察到物種層級的生物多樣性，稱爲**物種多樣性**（species diversity），但生物多樣性還包括物種以下層級的**基因多樣性**（genetic diversity），以及更大尺度的**生態系多樣性**（ecosystem diversity）與**功能多樣性**（functional diversity）。

圖 6.2　草澤與沙漠的生物多樣有很大差異。草澤生物種類多，生物多樣性高，因此生態系也穩定。沙漠生物種類少，生物多樣性低，生態系也脆弱。

　　基因多樣性也稱爲**遺傳多樣性**，是生物多樣性最基礎的層級。同一物種不同個體間因爲突變與天擇產生基因組成的差異。基因多樣性越高，則族群可供環境篩選的不同基因愈多，族群的環境適應能力愈強，有利於族群的生存及演化。突變造成的基因多樣性是天擇演化與生物多樣性的驅動力量。基因多樣性讓種群可以經由個體之間環境適應能力的差異來延續物種生命。基因多樣性低的種群個體數量少或基因組成一致，很容易在疾病或環境變動的情況下發生大規模滅絕。有些瀕絕物種經過復育後雖然族群數量增加，但這個由少數個體繁衍而來的種群基因相似度高，容易再次面臨滅絕危機。

圖 6.3　不同顏色與形狀的玉米顯現基因多樣性，這些玉米品種有非常類似的基因組成，個體之間的些微差異形成基因多樣性。

　　種多樣性（species diversity）代表在一個生物群落內部物種的多樣程度。種豐富度（species richness）是種多樣性最基礎的一個參數，指一個群落或生態系的物種總數。許多因素影響一個區域的種豐富度，但一般而言，面積大則物種數量多，種豐富度高。雖然生物多樣性與種豐富度有關，但豐富度本身無法完整說明一個區域的種多樣性，群落中物種數量的均勻度也影響生物多樣性。考慮物種數量相同的兩個森林，第一個樹林有 90% 個體屬於某樹種，其他樹種只占 10%。當你走過樹林，可能只看到兩三種不同樹木。第二個樹林不同樹種的數量分配均勻，則你可能看到許多，甚至所有的樹種。因此，若物種數量相當，則均勻度高的生態系有較高的種多樣性。

　　生態系多樣性（ecosystem diversity）代表一個地理區域內生態系的多元程度，包括物理因子與生物因子的多樣程度，因此也稱為**棲地多樣性**（habitate diversity）。多樣而狹窄的生態位有利於生殖區隔與種化，形成生物多樣性，因此生態系多樣性是促成生物演化的一個重要因素。生態系多樣性與許多物理性環境因子有關，例如氣溫、濕度、日照、高程、地形、土壤的物理與化學性質等。陸域環境因為溫度與濕度差異而形成不同的大規模生態區，稱為**生物群系**（biome），例如森林、草原與沙漠等，是大尺度的生態系多樣性。

　　功能多樣性（functional diversity）指生態系內部生態功能的多樣程度，是以功能而不是物種或基因數量所做的生物多樣性界定，但一般而言，物種多樣性高的群落也

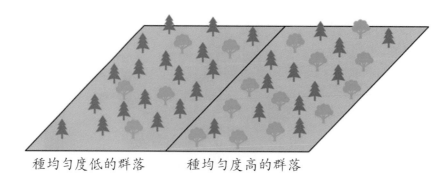

種均勻度低的群落　　　種均勻度高的群落

圖 6.4　兩個均勻度不同的樹林。在個體數量相等的情況，不同物種的數量越均勻，則
　　　　生物多樣性越高。

有較高的功能多樣性。生態系是一個龐大的有機體，生物功能的多樣性可以提高棲地
利用效率。因此功能多樣性高的生態系有高生產力以及穩定性。

圖 6.5　腐木、苔癬、食屑動物，以及許多肉眼不可見的黴菌與細菌，共同形成這個微
　　　　生態系的功能多樣性。

6.2 生物多樣性的重要性

　　生物供應人類食物、建材、醫藥等許多人類所需的物質，是生物多樣性對人類最
直接的價值。此外，生物也具備景觀美質、教育與科學研究的價值，或者單純只是存

在的價值。就生態系而言，生物多樣性提供完整的生態系服務，可以穩定生物的生存環境，並確保生物的營養與食物來源。

生物多樣性的直接價值

生態價值

生物圈是一個龐大的互惠系統，個別生物體從這個系統得到所需的物質、能量與穩定的生存環境，在此同時，生物也都對生態系的運作做出貢獻。生物支持地球維生系統運作的功能稱爲**生態系服務**（ecological services）。綠色植物是生態系的生產者，它們也將生物呼吸產生的二氧化碳再生爲氧氣，提供生態系服務。土壤裡面也有大量微生物，可以分解動植物殘渣，將有機物分解成爲植物可以再次吸收利用的無機營養鹽。生物多樣性高的生態系功能完整，不但能量傳遞與物質循環效率高，結構也比較穩定。生物多樣性的喪失影響到生態系運作的效率，更嚴重的情況將造成生態系功能缺損，甚至崩潰。

經濟價值

自古以來森林供應人類建造房屋與製作家具及其他用品所需的木材。樹木也被用來造紙以及生產製造紡織品所需的纖維。早期人類以及目前許多開發中國家使用**傳統生質能**，以柴火作爲主要能源。**高科技生質能**也以利用植物體來製造燃料，如生質柴油與生質酒精，供機動車輛使用。

在農業方面，人類一萬多年前由狩獵與採集社會演變到農業社會之後，就持續尋找高產量、可以抵抗疾病的作物品種，以求食物的穩定供應。現代化農業也充分利用生物多樣性。經由作物的交互授粉，育種專家培育了許多適合大量種植作爲食物的穀物與蔬果。過度依賴單一作物對食物供應造成風險。1845～1852 年，一種植物疫病大規模感染愛爾蘭人作爲主食的馬鈴薯，導致愛爾蘭的饑荒與大規模人口遷徙。保持作物的基因多樣性可以確保糧食安全。爲維持作物的基因多樣性，許多國家以及國際組織都有農作物基因庫的相關計畫，以確保作物品種的基因多樣性。

生物在提供醫藥與維護人類健康也有不可或缺的貢獻。我們的祖先採集動植物來治療疾病與維護健康，許多野生動物也被觀察到會自己尋找天然藥物來對抗疾病。現代化醫學也仍然高度依賴生物體與生物技術。許多藥物、營養品或化妝品萃取自動植物體，或根據動植物體的成分去合成。生物多樣性也對人類的心理健康有幫助。人對於野生動植物與自然景觀有固有的親近需求，許多研究探索自然療癒對於心理疾病的改善效果。

案例：糧食作物的基因多樣性維護──挪威斯瓦爾巴特全球種子庫

　　早在 1920 年代，各國即已開始各自進行作物種子的保存，但由於零散的保存容易因疏忽或意外造成流失。位於挪威的斯瓦爾巴特全球種子庫（Svalbard Global Seed Vault）於 2008 年成立，做為各國種子庫的備份。該種子庫位於極區小島的地下岩洞，內部保持維持種子活性的最佳溫度與濕度，種子進行經常性監測與更新，以確保其活性。

圖 6.6　奈及利亞婦女包裝要送到斯瓦爾巴特全球種子庫保存的種子。

圖 6.7　　斯瓦爾巴特全球種子庫保存來自世界各國的作物種子。

生物多樣性的隱含價值

　　生物除了透過使用讓人類直接受益之外，生物多樣性也有許多對人類與地球生態系的間接利益，稱為**隱含價值**。

科學研究與教育價值

　　大自然提供科學研究機會，增加人類對於自然生態運作機制的了解，除了滿足好奇心之外，也有實質的效益。達爾文與華勒斯從中美洲加拉巴哥群島的生物觀察發現了生物演化的機制。生物研究的成果也運用在環境與生態問題的解決，以及野生物種的保育。近二十年來蓬勃發展的生物科技，也從天然存在的生物取得許多有潛在用途的基因訊息。人類對於許多野生物生理或行為的觀察研究，也有助於了解與解決人類的類似問題，改善大眾的健康與福祉。

文化與美學價值

　　人類與其他生物一起在自然環境中生存與活動，也因此衍生出對於自然環境與各種生物親近的本性。人類文明的發展圍繞在對自然現象與生物的觀察，並發展出象形文字以及文學與各種型態的藝術。生物多樣性豐富了人類文化與藝術的內涵。

圖 6.8　埃及象形文字顯示人類與其它生物的密切關係。

保存與選擇價值

　　生物的許多實用價值還陸續被發現。有些生物雖然目前沒有實際用途，但這些生物的保育可以保留未來利用的可能性。我們也希望把自然界各種生物的潛在價值保留給後代。此外，人類的生存與大自然密不可分，這樣的情感造就人類喜愛與保護自然環境與所有生物的天性，不管它們有沒有實際用途。也有許多宗教或個人主張萬物皆有大自然所賦與的生存權利，因此人類必須尊重所有形式的生命。

案例：放生或保育？

　　放生指將動物野釋放到自然環境。部分宗教基於信仰而鼓勵放生，但未經評估的放生經常造成放生動物的死亡或放生環境的外來種入侵。國內許多法規，如野生動物保育法、漁業法、國家公園法等，都有條文禁止未經許可的野放。另一種可能造成外來物種入侵的行為是寵物棄養。寵物棄養或脫逃造成的生態危害在臺灣也有許多案例，福壽螺、埃及聖䴉、巴西龜、綠鬣蜥等，為外來種入侵的最近案例。

圖 6.9　類似左圖的宗教性放生可能引進入侵生物，被放生的生物存活率也低。野生
　　　　動物管理單位可能基於保育需要而進行野生物的人工繁殖與野放，以維持野
　　　　生動物的族群數量，避免受到滅絕的威脅。也有一些是為了供應娛樂性釣魚
　　　　所做的魚苗放流（右圖），但這一類的野放經過仔細評估，以確保不對該地
　　　　生態造成影響。

6.3 生物多樣性的形成

天擇演化與生物多樣性

　　經由天擇的演化（ evolution by natural selection）說明了自然界物種組成隨時間
演變的機制。這樣的理論在 1859 年由查爾斯‧達爾文（Charles Darwin）以及阿佛瑞
德‧華勒斯（Alfred Russell Wallace）兩位自然學家個別提出。達爾文於 1831 到 1836
年搭乘小獵犬號造訪南美、澳洲以及非洲最南角。華勒斯則於 1948～1952 年到巴西
採集亞馬遜流域的昆蟲標本，1954～1862 年再到馬來群島（Malay Archipelago）。達
爾文在加拉巴哥群島（Galapagos Islands）觀察到，不同島嶼上的有些生物有類似特
徵，但同時也存在一些明顯差異。例如加拉巴哥群島的地雀（ground finch）與南美大
陸雀鳥的外觀類似，但每個小島地雀的嘴喙大小與形狀都有些差異，這些差異呈現一
系列漸進式的改變。達爾文懷疑這些小島的地雀都由大陸的地雀演化而來。

　　華勒斯與達爾文也同時觀察到其他生物也有類似雀鳥漸進式差異的情況，兩人各
自獨立構思造成這種現象的機制。達爾文把這個機制叫做**天擇**（natural selection）。
他認為天擇是大自然三個運行規則的自然結果。第一，一個物種族群的不同個體之間
存在特徵上的差異，這些特徵遺傳自父母。第二，當父母繁殖的子代數量超過環境資

源可以供養的數量時，這些子代競爭有限的資源。第三，繼承自父母的特徵若有利於資源競爭，則個體存活率高，產生比較多的子代，無此特徵的個體子代數量少。**差異繁殖**導致族群基因組成與行為特徵的演化。達爾文與華勒斯有關演化概念的論文一起在 1858 年在倫敦的 Linnean Society 發表。達爾文次年出版了《**物種起源**》，在這本書中他詳細的記載了他的觀察，並說明天擇演化的機制。

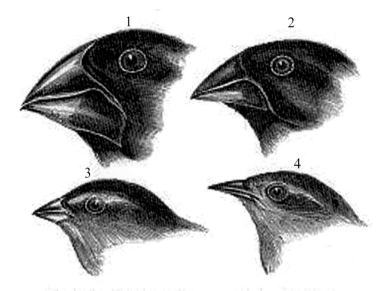

1. Geospiza magnirostris
2. Geospiza fortis
3. Geospiza parvula
4. Certhidea olivacea

Finches from Galapagos Archipelago

圖 6.10 　達爾文在南美洲加拉巴哥群島觀察到，地理區隔形成超過十二個不同的燕雀品種。

案例：細菌抗藥性的產生可以解釋天擇演化機制

　　細菌抗藥性的產生可以說明天擇演化的機制。當人受到細菌感染時，人體同時遭遇幾十億個細菌的攻擊，這些細菌族群的個體之間存在基因差異，在偶然的情況，會有一些細菌帶有抵抗某種抗生素的基因。當我們使用這種抗生素來做治療時，大部分細菌會被殺死，但也留下少數帶有抗藥基因的個體，這些存活的個體繼續繁殖，並將抗藥性傳遞給子代。經過幾個世代的繁殖，整個細菌族群都將具有抗藥性。突變與基因多樣性是演化的基本條件，沒有基因多樣性，則大自然無法做差異性的優選與演化。

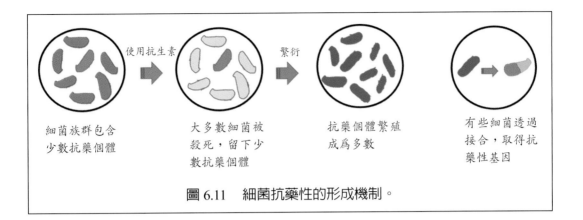

使用抗生素　　　　　　繁衍

細菌族群包含　　　大多數細菌被　　　抗藥個體繁殖　　　有些細菌透過
少數抗藥個體　　　殺死，留下少　　　成為多數　　　　　接合，取得抗
　　　　　　　　　數抗藥個體　　　　　　　　　　　　藥性基因

圖 6.11　　細菌抗藥性的形成機制。

氣候與生物多樣性

　　生物族群遭遇到環境改變時，他們可能**適應**（adaptation）、**遷移**（migration），或**滅絕**（extinction）。生物族群可以透過天擇演化來改變族群的基因組成，以適應為期千年或萬年的緩慢環境變遷。但若環境改變的速率太快，則透過基因組成的改變來適應環境變化是達不到的。在這樣的情況下，若也沒有合適的環境可以遷徙，則這些生物將面臨滅絕。生物的滅絕可以是**局部滅絕**（local extinction）或**生物性滅絕**（biological extiction）。局部滅絕指物種從一些特定的棲息環境消失，但在其他的棲息地仍然存在，因此復育是可能的。某物種的生物性滅絕代表這物種在地球上完全消失，這樣的滅絕是永久性的，無法透過復育或其他手段，讓這些生物再次出現。

　　化石證據顯示，地球在過去 5 億年歷經了 5 次**大滅絕事件**（mass extinction），如此大規模的滅絕是地球環境劇烈變化所造成，例如巨型隕石的撞擊，或大規模火山爆發導致大氣層微粒遮蔽陽光，降低了地球的初級生產，無法繼續支持龐大的生物族群。化石證據也顯示，在各次大滅絕之後的數百萬年，地球生物多樣性快速增加，新的物種出現並占據空出來的生存空間與未被利用的資源。地球物種的數量變化取決於種化與滅絕之間的差異。在地球演化過程，物種數量隨著年代持續增加，這也是目前地球存在大量物種的原因。

板塊運動與生物多樣性

　　根據**板塊構造論**（plate techtonics），地球陸地在某一個時期曾經是一整塊稱為**盤古大陸**（Pangea）的陸塊。這個超大陸塊在一億三千五百萬年前受到下層軟流圈的牽引而逐漸分裂。板塊分離形成許多新的生態棲位，有利於生物多樣性的發展。板塊分離也造成生物的地理區隔，不同板塊上的生物在獨有的氣候與其他環境條件下獨立演化，形成獨特的物種。海陸板塊交界處地質活動劇烈，產生許多火山島，這些島嶼各自形成獨立的演化環境與不同的生物。因此大陸周邊的島群是地球生物多樣性最高的區域之一。

6.4 陸域生物多樣性

生物群系指大型的生物群落

　　生物群系（biome）是在特定環境條件下形成的大型生物群落。地球生物群系包括陸域與水域兩類，其中水域生物群系又可分為淡水生物群系與海洋生物群系。陸域生物群系的類型主要由氣溫與濕度所決定，其結果是不同的植被類型，因此生物群系又稱為**植被氣候帶**（vegitation climate zones）。生物群系可以有不同的細節劃分，其中一種方法將陸域生物群系區分為 8 個主要類型：**熱帶雨林**（tropical rainforests）、**熱帶灌叢**（chaparral）、**稀樹草原**（savannas）、**熱帶沙漠**（tropical desert）、**溫帶森林**（temperate forest）、**溫帶草原**（temperate grassland）、**寒帶針葉林**（boreal forest）、**極地凍原**（arctic tundra）。圖 6.12 顯示，不同氣溫與濕度組合所形成的陸域生物群系。生物群系的全球分布如圖 6.13 所示。

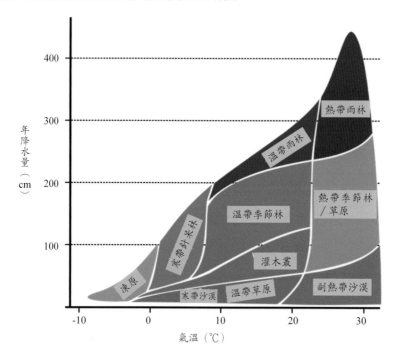

圖 6.12　氣溫與濕度決定陸域生物群系的類型。

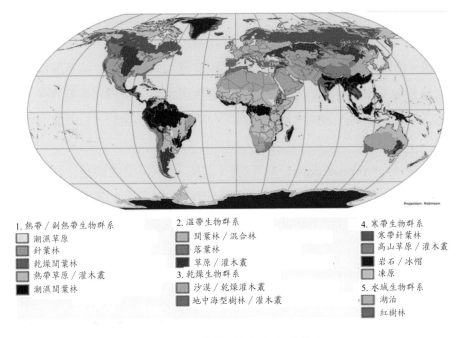

圖 6.13　不同生物群系的全球分布。

- **熱帶雨林**（tropical rainforest）：主要分布在高溫多雨的赤道周邊，是生物多樣性最高的陸域生物群系。高大的常綠闊葉林是這裡主要的植被類型。熱帶雨林不但植物茂密、種類繁多，裡面也棲息著非常多樣的動物。熱帶雨林的氣溫比其他類型生物群系穩定，全年氣溫在 20～34℃ 之間，年降雨量在 1250～6600 mm 之間，有明顯的季性降雨。濕季的月降雨量可達 300 mm，乾季最低可少於 100 mm。溫暖、潮濕、日照充足使得熱帶雨林有穩定的高初級生產，有別於其他生物群系的季節性生長。大量雨水帶走了熱帶雨林的營養，因此熱帶雨林的土壤相對貧瘠，大部分營養保存在生長於其上的植物體。

熱帶雨林有垂直分層的植物與動物棲息環境。最下層覆蓋著落葉與稀疏的耐陰林下植物，再上一層為灌木與小喬木，最上層為鬱閉的樹冠層。成層的樹林提供複雜多樣的環境，棲息著不同的動植物。許多動物在高於地面數公尺，甚至數十公尺高的樹林中生活，從未下到地面。熱帶雨林在全球的元素循環，尤其是碳循環，扮演重要的角色。多樣的動植物也是龐大的基因庫，蘊藏著種類繁多的有機化學物質，許多可以做醫學用藥，或提供科學研究與其他經濟用途。

熱帶雨林正遭受極大的開發壓力。林木採伐、耕地開發與採礦使得許多原始森林遭到破壞，威脅到地球的生物多樣性。

- **稀樹草原**（savana）：這些長著稀疏樹木的廣大草原主要分布在非洲、南美洲以及澳洲北部等炎熱而稍為乾燥的氣候帶。平均氣溫 24～29℃，年降雨量在 510～1270 mm 之間。稀樹草原有顯著的乾季，因此經常發生草原火災，而草原植物也因此發展出發達的地下根系，可以在火災之後迅速恢復生長。稀樹草原是許多大型哺乳類動物的主要棲息環境，包括大象、斑馬、羚羊、獅子、獵豹，以及鴕鳥與其他鳥類及昆蟲。

- **副熱帶沙漠**（subtropical desert）：在南、北緯 15～30 度之間是全球大氣環流的沉降區，氣壓高、空氣乾燥而少有顯著降雨，例如位於北非的撒哈拉沙漠，以及位於非洲南部的納米比沙漠（Namib）。山脈背風面乾燥的雨影區（rainshadow）也容易形成沙漠，例如位於美國西部的莫哈維（Mohave）沙漠。

  副熱帶沙漠有顯著日夜溫差，土壤表面白天溫度可以高到攝氏 60 度，而晚上降到接近零度。熱帶沙漠的年降雨量少於 300 mm，沒有明顯的乾濕季，而降雨也局部、短暫而難以預期。

  乾燥的氣候造成沙漠動植物稀少，生物多樣性低。沙漠動植物演化出特殊的環境適應能力，可以忍受長期乾旱。許多沙漠植物為一年生，在降雨之後快速生長、開花與結子，進行繁衍。沙漠樹木一般有發達的根系以及可以防止水分蒸發的葉片與可以儲存水分的莖。為躲避熾熱的太陽，大多數副熱帶沙漠演化出夜行性動物，日間躲藏在陰涼的洞穴。

- **寒帶荒漠**（cold desert）：這些寒漠乾燥而寒冷，少量降水一般在冬天以下雪的方式降下。中國北方的戈壁沙漠、塔吉斯坦沙漠，以及美國內華達州為主的大盆地沙漠（Great Basin Desert），是這一類型的荒漠。

- **灌叢帶**（shrubland）：這個氣候帶只有少量降水，年降水量在 650～750 mm 之間。夏季炎熱而乾燥，降水主要發生在冬季。灌叢帶生物群系主要分布在地中海周邊、美國加州，以及澳洲大陸南部海岸周邊。這個生物群系以灌木叢為主，在炎熱乾燥的夏季有許多植物進入休眠狀態。灌木叢也週期性的發生火災，因此演化出許多可以適應火災的植物，一些植物的種子必須經過火災的高溫才開始萌芽。

- **溫帶草原**（temperate grassland）：這個氣候帶年降雨量在 250～900 mm 之間，降雨量不多，且日夜溫差大。由於降雨不足以維持大量樹木生長，樹林只帶狀分布在河川兩岸，其他部分則為乾燥的草原，並經常發生草原火災。溫帶草原有明顯的生長季，春季與夏季是主要的生長季。溫帶草原土壤肥沃，綿密的植物根系與地下莖為土壤增添許多有機質，而且由於降水少，土壤營養也不易流失。

溫帶草原是重要的農牧區，透過灌溉，溫帶草原生產大量穀物，牧場則產出大量的畜牧產品。閃電引起溫帶草原的常態性火災，人為壓制火災將造成灌木叢以及樹林生長，因此草原生態系的維持經常需要做控制下的人為焚燒。

- **溫帶森林**（temperate forest）：這個氣候帶是人口聚居的主要生物群系，分布在北美東岸、西歐、東亞、智利與紐西蘭等溫和、潮濕的中緯度地區。這個氣候區的降水全年均勻分配，年降水量在 750～1500 mm 之間。氣溫在正負 30℃ 之間，冬季有經常性的冰點以下氣溫，因此溫帶森林有明顯的生長季與非生長季。生長季是春、夏與初秋，晚秋之後樹木落葉並進入休眠。因此，此區的植物多樣性與初級生產力都不如熱帶森林。由於經常性落葉以及較少的降水，溫帶森林的土壤遠較熱帶雨林肥沃。

- **寒帶針葉林**（boreal forest）：此氣候帶分布在北緯 50～60 度之間的寒帶陸地，包括加拿大、阿拉斯加、俄羅斯，以及北歐。寒帶針葉林也分布在北半球大部分的高山。這個生物群系大部分季節寒冷、乾燥，只有短暫的潮濕夏季，年降水量在 400～1000 mm 之間，大多是下雪的形式。由於極度寒冷，植物的蒸散不顯著。植物以耐寒、結毬果的常綠針葉樹為主，包括松樹、雲杉、冷杉等常見樹種。常綠針葉木生長比溫帶落葉木快速，其針葉富含氮營養鹽，使得針葉樹可以在寒帶極度缺氮的酸性土壤生長，成為優勢樹種。寒帶針葉林大多樹種單一，其生物多樣性低於溫帶與熱帶森林。

- **極地凍原**（arctic tundra）：凍原主要分布在寒帶針葉林以北的極區，也分布在樹林生長線以上的高山。這一氣候區冬天氣溫可以低到零下 30 度或更低，夏季平均氣溫攝氏 3～12 度。凍原降水量少，年平均在 150～250 mm 之間，大多為降雪。凍原降水沒有明顯的季節性。植物的生長季很短，平均僅 50～60 天，這段期間每天有接近 24 小時的日照，凍原植物快速生長。凍原植物一般低矮，植物多樣性與初級生產力都低，植物的地面以上生物量也少。許多凍原在夏天短暫的生長季被低矮的開花植物與青苔等完全覆蓋。

6.5 水域生物多樣性

水域生物群系包括淡水與海洋生物群系。決定水域生物群系的主要物理與化學因子為水質、水下光照與營養物質。水域生態系的初級生產者如浮游藻、附生藻與各種水生植物，需要營養鹽與日照。水以及溶解與懸浮於水中的物質吸收或阻擋光線，因此光線在水中只能穿透一定深度，在這個深度以內，初級生產者可以行光合作用，稱為**光照層**（photic zone）。清澈淡水的光照層最大可以達數十公尺，大部分湖泊的光照層厚度都在數公尺的範圍，特別混濁的河川或湖泊光照層深度可能只有數十公分。海水一般比較清澈，光照層最大可達 200 公尺。水域初級生產者的光合作用除光照之外，也需要無機營養鹽。河川與湖泊接受來自陸地的大量營養物質，初級生產力高。海洋缺乏持續的營養鹽供應，浮游植物與其他水生植物因營養缺乏而數量稀少，初級生產力低。遠離陸地的汪洋大海營養鹽更是缺乏，有如水域的沙漠。

海洋生物群系

海洋初級生產主要發生在光照層，這裡浮游植物與海藻生長旺盛，吸引許多魚類與其他海洋生物聚集與攝食。光照層以下的廣大水域無法生產食物，這裡的小型海洋生物攝食光照層下沉的有機殘渣，數量稀少的掠食性生物則捕食這些小型生物。海洋靠近海岸線的區域成為**近岸帶**（littoral zone），這一帶水淺，有充足的陽光以及來自陸地的營養，因此有很高的初級生產力以及豐富的海洋生態。最靠近陸地的水岸受到潮汐與波浪影響，稱為**潮間帶**（intertidal zone）。潮間帶受到波浪與海水的間歇性浸沒，形成豐富的生態。這裏有許多潮間帶特有的生物，例如海葵、海綿、螃蟹、海星、海膽等。

圖 6.14　海岸潮間帶有很高的生物多樣性。

珊瑚礁形成於陽光充足、海水清澈的熱帶淺水海岸，由大量珊瑚聚集生長而成。這裡有顏色鮮豔的珊瑚以及各種熱帶魚。珊瑚上有水生動物珊瑚蟲與微小的浮游藻共生。行光合作用的藻類提供珊瑚蟲所需的食物，珊瑚則提供藻類棲息環境。珊瑚是珊瑚蟲分泌碳酸鈣所形成的保護殼，珊瑚聚集的區域經過長時期形成珊瑚礁。珊瑚

礁是地球表面初級生產力與生物多樣性最高的生態系之一。全球主要珊瑚礁的分佈如圖 6.15 所示

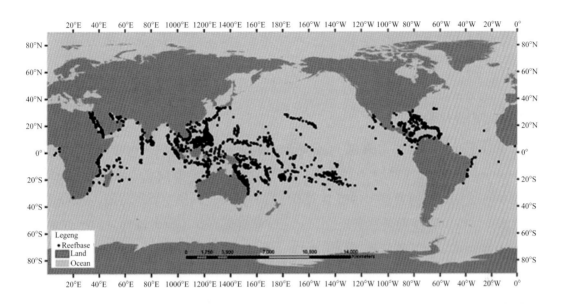

圖 6.15　珊瑚礁主要分布在陽光充足的淺水海域，如熱帶海洋沿岸以及島嶼周邊。

圖 6.16　珊瑚生長在淺而清澈的海洋水域，吸引許多魚類以及其他海洋生物棲息，成為地球生物多樣性最高的生物群系之一。

　　許多海域的珊瑚礁面臨多方面威脅，包括珊瑚白化與死亡、非法採集、捕魚及觀光旅遊的破壞，以及氣候變遷。藻類生長需要陽光，因此海水混濁將使藻類無法生長，造成珊瑚白化，甚至死亡。海水混濁可能是海岸開發或海洋汙染所造成，海水溫度改變也能造成珊瑚白化或死亡。暖化對於珊瑚礁造成全面的影響。海水升溫對珊瑚的生存造成壓力，海水面上升造成的水深加大也影響珊瑚的光照與生長。

案例：澳洲大堡礁

　　大堡礁位於澳洲昆士蘭省（Queensland）東方的珊瑚海（Coral Sea），包括淺海與綿延 2,300 公里的一系列島嶼。這個區域有 2,900 個獨立的礁石與大約 900 個島嶼。大堡礁生態豐富，1981 年被聯合國教科文組織指定為世界遺產，同時也被 CNN 選為世界 7 大天然奇景之一。大堡礁有很高的生物多樣性，包括許多這裡特有的物種，以及瀕絕與受威脅物種，是全球生態保育熱區。這片清澈而且生態豐富的水域吸引大量觀光客到此潛水、浮潛以及搭乘遊艇與海底觀光船。雖然這個區域受到嚴格保護，但仍然面臨多方面的環境與生態壓力，包括來自陸地的混濁河水、疏濬汙泥的傾倒、掠食者的週期性大爆發，以及氣候變遷。一些調查認為，從 1995 到 2017 年這二十餘年間，這片海域的珊瑚礁面積減少了一半，而大面積珊瑚白化的情況持續擴大，威脅到整個大堡礁的生態。

圖 6.17　位於澳洲東北邊海岸外的大堡礁是規模龐大的熱帶珊瑚礁生態區。

圖 6.18　　大堡礁的豐富生態每年吸引大量遊客。

河口生物群系

　　河口（estuary）位於河川與海洋交界，此處來自河流的淡水與海水混合，是半鹹水水域。大型河川的河口形成類似海灣的寬廣水域，此處水流緩慢，並受到潮汐影響。河口有上游河川帶來的大量營養，因此初級生產力高，是地表初級生產與生物多樣性最高的生態系之一。河口有豐富的漁業資源，是許多魚、蝦、貝類以及其他底棲水產的重要產地。河口也經常被用來做水產養殖基地，生產包括蝦子、貽貝、牡蠣等水產。河口連接陸地與海洋，是很好的天然港口，成為發展最早的人口聚居城鎮。無論就生態、經濟或文化的觀點，河口都是特殊而且重要的生物群系。由於人口快速增長以及航運與工業的興起，河口環境在過去一個世紀遭到大規模開發與破壞，這樣的開發壓力持續存在，來源包括以下各項：

- **土地開發**　　河口是許多港口、工業以及大型城市的所在地，周邊土地受到很大的開發壓力，河口周邊大面積土地被開發成為港口、工業區、住宅區以及商業區，生物的天然棲息地被人工建物所取代。
- **汙染**　　河口也承受河川流域所產生的各類型汙染，這些汙染來自住宅生活汙水、工業廢水，以及農田排水。許多著名的河川如英國的泰晤士河口、歐洲大陸的萊茵河口，以及臺灣許多河流的河口，都曾受到嚴重汙染。雖然生活汙水與工業廢水造

成的汙染已有大幅改善，但許多河口仍然受到來自農業區的營養鹽汙染而有嚴重的
優養化問題，影響到河口以及更下游近海的水域生態。

- **資源過度利用**　河口有良好的漁業資源，但由於接近陸地，經常因為過度捕撈而
造成漁業資源枯竭。不永續的漁撈技術也造成水生物棲息環境的破壞，影響到河口
生態。養殖漁業也經常破壞河口的自然環境，並排放養殖廢水，汙染河口水域。

- **外來種入侵**　外來物種可能故意或意外被引進到河口，這些外來生物大量繁殖，
改變了河口生態，威脅到原生物種的生存與繁殖。養殖漁業也引進許多商業魚種，
改變了河口生物群聚的組成，降低河口的生物多樣性。

- **氣候變遷**　海平面上升將淹沒許多河口的自然環境與生物棲息地，海水入侵也造
成河口鹽度升高，大幅改變河口水生物的群聚結構。大氣中更多二氧化碳溶解到海
洋將造成海水酸化，威脅到許多水生物，尤其是貝類與珊瑚的生存。

圖 6.19　河口位於河與海的交界，有很高的初級生產力與生物多樣性。這個澳洲凱因
斯的河口沿岸有廣大的紅樹林，提供許多生物所需的食物與棲息環境。

淡水生物群系

　　淡水生物群系（freshwater biome）包含流動的河川與相對靜止的湖泊，水庫則為
類似湖泊的人為構築水體。臺灣為多山島嶼，天然湖泊規模都不大，稍大的水體都為
人工建造的水庫。河川與湖泊的水域面積以及蓄水體積遠不及海洋，但它們在全球生
物多樣性扮演重要的角色。這些淡水不但是植物生長所需，而且是許多動物飲水與食
物的來源以及棲息環境。水分充足的熱帶雨林固然創造很高的生物多樣性，乾旱草原
的湖泊也吸引許多鳥類與其他生物棲息或過境遷移，因此也有很高的生物多樣性。

　　河流（river）指持續流動的水體，一個大型的河流系統由許多的支流往下游集合

而成，最上游有許多**小溪**（creeks），這些小溪一般坡度大並佈滿石塊，水流清澈而湍急。透明的溪水允許陽光穿透，支持水下許多水草與底棲藻的生長，成爲溪流生態系主要的食物來源。這些河段河水乾淨而溶氧高，是一些高經濟價值魚類如鱒魚與鮭魚的主要棲息環境。

往下游，許多小溪匯集成**河流**（streams）。河流水域較寬，坡度較緩，水流也較爲緩慢，河床由礫石或粗沙構成。這類河段水深較大，因此開放水域一般沒有植物生長，植物集中生長在水淺的**水岸帶**（riparian zone）。由於天然與人爲物質的排放，這類河段營養鹽含量較高，可以支持較多的浮游藻與水生植物生長，因此初級生產力高於上游的小溪。

在河川流域最下游，許多河流匯集成爲**大河**（river）。大河的水域寬廣，水流緩慢。此處匯集了集水區排放的各種天然物質與人爲汙染物，水中各種有機物與無機物含量高，因此初級生產力也高於上游河段。大河的底質以細沙與沉泥爲主，並支持許多底棲生物。許多大河下游的水岸低地形成寬廣的河岸濕地，是初級生產力與生物多樣性非常高的自然環境。

圖 6.20　河流有各種不同大小，可大致區分爲小溪、小河與大河。左圖是位於高雄的荖濃溪上游的小河。右圖流經美國辛辛那提的俄亥俄河是密西西比河的主要支流，屬於大型河川。

湖泊（lake）水域遠較河川寬廣，水深也比較大。湖泊的蓄水並非完全靜止，湖面的風帶動湖水循環與混合，對於湖泊藻類的營養鹽取得與初級生產以及生物多樣性有很大貢獻。湖泊的水質與生態受到集水區特性顯著影響。當集水區對湖泊輸入大量營養，無論是天然或人爲，則水中藻類與其他水生植物大量生長，造成**優養化現象**（eutrophication）。優養化固然提高湖泊的初級生產，但水中大量浮游藻造成劇烈的溶氧日夜變化。白天藻類光合作用造成溶氧超飽和，夜間大量浮游藻的呼吸則造成湖水缺氧，並威脅到水生物的生存。水中大量浮游藻死亡、沉降與分解可造成湖泊底層缺氧，導致敏感魚類無法生存。優養化湖泊的高初級生產但惡劣的生存環境，導致耐汙染水生物大量繁殖，排擠了其他物種的生存空間，嚴重影響湖泊的生物多樣性。

圖 6.21　優養湖泊的營養豐富，長滿各種水生植物，初級生產力高，湖底累積大量有機汙泥。貧養湖泊湖水清澈，水生植物與動物數量少，湖底以砂土或岩石為主。

濕地生物群系

　　濕地（wetlands）指土壤水分飽和或被淺水覆蓋，並可維持濕地特有植物群落的區域。濕地環境介於高地與水域之間。根據地理區位、植被類型以及水文條件，濕地可以做細節的分類。最粗略的分類方式將濕地分成 4 大類型，包括以樹木為主的**樹澤**（swamp）、以草本植物為主的**草澤**（marsh）、主要位於寒帶並累積許多植物殘渣的**泥炭澤**（bog），以及有顯著地下水滲出的泥炭濕地，稱為**礦質泥炭澤**（fen）。濕地只占全球陸地的一小部分，但對於陸域生物多樣性的重要性遠高出其面積所占比例。位於熱帶與溫帶的濕地因為氣候溫暖潮濕且陽光充足，成為地表初級生產最高的生態系之一。許多濕地是各種鳥類遷移與繁殖的據點，這些濕地的重要生態功能與生物多樣性使它們成為生態保育熱區。濕地可以短暫蓄水，因此也具有防洪功能。在降雨期間，地表逕流可以短暫蓄積在濕地，避免下游河川水位暴漲造成淹水。大面積濕地可以滯留並淨化受汙染的地面水。在濕地裡面，水中汙染物可以被沉降去除，或被大量的微生物分解以及動植物吸收利用，達到水質淨化效果。

圖 6.22　　濕地介於陸地與水域之間，有很高的生物多樣性。

海岸濕地（coastal wetland）廣泛分布在全球各地的沿海低地，其形態包括海藻床、潮間灘地、鹹水草澤及紅樹林。海岸濕地提供許多水生物與鳥類的食物與棲息環境，是初級生產力與生物多樣性非常高的區域。廣闊的海岸濕地可以緩衝波浪與潮汐水流，讓水中汙染物沉降與被分解，或被生物吸收利用，達到水質淨化效果。海岸濕地也可以緩衝海洋暴潮（storm surge），防止海岸侵蝕並保護海岸的天然環境及住宅與其他人工設施。廣大的海岸濕地有豐富的漁業資源，生產魚蝦、貝類以及螃蟹等有經濟價值的水產。海岸濕地也是旅遊、教育，以及科學研究的重要場所。

無論就保育或經濟上的觀點，海岸濕地都有很高的保護價值，但由於人口增長以及住宅與航運及工業設施的開發，海岸濕地面臨很大的開發壓力。在 20 世紀，當海岸濕地的價值還沒受到了解與重視之前，人為的開發造成全球海岸濕地喪失超過百分之五十。最近三十年來，海岸濕地喪失的速率更甚以往，原因包括土地開發、水產養殖、海港與航道建設、河川砂源減少，以及海岸設施造成的海岸侵蝕。

海岸濕地的破壞摧毀野生物棲息環境，降低這個生物群系的生物多樣性。沒有濕地的緩衝，海岸也容易受到大浪與暴潮的直接侵襲。濕地的開發也降低自然環境的水質淨化功能，並釋出二氧化碳與氧化亞氮等溫室氣體。濕地的水產養殖也排放大量養殖廢水，汙染海岸濕地與近海水域。

濕地屬於高保育價值的生物群系，但卻很容易遭遇開發壓力。許多濕地的水被排光，用來作為農地、養殖用地、建地或工業區。根據估計，1900 年至今，全球喪失了 64% 的濕地。體認濕地在生物多樣性上的重要性，許多國家訂定了濕地保護相關法令，這些法令大多採取零淨損失原則（no net loss），嚴格限制濕地的開發，對於遭到人為開發或導致功能劣化的濕地採取補償措施。**拉姆薩公約**（Ramsar Convention）全稱為「特別針對水禽棲地之國際重要濕地公約（Convention of Wetlands of International Importance Especially as Waterfowl Habitats）」，是為了保護全球重要濕地而簽訂的國際性濕地保育公約。該公約於 1971 年在伊朗的拉姆薩（Ramsar）簽訂，目前全世界幾乎所有國家都簽署了該公約，而公約的簽訂日，2 月 2 日也被指定為年度的世界濕地日。

案例：臺灣的生物多樣性

臺灣是熱帶島嶼，生物多樣性高。中研院的研究顯示，臺灣目前已經辨認並登錄的物種有 5 萬多種，但這樣的數字粗估只占臺灣所有 20～25 萬個物種的 20～25%。又由於島嶼獨立的生態特性，這些物種有相當高比例的臺灣特有種，其中哺乳類約 71%、鳥類 17%、爬蟲類 22%、兩棲類 31%、淡水魚 19%、植物 25% 屬於臺灣特有種，某些類群的昆蟲特有種比例可達 60%。以物種的密度來評估，臺灣面積占全球陸地萬分之 2.5，但物種數量卻占全球總數的 2.5%，生物多樣性高。

臺灣的生物多樣性由幾個有利的環境因素造成：

1. 氣候溫暖潮濕、日照充足，初級生產力高；
2. 大面積山區減輕了開發壓力；
3. 島嶼具備多樣的自然環境，包括高山、丘陵、平原、海岸、海洋、河川與河口；
4. 山脈高度大，創造不同海拔高度的氣候帶。

但在另一方面，臺灣為全球人口最密集的國家之一，土地面臨強大的開發壓力，成為生物多樣性保育的不利條件。劃設保護區為保育最有效的方法。臺灣目前以保育為目的的保護區有國家公園、野生動物保護區、野生動物重要棲息環境、自然保護區、自然保留區等 5 類，總面積約占臺灣陸地面積的五分之一，比例相當高。

案例：臺灣山麻雀

圖 6.23　臺灣山麻雀是瀕絕的保育物種。

　　臺灣有一些特別受到矚目的保育類物種，如櫻花鉤吻鮭、帝雉、八色鳥、臺灣黑熊等，這些耳熟能詳的物種固然需要受到保護，但我們也必須注意到一些沒有受到明星一般對待的保育物種。公視《**我們的島**》節目報導了臺灣山麻雀的保育危機。在臺灣，麻雀是大家熟知的鳥類。稻田收割季節，大群麻雀啄食稻米，農民用盡各種方法驅趕，但效果有限，成為農家的困擾。但有一個品種的麻雀卻面臨在臺灣滅絕的危機，它們是山麻雀（Passer rutilans）。山麻雀外觀與一般麻雀類似，若不特別注意不易分辨。這些麻雀分布在 500～1,800 公尺的中高海拔山區，經常出現在山地原住民部落，以及山區果園、茶園、菜園與小米田。由於目前仍不清楚的原因，近年來的調查發現，曾文水庫以及周邊的低海拔山區成為山麻雀的主要棲息環境，人工建物如電線桿也成為這些原本棲息於樹洞的鳥類的巢穴。山麻雀族群棲地遷移的可能原因是山區土地開墾造成巢穴樹種數量減少，或農藥大量使用造成山麻雀食物來源短缺。山麻雀在 2008 年被農委會列為一級保育類動物。

6.6 生物多樣性公約

　　土地開發與資源開採對動植物棲息環境造成大規模破壞，近年來的氣候變遷更對生多樣性造成全面性威脅。體認到生物多樣性的重要性以及人類所面臨的生物多樣性危機，聯合國 1992 年在巴西里約熱內盧的地球高峰會開放簽署**生物多樣性公約**（Convention on Biodiversity, CBD）並於 1993 年生效。2010 年的聯合國大會也宣告

2011〜2020 年爲聯合國生物多樣性十年（United Nations Decade on Biodiversity）。

　　生物多樣性公約有三個主要目標：1. 生物多樣性保育；2. 生物多樣性的永續利用；3. 生物基因資源衍生利益的公平合理分享。CBD 是地球永續發展的最重要公約之一，也是世界各國擬定生物多樣性維護策略的依據。CBD 有兩個補充協議，卡塔赫那生物安全議定書（The Cartagena Protocol on Biosafety）與名古屋議定書（The Nagoya Protocol on Access to Genetic Resources and the Fair and Equitable Sharing of Benefits Arising from their Utilization (ABS)）。其中卡塔赫那生物安全議定書管制由現代生物技術所產生之生物體的跨國轉移，條約於 2003 年 9 月生效。名古屋議定書則對基因資源所衍生的利益提供公平合理分配的法律架構，該補充協議於 2014 年 10 月生效。

　　CBD 第 10 次締約大會於 2010 年在日本名古屋的愛知召開，該次大會檢討了第一個十年目標的達成情形，結果發現大部分締約國並未達成原定目標，主要原因是大多數民眾對生物多樣性的概念與重要性仍然相當陌生。因此，CBD 第二個十年（2011-2020）以提高大眾的生物多樣性認知爲首要目標（愛知目標），希望在 2020 年之前顯著提升全球社會對於生物多樣性重要性的認知，並知道如何幫助生物多樣性保育，以及永續利用生物多樣性。

圖 6.24　愛知 2011〜2020 年生物多樣性目標

　　愛知生物多樣性目標（Aichi Biodiversity Targets）包含 5 大策略目標共 20 項子目標，5 大策略目標爲：

1. 促使生物多樣性成爲政府與社會大眾的主流價值，從根源解決生物多樣性喪失問題；

2. 減輕生物多樣性的直接壓力，並促進生物多樣性的永續利用；

3. 透過生態系、物種、基因等不同層級的生物多樣性維護來改善生物多樣性現況；

4. 公平分享生物多樣性與健全生態系服務所帶來的效益；

5. 透過參與規劃、知識管理、能力增進來強化生物多樣性目標的落實。

　　臺灣雖非生物多樣性公約的締約國，但為了保育國內生物多樣性，並與國際生物多樣性保育接軌，行政院於 2001 年 8 月核定「生物多樣性推動方案」，來落實推動臺灣生物多樣性的維護工作。

結語

　　生物多樣性對於人類有無比的重要性，除了提供完整的生態系服務，讓水、空氣與土地等資源可以更新與永續利用之外，自然界也供應人類食物、醫藥，以及許多有價值的資源如建材與纖維。生物多樣性也有科學研究、教育、休憩旅遊，以及文化等社會性價值。因此，生物多樣性維護對於人類社會有重大的經濟誘因。雖然有些人認為生物多樣性無價，不該為生物多樣性的功能定價，但這樣的定價可以讓人們了解問題的規模，以及對於人類社會的重要性，因而更願意付出一些經濟代價來維護生物多樣性。生態系與生物多樣經濟（The Economics of Ecosystems and Biodiversity, TEEB）是聯合國與部分歐盟國家聯合資助的組織，主要目標在透過資料收集與分析來建立一個有說服力的生態系服務與生物多樣性的計價體系，幫助全球生物多樣性維護的推動。根據這組織的估計，光是在醫藥領域，生態系與生物多樣性在 2006 年的年產值達 6,400 億美元，其他還有生物科技、農業、衛生保健、食物與飲料等，許多其他方面的效益。

本章重點

- 生物多樣性的定義
- 各個層級的生物多樣性
- 生物多樣性的重要性
- 生物多樣性的形成
- 陸域生物群系
- 海洋生物群系
- 河口生物群系

- 淡水生物群系
- 濕地生物群系
- 生物多樣性公約

問題

1. 定義生物多樣性。
2. 說明生態系功能多樣性與生物體多樣性之間的關係。
3. 為何說基因多樣性是生物演化的基礎？
4. 什麼是物種數量的均勻度？為何均勻度影響生物多樣性？
5. 什麼是生物多樣性的物種保存價值與選擇價值？
6. 說明透過天擇的演化過程。
7. 為什麼說生物性滅絕是永久性滅絕？
8. 溫度與濕度如何決定陸域生物群系？
9. 珊瑚礁分布在什麼樣的海洋環境？
10. 什麼是河口？河口環境與河川有何不同？
11. 你如何定義濕地？為何說濕地有很重要的生態功能？

專題計畫

1. .觀察一片農地、草地與樹林上面的植物，描述並比較它們的生物多樣性。
2. 選擇你住家附近的一塊濕地，畫出濕地的草圖，標示水域、水生植物、陸地以及陸域植物的分布範圍，並說明這個濕地的生物多樣性。
3. 優養化是水中營養過多，造成藻類大量生長的現象。選擇一個嚴重優養化與一個低營養狀態的水池或湖泊，說明你觀察到的兩者外觀的差異。

圖 7.1　類似獅子的大型哺乳類動物需要大面積棲地。這個位於非洲肯亞的馬賽馬拉國
　　　　家保護區面積有 1,510 平方公里。棲地破碎化很容易造成這類生物的滅絕。

　　野生物（wildlife）指生活於自然環境、未經馴化的動植物。土地開發、汙染以
及溫室氣體排放造成的氣候變遷威脅到野生物的生存。目前人為因素造成的物種滅絕
速率約為天然背景滅絕速率的一千倍，儼然是地球生物歷史上的另外一次大滅絕事
件。雖然野生物的實際或潛在利用價值是促成人類進行物種保育的最初動機，但保育
的重要性並不僅止於於野生物的利用價值。保育更重要的原因在於生物多樣性是環境
健康的關鍵性指標，而物種保育的目的就在防止物種快速滅絕，維護地球的生物多樣
性。雖然保育可以針對瀕危的物種進行保護以避免滅絕，但棲息環境的維護是更全面

的做法與保育的最終目標。

案例：臺灣雲豹的滅絕

臺灣雲豹為臺灣少數大型貓科哺乳動物之一，最早紀錄在 1862 年由英國博物學家史溫候（Robert Swinhoe）所發表的文獻。這些雲豹長期生活於臺灣南部中低海拔的闊葉林，被部分原住民族視為祖先的轉世。過去百年來隨著它們棲息環境的人為破壞，這些雲豹往高山遷移，最後只在玉山與南大武山的高山出現，但從 1990 年代起就沒有野外觀察到臺灣雲豹蹤跡的報告。生態學者在經過 13 年的大規模追蹤與調查沒有任何發現之後，於 2013 年宣告臺灣雲豹滅絕。

圖 7.2　1992 年 11 月發行的郵票將臺灣雲豹列為瀕臨絕種動物，但目前已經滅絕。

案例：梅花鹿是不是保育類動物？

圖 7.3　　木柵動物園中的梅花鹿。

圖 7.4　　繪於 18 世紀的平埔族人狩獵圖，梅花鹿曾在臺灣平原地區大量存在。

兩百年前，梅花鹿成群奔跑於臺灣西部平原，是原住民族與早期移民獵捕的主要野生動物。臺灣許多地名與鹿有關，可以想見當時野生鹿在臺灣普遍分布的情形。但兩百年來農地與住宅的開發造成野生梅花鹿數量迅速降低，最後一隻野生梅花鹿於 1969 被捕捉之後，梅花鹿就從野地絕跡。但同一時期，臺灣已有梅花鹿的飼養與鹿茸產業。1986 年墾丁國家公園使用人工圈養的梅花鹿進行復育，並於 1994 年開始，陸續野放了 200 頭。經過二十幾年的繁衍，現在鹿群已增加到約 2,000 頭，並擴散到整個恆春半島。這些鹿群啃食作物、果樹以及野生樹木幼苗，危害到農民生計以及天然樹林的更新。由於梅花鹿 1969 年已經在野外絕跡，目前繁衍的梅花鹿爲圈養繁殖而來，不符合野生動物保護法對於野生動物的定義，因此也不受該法保護。但有研究指出，經過比對，圈養野放的梅花鹿與野生梅花鹿的 DNA 是相同的，因此梅花鹿雖曾局部滅絕，但卻未生物性滅絕，仍應符合野生動物的定義，並受到保護。關於梅花鹿對農田與自然生態造成的危害，有人認爲應該開放狩獵來控制數量。但保育專家認爲，目前野生族群數量仍未脫離滅絕的威脅，應該劃設保護區加以保護，如此梅花鹿可以有安全的棲息環境，而保護區以外地區的梅花鹿不受法令保護，因此族群數量可以受到控制。

7.1 野生物種的價值

　　野生物種的價值可大致歸納爲生態價值、經濟價值、文化與科學研究價值，以及存在價值。

- **生態價值**：地球所有物種都對生態系的運作提供服務，例如綠色植物可以行光合作用，成爲其他生物的食物來源。樹林與草原也提供野生動物所需的棲息環境。綠色植物吸收二氧化碳，並釋放出氧氣，促成全球的碳循環與氧氣的更新。蜜蜂、蝴蝶與其他昆蟲可以爲植物授粉，讓這些植物可以繁衍。大量的微生物可以分解有機物，讓死亡的生物體或生物體的排泄物轉化爲無機物，再次爲植物所吸收利用，完成生態系的物質循環。微生物也可以降解水中汙染物，維持自然界水的循環利用。多樣的物種可以確保生態系功能健全，提供各種生物健康的生存環境。某些物種族群數量的減少或滅絕將導致生態系功能缺損，造成生存環境劣化。
- **經濟價值**：許多物種有直接的利用價值。人類食用的作物大多由野生物種馴化或品種改良而來。在建築方面，人類大量使用木材作為建築材料、製作傢俱、工具，以及生產纖維與紙張。在醫藥方面，野生動植物含有許多有用成分，自古以來被人類用來治療疾病，近代的生物技術也探索各種生物成分在醫療與保健方面的可能用途。許多抗癌藥物從野生動植物體萃取，或者以野生動植物體的成分為藍圖去合成與大量製造。還有研究認為有些生物質如大豆異黃酮、蝦殼素、膠原蛋白等有抗氧化、抗老化或美容的效果。保存良好的原野以及野生物，也可以發展生態旅遊，創造就業機會與經濟效益。

- **文化與科學研究價值**：山川、原野是許多人假日戶外活動與休閒旅遊喜歡造訪的地點。自古以來，動植物也一直是藝術創作的靈感來源，許多圖案、花紋、徽章的設計源自於對動植物的精微觀察與描繪。原始人類部落的生活方式以及藝術素材也都與野生動植物有關，保護這些野生物種也保留了這些古老的智慧與傳統。野生物的調查與研究增進我們對於生物生理、行為與演化等方面的知識，可以運用在野生物的管理、保育與利用。

- **存在價值**：野生動植物是自然界的基因庫，許多野生物種雖然對人類沒有立即用途，但他們仍然具有保育價值。有些生物可能具有我們尚未了解的生態功能或用途。許多野生物種擁有作物品種改良所需的基因，在氣候變遷對於糧食生產的不確定影響之下，基因的保留尤其顯得重要。另一方面，我們也希望保留既有的自然資源給未來世代，讓他們也可以擁有生物多樣性帶來的價值與好處。在倫理層面，許多個人或宗教與動物權團體認為所有生命都有與生俱來的生存權，人類的行為不應損害到它們的生存權利與福祉。

7.2 物種滅絕

　　滅絕（extinction）指一個物種在其原來存在的生態系中完全消失。在生物演化過程，新的物種經由種化產生，他們在環境中找到合適的生態位、繁殖並建立族群。物種因為無法適應環境的改變，或無法抵擋來自強勢物種的競爭而滅絕。根據估計，在地球生物 35 億年的演化過程，有 99%，大約 50 億個物種已經滅絕。目前地球既存的生物約有 3,000 萬種，其中被人類辨識與記錄的只有大約 180 萬種。雖然物種的出現與滅絕是生物演化的常態，但大規模的物種滅絕影響到地球生態的完整性，進而威脅到所有生物族群的健康與存續。

　　在沒有人為因素介入的情形下，生物的自然滅絕稱為**背景滅絕**（background

extinction）。不同分類物種的背景滅絕速率不同，例如有研究估計，鳥類大概每 400
年有一個物種背景滅絕。哺乳類動物的物種平均生命期約 100 萬年，最長可達 1,000
萬年，而背景滅絕速率大約每 200 年一個物種。物種背景滅絕數據主要來自有限的化
石證據，爲數眾多的微生物因爲沒有留下化石而無法做類似的背景滅絕速率或物種生
命期估計。

　　集群滅絕（mass extinction）指地球在一個相對短暫的年代有大量的物種滅絕。
根據化石觀察，地球在過去 5 億年經歷了 5 次大滅絕，各次事件有 75～90% 當時存
在地球的物種滅絕。造成集群滅絕的原因有許多不同假說，包括星體撞擊、大規模火
山爆發、氣候變遷，以及大氣組成的改變等。

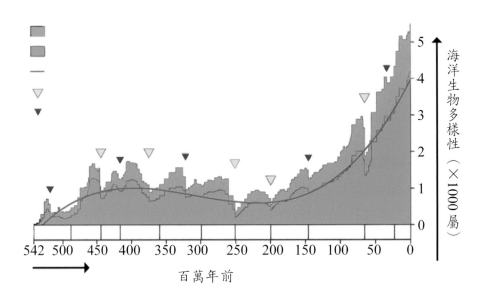

圖 7.5　化石研判的顯生宙海洋生物多樣性。寒武紀之後的五億四千萬年來，地球發生
　　　　過五次集群滅絕事件（黃色箭頭），這些事件發生的原因仍無定論，可能原因
　　　　包括大規模火山爆發、隕石撞擊、快速的氣候變遷等。

　　全新世滅絕事件（Holocene extinction）指我們所處地質年代的物種滅絕。雖然
全新世開始於 11,700 年前，但物種的快速滅絕開始於 18 世紀末，工業革命之後，有
人將這個時期稱爲**人類世**（Anthropocene）。所有的估計都顯示，全新世的大滅絕是
地球有史以來速度最快的一次生物滅絕事件。與以往集群滅絕不同，這次的滅絕主要
是由人類造成，因此也稱爲**人爲滅絕事件**（anthropogenic extinction）。造成人爲滅絕
的因素包括 (1) 人類對野生物棲息地的開發、干擾或汙染；(2) 外來物種的大量引進；

(3) 過度的採集或獵捕；(4) 人爲的氣候變遷。據估計，人爲滅絕約爲背景滅絕速率的 100 到 1000 倍，這樣的滅絕速率遠高於生物歷史上任何一次集群滅絕。顯然，目前人類對於自然環境的使用是無法永續的。

　　物種的滅絕有一個時間過程，在這過程族群數量先是逐漸減少，當族群數量低於**最小可存活族群**（minimum viable population）時，該物種逐漸邁向滅絕。物種族群可能只在某一個棲息環境中消失，這樣的滅絕稱爲**局部滅絕**（local extinction）。物種的局部滅絕可以透過由其他地方引進來進行復育。**生物性滅絕**（biological extinction）指的是這個物種從地球上完全消失，這樣的滅絕是永久性的，無法進行復育。第三種型態的滅絕是**功能性滅絕**（functional extinction），指某物種還存在一定數量，但該數量已不足以維持該物種在生態系統中應有的功能。

　　生態系一個物種的滅絕可因爲**生態級聯效應**（ecological cascade effect）造成另外物種的滅絕，稱爲**二次滅絕**（secondary extinction）。二次滅絕容易發生在某些食物來源單一或與其他生物共生的物種。北太平洋阿留申群島附近海域的海獺與海膽及珊瑚藻族群數量互動是生態級聯效應的典型例子。該海域的漁業造成海獺族群數量降低，而海獺主要食物之一的海膽因此大量繁殖。珊瑚藻是該海域海膽的主要食物，密集海膽的攝食使得這一帶海域珊瑚藻被啃食殆盡，海床一片荒蕪，許多原來棲息於珊瑚藻床的魚類與其他水生物也跟著絕跡。

瀕危物種與受威脅物種

　　我們對於地球物種的確切數量仍然所知有限，目前已經被辨認、分類與命名的生物大多爲肉眼可見的生物，但種類眾多的微生物大多尚未被發現。根據估計，大約只有 13% 的真核生物被命名，原核生物的物種數量到目前仍難以估計，因此也無法估計這些物種的滅絕速率。

　　生物學家將面臨生物滅絕的物種分爲**瀕危物種**（endanger species）與**受威脅物種**（threatened species）。瀕危物種是族群數量稀少，短時期內有滅絕可能的物種。許多大型掠食性動物被列爲瀕危物種，例如獅子、老虎與犀牛。受威脅物種族群則仍存在相當數量，但若不加以特別保護，可能在短期內成爲瀕危物種。在臺灣，行政院農委會所頒布的「野生動物保育法」將需要保護的野生動物分爲三類，其中**瀕臨絕種野生動物**指族群量降至危險標準，生存已面臨危機的野生動物；**珍貴稀有野生動物**指各地特有或族群量稀少的野生動物；**其他應予保育之野生動物**指族群量雖未達稀有程度，但其生存已面臨危機的野生動物。在臺灣較為人知的瀕絕野生動物有臺灣黑熊、水鹿、中華白海豚、黑面琵鷺、綠蠵龜、櫻花鉤吻鮭等，還有許多較不為人知的瀕絕與珍稀野生動物定期公告在農委會的「臺灣保育物種列表」。

　　容易面臨滅絕危機的物種有一些生物學上的特性。體型大的物種因為數量少而且繁殖期長，因此容易滅絕，例如老虎、獅子、犀牛與大象。身體的全部或一部分具有商業價值的生物也比較容易因為人類的獵捕而滅絕。例如大象與犀牛因為象牙與犀牛角的商業價值而曾經遭到大量獵捕，以至於許多品種面臨滅絕危機。棲息環境與人類重疊的物種也容易因為棲地受到開發或干擾而數量減少，終至滅絕。**特有種**（endemic species）只出現在特定區域，它們分布的範圍有限、數量少，因此也承受較大的滅絕壓力。例如臺灣一葉蘭為臺灣特有種，只分布在臺灣某些中高海拔山區，這些一葉蘭滅絕就等同於生物性滅絕，沒有從外地再次引入進行復育的可能性。有些曾經數量非常多的物種因為具備以上特性，最後也難逃滅絕的命運，案例所述的美洲旅鴿是典型的例子。臺灣許多蛙類也曾經數量很多，但由於棲息地開發以及殺蟲劑大量使用，原有 31 種本地種蛙類有 10 種面臨滅絕。

圖 7.6　臺灣一葉蘭是臺灣特有種。

7.3 造成物種滅絕的因素

　　物種滅絕的壓力來自許多方面，這些威脅可以歸納成五個主要類型，包括棲地喪失與劣化、過度利用、物種入侵、汙染，以及氣候變遷。

棲地喪失與劣化

　　棲地喪失（habitat loss）是物種滅絕最主要原因。對於需要大面積棲地的大型哺乳類動物，棲地喪失造成的威脅尤其顯著。人類社會對於野生物棲息地最大規模的破壞是農地與牧場的開闢。廣大的原始草原被開發成為農地，丘陵地的大片樹林被開發成牧場。臺灣西部平地原廣大的草原與原始灌木林是許多本土野生動植物的棲息環境。過去三、四百年來，這些原始棲地全被開發成為農地、住宅、都市，或工業區，再加上其他因素，造成許多物種因此在野地滅絕。美國中西部廣大草原的開發也造成原本數量龐大的美洲野牛一度瀕臨滅絕。海洋生態系面臨類似的問題。許多漁撈技術造成魚類棲息環境的破壞，例如有些漁船使用拖網捕魚，嚴重破壞底棲性水生物的棲息環境。棲地破壞也發生在河川。水壩的興建改變了上游淹沒區的河川生態，水霸阻斷了洄游魚類溯溪繁殖的路徑。水庫蓄水改變了下游河川的洪枯週期、河水溫度，以及河床天然沉積物的沖淤週期，這些改變導致河流中許多原生物種數量減少，甚至滅絕。由於用水與防洪的需求，許多國家的河川歷經各種的人為改變。根據統計，美國有 91% 的河川受到水霸與堤防工程改變。在臺灣，河川生態也全面性的受到攔沙壩、水壩與堤防等人工設施的干擾或破壞。

　　棲地破碎化（habitat fragmentation）指原來完整的棲地被人為的開發切割成為許多零碎區塊。生物族群都有最小的合適棲地面積，棲地破碎化威脅到生物的存續。需要大面積棲地的物種特別容易受到棲地破碎化的威脅。碎裂的棲地成為許多小面積的**生態島嶼**（ecological island）。生態島嶼與周邊環境隔絕，限制了內部生物的食物取得以及繁殖或遷移的機會。破碎化之後的棲地，各生態島嶼殘存的種群數量可能小於該物種的最小可存活種群數量，很容易在後續的掠食、獵捕、疾病、火災或其他天然災害之後滅絕。雖然許多地區的開發保留了生態保護區，但這些生態島嶼上的生物族群特別脆弱，需要格外仔細的追蹤調查與周延的保護。

圖 7.7   類似這樣的紐西蘭牧場雖然翠綠，但原始樹林的鏟除造成許多動植物的棲地喪失。

過度採捕

珍貴與數量稀少的動植物特別容易遭到獵捕或採集，作爲食用、藥用或觀賞用途。過量採捕固然造成原本數量稀少物種的滅絕，原本數量龐大的生物族群也有可能在大規模棲地破壞與獵捕的情況下遭遇滅絕危機。原本數量龐大的北美旅鴿（passenger pigeon）最終因棲地破壞與大量獵捕而滅絕是一個典型的例子。大量捕殺也造成原本普遍分布在美國草原的美洲野牛於 1880 年代一度瀕臨滅絕。在海洋，過度捕撈也造成許多原本資源豐富的海域漁源枯竭。工業化捕鯨也曾導致許多鯨魚族群面臨滅絕。漁撈作業造成許多海域珊瑚礁破壞，棲息於其中的許多生物族群因此數量降低甚至滅絕。

盜獵

盜獵導致一些原本數量稀少、受到保護的物種面臨滅絕危機。遭到盜獵的生物大多是大型哺乳類動物，這些動物因爲全身或身體的某些部分具有市場價值而遭到獵捕。大象、犀牛、獅子、老虎等大型哺乳類動物都需要大面積棲地，因此最先受到棲地破壞與破碎化影響。這些動物往往因棲地面積不足而數量降低，在這種情況下，盜獵可能成爲這些生物終於滅絕的原因。國際社會執行許多大規模計畫來防止盜獵，大象與犀牛的保護是兩個典型的案例。

　　大象原是非洲與亞洲部分地區相當常見的動物，二十世紀之後，一些國家對於象牙的需求導致大象遭到大量獵捕。1989 年，國際簽署了**華盛頓公約**（Convention on International Trade in Endangered Species of Wild Fauna and Flora, CITES），管制瀕絕與受威脅物種個體或身體部位的國際買賣，許多國家也陸續採取了類似象牙一類物品的交易禁令，但由於部分新興經濟體的市場需求，象牙買賣與盜獵情況仍然存在。一些國家基礎設施如道路與管線的建造，以及住宅與農地的開發，持續限縮大象的棲地，並切斷族群遷移路線，影響到大象族群的發展。政治衝突也對部分非洲國家的大象保育造成影響，衝突雙方往往以象牙買賣來獲取戰爭所需資源，威脅到大象的保育工作。由於保育的努力，目前全球大象族群的數量緩慢增加，但仍然有些地區的族群數量持續下降。

　　犀牛是另外一個受到盜獵威脅的動物。犀牛角在部分亞洲國家被認為有壯陽以及其他傳說的藥效，犀牛族群因此長期承受盜獵壓力。在 5 個不同犀牛物種當中，目前有 3 個種的數量受到威脅，包括黑犀牛（Balch Rhino），現存數量約 5,000～5,500隻，蘇門答臘犀牛（Sumatran Rhino）少於 1,000 隻，爪哇犀牛（Java Rhino）58～61隻，這些犀牛族群持續受到滅絕的壓力。南非的白犀牛數量曾經低到少於 50 隻，由於多年來保育工作的成效，目前數量已增加到約 20,000 隻。

圖 7.8　即將被銷毀的非法象牙與象牙產品。象牙貿易導致大象的盜獵。

圖 7.9　越南西貢，1952 年。犀牛角買賣作為飾品或中藥造成犀牛的盜獵。

　　不只動物，部分植物也因爲盜採而有滅絕的可能。臺灣紅豆杉爲常綠大喬木，最大高度超過 20 公尺，在臺灣中央山脈的中高海拔山區一度有廣泛的分布。森林管理單位於 1965 年實施林相變更之後，紅豆杉遭到大量砍伐，數量逐漸稀少。紅豆杉生長緩慢，材質堅硬，且枝幹彎曲多變化，受到木刻業者的喜愛，因此價格高昂。此外，紅豆杉的樹皮含有紫杉醇成分，1966 年的研究認爲紫杉醇具有抗癌功效，紅豆杉更變得炙手可熱，成爲盜採的熱門樹種。由於數量稀少且面臨盜採壓力，紅豆杉被林政單位列爲瀕臨滅絕物種。目前政府與研究單位合作，在山區進行臺灣紅豆杉的復育工作。

　　海洋物種也面臨過度採捕的威脅。漁撈技術的提升以及大規模船隊的工業化捕撈，造成全球許多海域漁業資源枯竭。全球魚獲量在 1990 年到達高峰，此後雖然捕撈技術持續提升，但漁獲量卻未增加，甚至有下降趨勢。最近幾年，透過國際合作進行漁撈管理與有計畫復育，以及發展養殖漁業來輔助水產的供應，目前全球魚獲量漸趨穩定，但仍需更多的時間來恢復海洋的生產力。

圖 7.10　由於野生魚源的枯竭，水產供應越來越仰賴人工養殖，像這個位於挪威的鮭魚養殖場。

案例：北美旅鴿的滅絕

圖 7.11　北美旅鴿標本。

圖 7.12   這幅 1875 年的報紙插畫顯示旅鴿族群的龐大數量。

圖 7.13   最後一隻旅鴿瑪莎於 1914 年在美國辛辛那提動物園去世。

　　旅鴿是原產在北美的鳥類，數量一度非常龐大。根據地方報紙報導，旅鴿經常以數萬隻一群從天空飛過。雖然印地安原住民長期獵取旅鴿做為食物，但大量獵捕是在歐洲移民到達之後，尤其是 19 世紀初期，在數十年期間，旅鴿被當成便宜的食用肉而遭到大規模商業獵捕。大量獵捕並非旅鴿滅絕的唯一因素，森林砍伐也破壞了旅鴿的棲息環境。旅鴿數量在 19 世紀晚期急遽減少。據信野外最後一隻旅鴿在 1901 年遭到射殺，而鳥籠繁殖的最後一隻旅鴿瑪莎也於 1914 年在美國辛辛那提動物園去世，旅鴿從此生物性滅絕。旅鴿的滅絕是人為滅絕的一個典型案例。

外來種入侵

　　入侵物種（invasive species）指那些被引進到不是它們天然分布的區域，並在當地建立族群，危害到本地生物的物種。許多入侵物種經由貨物運輸以及人或其他動物的攜帶被意外引進。也有許多情況，物種入侵是人爲蓄意引進的結果。許多異地的動植物被引進做爲寵物、觀賞植物或食物，以及其他用途，例如作爲害蟲的天敵，或做水土保持的覆蓋植物。外來種因數量不多或適應不良，大多無法在新的棲息環境建立族群。粗略估計，大約只有百分之一的外來種可以在新的環境延續下來。部分外來種在新的環境少有天敵，它們所需的食物或棲息地也往往沒有被原有的生態系完全利用。在資源充足、沒有天敵的情況下，這些外來種可以大量繁殖，侵占在地生物的資源與棲息環境，改變入侵地區的生態平衡。小花蔓澤蘭與福壽螺是臺灣廣爲人知的兩個入侵物種。小花蔓澤蘭爲蔓藤植物，喜歡生長在中度干擾的環境，例如廢耕的果園或低海拔的山坡地。這些藤蔓攀爬並覆蓋在灌木樹冠，導致下層草木日照不足而生長困難或死亡，形成蔓藤完全覆蓋、生物多樣性低的區塊。臺灣的另一主要入侵物種福壽螺原產於南美洲阿根廷，1979～1981 年間，它們被引進飼養食用，但因肉質欠佳而被棄養，並在野外快速繁殖。福壽螺對水田作物如水稻、菱角、蓮花、茭白筍、水芋等造成損害。農民投入的防治藥物也造成作物、農田與河川的汙染。福壽螺在臺灣造成重大的經濟損失與生態危害。

　　邊境檢疫可有效防止外來生物被有意或無意引進。嚴格限制肉類與蔬菜、水果及種子的攜入，可能攜帶植物種子與接觸動物排泄物的戶外活動用品必須經過清洗。嚴格管制野生物的進出口與買賣，包括鳥類、寵物以及珍稀植物。對於已入侵生物必須進行追蹤、調查與控制，並對其棲息環境與天敵進行了解，以執行有效的控制策略。

圖 7.14 小花蔓澤蘭是臺灣的入侵植物，它們生長快速，覆蓋在灌木叢的樹冠層，造成原地植物的死亡，被稱為「綠癌」。

圖 7.15 福壽螺原被引進飼養食用，但因肉質不佳遭到棄養而在野外繁殖。福壽螺產生許多卵塊，繁殖快速，防治不易，對水稻、菱角、蓮藕等作物造成危害。

汙染

　　汙染（pollution）經常造成敏感物種的數量減少或局部滅絕，這樣的影響常見於水域環境，受到汙染的河川常因溶氧太低而導致敏感魚類絕跡。農田使用肥料造成許多河川、湖泊與近海優養化。在優養水體的惡劣環境中，經常只有少數耐汙染的水生物品種大量繁殖，水域生物多樣性低。農業區使用的農藥也對湖泊造成汙染，並透過生物累積與生物放大，威脅到食物鏈頂端的水鳥。近年來，科學家也發現，生活汙水中殘留的非處方藥劑干擾水生物的內分泌系統，影響到這些生物的生長與繁殖。殺草劑的廣泛使用降低了草本植物的基因多樣性，同時也殺死許多關鍵植物，例如蜜源植物，造成蝴蝶與蜜蜂族群數量下降，甚至崩潰。

案例：DDT 汙染與獵捕造成美國禿鷹瀕臨滅絕

圖 7.16　白頭海鵰（禿鷹）是美國總統紋章上的主要標識。

　　白頭海鵰（禿鷹，bald eagle）是北美洲的一種猛禽，其天然分布範圍從阿拉斯加、加拿大、美國，一直到墨西哥北邊。在 1782 年被美國選定為國鳥時，美國本土禿鷹數量超過 100,000 隻。這數量在 1960 年代下降到數百隻的瀕臨絕種狀態。造成禿鷹瀕絕的因素包括棲地破壞、獵殺，以及攝食遭到擊斃的鳥類或其他野生物體內鉛彈造成的中毒。

　　禿鷹是機會食者（opportunistic feeder），捕食各種它們遇到的獵物，而以魚類爲主要食物來源。它們棲息在海岸、河口，以及大湖的沿岸，這些容易找到食物的地方。雖然禿鷹以魚類以及動物屍體爲主要食物，但卻也因爲偶而捕食雞隻、小羊以及其他牲畜而被農民視爲威脅並加以射殺。棲地破壞以及人爲獵殺導致築巢繁衍的禿鷹對數顯著下降。美國國會於 1940 年通過禿鷹保護法案（Bald Eagle Protection Act），禁止獵捕、買賣或持有禿鷹。但 DDT 的汙染進一步危害到禿鷹的族群數量。

　　DDT 是很有效的殺蟲劑，在二次大戰結束初期，被大量使用做爲農藥以及環境用藥。化學穩性造成 DDT 在土壤以及水中累積，並透過食物鏈放大，導致許多農業地區湖泊裡面的魚有很高的 DDT 含量，禿鷹因捕食魚類而攝取了這個有害化學物質。DDT 可以影響鳥類對於鈣的新陳代謝，導致蛋殼變薄，容易在孵卵過程破裂或無法孵化，禿鷹以及其他掠食性鳥類的族群數量因此受到嚴重傷害。到了 1963 年，美國本土禿鷹只剩下 487 對，族群在滅絕的邊緣。美國環保署於 1972 年禁止了 DDT 的使用。美國政府也在 1978 年根據瀕絕物種保育法（Endangered Species Act），將美國本土的禿鷹列爲瀕絕物種並執行相關保育措施，包括嚴格禁獵、圈養繁殖、重新引進，以及在繁殖季節對築巢區域進行特別保護。由於全方位保育行動奏效，禿鷹的族群數量在 1999 年恢復到可以從瀕絕物種除名，但仍名列受威脅物種。到了 2006 年，美國魚類及野生動物管理局估計，美國大陸共有 9,789 對禿鷹，不再需要瀕危物種法案的保護，並於 2007 年將禿鷹從受威脅物種名列移除。

氣候變遷

　　氣候的改變對幾乎所有物種造成生存壓力，氣候變遷是目前地球生物多樣性面臨的最大危機。氣候變遷造成部分動植物遷移的情況已經發生。有調查發現，原來棲息環境不相重疊的北極熊與灰熊近年來有活動範圍重疊的情況，並交配產生有生殖能力的子代。調查也發現歐洲鳥類由長期歷史的分布範圍往北移動了 91 公里。這項調查也估計，要適應目前氣候變遷的速度，這些鳥類必須有兩倍於目前遷移的距離。因此這些鳥類未來將面臨環境適應的困境。針對其他物種的調查也觀察到，一些品種的動植物分佈範圍有逐漸往高緯度移動的情況。動物遷移面臨複雜的適應問題，包括本地生物的競爭、日照長度的變化、攝食與交配季節的改變等，這些適應問題造成生物族群的生存壓力，若遷移速度不夠快，或無法適應氣候的改變，生物族群的數量將下降，甚至滅絕。在山區，暖化造成生物族群往高處遷移，而位於棲地最高處的生物族群將因此滅絕。在北極，北極熊冬天在冰棚上獵食海豹，暖化導致冰棚面積縮小，限制了北極熊可以獵捕海豹的範圍。氣候變遷對生物的影響廣泛，若未做有效控制，將對地球造成災難性的生物多樣性危機。

7.4 野生物種保育

　　物種保育（species conservation）指的是保護野生物種以及它們的棲息環境，以維持族群的健康與數量，並保護、強化或復育自然生態。**保育生物學**（conservation biology）探討自然環境以及生物多樣性的維持，目標在保護野生物種與它們的棲息環境，以及整體的生態系功能，避免人為滅絕，並維護生態系的完整性。保育生物學運用生物學與生態學知識，尤其是目標物種的族群生態學理論，包括種群數量、分佈、遷移，以及可繁衍的最小族群數量。物種保育有兩個不同策略。**物種方法**（species approach）針對瀕絕物種、稀有物種，或在生態系有重要地位的關鍵物種加以保護，以維持族群數量，減輕滅絕壓力。物種保育的另一個策略是**生態系方法**（ecosystem approach）。生態系方法透過棲息環境的保護來維持或強化棲地的生態系功能，以有利於棲地內物種的生存與發展。

某些生物容易遭遇滅絕壓力

　　雖然外在環境以及人為因素是造成物種族群數量下降甚至瀕臨滅絕的直接因素，但生物本身的性狀也扮演重要的角色。有些物種的生物與生態特性不利於該物種大量繁衍，這些物種族群不但數量少，而且受損族群的恢復也非常緩慢，因此特別容易遭遇滅絕的威脅。

　　特化（specialization）是生物的環境適應由廣泛到狹窄的進化過程。特化物種只能適應一些獨特的環境，稱為**狹適性物種**（specialist）。狹適性物種特容易遭遇滅絕危機。中國的貓熊是廣為人知的狹適性物種。貓熊棲息在中國南方竹林，並以特定品種竹子的葉子為主要食物，若這些竹林被破壞，則貓熊將跟著絕跡。澳洲的無尾熊幾乎完全以尤加利的葉子為食物，是狹適性物種另一個典型的例子。有些蜜蜂與特定的植物發展出相互依存的關係，這些蜜蜂的繁殖季節與相依植物的開花期同步，而植物也依靠這種蜜蜂的授粉而得以繁殖，這類昆蟲與植物都爲特異化的狹適性物種。

圖 7.17　貓熊只分布在中國南方的竹林，並幾乎只以竹子的根、牙與葉爲食物，且繁
　　　　　殖速度緩慢，是狹適性物種的典型例子。

　　廣適性物種（generalists）有多樣的食物來源並可適應不同的環境。浣熊是廣適
性物種，它們對於氣候與環境有很大的適應性，天然分布範圍遍及北美與中美洲。浣
熊是雜食性動物，許多浣熊甚至跑到市區尋找食物。蟑螂是最廣爲人知的廣適性物
種。蟑螂在地球已存活了大約三億五千萬年，被稱爲活化石。蟑螂可以存活這麼久，
因爲它們是非常廣適性的物種。除了可以吃幾乎所有食物之外，蟑螂甚至還可以吃塑
膠、紙類與肥皂等大多數生物無法消化的物品。它們也可以適應各種氣候，因此從赤
道到極區都可以發現它們的蹤跡。蟑螂又有驚人的繁殖能力。一隻成熟的雌蟑螂每隔
7～10 天可產出一個含 14～40 粒卵的卵鞘，孵化只需 20～30 天。因此，一隻雌蟑螂
一年可繁殖將近一萬隻後代，最多可達十萬隻。在極端條件下沒有雄蟑螂時，雌蟑螂
也能自行產卵，進行無性生殖。這樣的繁殖能力產生巨大的基因多樣性，可以對任何
殺蟲劑迅速產生抗藥性。

圖 7.18　蟑螂可以攝食各種不同食物，同時有很強的環境適應與繁殖能力，是廣適性物種的典型例子。

低繁殖能力也造成物種容易受到滅絕威脅。低繁殖力物種很容易因為天災，如暴風雨、洪水、乾旱或疾病導致局部滅絕。北極熊每 3 年才產一胎，每胎只有 2 隻幼熊，因此族群數量增長緩慢，任何一個個體的非自然死亡都造成難以恢復的影響。加州禿鷹為另一個低繁殖率物種，這些禿鷹不但每 2 年才產一個卵，而且幼鳥的性成熟需要 6 到 7 年。

非適應性行為（non-adaptive behavior）是造成某些物種滅絕的部分原因。動物的**適應性行為**（adaptive behavior）指有助於該生物繁殖成功的行為，例如幼雛撫育、領域保護等行為。非適應性行為與此相反，因而影響到該生物的繁殖成功。例如已經絕種的加州長尾小鸚鵡有一種繞著死亡同伴成群飛翔的行為，以至於被大量獵殺，是造成這物種滅絕的部分原因。

物種方法執行物種管理計畫

對於個別物種，無論是否為瀕絕，保育常用的策略是執行該物種的管理計畫，以確保族群的存續，這樣的策略屬於**物種方法**（species approach）。物種管理必須了解該物種的生態位，包括它們的棲息環境、食物來源、掠食者，以及疾病，並針對每個威脅因子逐項檢討與改善。在已經面臨滅絕危機的情況，物種方法經常是最有效或唯一可行的保育策略。許多瀕絕物種或受威脅物種都透過類似的方法被保存下來，如美國美洲野牛，以及中國貓熊。

　　圈養繁殖是物種保育經常採用的技術，這項技術在控制的環境中繁衍動物或植物，以維持或擴大種群數量，並以野放為復育的最終目標。圈養繁殖經常在動物園、植物園或水族館進行。圈養繁殖曾經運用在許多瀕絕物種的保育，包括南非獵豹、蒙古的普氏野馬、中美洲厄瓜多加拉巴哥群島的大型加拉巴哥象龜，以及澳洲塔斯馬尼亞袋獾的保育。在動物園的物種保育工作包括保育鳥類的鳥蛋採集與孵化（egg pulling）、動物的人工授精、代理孕母，以及交換養育（cross fostering），由圈養的類似動物撫育。

　　種子銀行（seed bank）是物種保育的另一種方法。為了保存優良品種以確保食物生產，許多國家設有種子銀行。類似的種子銀行也被使用在稀有或瀕絕野生植物的保育。目前全球大約有 1400 個種子銀行。挪威政府與聯合國農糧組織合作的全球種子庫（Global Seed Vault）主要儲存食用作物的種子，以確保這些作物的基因。在臺灣，農委會農業試驗所的作物種原中心收集與保存國內穀物與蔬菜及水果的種原，並無償提供給學術與研究單位。位於台南的亞洲世界蔬菜中心收集與保存世界最多的蔬菜種原，包括來自全球 155 國家 430 類，57,000 個品種的蔬菜。該中心並參與全球種子庫計畫，將所收集的蔬菜種子備份存放於該全球種子庫。

南非獵豹　　　　　　　　　　　蒙古普氏野馬

加拉巴哥象龜　　　　　　　澳洲塔斯馬尼亞袋獾

圖 7.19　　一些圈養繁殖進行物種保育的成功案例。

生態系方法保護野生物棲息環境

　　雖然物種方法可以在有限時間與資源的情形下，針對目標物種進行保育，然而這類方法往往無法顧及生態系的完整性，因為針對單一物種進行的保育計畫可能不利於其他物種的生存與繁殖。物種方法的另一個不利因素是，這類方法往往偏重明星物種的保育，例如大型哺乳動物如犀牛、美洲野牛、老虎與獅子，或者特別受到喜愛的動物如貓熊，其他物種的保育則未受到應有的重視，例如因為農藥大量使用而導致族群崩潰的昆蟲。**生態系方法**是物種保育的另一種策略。生態系包含一個範圍內的所有生物與物理環境，這個由生物與非生物因子構成的系統提供其內部生物穩定的生存條件，因此生態系方法是一種全面性的保育策略。採用生態系方法需要長期的工作計畫與財務規劃，但由於所有物種都受益於這樣的計畫，因此就長遠觀點，這樣的保育策略比物種方法不但全面，而且經濟的多。

　　保護區的設置與經營管理是生態系方法的主要工作。人類對於野生物棲息環境的開發與破壞造成許多物種滅絕或面臨滅絕危機。根據估計，1970 年至今，野生脊椎動物數量已減少了 50%。也有估計認為，要維持地球生物多樣性與生態系功能的完整，25～75% 的地球面積必須受到保護，而目前只有 3.6% 的海洋，以及 14.7% 的陸地受到保護。

　　保護區面積是棲地保護的首要考慮。各物種有其最小的棲息地面積需求，保護區面積必須足夠才能確保目標物種的存續，這一需求對於大型哺乳動物尤其明顯。對於大型動物，幾公頃的保護區往往無法滿足保育需求，甚至連蜜蜂族群的維護也需要數十到數百公頃面積的合適棲地。大型保護區有較高的生境多樣性，可以提供許多物種合適的棲息條件。大型棲地也有較高的生物多樣性，以及完整的生態系功能與較好的穩定性，可以緩衝暴風雨、火災、乾旱等天災的侵襲，以及外來種入侵或疾病帶來的破壞。然而，也有研究認為，中型規模的保護區更容易監測與管理，可以更有效達成物種保育的目標。因此，保護區的劃定必須根據不同的保育目標做合適的規劃。**過渡區**（transition zone）與**緩衝區**（buffer zone）的設置可以避免保育的**核心區**（core area）受到干擾。過渡區可以做輕度利用，允許登山、賞鳥等戶外活動。緩衝區可以有計畫的做教學活動或科學研究。核心區則完全作為保育用途，排除人為活動的干擾。

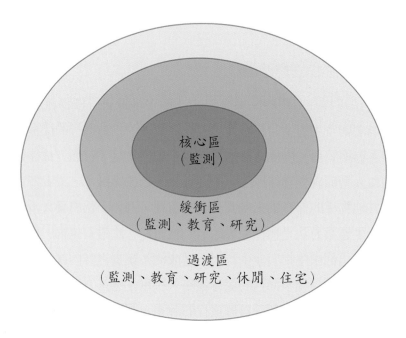

圖 7.20　野生物保護區的分區管理。設置過渡區與緩衝區可以確保核心區不受人為活動的干擾。

天然棲地的破壞通常從道路的開闢開始。道路的穿越造成棲地零碎化。由於**邊緣效應**（edge effect），這樣的切割大幅限縮了核心區面積。當核心區面積小於某物種的最小可繁殖面積，則該物種終將在這個棲地滅絕。**生態廊道**（ecological corridor）可以連結零碎的棲息地，擴大棲地範圍。生態廊道也提供生物遷移的通道，躲避環境災害、疾病或外來物種的傷害。在氣候變遷的情況下，即使非常大型的保護區也必須考慮生態廊道，以提供野生動植物遷徙與適應所需的通道。

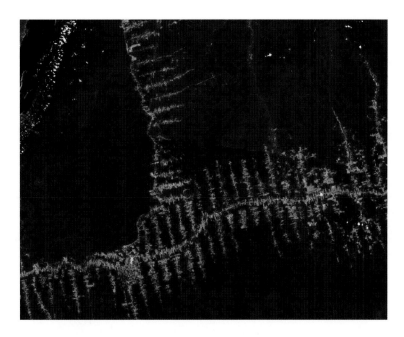

圖 7.21　亞馬遜熱帶雨林部分地區的道路開發與森林砍伐造成棲地破碎化。

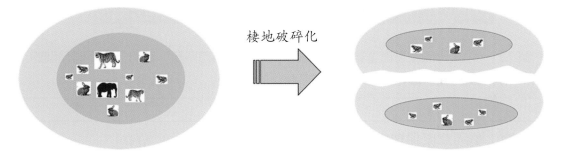

圖 7.22　由於邊緣效應，棲地碎裂很容易造成需要大面積棲地物種的滅絕。

案例：哥斯達黎加的生態保護系統

　　中美洲哥斯大黎加（Costa Rica）位於全球生物多樣性最高的地區。這個面積稍大於臺灣的國家有大約 10,000 個野生物種，包括 850 種留鳥與候鳥、205 種哺乳類動物、160 種兩棲類、220 種爬行動物，以及 1,013 種淡水與鹹水漁類。哥斯大黎加地景豐富，有熱帶雨林、落葉林、海洋、海岸、珊瑚礁，以及沼澤與紅樹林，吸引全球的觀光客到此生態旅遊，觀光產業為國家創造可觀的收入，成為中美洲最富裕的國家。為保護珍貴的觀光資源，哥斯達黎加有全世界最完整的生態保護區系統，包括 28 個國家公園，58 個野生動物庇護區，32 個保護區，以及許多受到保護的森林與濕地，保護區占全國總面積的 25%。

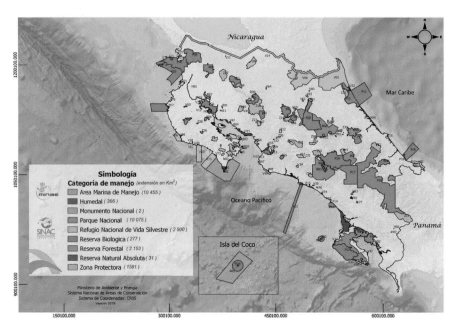

圖 7.23　中美洲國家哥斯達黎加有大規模的自然保留區系統，包含各種不同類型的保護區，觀光產業為哥國帶來豐厚的收入。

案例：美國草原保留區計畫（American Prairie Reserve, APR）

　　APR 是個美國一個非營利的民間組織，其主要目標在透過 50 萬英畝私人土地的收購，在北蒙大拿州將既有的公有保留區連結起來，形成一個面積 12,000 平方公里的連續草原保留區，以保留美國中西部平原的草原生態與文化，該區域被全球溫帶草原保育倡議（Temperate Grassland Conservation Initiative）評估為全球四個可以完整保留草原生態的地景規模保護區之一。

　　這個區域被選定的主要原因是這裡的土地有 90% 未曾被耕作過，區內人口外移也提供取得私人土地的最佳機會，而且這一帶原本就有廣大的政府土地與保護區。APR 與其他民間組織，以及州政府與聯邦政府在這個區域推動許多調查與保育計畫，包括美洲野牛的再引進、頑強雜草的控制、野火管理、河岸復育、美洲豹以及麋鹿棲息地的監控、草原土撥鼠的族群復育，以及追蹤瀕危的長喙麻鷸的鳥巢等多項保育工作。

　　APR 使用多項參數來評估保育工作的成效，包括植物多樣性、動物食草、野火、水文，以及掠食等。截至 2018 年，已有將近四十萬英畝的土地被 APR 收購或租用，被收購的土地上禁止進行耕作、開發，或任何造成棲息環境破碎的活動。APR 的預算有約 10% 來自私人的保育基金，其他 90% 則來自民眾捐款。APR 與許多組織合作，包括國家地理雜誌。德國也成立了 APR 的姊妹組織，向歐盟國家民眾宣揚 APR 的理念，並協助募款。

　　APR 的保育行動也非全無阻力，主要的阻力來自當地牧場的主人，他們認為 APR 的牧場收購行動對希望保有牧場的地主構成壓力，美洲野牛的引進也可能破壞牧場圍籬，並帶來疾病。土撥鼠復育會造成牧草的損失。另一項顧慮是，保護區最終可能被政府劃定為國家紀念園區，強迫他們出售牧場。但 APR 表示他們目前並無推動成立國家紀念園區的規劃。

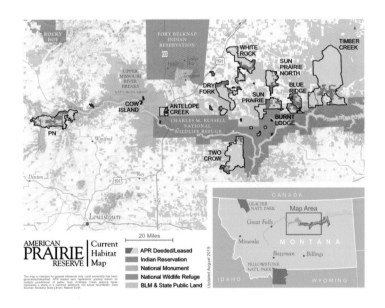

圖 7.24　美國草原保留區計畫範圍（淺藍與深藍為該計畫已購買或承租的區域）。這個計畫預計透過五十萬英畝私人土地的收購，與既有的保護區及公有土地形成一個面積 12,000 平方公里的連續草原。

圖 7.25   草原生態與文化為美國草原保留區計畫保護的重點。

案例：臺灣的自然保育系統

臺灣的自然保護區包括**國家公園、國家自然公園、自然保留區、野生動物保護區、野生動物重要棲息環境、自然保護區**等六大類。

表 7.1   臺灣各類自然保護區數量與面積。

類別	個數	面積（公頃）		
		陸域	水域	總計
國家公園	9	310,156.19	439,494.97	749,651.16
國家自然公園	1	1,122.65		1,122.65
自然保留區	22	65,354.97	117.18	65,472,15
野生動物保護區	20	27,145.57	295.88	27,441.45
野生動物重要棲息環境	38	325,987.02	76,595.88	402,582.90
自然保護區	6	21,171.43		21,171.43
總計（扣除重複面積）	96	694,298.12	516,208.03	1,210,506.15

（來源：Wikipedia）

圖 7.26　臺灣自然保護區分布。

☐ 國家公園、國家自然公園　☐ 自然保留區　■ 野生動物保護區　☐ 野生動物重要棲息環境
■ 自然保護區

　　國家公園由內政部營建署依據國家公園法劃定設置。第一個國家公園為墾丁國家公園，於 1977 成立。根據國家公園法，國家公園設置的目的在保護國家特有的自然景觀、野生物，以及文化史蹟，同時提供民眾育樂與遊憩。國家公園的選定基準有三類：(1) 具有特殊景觀或重要生態以及生物多樣性的國家自然遺產；(2) 具有保存價值或教育意義的文化資產與史蹟；(3) 可提供民眾遊憩的天然育樂資源。因此，根據國家公園法，國家公園兼具保育、遊憩、教育，以及科學研究的多方面功能。除了國家公園之外，具有國家公園所列特性，但面積較小的區域，劃定為**國家自然公園**。臺灣的國家公園目前有 9 座，其中最晚成立的澎湖南方四島國家公園成立於 2014 年。國家自然公園則有高雄壽山國家自然公園一處。

　　自然保留區指具有代表性的生態體系、獨特的地形與地質，或具有動植物基因保存功能的區域，由農委會依據文化資產保存法劃定公告。截至 2018 年，臺灣共有 19 個自然保留區，較為人知者為關渡自然保留區、淡水紅樹林自然保留區、苗栗三義火炎山自然保留區、澎湖玄武岩自然保留區等。

　　野生動物保護區及野生動物重要棲息環境這兩類保護區目的在確保瀕危或珍

稀動物的族群發展，由農委會或各縣市政府劃定公告。截至 2018 年，臺灣共有 20 處野生動物保護區，包括廣為人知的台南四草野生動物保護區、曾文溪口黑面琵鷺野生動物保護區、櫻花鉤吻鮭野生動物保護區等。野生動物重要棲息環境則有 37 處。

自然保護區的劃設依據為森林法，目的在維護森林的生態環境與生物多樣性。自然保護區設置於森林區域，包括重要原始林、代表性地景或林型、特殊溪流、湖泊或海岸、保育類動物棲地或植物生育地等。目前劃設的區域共有 6 處，其中包括雪霸自然保護區、海岸山脈台東蘇鐵自然保護區、甲仙四德化石自然保護區。

7.5 保育法規與國際公約

我國的保育法令

臺灣在民國 21 年即訂有**狩獵法**，該法於民國 78 年被**野生動物保育法**取代。野生動物保育法將野生動物區分為**保育類**及**一般類**野生動物。保育類指瀕臨絕種、珍貴稀有，以及其他應予保育的野生動物。一般類指保育類以外的野生動物。對於保育類動物除法令另有規定之外，不得騷擾、虐待、獵捕、宰殺、買賣、陳列、展示、持有、輸入、輸出或飼養、繁殖。保育類野生動物產製品，不得買賣、陳列、展示、持有、輸入、輸出或加工。獵捕一般類哺乳類、鳥類、爬蟲類、兩棲類野生動物需經過申請與核准。對於非保育類野生動物的獵捕不得使用炸藥、毒物、電擊、網具或陷阱等方法。被飼養的野生動物，非經主管機關同意不得釋放。該法例外條款規定，臺灣原住民族基於其傳統文化、祭儀，而有獵捕、宰殺或利用野生動物之必要者，得經過核准而不受相關法條限制，此一規定造曾成適用上的一些爭議。

經過長期的宣導與執行，野生動物保育法對於臺灣野生動物的保育有相當大貢獻，紅尾伯勞的保育為臺灣保育法令執行與保育觀念改變的一個縮影。紅尾伯勞為候鳥，每年秋天由中國北方飛抵恆春半島休息，補充體力之後再往南遷移。早年由於鳥隻數量眾多，當地居民捕捉後燒烤食用或販售，屏東楓港「烤鳥巴」因此遠近馳名，而楓港也被保育人士稱為伯勞鳥的殺戮戰場。民國 78 年野生動物保育法公告實施之後，紅尾伯勞被列為其他應保育物種，經過多年的取締與宣導，紅尾伯勞的獵捕目前只剩少數偶發案件，而楓港也成立了「伯勞鳥生態展示館」。

圖 7.27　紅尾伯勞主要在亞洲東北部進行繁殖，非繁殖季則遷徙到亞洲中部、南部、東南亞、菲律賓、大洋洲渡冬，每年十月左右在屏東恆春一帶過境。往年這些過境候鳥被民眾設置鳥仔踏捕捉，做成烤鳥巴販售。經過多年的取締與宣導，違法獵捕情況已大量減少，而楓港也成立了伯勞鳥生態展示館。

國際保育公約與組織

　　瀕危野生動植物國際貿易公約（Convention on International Trade in Endangered Species of Wild Flora and Fauna, CITES）是最主要的一個國際保育公約。CITES 主要目的在透過野生動植物體或其製品的國際貿易管制，來確保這些物種的存續。公約於 1975 年在美國華盛頓簽署，因此簡稱為**華盛頓公約**（Washington Convention），目前簽署的國家有 175 個。華盛頓公約未完全禁止野生動植物的買賣，而是根據物種需要保護的程度加以分級，並做不同程度的貿易管制。目前華盛頓公約管控的生物有大約 5,000 種動物與 25,000 種植物。這些野生物種被分為三類。第一類是瀕危物種，生物體或生物體的一部分通常禁止在國際間交易。第二類是沒有立即滅絕危險，但需要管制交易以確保其存續的物種。這一類物種的族群數量若持續降低將可能被改列為第一類物種。第三類物種是在某個國家或地區被列為保育生物的所有物種，公約目標在協助簽約國進行必要的貿易管制。CITES 依需要隨時更新受管控物種，目前約有 600

種動物與 300 種植物列在第一類管制名錄，約 1,400 種動物與 25,000 種植物列於第二類，約 270 種動物與 30 種植物列於第三類。CITES 可杜絕低收入國家的保育物種因國際貿易的誘因而遭到過度採捕，對於全球物種保育有顯著貢獻。由於世界各國對於公約執行的力道不同，以及仍有一些未簽約國，CITES 的成效仍然有提升空間，而盜獵盜採與違法交易在某些地區仍然存在。

生物多樣性公約（Convention on Biological Diversity, CBD）是內容比物種保護更廣泛的保育公約，且公約具有國際法的約束力。CBD 於 1992 年巴西里約熱內盧的地球高峰會上簽署，並於 1993 年底生效。CBD 有三個主要目的，包括 (1) 保護生物多樣性；(2) 永續利用生物多樣性資源；(3) 公平共享基因資源帶來的效益。該公約獲得幾乎全球所有國家的簽署，主要國家僅美國雖已簽約，但尚未通過國家內部的認可。基於政治因素，我國無法參予 CITES 與 CBD 這兩個重要國際保育公約的簽署，但政府各單位仍然依照簽約國的標準，執行這兩個公約的規定。

1973 年瀕絕物種法（Endangered Species Act of 1973, ESA）是美國保護瀕絕物種的最主要法令。ESA 使用各種方法來保護瀕絕物種，以及它們所賴以生存的生態系，目標在避免遭遇危機的物種因為經濟開發或保育措施不足而滅絕。該法案可以根據個人或組織的請求，經過評估之後，將某物種列為瀕絕物種或受威脅物種。該法也要求保護面臨危機物種的重要棲息環境，並執行列名物種的復育計畫。

鳥類法（Birds Directive）是歐盟最早的保育法令，該法訂定於 1979 年，目的在保護自然分布於歐盟國家領域內的所有約 500 種鳥類。另一主要的保育法令是 1992 年訂定的**棲地法**（Habitat Directive），其目標在保育稀有、受威脅，或在地特有的野生物種，以及保護超過 200 種不同類型的稀有或具備特色野生物的棲息地。

除了保育公約之外，也有許多國際性保育組織參與推動全球的物種保育工作，其中國際自然保護聯盟以及全球自然基金會是兩個影響力較大的非官方組織。

國際自然保護聯盟（International Union for Conservation of Nature and Natural Resources, IUCN）總部設於瑞士，為全球最主要的自然資源保育非官方組織。IUCN 主要任務在尋求人類發展與自然保育調和的方法。IUCN 紅色名錄記載數千個瀕絕野生物種，為全球最完整的保育物種名錄。IUCN 於 1980 年發布全球保育策略（World Conservation Strategy），向全球社會提供保育行動的實用建言，其目的在協助國際社會推動物種保育，避免物種滅絕，以確保地球的生物多樣性。

全球自然基金會（World Wide Fund for Nature, WWF）是最具規模的全球性物種

保育非政府組織，原名為全球野生物基金會（World Wildlife Fund）。該組織在全球九十多個國家設有分支機構。組織的宗旨在防止人類對於自然環境的破壞，以建構一個人類與自然可以共存的未來。該組織目前關注的六大主題為食物、氣候、淡水、野生物、森林，以及海洋。

結語

　　物種保育的推動有兩個主要動機，一方面，生物有許多立即或潛在的用途。另一方面，生物多樣性是維持地球生態系服務完整性的基礎，物種保育可以避免人類各種行為造成的生物多樣性喪失。物種保育可分為物種方法與生態系方法，策略的選擇端看問題的性質以及保育的現況與環境條件。物種方法可以針對需要保護的物種執行管理計畫，在最短時間與最小範圍內達到物種保育的目標。這樣的方法雖然快速、有效，但如果環境保育整體狀況不好，物種方法所達到的保育效果顯然是脆弱而不易維持的。生態系方法以野生物棲地或整個生態系作為保育對象，強調健全棲地環境與生態系的營造與維護，這樣的策略需要長期投入，但可以創造更整體與具有韌性的物種保育成果。

本章重點

- 野生物種的各種價值
- 物種的背景滅絕與人為滅絕
- 瀕絕物種與受威脅物種的定義
- 造成物種滅絕的各種因素
- 保育的物種方法與生態系方法
- 容易滅絕物種的生態特性
- 物種管理計畫內容
- 棲息地管理方法
- 棲息地邊緣效應與生態廊道
- 我國的保育法規
- 保育的國際組織與國際公約

問題

1. 什麼是背景滅絕、集群滅絕與人為滅絕？

2. 造成物種背景滅絕、集群滅絕與人為滅絕的因素各是哪些？

3. 說明局部滅絕、生物性滅絕與功能性滅絕的差異。

4. 瀕危物種與受威脅物種在定義上有何不同？

5. 棲地破碎化如何造成物種滅絕？有怎樣棲息地需求的物種特別容易遭受棲地破碎化的危脅？

6. 入侵物種如何對本地的原生物種造成生存威脅？

7. 氣候變遷如何對野生動植物造成滅絕的壓力？

8. 說明保育的物種方法與生態系方法的差異與優劣。

9. 說明邊緣效應如何對棲息地品質造成影響。

10. 什麼是生態廊道？有何功用？如何建構生態廊道？

11. 說明華盛頓公約的目的與主要內容。

專題計畫

1. 選擇一個你去過的國家公園，取得地圖，並在上面標示重要地標，貼上你拍的照片。說明這個國家公園特別保育的物種，以及各種保育措施。

2. 櫻花鉤吻鮭是臺灣的瀕絕物種。上網了解櫻花鉤吻鮭的生活習性與棲地條件，以及造成瀕絕的原因。政府對於櫻花鉤吻鮭採取了哪些保育措施？

3. 臺灣獼猴經過長期保護，數量增加許多，並在 2019 年 1 月從我國保育類野生動物名錄除名，由於生活環境重疊，人與猴之間產生了持續的衝突。上網了解人與猴有哪些方面的衝突，對於調和這樣的衝突，你有哪些建議？

4. 觀察你住家附近的綠地與公園是否對於某些物種扮演生態廊道的功能？又對哪些物種不具生態廊道的功能？

第四部分 自然資源與環境汙染

第8章　食物與農業

圖 8.1　大面積種植與機械化耕作確保全球將近 80 億人的糧食供應。

　　兩百多年前，英國人口學者馬爾薩斯預言，受限於土地等因素，糧食生產將趕不上人口增長所造成的糧食需求，饑荒與社會動盪以及人口衰退必不可免。但這樣悲觀的預測並未發生。1950～1960 年代的**綠色革命**（Green Revolution），以及後續農業技術的發展，讓糧食產能持續提升。雖然全球人口在馬爾薩斯之後成長了將近五倍，從 16 億增加到接近 80 億，但目前全球糧食供應依然充足，飢餓人口為歷史最低。根據聯合國統計，全球糧食產量可以供應每個人每天 2,800 千卡熱量，超過每人每天所需的 2,200～2,400 千卡。

8.1 世界糧食現況

糧食生產與供應

　　雖然全球糧食生產充足，但分配並不平均。據估計，目前全世界仍有 8.42 億人欠缺足夠的糧食，但同時也有 12 億人過重或肥胖。糧食的使用效率是另一問題，全球所生產的食物大約有三分之一沒有被使用，已開發國家每天有大量過期食物被市場或家庭丟棄。開發中國家食物浪費發生在生產端，由於缺乏有效的食物處理與保存設備或技術，導致食物腐敗與廢棄。糧食生產也面臨來自其他需求的競爭，部分國家將生產過剩的糧食轉為燃料，例如美國有大約 40% 的玉米被用來生產酒精燃料，這過程只利用了玉米所含的澱粉，剩下的高蛋白質副產物只能加工作為牲畜飼料，而無法供人食用。

　　臺灣雖沒有糧食短缺問題，但做為飼料的黃豆與玉米，以及作為食品的麵粉卻幾乎全數仰賴進口，糧食自給率低造成國家糧食安全問題。土地是農業的根基，但臺灣以往農地政策造成耕地流失，被合法或非法變更為住宅或工廠，對於食物生產、生態與景觀都造成不利影響。臺灣農地密集的耕作方式也造成土壤侵蝕、肥料與農藥汙染，以及土壤劣化，這些都是我們在生產糧食，滿足食物需求的同時必須加以考慮的問題。

案例：諾曼・布勞格——綠色革命之父

　　綠色革命或農業革命指 1950～1960 年代，由於科學技術的發展與應用，使得全球農業的產出大幅增長。受惠於國際合作以及技術推廣，糧食產量的增長在開發中國家特別顯著。農業革命採用一系列的技術來提高作物產量，包括高產量品種的培育、化學肥料與農藥的使用、灌溉系統的建立，以及耕作的機械化，這一系列改變傳統糧食生產方式的技術應用被統稱為綠色革命。美國科學家**諾曼・布勞格**（Norman Ernest Borlaug）領導的小麥的品種改良主導這次的農業革命。布勞格的小麥品種改良試驗與推廣於 1960 年代開始於墨西哥，在那裏他培育出矮種小麥（dwarf wheat），這種小麥麥稈短，因此不容易倒伏，可以支撐較大、產量較高的麥穗，而且有很好的抗病蟲害特性，墨西哥因此於 1963 年成為小麥淨出口國。他進一步把這樣的技術推廣到巴基斯坦與印度，1965～1970 年間，這兩個國家的小麥產量加倍，糧食供應獲得顯著改善。這項技術也被推廣到更多的亞洲與非洲國家，使得超過十億人口免於飢餓的威脅。因為這樣的貢獻，布勞格被稱為「**綠色革命之父**」，並在 1970 獲得諾貝爾和平獎。

圖 8.2　諾曼・布勞格（手拿小麥）所做的小麥品種改良與推廣是造成農業革命與
世界糧食大幅增長的主要原因，他因此得到諾貝爾和平獎。

糧食短缺問題

　　營養不足（undernourishment）　指食物的攝取無法滿足個人能量的最低需求。糧食分配不均造成全世界約 8 億人口營養不足，這些人口集中在開發中國家，有些國家營養不足人口的比例高達 12.9%。就人數而言，營養不足人口以亞洲最多，就比例而言，撒哈拉以南的非洲營養不足人口比例最高，這些地區五歲以下幼兒的死亡大約有 45% 與營養不足有關。造成這些國家糧食不足有以下幾個可能原因：

- **貧窮**：貧窮與食物短缺經常形成惡性循環。貧窮家庭沒有能力購買或生產足夠家庭成員所需的食物。這些家庭也因為花費大多數的時間與人力在沒有效率的生產活動來滿足及時需求，使他們無法脫離貧窮狀態。尼日（Niger）是一個人口兩千多萬的西部非州內陸國家，由於土壤貧瘠與經常性的乾旱與洪水，加上種子與肥料缺乏，糧食的生產極度困難，導致該國有超過 60% 的家庭極端貧困。大約 40% 的尼日孩童極度營養不良，造成大約 10% 的年死亡率。

- **戰亂**：政治動盪與戰爭是造成許多國家或地區糧食短缺的根本原因，例如非洲的南蘇丹（South Sudan）從 2013 年開始持續到 2020 年的內戰造成大規模人口遷徙與土地荒廢。糧食減產以及高通貨膨脹使得大部分家庭無法負擔食物的高昂價格，並導致大約 350 萬處於飢餓狀態。同樣的情況也發生在葉門（Yemen），該國從 2015

年持續至今的內戰亂造成 1800 萬人的饑荒，占全國人口的 65%。

- **氣候不穩定**：有些國家雖然政治穩定，但受到不穩定氣候如洪水或長期乾旱影響，導致無法預期的糧食減產與飢荒。南部非洲的尚比亞（Zambia）從 1981 年開始延續到目前的長期低降雨量造成 230 萬的飢餓人口。過長的降雨間距造成農田減產以及牲畜牧草不足，降雨過多的雨季則造成洪水。全球氣候變遷以及聖嬰現象造成全球許多地區氣候不穩定，作物歉收導致飢荒更加頻繁。根據世界銀行估計，在未來的十年，氣候變遷將導致全球約一億新增飢餓人口。

- **國家政策**：不當的經濟政策也造成一些國家的飢荒。基礎建設投資不足造成電力短缺、灌溉系統缺乏，或運輸系統無法物暢其流等，都影響糧食的生產與分配。西部非州的賴比瑞亞（Liberia）這個 450 萬人的國家過去 14 年來的內戰造成公共設施的全面性破壞與經濟嚴重衰退。2014 年的伊波拉病毒事件讓情況變得更加嚴重，大約有 15% 家庭面對食物不足的情況。

圖 8.3　南蘇丹臨時食物分配站等待的人群。政治動盪與戰亂導致這個國家糧食生產與分配困難，造成大規模飢荒。

8.2 糧食生產

各種農業經營方式

• **自給式農業**（subsistence agriculture）：這類型農業所生產的食物以供應自己家庭食用為主，甚少多餘的食物可供交易或儲存。早期農業社會，以及目前一些較晚開發的國家與原始部落仍然維持這種耕作方式。火耕是傳統自給式農業的一種耕作方式。一些低收入國家缺乏耕作所需的肥料，農民砍伐樹林並焚燒草木，從原始土壤與灰燼取得作物所須肥份，經過幾年耕作，土地不再肥沃之後再易地開墾。火耕使用過的土地種植果樹或樹林，經過十到三十年時間可以再重複操作。火耕造成大面積原始林與野生物棲息環的境壞，以及土壤流失等重大的生態危害。據估計，全球仍然有 7% 的人口（約 2 億至 5 億人）採用火耕的方式耕作，主要分布在非洲中部、南美洲北部，以及東南亞。

圖 8.4　這個摩洛哥沙漠綠洲中的耕地是典型的自給式農業，生產的作物以家庭自己食用為主。

• **傳統集約式農業**（traditional intensive agriculture）：這類農業除依靠人力之外，也使用獸力與有機肥料做單一作物或多作物栽培，除了供家庭食用之外，也有少量多餘的收成可以販售，補貼家庭收入。

• **農園農業**（plantation agriculture）：這類型農業種植穀物以外的高經濟作物，例如咖啡、葡萄、香蕉，以及各種蔬菜與水果。農園農業面積較小，但經營成本與人力密集，許多大型經濟作物農場使用網室或溫室栽培。

- **工業化農業**（industrial agriculture）：這一類型農業使用耕耘機進行大面積耕作，同時大量使用化學肥料以維持長期的高產量，並依靠殺蟲劑與除草劑來確保收成。在乾燥地區，大型農業建造灌溉系統或開鑿大型地下水井抽水灌溉。工業化農業大多採單一作物以利大面積耕作，但經常採用輪作，例如玉米與黃豆輪作，來適度維持地力。工業化農業在發達國家大量採用，近年來許多新興經濟體與開發中國家也開始採用。目前工業化農業所生產的食物約占全球供應量的 80%。

- **有機農業**（organic agriculture）：有機農業經常與生態農業或自然農法等名詞通用，指一種接近自然的生態友善農業。有機農業在耕作或農產品處理過程不使用化學肥料、化學農藥或動植物生長調節劑，也不採用基因改造的動植物品種。依照聯合國糧食及農業組織（UN Food and Agriculture Organization）的定義，有機農業是一項整合性的生產管理系統，強調健全的農業生態、生物多樣、物質的生物循環，以及土壤的生物活性。有機農業也強調以農業本身的物質與能源循環來取代外部能資源的輸入，並因地制宜，採用農業管理、生物方法，或機械方法來進行病蟲害控制，取代人為合成的化學物質，以維持健全的農業生態。

案例：快速成長的有機農業

　　有機農業是一種接近自然、生態友善的食物生產方式。有機農業經常採用覆蓋作物來抑制雜草生長並維持土壤活性。保留作物殘株，循環回到土壤，並使用牲畜糞便製作堆肥來維持土壤的有機質與肥沃度。採用預防性病蟲害控制，包括輪作、複作，以及種植抗病蟲害品種。

　　全球有機食品的販售在 2004～2016 成長了四倍，有機農場的面積也達到 5.78 億公頃的歷史新高並持續增加，占所有農場面積的 1.2%。有機食品市場占比最高的幾個國家為丹麥、盧森堡、瑞士、奧地利與瑞典。

　　有機農產品需要經過獨立認證機構的認證，確保生產、處理、包裝、儲存與販售過程符合有機標準，並提供產品履歷以供查驗。根據加拿大有機標準（Canadian Organic Standards），有機耕作必須遵循以下準則：

1. 保護環境，避免土壤劣化與侵蝕；減少汙染，強化生物的自然生產力並促進生態健全；
2. 採取促進生物活性的耕作方式，維持土壤的長期活性；

3. 維持土壤生物多樣性；

4. 執行農場最大程度的資源循環利用；

5. 對牲畜提供積極照護，促進健康並滿足牠們行為上的各種需求；

6. 強調產品的妥善管理、保存與運送，以確保有機狀態與產品品質；

7. 社區利用在地農業產生的可再生資源。

圖 8.5　巴黎假日市場販售的有機蔬菜。有機農業採用生態友善的耕作方式生產健康的食物，不但有益健康，也有利於自然生態的維護，降低農業生產對環境造成的負荷。

案例：臺灣優良農產品標章

臺灣的農產品標章由行政院農委會負責管理，目前共有四種不同標章，分別為優良農產品標章、有機產品標章、安全蔬果標章、產銷履歷農產品標章。

1. CAS 優良農產品標章

CAS優良
農產品標章

CAS 爲英文 Certified Agricultural Standards 的縮寫，稱爲優良農產品標章。使用 CAS 標章的產品代表經過認證，爲優良、安全並且爲國產的農產品或農產加工品。

2. 有機農產品標章

經過有機農產品認證的農產品，生產過程不使用化學肥料、農藥或食品添加物，從生產、加工、分裝、流通到販賣，均需遵守有機驗證規範，並完整記錄產銷流向，確保有機的完整性。標章的驗證機構爲財團法人全國認證基金會。

3. 吉園圃安全蔬果標章

吉園圃標章標示農產品經過安全使用農藥認證。吉園圃標章目前沒有獨立驗證機構，因而有濫用情形，農委會正在檢討整合到其他認證系統的可行性。

4. 產銷履歷農產品標章

產銷履歷農產品標章由經過認證的獨立驗證機構驗證。消費者可以從「臺灣農產品安全追溯資訊網」（http://taft.coa.gov.tw）查得產品的生產履歷。

8.3 土壤與糧食生產

土壤的形成

　　土壤是糧食生產的必要資源。土壤由岩石經過**風化作用**（weathering）形成。風化可以是物理性、化學性或生物性的。**物理性風化**最常發生者為熱脹冷縮。岩石白天被加熱，晚上冷卻，熱脹冷縮造成大塊岩石碎裂。在溫帶與寒帶，岩石縫隙水分的結凍與解凍亦可造成岩石碎裂。乾旱地區強風挾帶砂土，亦可侵蝕岩石表面，造成機械性風化，這些都為物理性風化。在**化學性風化**，破裂的岩石使得雨水入滲並溶解岩石所含礦物，造成石塊崩解，成為細碎顆粒的土壤，雨水中溶解的二氧化碳以及酸雨所含的硫酸與硝酸都可加速此一過程。**生物性風化**因生物作用而加速前述物理與化學風化的過程。植物根部的生長可以造成岩石的物理性破裂與崩解。有機物分解形成的化學物質可以加速岩石風化與土壤的形成。動物挖洞與穿孔行為也造成雨水入滲，加速風化過程。這些都屬於生物性風化程序。

土壤層構造

　　土壤因岩石風化程度不同而形成分層構造，表層土壤風化完整，下層則混有風化不完全的石塊，到一定深度以下則都為未風化的岩石。在植物生長的區域，土壤表層有植物碎屑，以及利用這些有機碎屑的微生物以及昆蟲與小型動物。我們一般將土壤由上到下分為 O、A、B、C、R 等 5 層，其中 O 層為有機層，除了高度風化的土壤顆粒之外，還含有許多有機物。A 層為淋溶層，在這一層，土壤所含的可溶性礦物被入滲的雨水溶解並帶往下層，這層土壤因失去鐵錳等深色礦物而呈現淺灰色調。淋溶層之下為沉積層，這一層累積了上層淋溶下來的礦物，因此顏色較深，又因膠結作用而使這一層土壤質地堅硬。沉積層下面為 C 層，此層主要為風化不完全的石塊與土壤混合，再往下 R 層則為未風化的母岩。

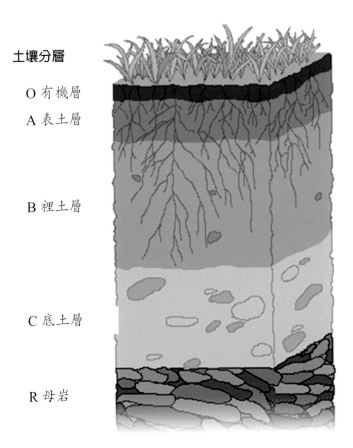

土壤分層

O 有機層

A 表土層

B 裡土層

C 底土層

R 母岩

圖 8.6　土壤的垂直分層。O 層為有機層，由植物碎屑與少量土壤組成。有機層以下為表土層（A 層）。表土層的礦物容易被入滲的雨水溶解與流失，並在其下方裡土層（B 層）沉積。C 層為風化尚未完整的岩石，R 層為未風化的母岩。

土壤分類

　　土壤的化學組成與形成土壤的母岩有關。我們所稱的土壤是由礦物、有機質、水分與氣體所組成，一般土壤礦物約占 95%，有機質占 5%。土壤礦物的主要成分為矽酸鹽，並有含量不一的其他礦物，如鋁、鐵、鈣、鈉、鉀、鎂等元素的氧化物或氫氧化物。土壤由粒徑差異極大的顆粒所組成，我們用**質地**（texture）來描述土壤的粒徑組成。依照不同粒徑，我們把土壤顆粒粗分為砂粒、粉粒與黏粒。根據這三種粒徑顆粒的質量比例，我們將土壤區分為各種不同質地，如圖 8.7 的土壤分類三角圖。各種壤土的粒徑組成與物理及化學性質有相當大差異，不同作物有其喜好的土壤質地與化學特性。

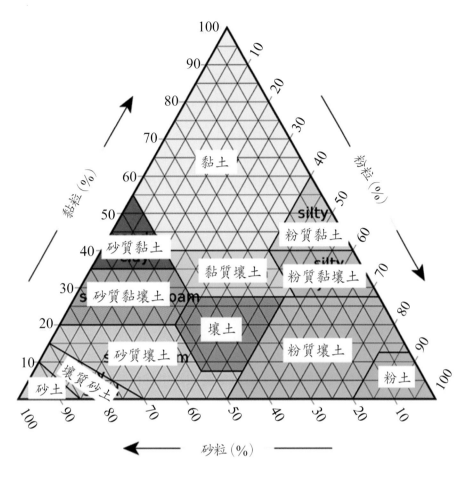

圖 8.7　土壤質地分類三角圖根據土壤黏粒、粉粒、砂粒的重量比例來作質地分類。

適合耕作的土壤

　　適合耕作的土壤稱為**壤土**（loam）。做為作物生長介質，土壤有許多需要考量的性質。第一個性質是土壤的透水性與保水性，透水性好，則作物可以獲得養分並送走廢物。土壤粒徑越大，透水性越好，但粒徑太大則保水性不佳。細粒土壤如黏土的保水性好，但孔隙水因為毛細作用而不易流動，無法為植物帶來營養，因而不適合耕作。土壤的第二個重要特性是有機質含量。適量的有機質可以提高土壤的通氣性、保水性與保肥性，並可以生長各種微生物與土壤動物，維持健康的土壤生態。土壤微生物可以進行各種生物化學反應，產生植物可利用型態的各種化學物質，並分解有機殘渣，更新土壤養分。因此，微生物在作物的生長扮演重要的角色，而有機質可以支持微生物生長，保持土壤活性。耕作土壤須考慮的第三個性質是陽離子交換容量。陽離子交換容量代表土壤吸附與釋出陽離子的能力。植物生長需要許多陽離子營養元素，這些元素主要由地面水入滲攜帶進來，土壤顆粒可以吸附這些陽離子，並於稍後被植物利用。土壤的酸鹼度受到母岩的化學性質影響，外界因素如酸雨以及氮肥的施用也可能造成土壤酸化。適合作物生長土壤的 pH 在 5.5 與 7.0 之間，不同作物有不同喜好的酸鹼度。土壤在許多情況會有劣化而導致生產力下降的情況。乾燥氣候區使用地下水灌溉，由於蒸發顯著，農田長期累積來自地下水的溶解礦物，造成鹽分累積與土壤劣化。

8.4 肥料

肥料指任何加到土壤並可促進作物生長的物質。肥料有人為合成的化學肥料與有機物發酵而成的有機肥料。化學肥料以氮、磷、鉀三種元素為主，雖然肥料可以促進作物生長，增加糧食生產，但大量使用化學肥料也對環境產生一些負面效應：

- 在土壤環境方面，含有機質的土壤有許多黴菌與微生物和植物共生，轉化土壤中的物質成為植物可吸收的營養，因此作物可以長得更健康並可抵抗病蟲害，化學肥量不含這些有益的有機質。
- 在食物營養方面，人體除了蛋白質與碳水化合物之外，也需要其他微量元素，農地長期使用化學肥料將缺乏這些微量營養鹽，造成作物生長不良以及農產品營養不完整。
- 在環境影響方面，化學肥料無法如有機肥料一般緩慢釋放營養鹽，因此農田施用的化學肥料有顯著比例的流失，這些營養鹽流入河川、湖泊與近海，造成這些水域優養化，影響水域生態。氮肥也有一部分被土壤微生物還原成氧化亞氮，是一種顯著的溫室氣體。
- 在人體健康影響方面，受汙染地下水中的硝酸鹽可以在嬰兒腸胃道被還原成亞硝酸鹽，亞硝酸鹽與血紅素有很強結合力，造成嬰兒因缺氧而皮膚呈現藍色，稱為**藍嬰症**（blue bay syndrome）。飲用水中硝酸鹽也會在口腔或腸胃道被還原成亞硝酸鹽，並與食物中的蛋白質結合，形成可以致癌的亞硝胺。

雖然有機肥料的產量、使用方便性以及價格都與化學肥料有些差距，但農田施用有機肥料不但有益於土壤生態，也可以生產營養均衡的食物。

8.5 農藥與病蟲害控制

農藥

　　農藥（pesticides）指所有用於控制有害生物的物質。有害生物（pests）指可對作物、牲畜或森林造成傷害，或對人類生活構成困擾的動物或植物，主要是昆蟲與雜草。農藥的使用使得農業的產出大幅增加，但這些化學物質直接與食用作物接觸，也引起許多有關危害人體健康的關切。農藥造成的生態危害以及昆蟲與雜草的抗藥性也是受到關注的問題。

　　早期農藥以無機物性毒物如砷與汞為主，然而這類無機性農藥毒性大且無法被分解，可在環境中長期存在甚至累積，對人體健康與自然生態造成危害。1950 年代以後，隨著有機化學工業的發展，無機性農藥逐漸為有機性農藥如有機氯、有機磷、氨基甲酸鹽所取代。早期的有機性農藥以長效性的有機氯為主，這類農藥效期長而且對人類的毒性小，因此被廣泛使用。然而後來的觀察發現，這類農藥具生物累積性，透過食物鏈的生物放大，會對非目標生物造成傷害，對於食物鏈頂端的水鳥以及掠食性猛禽的影響尤其顯著。新一代農藥以短效期的有機磷以及胺基甲酸鹽類為主，這類農藥比較沒有持久性與生物累積性，但卻對人類有強烈毒性，施用這一類農藥若沒有採取適當的防護可能造成中毒，甚至死亡。

　　經過數十年改進，目前使用的農藥相對安全，但長期微量攝取對於健康是否造成影響仍然受到關切。有些農藥可能干擾內分泌系統，也有少數農藥被懷疑與癌症有關。農藥也可能造成地下水汙染。例如草脫淨（atrazine）是一種廣被使用的殺草劑，由於性質穩定，在環境中降解速度緩慢，農田長期使用草脫淨可能汙染地面水與地下水。雖然對於人類的影響仍不確定，但動物試驗顯示草脫淨是一種環境荷爾蒙，可以干擾水生動物的內分泌系統，影響其生殖能力。

　　草脫淨是人們對於農藥疑慮的典型例子，許多農藥在高劑量的動物試驗顯現某種危害性，但人類通常暴露的劑量遠低於動物試驗的情況，但低劑量農藥的長期暴露是否造成健康危害卻不容易評估。農藥的使用確保全球人口的食物供應，在糧食安全上扮演重要角色。在這樣的兩難情況下，農藥的使用應採取審慎策略，避免過量使用以及人體的非必要接觸。整體而言，除草劑占所有農藥用量大約 80%。臺灣氣候溫暖潮濕，雜草生長快速，農田殺草劑的使用量大。臺灣單位耕地面積除草劑使用量世界第一，是值得關切的問題。

圖 8.8 臺灣氣候潮濕炎熱，作物病蟲害多，農藥使用量大。大量使用農藥可能傷害人體健康，同時也嚴重干擾自然生態。

病蟲害整合管理

病蟲害整合管理（integrated pest management, IPM），或稱**有害生物綜合治理**，結合各種病蟲害與雜草控制策略來降低有害生物的數量，以減少化學農藥的使用。農業耕作需要做病蟲害控制以確保作物的收成，但大量使用農藥可能傷害環境與人體健康。1970 年代開始，化學農藥對於人體健康與自然生態造成的影響逐漸顯現，整合病蟲害管理的概念於是逐漸形成。根據聯合國農糧組織的定義，整合病蟲害管理的目標在運用所有可行的病蟲害控制技術，來抑制有害生物的規模，以減少化學農藥的使用，降低農藥對人體健康以及環境生態造成的風險。IPM 系統根據以下六項原則進行規劃與執行：

1. **設定可接受基準** 有害生物的完全移除不但昂貴且對生態造成危害。IPM 不強調有害生物的完全清除，而是對這些生物的數量設定一個可接受基準，數量超過這個基準時才積極加以控制。害蟲數量的過度控制將只留下少數具有抗藥性的個體，使得後續的控制更加困難，保留一些非極端抗藥的個體將可稀釋高抗藥個體的數量。

2. **預防性栽種** 選擇可適應在地氣候與土壤環境的作物，並維持作物良好的生長是對抗病蟲害的第一線工作。其次是病蟲害隔離，移除生病的幼苗或枝葉以防止病蟲害蔓延。園藝栽培土加入有益黴菌或細菌可以減少殺菌劑的使用。

3. **監控**　病蟲害早期防治非常重要，因此監控為關鍵性的工作。監控包括觀察、鑑定、評估，以及記錄病蟲害數量水準，對於各種害蟲的行為與繁殖週期也必須有周詳的紀錄與了解。昆蟲為外溫性動物，對於環境溫度相當敏感，許多昆蟲的爆發時機與季節及氣候高度相關，可以從溫度的延時天數加以預測。

4. **機械性控制技術**　病蟲害超過預設水準的第一個選項為機械性控制，包括患病部位的摘除或個體的隔離、捕捉、真空吸除、翻土等方式干擾有害生物的繁殖。

5. **生物性控制技術**　生物性控制經常是最經濟的控制方式，這項技術的關鍵是了解害蟲的天敵，並營造有利於天敵繁殖的環境。使用生物性殺蟲劑（有機農藥）也屬於這個選項。

6. **化學農藥的審慎使用**　化學農藥只在以上方法不可行或失效的情況使用，而且只使用在害蟲生命週期的某個階段。化學農藥盡量選用對生態危害少的成分，有些化學農藥為合成的天然成分或接近天然成分，例如尼古丁、除蟲菊精或昆蟲的荷爾蒙，這類農藥對於生態與人體健康的傷害較小。噴灑的工具與技術必須讓農藥可以有效接觸到目標害蟲，以減少農藥使用量，並降低人力成本。

案例：嘉磷塞除草劑──持續中的爭議

　　基因改造在農業上主要的運用之一是抗殺草劑作物的培育。利用基因技術，在天然作物植入抗殺草劑基因，讓作物可以免受特定殺草劑的傷害。抗殺草劑作物搭配廣效型殺草劑使用，可以減少殺草劑的施用次數與使用量。這項技術運用最廣的作物是大豆、棉花與玉米。雖然到目前為止並未發現基改食品對人體健康造成危害，但這項技術的生態效應卻不容忽視。

　　嘉磷塞（Glyphosate），是一種廣效型有機磷除草劑，由孟山都公司（Monsanto Company）於 1970 年合成。專利於 2000 年到期之後有許多農業化學公司以不同商品名製造販售，包括年年春、農達、草甘磷等。孟山都公司於 1996 年及 1998 年分別開發出抗嘉磷賽的黃豆與玉米，目前美國所種植的 93% 黃豆、85% 玉米，以及 82% 棉花為抗嘉磷賽作物。

　　嘉磷塞的重複使用造成雜草的抗藥性，1996 年嘉磷賽開始使用之後，施用量逐年加大。美國基改作物農場的嘉磷賽用量目前以每年 25% 的速度增加，非基改農場的殺草劑用量則相當穩定。農藥公司解決抗藥性的做法是開發抗其他殺草劑的新基改作物品種。

抗殺草劑基因改造作物造成的問題包括：

- **生態影響**：廣效性殺草劑如嘉磷賽的普遍使用導致雜草數量大幅減少。蜜源植物的減少影響到授粉昆蟲如蝴蝶與蜜蜂的族群數量，再進一步影響授粉植物的繁殖。
- **環境汙染**：嘉磷賽大量使用導致農業區空氣、雨水以及地面水出現這種殺草劑，以及其降解產物氨基甲基膦酸（aminomethylphosphonic acid, AMPA）的殘留。
- **基因飄移與基因汙染**：基改作物的種植導致非基改作物的基因汙染，由於非基改作物一般要求不得出現基改作物基因，這項感染造成非基改作物農民的經濟損失。
- **人體健康風險**：雖然證據尚不充分，但嘉磷賽類殺草劑在部分研究被認為與多種人類疾病有關，包括癌症，尤其是非何杰金氏淋巴瘤（non-Hodgkin's lymphoma）、注意力不足過動症（attention deficit hyperactivity disorde, ADHD）、鼻炎，以及荷爾蒙干擾。

圖 8.9　嘉磷塞是一種廣效型的有機磷除草劑，以許多商品名製造販售，如圖中的 Round-up。雖然廣效型殺草劑搭配抗殺草劑的基因改造作物可以大幅減少殺草劑施用次數與使用量，但這項作法有影響生態、環境，以及人體健康的疑慮。

8.6 農業汙染

農地與牧場的開發是造成森林砍伐最主要原因。就全球而言，森林面積的減少有75% 源自農牧地的開發。農耕與放牧也造成土壤沖蝕，以及肥料與農藥汙染。農業與畜牧業也是大氣甲烷與氧化亞氮等溫室氣體的主要人為排放源。

土壤侵蝕

農地一般種植快速生長的淺根作物，土壤極易因雨水沖刷而流失。翻土與幼苗階段的地表覆蓋率低，土壤容易因雨滴打擊而崩解與流失。

土壤侵蝕是個漸進的過程。初期的侵蝕為均勻分布的**片蝕**（sheet erosion）。由於水流集中在低處流動，因此侵蝕逐漸集中並形成淺溝，這階段稱為**淺溝侵蝕**（rill erosion）。若水流繼續，則淺溝逐漸擴大為完全發展的蝕溝，這階段稱為**蝕溝侵蝕**（gully erosion）。蝕溝侵蝕結合邊岸的崩塌，土壤流失相當快。

土壤侵蝕除了喪失寶貴的耕地之外，也造成許多環境問題。流失的土壤將在某些地方沉積，造成渠道阻塞與淹水。沙土也會覆蓋河床水生動物的棲息環境，造成底棲生物與魚類幼苗無法棲息、發育與生長，大型魚類也因此失去食物來源，水域生態受到嚴重破壞。泥沙也造成水的混濁，影響光線穿透，降低水中光合作用與水域初級生產。此外，土壤顆粒以及混合其中的有機物含有植物營養鹽，造成下游河川、湖泊與近海優養化。

圖 8.10　這個紐西蘭牧場有嚴重的土壤侵蝕問題。土壤流失不但造成耕地喪失，也造成沉積物淤積河道、破壞河川底棲生物棲息環境，以及水汙染。

　　避免農地土壤侵蝕必須根據現場狀況採取合適的耕作方式：

- **等高線耕作**：沿著等高線方向耕犁可以阻擋水流、降低流速，避免土壤流失，梯田是等高線耕作的極端例子。

- **帶狀間作**：這個耕作方法讓容易造成土壤裸露的作物與覆蓋率高的作物間隔種植，例如玉米與牧草的帶狀間作，如此可以攔截雨水沖刷下來的土壤。

- **保育耕犁**：採取最少的翻土或不翻土的耕作方式可以降低土壤侵蝕。保留覆蓋植物更可以進一步保護土壤。

- **防風綠籬**：在有季節性強風的地區，設置綠籬可以降低風速，防止土壤侵蝕。

圖 8.11　　等高耕作可以降低雨水逕流流速，避免土壤侵蝕

圖 8.12　玉米與大豆間作並維持緩衝草帶可以防止土壤流失，同時也增加農田的生物多樣性。

圖 8.13　保守性耕犂減少翻土或不翻土，可以顯著降低土壤侵蝕。

圖 8.14   防風綠籬不但保護作物，也可以降低強風造成的土壤侵蝕。

農業非點源汙染

農耕地使用大量肥料，其中又以氮肥的使用量最大，這些肥料只有一部分被植物吸收利用，剩餘的則隨著雨水或灌溉水流入河川、湖泊、水庫以及近海，造成這些水體優養化。**農業非點源汙染**是造成臺灣地區大多數水庫優養化的主要原因。位於水庫集水區坡地的果園、菜園與茶園使用大量有機肥料，降雨期間地表逕流夾帶這些肥料，造成水庫優養化。畜牧業牧場使用肥料也造成類似問題。除此之外，過度放牧的草地造成嚴重土壤侵蝕，牛羊排泄物也造成雨水逕流的營養鹽汙染。

農業非點汙染的控制方法包括：

- **土壤侵蝕控制**：做好水土保持可以降低土壤侵蝕以及營養鹽流失，避免造成水體優養化。
- **肥料與灌溉水管理**：降低肥料的使用量以及掌握肥料施用時機可以讓作物充分吸收利用，減少流失。灌溉水管理可以減少灌溉尾水以及肥料與土壤的流失。
- **農藥管理**：維持作物的良好生長可以避免病蟲害，減少施藥需求。適量使用農藥，選擇短效期、生態影響小的化學物質。掌握施用時機，達到最大的作物保護效果。
- **設置緩衝帶**：農地周邊設置數公尺寬的緩衝草帶可以截留農田逕流中的土壤以及農藥與肥料。農田排水使用草溝也可以截留逕流中的沉積物與營養鹽。

- **放牧管理**：做好牧草管理，避免過度放牧，以降低土壤侵蝕。過度踩踏區域做圍籬保護進行植被復育。隔離河流水岸，避免牲畜踩踏造成河岸侵蝕。
- **設置滯洪池**：滯洪池可以在降雨期間滯留地表逕流，去除一部分土壤、肥料以及其他沉積物，達到水質淨化效果。

圖 8.15　耕地周邊使用緩衝草帶與草溝可以降低土壤與肥料流失，控制農業非點源汙染。

圖 8.16　農場低窪處設置滯洪池可以截留土壤與肥料，降低農業非點源汙染。

農地荒漠化

荒漠化（desertification）指原來可耕作的土地逐漸劣化，造成農業生產力下降，終致無法耕作。造成荒漠化的原因可能是天然因素，例如氣候變遷，也可能是人為因素，例如農田過度密集的耕作，以及超出負荷的土地利用。

造成土地荒漠化有下面幾個可能原因：

- **氣候變遷**：全球大氣持續暖化改變了降雨型態，有些地方降雨增加，有些地方減少。在乾燥的氣候區，降雨的減少將造成大面積可耕土地的荒漠化。
- **植被喪失**：許多土地荒漠化是不當的土地利用與管理所造成，例如過度放牧或森林砍伐導致植被喪失，土壤失去保水能力，造成土地荒漠化。
- **灌溉水缺乏**：全球許多地區河川因為大量取水，導致流量降低與灌溉用水短缺，造成農地乾旱與荒漠化。
- **鹽分累積**：土壤鹽化（salinization）為造成土地荒漠化的另一個可能因素。氣候乾燥地區的農地極度仰賴灌溉，強烈的蒸發在土壤中留下鹽分，長此以往造成土壤鹽化。
- **積水**：地下水位高或地面排水不良的區域容易造成積水或土壤飽和，植物根部無法呼吸，導致農田失去生產力。在蒸發顯著的乾燥氣候區，長期積水也導致土壤鹽分累積。

圖 8.17　灌溉造成農田鹽分累積，尤其是在乾燥的氣候區，如照片中的這個摩洛哥農田。長期的鹽分累積將導致無法繼續耕作與土地荒漠化。

　　防止或逆轉土地荒漠化的可能做法包括：

- **氣候變遷的防止**：氣候改變是造成許多乾旱地區耕地荒漠化的主要原因，各種延緩全球暖化的措施都有助於荒漠化情況的改善。
- **林地復育**：森林砍伐使得土地失去保水能力，導致土地荒漠化。植樹與造林可以涵養水源，恢復土地生機，並改善土壤侵蝕。
- **提供水源**：水分的供應與維持是逆轉荒漠化的關鍵。做好水資源管理，提供復育區灌溉用水。加強地面覆蓋也可以維持土壤水分。
- **放牧管理**：過度放牧是造成許多草原牧場荒漠化的主要原因，做好放牧管理可以保水、保土，防止土地荒漠化。

圖 8.18　乾燥草原過度放牧可能造成植被喪失，土壤因此失去保水能力，導致土地荒漠化。

案例：密西西比河流域農業汙染與墨西哥灣死區

　　美國路易斯安那州沿岸的墨西哥灣每年夏天所發生的死區（dead zone）為農業非點源汙染典型的例子。密西西比河為美國最大河，集水區占美國本土面積的41%，範圍涵蓋美國中西部主要的農業與畜牧區。來自這些地區的地表逕流將細泥、肥料、牲畜糞便以及生活汙水所含的營養帶至墨西哥灣。根據估計，密西西比河每年為墨西哥灣帶來 170 萬噸的氮與磷，造成墨西哥灣部分海域夏季高度優養化與缺氧。墨西哥灣死區的面積在 2002 年高峰時約兩萬兩千平方公里，約為臺灣面積的一半。在乾旱年份，密西西比河輸入的營養鹽比較少，死區的面積縮小至幾乎消失。透過大規模的農業非點源汙染控制，如土壤侵蝕控制、肥料使用管理、牧場管理，以及廢汙水營養鹽去除等措施，墨西哥灣死區的問題已逐漸改善。

圖 8.19　密西西比河流域約占美國本土 40% 面積，為美國主要的農業區。該河在路易斯安那州流入墨西哥灣，河水攜帶大量土壤與肥料，造成近海的優養化與魚群絕跡的死區。

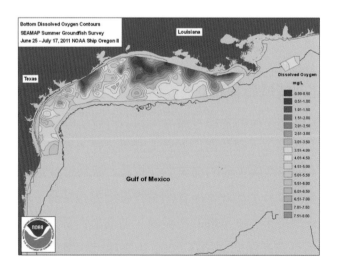

圖 8.20　墨西哥灣優養化最嚴重時期的死區範圍以及溶氧量。

8.7 永續農業

　　全球人口在過去一個世紀成長超過四倍，預期 2050 年將增加到 97 億，這樣的人口成長加上開發中國家快速的經濟發展，造成全球糧食需求大幅增長。根據估計，2050 年的食物需求將比目前增加 59〜98%。新耕地的開發，以及糧食的單位面積產量成長都不足以滿足如此大規模糧食需求的成長，氣候變遷更增加未來糧食生產的不確定性。因此，避免未來發生糧食短缺必須依賴多方面的努力，包括新耕地的開發、生產效率的提升、有效率的糧食保存與分配，以及全球暖化的控制。

保護既有耕地

　　耕地是糧食生產的必要資源，但全球耕地面積卻有逐漸減少的**趨勢**。根據估計，過去四十年全球喪失了三分之一的可耕土地，原因包括開發、汙染、土壤侵蝕，以及過度耕作或放牧導致的土地劣化。臺灣約有十分之一的可耕作土地被違法做非農業用途，其中以工廠所占面積最大，其次為住宅。2010 年由立法院通過的農業發展條例修正案，允許任何自然人合法購買農地，並准許農民在農地上興建農舍。這項政策導致許多優良農田被農舍以及周邊的庭園所取代，除了減少可耕土地面積之外，也將農地商品化，成為土地炒作標的，而不再是生產資材，傷害到國家的糧食安全。臺灣的糧食自主率不到 40%，因此確保農地農用是臺灣農業必須重視的問題。維護農田的生產力也是保護既有耕地的重要工作，包括農田水土保持以防止土壤侵蝕，良好的土地管理以防止荒漠化，以及避免農田受到汙染。

開發新耕地

　　全球許多地區可耕土地都已被開發，新耕地的開發可能使用到屬於可利用邊際的土地，這些土地可能貧瘠或因坡度大而有嚴重的侵蝕問題。南美洲與非洲仍有許多土地未被開發利用或在低度利用狀態，這些土地的開發將可增加糧食產量。新耕地的開發須避免對於環境與生態造成破壞，尤其應避開野生動植物的重要棲息環境、重要的原始林，以及濕地。

提高作物產量

　　耕作技術的改善與作物品種改良可以顯著增加糧食產量。糧食增產最顯著的成就為發生在 1950～1960 年代的第三次農業革命，或稱**綠色革命**（green revolution）。綠色革命牽涉到幾方面與農業有關的研究與技術推廣，已開發國家的小麥與稻米產量在 1965～1980 年間因此增加了 75%，而同一時期耕地面積只增加 20%。綠色革命所採用的技術包括穀物的品種改良，尤其是矮種小麥與稻米品種的開發，以及化學肥料與化學殺蟲劑的使用，灌溉系統的改良與耕作的機械化等。目前使用基因技術的作物品種改良也可能培育出耐旱、耐鹽、抗病蟲害的品種，增加可種植的農地面積與糧食產量。

提高灌溉效率

灌溉用水占全球用水量約 70%，許多開發中國家缺乏灌溉用水而無法發展農業，水利建設可以提高這些國家的糧食產量。已開發國家的水資源大多已被開發，提高這些國家的糧食產量必須透過更有效的灌溉方式，如使用噴灌或滴灌取代淹灌，這些灌溉方式可以提高灌溉效率 50% 以上，可以在水資源有限的前提下增加糧食產量。噴灌比淹灌節省用水，而滴灌將水滴在每棵植物根部周邊，可以減少大量入滲或蒸發損失，更進一步提高灌溉效率。灌溉渠道做好防漏或改採管路輸送也可以降低滲漏或蒸發損失。

圖 8.21　在乾燥氣候區使用噴灌可以比淹灌節約大量灌溉用水。

圖 8.22　使用滴灌可以大幅提高灌溉效率，節約灌溉用水。

作物品種改良

在數萬年的農業發展過程，人類馴化了超過 80 種作物，但目前全球糧食依靠少於 10 種高產量作物，其中小麥、稻米與玉米占了全球作物面積的一半以上。高產量穀物品種對於全球糧食供應有卓著的貢獻，傳統育種技術需要 10～20 年時間才能開發出一種新的品種，其過程緩慢且成果難以預期。生物科技的發展讓研究人員可以透過作物品種的基因修改來取得所期望的作物特性，例如高產量、耐旱，以及抗病蟲害等。基因工程技術功能強大，目前也有很高比例的穀物、蔬菜、水果與觀賞植物採用基因改造品種，但有關基因改造農產品對於人類健康的可能影響，以及對自然界生物基因組成與演化可能造成的干擾等，都是高度爭議的議題。

有效使用肥料

農業需要肥料來提高產量，但就保育觀點，肥料的使用干擾了自然程序的運作，包括汙染地面水與地下水、改變土壤化學性質與土壤生態。肥料的製造也消耗大量能源，並須使用甲烷等石化原料，許多開發中國家農民無法負擔高價的化學肥料。肥料的明智使用可以降低使用量，並避免造成汙染與生態干擾。研究顯示，有效的施肥可以減少小麥、稻米與玉米氮肥與磷肥使用量達 13～29% 而不影響收成。

8.8 永續的糧食供應

提高糧食效率

我們對於食物有各種不同選擇，不同的食物有不同的能量或蛋白質轉換效率。例如直接攝取穀物要比攝取使用穀物飼養出來的牛肉有較高的糧食效率。圖 8.23 比較各種食物的蛋白質生產效率。據估計，若將目前做為牲畜飼料或做非食物用途（如生質能）的穀物作為人類食物，則全球農業可額外提供 40 億人所需的糧食。

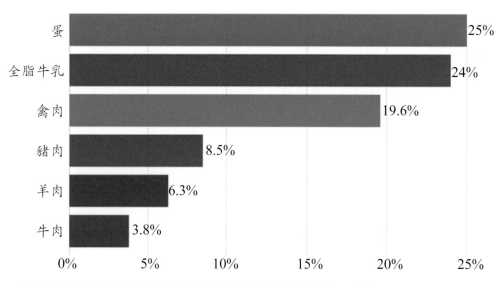

肉類與乳製品的蛋白質效率（產出蛋白質／飼料蛋白質）

圖 8.23　肉類與乳製品的蛋白質效率。圖上數字為產品蛋白質與飼料蛋白質的比例。數據顯示，蛋有最高的蛋白質效率，其次依序為全脂牛奶、禽肉等，牛肉的效率最低。食用高效率食物可以讓地球滿足更多人的糧食需求。

減少食物浪費

全球生產的食物約有 30～50% 因為沒有妥善處理或保存而被浪費。美國是食物拋棄量最大的國家。根據 2015 年統計，美國每天廢棄的食物超過十萬噸，這些食物有 94% 被送到掩埋場掩埋。透過加強食物的管理與分配，美國、中國與印度這三個食物消費量最大的國家所減少的浪費可以支持大約 4 億人的食物需求。在個人層次，減少食物浪費不但對環境友善，也可減少購買食物的支出，可行作法包括：

- **事先準備購物清單**：去市場前先查看冰箱還有哪些食物，並估計未來幾天或一周的需要量，以避免重複購買，或因為促銷或一時衝動而購買不需要的食物。避免餓肚子時上市場也可以降低購買過多食品的衝動。
- **較頻繁但少量購買**：生鮮食物每幾天購買一次，避免一次購買大量，如此可以減少食物廢棄或食用不新鮮食物的機會。
- **依食用量烹調**：降低食物份量，避免烹煮過量而勉強吃完或丟棄。
- **使用合適的食物保存方法與容器**：了解各種蔬果與肉類的保存方法，以保持食物新鮮，並選擇可重複使用的食物容器。
- **了解保存期限所代表的意義**：若妥善保存，大部分食物在標示期限之後不久仍然可以食用，但須事先檢視外觀與味道。冰箱避免堆積過多食物，舊的食物放在靠外位置優先使用。
- **妥善利用剩餘食物**：零星的食材可以收集與保存，另外做出美味的菜餚。例如剝下的菜葉或魚排、豬排、牛排準備時取下的骨頭，都可以冷藏或冷凍保存，累積到足夠份量時做一道美味的蔬菜湯或高湯。
- **廚餘回收**：臺灣許多地方垃圾與廚餘分開收集以製作堆肥。沒有廚餘回收的地方可以自行收集與製作，或提供給有做廚餘利用的個人或機關。
- **保存季節性蔬果**：在作物盛產季節製作果乾、果醬、菜乾可以在這些食物的非盛產期食用，如此可以調節農產品供銷，同時節省家庭在食物的花費。

案例：基因改造作物的兩難

在農業上，傳統的**選擇性育種**（selective breeding）是一種隨機的過程，我們使用多個作物品種進行雜交，希望經過多次試驗，可以在子代取得所期待的性狀。這種育種方式我們對於繁殖結果的掌控有限。**基因改造**（genetic modification）採取完全不同的策略。運用基因工程技術，科學家可以對作物的基因組進行修改或植入，以取得所希望的某種性狀，例如耐旱或可以抵抗某種病蟲害的**基因改造生物**（genetically modified organism, GMO）。

　　雖然基改作物在被推廣之前都通過嚴格的試驗，以確保不對人體健康或自然生態造成危害，不過社會大眾對於基改食物的安全性仍然抱持懷疑態度，許多國家對基改食品做程度不一的管控。部分國家要求基改食品標示，但美國政府目前並無這樣的規定，美國食品暨藥物管理局認為基改食品與非基改食品的組成並無實質上的不同。

　　根據估計，基改作物可以為全世界 8 億多營養不良的人口提供額外的糧食，但這項貢獻可能受到反基改運動的削弱。反基改團體如綠色和平組織認為基改食品的威脅沒有受到完整的檢視與管控。這些團體所關切的事項包括非基改食品受到基改食品的汙染、基改作物對環境與生態可能的影響、管理制度的欠缺，以及嘉磷賽殺草劑的浮濫使用。2016 年，107 位諾貝爾獎科學家簽署了一封公開信，呼籲綠色和平組織停止反對含有維生素 A 的基改黃金稻米。這些科學家認為沒有科學證據顯示基改食品比非基改食品不安全，而黃金稻米的種植可以避免許多開發中國家的兒童因為維生素 A 缺乏造成眼盲殘疾與死亡。

圖 8.24　黃金米與一般稻米。黃金米是基因轉殖的稻米品種，其胚乳含有 β - 胡蘿蔔素，可以減少貧窮國家兒童因為維生素 A 缺乏造成的眼盲或死亡。

8.9 飲食與營養

　　由於農業技術進步，目前全世界糧食供應充足，除了極少數地區因為戰亂或偶發的天災之外，饑荒的情況並不多見，然而食物充足與營養良好是兩個不同層次的問題。雖然大部分國家糧食供應無虞，但據估計，全世界有超過一半的人口營養不良，包括營養不足以及營養失衡。

營養不足

　　營養不足（undernutrition）指一個人日常攝取的食物不足以提供維持正常活動與身體健康所需的熱量。根據估計，2019 年全球有 6.9 億人，約占總人口的十分之一，處於長期饑餓狀態，其中又以沙哈拉以南的非洲地區飢餓人口比例 22% 最高。飢餓總人口最多的地區則是亞洲，共有 3.8 億人處於飢餓狀態。營養不足的直接原因是無法取得充足的食物，但貧窮、天災、戰亂，以及錯誤的農業與糧食政策是造成大規模國民營養不足的背後原因。營養不足的症狀包括體重過輕、缺少肌肉、皮膚乾燥無光澤、掉髮。蛋白質—熱量營養不足是蛋白質與熱量都攝取不足的一種營養不足型態。這種型態的營養不足可以發生在成人或小孩，估計每年造成全球約 6 百萬人死亡。孩童依賴成人供應食物，因此特別容易受到蛋白質—熱量營養不足的影響。**瓜西奧科兒**

圖 8.25　嚴重蛋白質缺乏的瓜西奧科兒症（kwashiorkor）兒童，症狀包括體重過輕、掉牙、頭髮稀疏、下肢以及腹部水腫、皮膚褪色等。

症（Kwashiorkor）又稱爲**紅孩兒症**，是一種嚴重的幼童蛋白質缺乏症，常見於糧食供應不足國家的幼童。瓜西奧科兒症的症狀包括體重過輕、掉牙、頭髮稀疏、下肢以及腹部水腫、皮膚褪色等。哺乳期兒童由母體獲取蛋白質，斷奶後經常發生熱量攝取比例過高而蛋白質嚴重不足的情況。

營養失衡

營養失衡（malnutrition）指因爲營養攝取不均衡而影響到身體健康與發育。營養失衡有三種不同類型，最常見的是熱量攝取過多造成的肥胖。另一類型是蛋白質攝取不足造成的發育不良與疾病抵抗力弱。第三類類型是微量元素攝取不足而造成健康問題，例如碘攝取不足造成的甲狀腺肥大症，以及因飲食缺乏維生素 A 而發生的壞血症。

肥胖症（obesity）指體內累積過多脂肪而對健康造成負面影響的身體狀況。肥胖是許多慢性疾病的背後原因。世界衛生組織建議使用身體質量指數（body mass index, BMI）來判定肥胖程度，其計算公式爲：

$$BMI = 〔體重（公斤）〕/〔身高（公尺）〕^2$$

由於體型差異，世界各國對於過重與肥胖有不同的判定基準。世界衛生組織將 BMI 超過 25 界定爲**過重**（oberweight），超過 30 界定爲**肥胖**（obese）。在臺灣，根據國民健康署的定義，BMI 超過 24 爲過重，超過 27 爲肥胖。

許多原因造成肥胖或過重。熱量的攝取、活動量、生活環境、遺傳、疾病、用藥、情緒與壓力，以及睡眠等，都可能是過重或肥胖的導因。過重可能還不至於產生重大的健康問題，而肥胖則被視爲疾病，需要積極控制體重。飲食與活動是造成肥胖最常見的原因，若攝取的熱量超過活動消耗的熱量則體重將增加。容易造成肥胖的生活環境因素包括缺乏運動場所、便宜與容易取得的含糖飲料或高熱量零食，以及大份量的食物等。遺傳雖也扮演一定的角色，但仍然需要過量的食物攝取才導致肥胖。某些疾病也造成肥胖，例如甲狀腺功能低下症。許多疾病的形成與肥胖有關，包括惡性腫瘤、心臟病、慢性下呼吸道疾病、腎臟病、肝病，因此體重控制爲維持身體健康的重要工作。

臺灣由於飲食習慣與缺乏運動，國民平均 BMI 有逐年上升**趨勢**，目前無論是男性、女性或兒童，都已是亞洲平均 BMI 最高的國家。依照以上所述的判定標準，全國有 43% 人口過重或肥胖，其中男性每兩人有一人，女性每 3 人有一人，兒童每 4 人有一人過重或肥胖。過重是一個值得國人關切的健康問題。除了飲食，缺乏運動可能為國人過重的更重要原因，尤其機車的使用剝奪了許多走路或騎腳踏車等活動的機會。避免過重或肥胖必須減少高熱量食品與糖分的攝取，攝取足量的蔬菜與水果，並需要經常性的體能運動，隨時利用機會做一些消耗能量的活動。

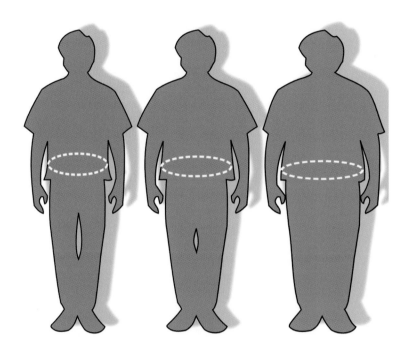

圖 8.26　正常、過重與肥胖三種體型的示意圖。根據世界衛生組織的定義 BMI 超過 30 為肥胖，我國國民健康署界定的肥胖標準為 BMI 超過 27。肥胖是造成許多慢性疾病的間接原因，減少熱量攝取以及運動是避免肥胖的有效方法。

均衡飲食的做法

　　根據食品與營養的相關研究，營養學家提出**食物營養金字塔**的概念。根據這個金字塔，食物攝取以穀類為最大量，以提供碳水化合物供應身體所需的熱量。身體所需次多的營養為蛋白質，可供身體修補細胞、生成肌肉，以及維護各種器官與內分泌系統的運作。脂肪為細胞內許多構造的組成材料，同時也儲存了熱量，調節身體對於熱量的需求。我們的身體也需要許多種類的礦物質與維生素來維持生理機能，這些營養可以由蔬菜與水果的攝取來滿足。在正常情況下，我們的身體會讓我們知道它需要什麼，而被這一類的食品吸引，因此選擇多樣而新鮮的食品就能達到均衡飲食的目的。過度加工食品大多缺乏身體所需的營養。為了美味或長期保存，加工食品也可能加入大量的鹽、糖、色素、防腐劑或人工甘味。運動以及充足的睡眠與均衡的飲食對我們的健康一樣重要，不可以忽視。

圖8.27　均衡飲食是維持身體健康必要的做法，食物多樣化可以達到飲食均衡的目的。

結語

　　由於農業技術的持續進步，雖然全球人口已達 78 億，世界糧食供應仍然充足。世界一些地方仍然發生飢荒，但大多是戰爭或社會動盪所造成，糧食無法送達需要的人手中，而非全球糧食生產不足。然而，全球糧食供應仍然潛藏一些危機，包括世界人口成長、耕地喪失與土壤劣化，以及來自生質能源生產的農地競爭。氣候變遷也可能造成許多原有的農地因為缺水而成為荒漠，威脅到全球的糧食生產。臺灣雖然稻米產量豐富，但飼料以及麵粉幾乎全數仰賴進口，導致糧食自主率低，威脅到國家的糧食安全。在此同時，既有農地也因為合法或非法變更為非農業用途，進一步減少了可生產糧食的農地。如何保護農地，避免耕地面積進一步縮減，是政府在制定土地政策時必要的考量。農業對於環境與生態造成的干擾也不可忽視。農地開發徹底改變一個區域的生態，後續的農耕活動造成土壤沖蝕、肥料與農藥汙染等問題，這些問題都有一些方法可以加以避免或減輕。

　　許多國家雖然食物充足但國民普遍營養不均衡，最常見的現象是熱量過度攝取造成的過重或肥胖。好的飲食教育以及食物供應的調整，可以改善熱量攝取過量或蛋白質及微量營養攝取不足的情況。

　　世界人口持續成長，未來的糧食供應是個值得關切的問題。發展中的基因改造技術讓我們可以降低農業耕作對於環境的衝擊，同時增加糧食產量，然而社會大眾對於這項技術的安全性仍有疑慮。

本章重點

- 全球糧食的生產與供應
- 造成糧食短缺的原因
- 不同的農業型態
- 臺灣的優良農產品標章
- 土壤與農業
- 土壤分類與土壤特性
- 肥料的使用與汙染
- 農藥的使用與汙染
- 病蟲害整合管理
- 農業汙染
- 土壤侵蝕與控制
- 農業非點源汙染與控制
- 農地荒漠化
- 農業的永續經營
- 永續糧食供應的做法
- 營養不足與營養不良
- 均衡飲食的作法

問題

1. 說明什麼是綠色革命，以及綠色革命對於全球糧食供應的重樣性。
2. 馬爾薩斯對於糧食供應抱持悲觀的看法，但他的悲觀預測顯然沒有發生，原因為何？但這是否保證全球性糧食短缺未來不會發生？
3. 說明營養不足（undernourishment）與營養不良（malnutrition）兩者之間的差異。
4. 說明目前一些國家的饑荒是糧食分配問題所造成，而非糧食生產不足。哪些因素造成糧食分配問題？
5. 有機農業需符合那些條件？有機農業在生態上以及食物生產上有哪些優點與限制？
6. 壤土（loam）是適合作物生長的土壤，說明哪些特性讓壤土適合耕作。
7. 肥料的使用造成哪些生態與人體健康的威脅？
8. 農藥對生態造成哪些重大的影響？
9. 說明病蟲害整合管理的目的與做法。這樣的作物管理是否都不使用化學藥劑？
10. 嘉磷塞是目前使用最廣的殺草劑，它的使用造成哪些環境問題的關切？
11. 農作物做基因改造有哪些主要目的？基改作物有何生態上的顧慮？
12. 農地土壤侵蝕造成哪些主要的環境問題？
13. 世界人口持續成長，有哪些策略可以滿足未來更多人口的糧食需求？

專題計畫

1. 記錄你今天所吃的食物，檢討你今天的飲食是否均衡與健康，並說明為何如此。
2. 計算你的 BMI，判斷你是否過重或肥胖。若是，你計畫如何控制你的體重？
3. 選一個住家附近的有機農場，觀察 (1) 農夫耕作的方法；(2) 種植作物的種類；(3) 是否使用農藥或化學肥料。你認為這樣的耕作方式有何優點與限制？

第9章　環境健康與毒理學

圖 9.1　我們日常生活所使用的許多用品、藥物與清潔劑含有各種化學物質,有些化學物質可以對人體健康或自然生態造成危害。

　　現代社會人們在日常生活時時刻刻使用或接觸各類化學物質,尤其是石油化學工業所合成的人造有機物。我們使用的塑膠袋、塑料水瓶、各類塑膠盒、汽車內裝、衣服染料、油漆等,都由人工合成的化學物質製造或含有這類物質。農藥是特別引起關注的人工合成化學物質。農藥被噴灑到農田或作物上以去除雜草或防治病蟲害,食物殘留的農藥可能危害人體健康。許多醫學藥品也是人工合成的化學物質,這些化學物質隨著汙水進入環境,汙染飲用水源,對人體健康造成影響。受汙染的空氣也威脅大眾的健康。

9.1 環境健康的定義

環境健康（environmental health）是公共衛生的一個次領域，關切的焦點是自然或人造環境對人體健康的影響。環境健康專家與研究人員探討食物與飲用水安全、各類型汙染對於大眾健康的影響、廢棄物質的管理、災害預防等主題，主要涉及的領域主要為環境科學、毒理學與流行病學。

9.2 疾病

疾病（disease）指身體的組織或器官功能發生異常，影響到人體的正常運作，包括傳染性與非傳染性疾病。**疾病負荷**（disease burden）指的是健康問題所造成的損失，這項損失可以是壽命縮短或失能，或金錢與其他損失。**失能調整生命年**（disability-adjusted life year, DALY）經常被用來代表疾病負荷，它包括疾病造成的**生命損失年數**（years of potential life lost）與**失能生活年數**（years lived with disability）。

全球疾病的類型持續改變，圖 9.2 顯示，慢性疾病對於 DALY 的貢獻量逐年升高，而傳統的健康問題如傳染性疾病、產婦與嬰兒死亡，以及營養不良等，對 DALY 的貢獻度則持續降低。開發中國家與已開發國家的疾病負荷來源也有顯著差異，表 9.1 比較歐洲、北美與全球平均的 DAILY 來源。

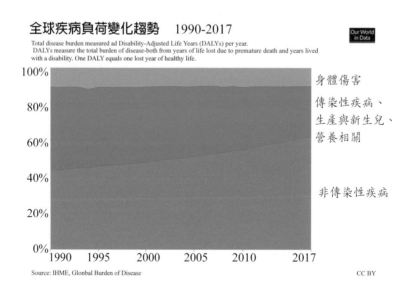

圖 9.2　全球疾病負荷類型占比由傳染性疾病以及與生產、幼兒及營養相關的疾病逐漸轉變為非傳染性疾病。

表 9.1　全球、歐洲與美國的不同類型疾病負荷占比。傳染性疾病的全球占比最高，但歐洲及美國則以非傳染性疾病有較高的疾病負荷占比。

疾病負荷類型	DALY 占比		
	全球	歐洲	北美
傳染病與寄生蟲病	26%	6%	3%
神經與精神疾病	13%	19%	28%
外傷	12%	13%	10%
心臟與血管疾病	10%	23%	14%
早產與嬰兒死亡	8%	2%	2%
癌症	5%	11%	13%

非傳染性疾病

　　非傳染性疾病指不是由感染源所造成的醫學病症，這類疾病大多是由基因、生活型態或環境等因素所造成。非傳染性疾病為全球人口最主要的死因，約占所有死因的70%。非傳染性疾病風險的影響因子包括年齡、性別、不健康飲食，以及缺乏活動所造的肥胖、高血壓，以及伴隨產生的併發症。大多數非傳染性疾病可以透過風險因子的控制來避免。根據世界衛生組織的報告，非傳染性疾病每年造成四千一百萬人死亡，約占全球所有死亡人數的71%。四種疾病合占80%以上的非傳染性疾病死亡，包括心血管疾病、癌症、呼吸系統疾病，以及糖尿病。非傳染性疾病的五大風險因子為高血壓、高膽固醇、吸煙、喝酒以及肥胖。根據估計，去除這些風險因子可以避免80%的心臟病、中風、第二型糖尿病，以及40%的癌症。有些非傳染性疾病肇因於可避免或不可避免的環境因子，例如日曬造成的皮膚癌，以及各類型的環境汙染。根據衛生福利部2019年的統計，臺灣國民前五大死因依序為癌症、心臟疾病、肺炎、腦血管疾病、糖尿病。

- **心血管疾病**：心血管疾病指與心臟或血管有關的疾病。心血管疾病是目前全球最常見的死因之一，除了非洲之外，心血管疾病在世界各國的死因排行都名列前茅。常見的心血管疾病包括冠狀動脈症候群、中風、高血壓性心臟病，以及周邊動脈阻塞性疾病等。大約90%的的心血管疾病可以藉由降低風險因子來預防，例如健康的飲食、規律的運動、戒菸與控制酒精的攝取。高血壓與糖尿病的控制也對心血管健康有幫助。

- **癌症**：癌細胞由正常細胞突變而成，這些細胞不受控制的快速生長。目前已有許多針對不同癌症的控制方式，但癌症仍無普遍有效的根治方法。根據 2019 年的統計，肺癌、肝癌、大腸癌、女性乳癌、口腔癌，依序為臺灣五種最常見的癌症。癌症的風險因子大多與環境或生活型態有關，因此也大多可以透過風險因子的控制加以避免。避免下列風險因子可以減少約 30% 的癌症，包括吸煙、肥胖、飲食缺少水果與蔬菜、活動太少、飲酒、性病傳染、空氣汙染。

- **糖尿病**：從食物攝取的碳水化合物在體內被轉化為葡萄糖，成為血液中的血糖。在正常情況下，胰臟分泌胰島素來平穩血糖。糖尿病患者的胰臟無法正常的分泌胰島素，導致病人的血糖無法得到適當的控制。血糖不正常可導致腎衰竭、眼盲、神經傷害，以及心臟問題。第二型糖尿病（非遺傳因素造成）大多可以預防或控制，但無法治癒。糖尿病控制一般採用飲食控制、運動，以及藥物控制。抽煙、高膽固醇、肥胖、高血壓以及缺少運動，都會增加糖尿病罹患的風險。

- **慢性腎臟病**：腎臟受損超過三個月，導致結構或功能無法恢復正常就稱為慢性腎臟病。慢性腎臟病是臺灣主要的慢性疾病之一，估計全臺灣慢性腎臟病患者約有兩百萬人。跟據衛福部健保署 2017 年的統計，急、慢性腎臟病以每年花費 483 億元居健保支出之冠，洗腎人口高達 8 萬 5 千人。臺灣慢性腎臟病罹患率高除了高血壓與糖尿病導致之外，不當的使用藥物與服用有腎臟毒性的中草藥也是重要導因。慢性腎臟病與糖尿病、高血壓、心血管疾病等有密切關係，預防方法包括控制血糖、控制血壓，以及維持良好的生活習慣，包括保持經常性運動、不過度勞累、不吸煙、不酗酒等。

圖 9.3　飲食與缺乏運動造成許多已開發國家的肥胖問題與慢性疾病。

傳染性疾病

　　傳染性疾病指具有感染能力，能在社區中造成大規模流行的疾病。根據世界衛生組織的資料，全球最常見的傳染性疾病為肺結核、HIV、披衣菌、A 型與 B 型肝炎。傳染性疾病可以從一個人傳染給其他人，造成群體感染。引起傳染病的生物稱為**病原體**（pathogen）。病原體包括細菌、病毒、原形蟲與寄生蟲。細菌為最常見的致病微生物。自然界充滿著細菌，但絕大部分細菌對人體無害，甚至有益。人體消化器官內部充滿各類細菌，這些細菌可以幫助食物的消化，並製造一部分人體需要的維生素。致病菌所產生的毒素對人體器官造成傷害，若不加控制很快威脅到人體健康或生命。破傷風、細菌性痢疾、肺結核、霍亂等，都為細菌性疾病。病毒的體積比細菌小的多，它們奪取細胞基因來進行複製。流感、愛滋病、B 型肝炎都為病毒性傳染病。

　　由於環境衛生的改善以及抗生素的使用，傳染性疾病在 1950 年以後已大幅減少。下水道建設以及自來水消毒也大幅降低傳染性疾病的流行。然而傳染性疾病仍在一些衛生條件不好與醫療資源不足的開發中國家持續威脅許多人的健康。

- **結核核病**：結核病每年造成全球約 200 萬人死亡以及 800 萬個新增病例。臺灣每年有一萬五千個新發生的結核病例，其中五千多人是有傳染性的結核病人。結核病由結核分枝桿菌所造成，可侵襲身體的各部位，但以肺部最為常見。結核菌在結核病活性期透過飛沫傳染。肺結核的症狀包括咳嗽、夜汗、發燒、昏睡，以及體重減輕，嚴重時可導致死亡。估計全球有三分之一人口被結核菌感染，但大多數為沒有症狀也沒有傳染性的潛伏性結核病，這其中約有十分之一會發展成為開放性結核病。若未積極治療，有一半結核病感染者最後死亡。結核病以抗生素治療為主，但由於許多病人未依照療程服藥，造成細菌抗藥性，治療越來越困難。

- **愛滋病**：造成愛滋病的 HIV 病毒可以透過性接觸、共用注射針頭，或由母親透過分娩或哺乳傳染。HIV 病毒侵襲免疫系統，並造成後天免疫力不足。當人體免疫力低下，就容易受到其他疾病或癌症感染。根據世界衛生組織 2019 年的調查，全球有 3,800 萬人感染 HIV 並造成每年 69 萬人死亡。HIV 的預防包括安全性行為、不共用針頭，HIV 陽性婦女懷孕期需接受治療，並依照醫師指示是否適合哺乳。

- **披衣菌性病**：披衣菌是介於病毒與細菌之間的一種微生物。披衣菌性病是傳播最廣的一種性傳染病，它由砂眼披衣菌感染，藉由性行為或精液與陰道分泌物以及血液傳染。大部分被感染者沒有明顯症狀，女性會有陰道分泌物增多，男性有陰莖分泌物，小便與性交疼痛的情況。披衣菌可能造成女性骨盆腔發炎，導致輸卵管阻塞與不孕，在少數情況也可以對男性造成輸精管阻塞與不孕。

- **A 型肝炎**：A 型肝炎為急性傳染病，經由受糞便汙染的食物或飲用水傳染。避免 A 型肝炎感染的方法包括上廁所後以及準備食物前洗手、避免接觸受糞便汙染的水，高危險族群需考慮預防注射。

- **B 型肝炎**：B 型肝炎感染初期有急性症狀，長期可導致肝硬化與肝癌。B 肝感染途徑為接觸帶原者血液與共用針頭或個人用品、性接觸、分娩，以及透過皮膚穿刺或黏膜接觸帶原者血液或體液傳染。B 型肝炎預防方法包括不共用針頭或個人物品、安全性行為，高危險群需考慮做預防接種。

- **普通感冒**：普通感冒是上呼吸道的病毒感染，主要影響鼻子、鼻竇、喉嚨的黏膜，為最常見的傳染性疾病。根據統計，大人每年約有 2～3 次受到普通感冒感染，小孩更加頻繁。感冒常見的症狀包括鼻塞、流鼻水、咳嗽、打噴嚏，有時也有疲倦、發燒、頭痛等症狀。普通感冒通常由鼻病毒感染所造成，但還有其他 200 多種病毒會引發普通感冒。感冒病毒透過飛沫或接觸傳染。感冒只能採取症狀治療，避免發展成嚴重的肺炎。一般在感染的頭幾天症狀會惡化，然後逐漸緩和，一到兩週之後痊癒。

- **流感**（influenza）：流感由流感病毒感染造成，每年發生世界性流行，主要流行在冬季，估計每年造成 300～500 萬的重症病例以及 25～50 萬人死亡。1918 年發生於西班牙、1958 年發生於中國，以及 1968 年發生於香港的流感都造成超過一百萬人死亡。2009 年發生在墨西哥的 A 型 H1N1 病毒結合了人類、鳥禽與豬隻的病毒基因，為人畜共通病毒，更增強其傳染力。流感的症狀與普通感冒類似，但一般比較嚴重且進展比較快速，此外還造成肌肉痠痛與高燒。流感由 A、B 或 C 型流感病毒造成，傳染途徑與一般感冒相同。流感的傳染期從症狀出現之前一天到症狀消失後一星期。使用抗流感病毒藥物可以減輕症狀並縮短病程一到兩天。洗手與戴口罩可以減少病毒傳染，清潔劑除洗掉病毒之外，也可以降低病毒活性。高危險族群如年紀大的長者或需要長期待在人多的公共場所的人，可以考慮接種流感疫苗。疫苗一般根據當年預期流行的三到四種病毒株設計，因此需要每年接種。

- **登革熱**（Dengue fever）：登革熱由登革病毒引起，經由蚊子傳播，是一種嚴重的急性傳染病。登革病毒有 I、II、III、IV 等四型，患者感染其中一型可以對該型病毒終生免疫，但仍然可能受到其他型病毒感染。登革熱症狀可以從輕微，到發燒、出疹的典型登革熱，或出現嗜睡、躁動不安、肝臟腫大等嚴重症狀，最嚴重可導致出血或器官損傷的登革熱重症。登革熱好發地區原集中在東南亞，埃及斑蚊和白線斑蚊分布的熱帶。以往臺灣登革熱都為境外移入，但二十一世紀開始每年發生本土性案例，病毒與病媒蚊已經在臺灣適應與繁殖。臺灣登革熱病媒為埃及斑蚊（Aedes aegypti）及白線斑蚊（Aedes albopictus），這些蚊蟲喜歡棲息於積水環境或容器，叮咬的高峰期為日出後 1～2 小時以及日落前 2～3 小時。登革熱是一種社區傳染病，預防方法為改善住家環境，杜絕病媒蚊繁殖。個人方面則應在流行季節盡量避免蚊蟲叮咬。

- **新興傳染病**（emerging infectious diseases）：新興傳染病為新品種微生物造成的傳染病。曾經流行並受到控制之後死灰復燃的傳染病稱為**再浮現傳染病**（reemerging infectious diseases）。新興傳染病如伊波拉出血熱、漢他病毒、香港禽流感、SARS 等可怕的原因在於病原體未曾出現過，因此短時間難以找出有效的治療藥物或方法，而且因為致死率高，對一線的醫護人員造成沉重壓力。預防這類疾病感染的方法為勤洗手，以及避免與傳染媒介接觸，或進入疫病流行地區。

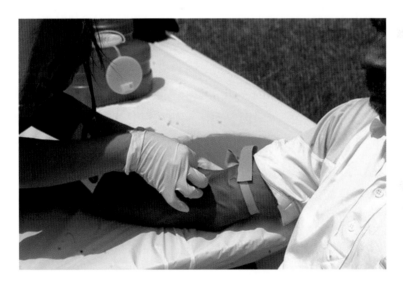

圖 9.4　愛滋病（AIDS），或稱後天免疫缺乏症候群，病人因為感染人類免疫缺乏病毒（HIV）而導致免疫力低下，因而受到各種疾病的感染與死亡。愛滋病已造成全球 3,600 萬人死亡，是人類歷史上最嚴重的傳染病之一。圖為醫療人員進行 HIV 檢測的抽血。

9.3 保育醫學

傳統醫學專注於人類疾病的醫治，但隨著人口增加，野生動植物的棲息空間受到壓縮，人類與野生動物之間的疾病屏障也隨之變窄。過去數十年來，人們逐漸了解到，人類健康與其周邊環境與生態的健全息息相關，因此人類疾病的預防必須擴及周邊生物與生態的維護。**保育醫學**（conservation medicine）整合了醫學、獸醫學與生態學這三個領域的知識，探討人類健康與其他動物健康及環境狀態之間的關係，因此又稱為**環境醫學**（environmental medicine）或**生態醫學**（ecological medicine）。保育醫學將人類的疾病放在生態的整體架構下加以檢視，探討生態系內部與人體疾病相關的各種互動，包括病原體與生物體之間，不同物種之間，以及生物與生態系統之間的互動。對人類疾病與人體健康造成影響的環境問題包括氣候變遷、汙染、生物多樣性降低等，是影響廣泛的自然環境劣化。保持生態健全，避免環境品質劣化，是確保人類健康的重要策略。

登革熱防治是保育醫學運用的典型例子。全球每年約有 5,000 萬人感染登革熱，是全球傳播速度最快的熱帶傳染病，其中約 50 萬病例為重症。臺灣最嚴重的登革熱疫情發生在 2015 年，共有 44,000 人遭到感染，218 人死亡。研究認為氣候變遷是造成臺灣登革熱疫情逐年升溫的原因。研究顯示，氣候、病毒、病媒蚊及人體四者之間的互動決定登革熱的傳播速率。氣溫升高，病媒蚊體積減小、飛行速度加快，因此提高人類被叮咬的機率，加速疾病傳播以及病媒蚊的繁殖。研究也顯示，若全球暖化升溫幅度控制在攝氏 1.5 度，則全球每年登革熱病例將比升溫 2.0 度的情況少 300 多萬例，這樣的研究結果顯現全球暖化控制對維護人類健康的效益。

最近的研究也顯示，非典型肺炎（SARS）與禽流感等，由動物傳播至人類的傳染病在過去數十年有增加的趨勢，主要原因是人類居住範圍往未開發地區擴張，增加人與野生動物接觸以及被感染的機會。土地開發也造成生物多樣性降低，剩餘的較少物種成為病原體宿主的機會增加，也更容易傳播病原體給人類。生物多樣性的保育可以降低新興傳染病對人類健康的威脅。

9.4 環境毒物

環境毒物（environmental toxins）包括毒性化學物質、**致癌物**以及**內分泌干擾物質**，或稱**環境荷爾蒙**（environmental hormone）。環境毒物有人造與天然存在的物質。天然的環境毒物為自然界存在的元素或化合物，因人類使用而汙染環境，對人體健康或生態造成危害。砷、鎘、鉛、汞、甲醛、苯、氡等是常見的天然環境毒物。人造環境毒物原不存在自然界，而是經由人為合成。鄰苯二甲酸酯（phthalates，塑化劑）、雙酚 A（bisphenol A, BPA）、農藥等，是常見的人造環境毒物。環境毒物對人體可能造成的危害包括：

1. 影響組織器官功能，如汞、鉛、鎘等重金屬；
2. 干擾內分泌系統，如塑化劑、BPA、農藥；
3. 誘發癌症，如氡、甲醛、苯。

- **鉛**可以耐腐蝕又具有延展性，早期被使在自來水管線。鉛的毒性被了解之後，這類水管大多已被移除。鉛的另外一個用途是作為汽油添加劑。早期汽油加入四乙基鉛來降低引擎的爆震以保護引擎，汽油中的鉛經由機動車輛排氣散布到環境。鉛的環境毒性被發現之後，1970 年起被世界各國逐步禁用。鉛也被使用在油漆以增加油漆的穩定性。鉛有甜味，老舊住宅剝落的油漆被兒童撿食並造成傷害。鉛的危害主要在傷害中樞神經，對於智力正在發展的兒童影響特別顯著。目前環境中鉛汙染的主要來源為金屬冶煉工廠與垃圾焚化爐，以及鉛酸電池的製造與廢棄物處置。2017 年台北市發現一些老舊的鉛管線並被迅速移除，臺灣目前已無已知的鉛管使用。

- **鎘**為工業原料，主要使用在塑膠工業作為安定劑，可以延緩塑膠產品的老化。鎘也被用在電池、電鍍、顏料等工業。鎘與鈣的生理化學特性類似，生物透過與鈣相同的途徑攝取鎘，並對骨骼造成傷害。鎘中毒造成骨骼疼痛，在日本被稱為痛痛病（itai itai disease）。臺灣曾於 1982 年發生鎘米事件。桃園縣觀音鄉大潭村一家生產塑膠安定劑的化工廠違法排放含鎘廢水到灌溉渠道，汙染了周邊稻田，而使生產的稻米鎘含量超出食用標準，這個事件被稱為鎘米事件。

- **砷**是天然存在的礦物，屬於類金屬。有些地區因為地質或水文因素，地下水有高濃度的砷。長期飲用含砷量過高的水可能造成手腳末端血管硬化，導致皮膚病變，以及肝、肺、膀胱與皮膚的癌症。砷俗稱砒霜，毒性早為人知，大量攝取能造成急性中毒。砷是全球對人類健康威脅最廣的毒性礦物。孟加拉有兩千萬人的飲用水含砷量超過允許標準。在臺灣，嘉義的布袋、義竹與台南的學甲、北門等沿海地區發生過廣泛的砷中毒事件。在沒有自來水之前，這一帶沿海居民長期飲用地下水。由於淺層地下水含有鹽分，後來透過日本技師的教導鑽鑿深井，取得可口的深層地下水，然深層地下水含有高濃度的砷，長期飲用造成許多居民足部血管阻塞、壞死，俗稱烏腳病。自來水系統設置之後解決了這個問題，但已造成許多人截肢或死亡。

- 汞是唯一常溫爲液態的金屬，其蒸氣壓高，加熱之後容易蒸發。汞有多方面用途，包括溫度計、鏡子、保溫瓶、殺菌劑、殺蟲劑、電池、牙齒填縫劑等都使用汞。在工業上，鹼氯工廠由海水電解產生氯氣與氫氧化鈉（燒鹼），也使用汞電極。元素態汞及汞的化合物都有毒性，經由口服或吸入都會對肝臟及腦部造成傷害。液態汞比重大，人體攝入的機會不大，但若經過機械性霧化或加熱成爲汞蒸氣則很容易被吸入並造成健康危害。汞齊是汞與其他金屬的合金，曾廣泛被用來做補牙的填料。由於汞齊有汞擴散蒸發出來的顧慮，目前多以他材料取代。

  環境中汞的天然與人爲來源各占約一半。汞的天然來源包括火山爆發與海洋的釋出。人爲來源有約 65% 來自燃燒，其中燃煤電廠爲最主要來源，其他來源還有採礦、冶煉以及垃圾焚化。大氣中的汞最後沉降到地面，被雨水帶到河川、湖泊或海洋，並沉積於底泥。底泥所含的無機汞離子可以被微生物合成具有強烈毒性與生物累積性的有機汞，並在水域食物鏈中累積與放大，人類經由食用受汙染水域的魚與其他水產而攝取到有機汞，對健康造成危害。

  有機汞主要傷害人的中樞神經，因此對於發育中的胎兒與兒童造成的傷害尤其嚴重，能導致認知困難與肢體癱瘓。1950 年代，日本水俁（Minamata）的部分居民因爲長期食用遭到汞汙染水域的水產而導致汞中毒，事件經由媒體報導而受到廣泛關注，並將汞中毒的症狀稱爲**水俁病**（Miamata disease）。在臺灣，中石化台南安順場在日治時代爲日本鐘淵曹達公司所有，二戰結束之後由臺灣鹼業公司接收。該廠使用電解法生產燒鹼（氫氧化鈉）與氯氣，汞電極所洩漏出的汞對周邊水池與鄰近的鹿耳門溪的底泥造成汙染。除了汞汙染之外，該廠該廠也曾生產製造農藥與木材防腐劑的原料五氯酚鈉，其副產物戴奧辛造成廠區內部與周邊土地的大面積汙染。

- **戴奧辛**（dioxin）是一群化學構造類似的化合物，包括 75 種**多氯二苯並戴奧辛**（polychlorinated dibenzo-p-dioxins, PCDDs）、135 種**多氯二聯苯呋喃**（polychlorinated dibenzofurans, PCDFs）。這些化合物主要來自有機物的不完全燃燒，以及少部分工業製程。戴奧辛的主要天然來源爲火山噴發與森林火災，人爲的排放源包括垃圾焚化、特定工業如金屬冶煉與火力發電的燃燒過程，以及露天焚燒。在工業製程方面，一些農藥的製造過程，以及紙漿使用氯氣漂白也產生戴奧辛。

  戴奧辛爲脂溶性分子，因此可以蓄存在生物體的脂肪中，造成生物累積，並透過食物鏈造成生物放大，因此高營養階生物體內一般有較高的戴奧辛含量。由於分布廣泛且具有持久性，幾乎所有生物體都可檢出戴奧辛。戴奧辛透過呼吸與食物攝取進入人體。肉類、乳製品，以及魚類與貝類是戴奧辛含量較高的食物。

戴奧辛對人體健康危害包括影響生殖與發育、干擾內分泌系統、傷害免疫系統功能，同時也被認懷疑具有致癌性。最容易受到戴奧辛傷害的族群為發展快速的胚胎與幼兒，以及大量攝取肉類與乳製品的族群。因此孕婦與幼兒需要特別注意食物戴奧辛含量的問題。戴奧辛急性中毒最為人知的案例是 2004 烏克蘭總統尤申科（Viktor Yushchenko）的中毒事件，戴奧辛中毒造成尤申科嚴重的臉部皮膚痤瘡。

圖 9.5　戴奧辛中毒造成烏克蘭總統尤申科臉部的氯痤瘡。

越戰期間美軍在越南使用落葉劑造成影響深遠的戴奧辛汙染事件。美軍所使用的落葉劑為 2,4-D 與 2,4,5-T 兩種殺草劑的混合物，因為該液體呈現橘色，因此被稱為**橘劑**（agent orange）。這兩種殺草劑製作過程都產生一定比例的戴奧辛。根據越戰之後所作調查，橘劑造成的問題包括肝功能受損以及畸胎。愛爾蘭及比利時也發生過飼料受到戴奧辛汙染而導致雞肉、雞蛋與豬肉戴奧辛含量過高的事件。臺灣也發生過戴奧辛鴨事件。2009 年高雄縣一處養鴨場被檢出鴨隻戴奧辛含量超過食用標準 2 到 6 倍，據信是廢鐵熔煉工廠的爐渣汙染土壤與水源所造成，該事件造成九千多隻鴨遭到撲殺。降低人類戴奧辛暴露最有效方法為汙染源控制，包括禁止含戴奧辛工業原料的製造與使用，以及空氣汙染源的排放管制，尤其是垃圾焚化爐、金屬冶煉相關工業，以及燃煤電廠。

圖 9.6　美軍在越戰期間噴灑落葉劑以去除敵軍的掩護，調查認為受戴奧辛汙染的落葉劑在越南造成部分民眾肝功能受損以及畸胎。

- **多氯聯苯**（polychlorinated biphenyls, PCBs）曾是使用廣泛的一種工業用油，主要做為熱媒以及供電設施的絕緣油，目前仍有一些設備使用多氯聯苯。由於其持久性，多氯聯苯在環境中普遍存在。多氯聯苯對人體造成許多可能影響，包括皮膚症狀、肝功能受損、內分泌系統與免疫系統干擾等。多氯聯苯也被國際癌症研究機構（International Agency for Research on Cancer, IARC）歸類為人類致癌物。

國際上發生過多次多氯聯苯中毒事件。在臺灣，1979 年發生台中惠明盲校的**米糠油中毒事件**。該校使用的食用米糠油在製造過程受到熱媒多氯聯苯的汙染。包括惠明盲校的一百多位師生，整個事件總共有兩千多人受到影響。當時觀察到的中毒症狀為臉部與身體皮膚出現氯痤瘡，許多人因為顏面損傷而造成嚴重的心理創傷與社會適應困難，長期追蹤也發現一些肝功能受損的情況。

深入了解：戴奧辛的毒性當量

　　一般所稱的**戴奧辛**（dioxin）包含戴奧辛、呋喃與多氯聯苯這三類**戴奧辛類化合物**（dioxin-like compounds）。目前可被鑑定的這類化合物有 419 種，其中約 30 種有明顯毒性。由於個別環境樣品可能含有多種具有毒性的這類化合物，因此樣品的戴奧辛含量一般不以個別化合物的濃度，而是以**毒性當量**（toxic equivalent quotient, TEQ）來表示。在 TEQ 的計算，每一種戴奧辛類化合物的濃度先乘以各自的**毒性係數**（toxic equivalency factors, TEFs），然後加總，得到該樣品的毒性當量。戴奧辛類化合物中以 2,3,7,8- 四氯二聯苯戴奧辛（2,3,7,8-TCDD）的生物毒性最高，其毒性當量因子設為 1，其他同源物則依據其相對毒性給予不同的 TEF。

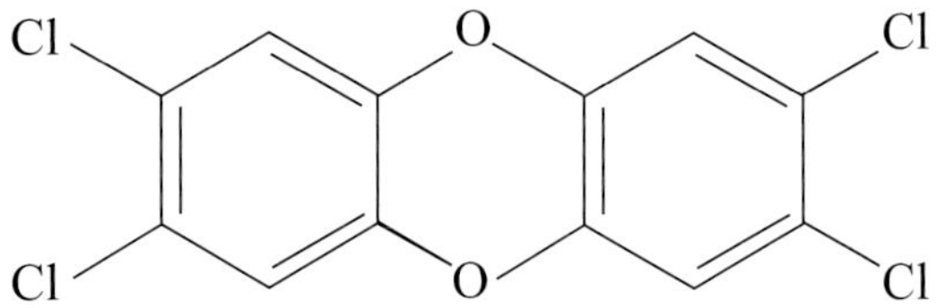

2,3,7,8-Tetrachlorodibenzo-p-dioxin
（TCDD）

圖 9.7　毒性最強的戴奧辛類化合物，2,3,7,8- 四氯二聯苯戴奧辛。

- **內分泌干擾物質**的種類非常多，它們的共同特性是干擾人體內分泌系統功能，影響荷爾蒙的合成與作用，造成人體發育、生殖、行為與免疫等功能異常。內分泌干擾物質種類多達數千種，我們日常生活接觸的塑膠容器、清潔濟、滅火劑、殺蟲劑、化妝品、空氣芳香劑等，都可能含有這類物質，其中造成危害比較廣泛的有**雙酚 A**（bisphenol A, BPA）、農藥，以及鄰苯二甲酸酯。內分泌干擾物質對於神經系統快速發育的胚胎以及幼兒的影響最為顯著，因此孕婦以及哺乳中的母親必須特別注意這類物質可能造成的影響。

　─ **雙酚 A**（BPA）是最引起關切的內分泌干擾物質，它是生產聚碳酸酯塑膠以及環氧樹脂的原料，這些原料常被用來製作食品與飲料的包裝材料、水瓶、嬰兒奶瓶、金屬容器裏襯、瓶塞以及自來水管等。BPA 可能造成的健康負面效應包括肥胖、不孕、衝動行為、早熟、低睪丸酮與精蟲數量，以及與內分泌相關的癌症，如攝護腺癌與乳癌。人類的 BPA 暴露主要透過食品或飲料及飲用水攝取，尤其是使用含 BPA 的容器，而嬰兒與幼童是 BPA 攝取劑量（單位體重）最高的族群。超過 90% 的 6 歲以上兒童尿液中可以檢出 BPA。2011 年的一項研究也發現，美國有 96% 的女性尿液檢出 BPA。許多國家已禁止嬰兒奶瓶與水瓶使用含 BPA 的材料。幸運的是 BPA 在體內的滯留時間不長，一項研究顯示三天大概可以代謝掉 66%，因此持續攝取才是值得關切的問題。降低 BPA 暴露須盡量少用塑料容器，改用玻璃、陶瓷或不鏽鋼製品。塑膠容器尤其要避免加熱。嬰幼兒的奶瓶或玩具要注意必須使用不含 BPA 的產品。

— **鄰苯二甲酸酯類**（phthalates, PAEs）俗稱**塑化劑**，是使用來軟化塑膠的化學原料。PAE 常出現在塑膠瓶、洗髮精、化妝品、乳液、指甲油與除臭劑。傳統的塑膠袋含有大量 PAE，但自從被發現有害之後，這類塑膠袋已甚少使用。研究發現孕婦的 PAE 暴露會影響胎兒的陰莖發育，也造成男童較少男性的行為特徵。也有報告指出成人攝取過量的 PAE 會造成甲狀腺功能失調。PAE 與 BPA 情況類似，很容易被身體排除。為減少 PAE 的暴露，選用不含聚氯乙烯（PVC）的容器、塑膠袋或保鮮膜，PVC 容器不要裝熱食或放到微波爐加熱，確定購買的指甲油、化妝品、香水等不含 PAE 成分。

— **多溴二苯醚**（polybrominated diphenyl ethers, PBDEs）是一種分子構造類似多氯聯苯的溴化物，在環境中不易分解的持久性環境荷爾蒙。許多日常用品的原料添加了 PBDEs 以加強其防火特性，最常見的有汽車內裝使用的塑料、電子產品外殼、電路板、家具、室內裝潢，以及紡織品、地毯等。PBDEs 可以干擾體內甲狀腺平衡，造成神經系統與身體發育的異常，以及學習障礙。許多 PBDEs 類的化學物質已經在一些國家被禁止使用。

— **滴滴涕**（DDT）全名為二氯二苯基三氯乙烷（dichloro-diphenyl-trichloro-ethane）。DDT 在二次大戰後被廣泛使用在農業做為殺蟲劑，以及環境中蚊蟲與其他昆蟲的控制。這種廣泛使用的化學物質後來被發現除了可以殺死昆蟲之外，也對鳥類、魚類與水生物有害，同時也能透過食物鏈的累積與放大，影響到海洋哺乳類動物與人類。DDT 對於掠食性鳥類的影響尤其引起關注。DDT 干擾鳥類對鈣的新陳代謝，導致蛋殼變薄，容易在孵蛋過程破裂，造成鳥類繁殖失敗與族群數量下降。從 1972 年開始，DDT 陸續被許多國家禁止在農業上使用，但一些熱帶開發中國家仍然使用 DDT 在病媒蚊的控制，防止瘧疾蔓延。後續的研究發現，DDT 也可能影響人類男性與女性的生殖功能，造成不孕。胎兒接觸 DDT 也可能造成兒童階段肥胖的問題。

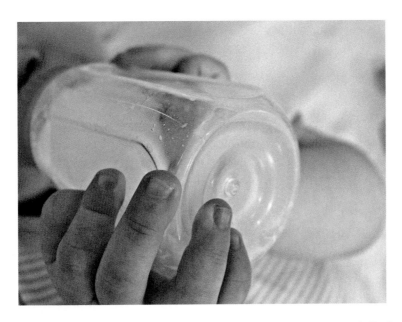

圖 9.8 透明塑膠水瓶常以含有雙酚 A（BPA）的材料製造。BPA 是內分泌干擾物質，對於中樞神正在發育的嬰幼兒影響尤其顯著。

- **致癌物**（carcinogen）指長期或過量暴露會導致癌症的數百種化學物質，這類物質一般在暴露之後好幾年才發展出癌症。根據美國的統計，經常被使用的化學物質約有 8 萬種，但大約只有 2% 經過安全性評估。美國的總統癌症委員會的報告指出，氡、甲醛、苯為對人體健康威脅最大的三種環境致癌物。

  一 **氡**（radon）是鈾或釷衰變過程的中間產物，這種氣體無色無味，但具有放射性，人體經由呼吸吸入可能導致肺癌。所有的土壤都釋放一些氡，這些氣體透過地板或地下室外牆裂縫進入室內，通風不良的室內空間，尤其是地下室，可能累積到有害的濃度。地下水與土石建材也釋放氡。根據聯合國的研究報告，室內氡造成的輻射線暴露占全球人口天然輻射吸收劑量的一半。美國的統計顯示，大概 5% 的住家室內空氣中氡的含量過高，每年導致 21,000 人罹癌，使得氡成為吸煙之外，美國人口最主要的肺癌誘因。室內空氣與地下水氡含量可以使用簡單的測試套件來檢測，若含量過高則需採取降低暴露的程序，包括地板或地下室外牆檢漏，以及加強室內通風。美國環保署設定室內氡活度的改善標準為 150 貝克（輻射活度單位）每立方米。臺灣原能會建議也採用此一標準，但聯合國的建議值為 100 貝克每立方米。根據我國原能會以往調查，國內室內氡的活度平均大約 10 貝克每立方米，遠低於標準值。使用石頭建材時，室內氡的活度稍高，但仍然在安全範圍。

— **甲醛**（formaldehyde）是一種無色、易燃、有強烈刺鼻味道的氣體。室外空氣也含有少量甲醛，但甲醛對於健康影響主要來自室內空氣汙染。許多建材與日常用品含有甲醛，包括合板與密集板、黏著劑、纖維織品、香菸、瓦斯爐火焰等。甲醛也經常被用來做為殺菌劑、消毒劑，以及實驗室動物標本的防腐劑。根據職業暴露調查，甲醛對人造成多種癌症，包括鼻咽癌與血癌。減少甲醛暴露須避免使用含有甲醛的黏著劑、合板、密集板、家具以及其它生活用品，並保持室內空氣流通。

— **苯**（benzene）是無色，有強烈氣味的易揮發液體。苯是常見的溶劑與工業原料，汽油含有大約 1% 的苯。長期接觸苯可以對骨髓造成傷害，使得血液中的紅血球、白血球與血小板數量減少，並可造成染色體畸變，導致白血病。人體苯的暴露主要來自香菸、汽油、農藥、人造纖維、塑膠、油墨與清潔劑等。減少苯暴露的方法為戒菸以及避免吸入二手菸、保持室內良好通風，以及使用無味道的清潔劑。

• **農藥**（pesticides）是個包含很廣的名詞，除了用在作物保護之外，也用在病媒控制、木頭防腐、水中浮游藻控制等，其中以農業的使用量最大，包括殺蟲劑、殺草劑與殺菌劑。殺蟲劑使用在病媒蚊控制每年可以拯救數百萬人免於瘧疾、登革熱、日本腦炎等熱帶傳染病造成的死亡。臺灣溫暖潮濕的環境很適合昆蟲、雜草與菌類生長，因此農藥的施用量大，而食物中農藥殘餘的問題也受到高度關切。

依照化學成分區分，農藥可分為生物性農藥、無機性農藥、有機氯農藥、有機磷農藥、氨基甲酸鹽農藥。

— **生物性農藥**來自動植物或其他生命體。天然殺蟲劑如魚籐毒、尼古丁、除蟲菊、生物鹼等生物性農藥在化學合成農藥使用之前即被早期的農民使用。隨著農業規模擴大以及合成農藥的種類增加與藥效提升，天然農藥逐漸被取代。近年來合成農藥對於人類健康與生態的危害逐漸受到關注，天然農藥在有機農業以及病蟲害整合管理上的運用日益普及。

— **無機性農藥**如砷與汞的化合物也曾被用來作為殺蟲劑與除草劑，但這些元素除具有毒性之外，在環境中也無法被分解，可以累積並對人類健康及生態造成威脅。因此，人工合成的有機農藥出現之後，無機性農藥很快被取代。

— **有機氯農藥**的主要成分為氯化有機物，是早期化學合成有機農藥的主要成分。有機農藥在 1940 年代開始被製造與使用，此後這類農藥的種類與使用量快速增加。以美國為例，1960 年到 1980 年農藥的使用量成長一倍，但在那之後基本上已保持穩定。有機氯農藥具有長效性並對節肢動物有強烈毒性，但對於哺乳動物卻沒有急性毒性，因此一度受到廣泛使用。但由於這類農藥具有持久性、生物累積性，以及慢性毒性等特性，在大多數國家已被禁用。DDT 價廉、有效，且效期長，開發中國家使用 DDT 來做病媒蚊控制，每年可以避免熱帶傳染病造成的數百萬人死亡。

— **有機磷**與**胺基甲酸鹽類**農藥都為水溶性，因此除了在環境中降解速率快之外，進到人體之後，也可以被排出，沒有類似有機氯農藥的生物累積性。雖然如此，這兩類殺蟲劑對哺乳類動物的急毒性遠比有機氯農藥強烈。有一部分這類殺蟲劑因毒性過於強烈而被禁用，如有機磷農藥陶斯松、甲基巴拉松、達馬松等，以及胺基甲酸鹽類的納乃得、加保扶、加保利。急毒性農藥造成全球每年一萬人以上的中毒死亡。有部分這類殺蟲劑的低劑量長期暴露也可造成健康危害，例如提高幼兒罹患過動症、自閉症等的機會，也被懷疑會引發癌症。低劑量的農藥也可能危害到生態，例如造成蜜蜂族群數量降低。農藥廣泛使用於食物生產，因此安全性特別受到關注。農藥在取得上市許可之前都經過詳細的毒性評估與田間試驗，其健康風險必須在可接受範圍。

— **除草劑**（herbicide）指以清除田間雜草為目的化學藥劑。化學合成的除草劑於二次大戰之後開始大量被使用，使用最廣的殺草劑為 2,4-D（2,4-dichlorophenoxyacetic acid, 2,4- 二氯苯氧乙酸）與 2,4,5-T（2,4,5-trichlorophenoxyacetic acid, 2,4,5- 三氯苯氧乙酸）。這兩類有機氯除草劑具有持久性與生物累積性，而且生產過程產生一定比例的戴奧辛。有機氯除草劑已逐漸被其他短效性產品取代。除草劑是使用量最大的農藥，其次為殺蟲劑，再次為殺菌劑。根據 2013 年的統計，臺灣農地每公頃農藥使用量約每年 13 公斤，為全球最高，相較之下美國的使用量為每公頃 2.2 公斤。臺灣這個數字還未計入未經許可的偽劣農藥，據估計偽劣農藥數量約為合法用量的 30%。農藥用量過大在臺灣是個值得關切的問題，農委會提出的農藥減半計畫希望在 2027 年之前達到農藥用量減半。根據農委會統計，在 300 多種合法使用的農藥當中，有 30～40 種農藥的用量占了總用量的 80%，其中又以除草劑的使用量最大。臺灣除草劑嘉磷賽的年使用量超過 1000 公噸，超過農藥總使用量的 10%。除草劑有一大部分被拿來作非農地的雜草清除，這部分將成為優先檢討禁止的項目。目前大量使用的殺草劑都為非選擇性殺草劑，也就是對闊葉與禾本科的雜草都有效，這類殺草劑殺死許多開花的野草，導致蜜蜂與蝴蝶等授粉昆蟲族群數量大幅降低，不但造成蜂蜜產量降低，也影響授粉植物如果樹的結果，造成農業的巨大損失。非選擇性殺草也很快篩選出具抗藥性的雜草。美國的數據顯示，嘉磷塞的施用量與使用頻率都年年上升，抗藥性為不容忽視的問題。

案例：臺灣的農藥使用與暴露

臺灣農藥使用量以除草劑最大，其次為殺菌劑與殺蟲劑。臺灣單位耕地面積農藥使用量全球第一，主要原因為氣候濕熱，昆蟲、菌類與雜草生長快速。臺灣園藝作物所占比例高也造成殺蟲劑使用量大。各種農藥在上市前都經過嚴謹的毒性試驗與審查，以確保安全性。農民施用劑量過高或未遵守施用與採收規定，是造成蔬菜與水果農藥殘留過量問題的主因。豆類、椒科、瓜類等連續採收作物因為採收期持續施藥，容易有過量的農藥殘留，需特別注意食用前的清洗。蔬果清潔劑有助於農藥的清洗，但須注意將清潔劑清洗乾淨。推行有機栽培與生產履歷也有助於降低農藥的使用與消費者的農藥暴露。為減少蔬菜與水果的農藥殘留，政府方面需加強農藥使用的管理以及蔬菜水果的農藥殘餘檢驗，並推動無毒認證與產品履歷。在個人方面，購買經過無毒認證或有生產履歷的蔬菜與水果，以及蔬果食用前充分的清洗，可以減少農藥的攝取。

案例：DDT 的兩面

DDT 在殺蟲劑使用的歷史上是個重要的里程碑，不但因為它在昆蟲與熱帶傳染病控制的貢獻卓著，也因為它對生態的影響引起廣泛關注，並間接促成了近代環保運動。

DDT 的化學名為 dichloro-diphenyl-trichloro-ethane，是一種無色，有輕微臭味的結晶體，這種有機氯化合物於 1847 年被合成，但它對昆蟲的毒性機制直到 1939 年才被瑞士化學家穆勒（Paul Hermann Müller）發現，並有效的運用在熱帶傳染病的病媒控制，穆勒也因此獲得 1948 諾貝爾生理或醫學獎。

DDT 於 1950～1980 年期間被廣泛使用在昆蟲與病媒的控制上，然而 DDT 對於生物的危害引起了自然作家瑞秋‧卡森（Rachel Carson）的注意，她在 1962 年出版的《寂靜的春天》（Silent Spring）一書記錄了 DDT 與其他殺蟲劑對野生動物，尤其是鳥類造成的傷害。這本書喚起了大眾對於農藥造成健康與生態危害的認知，並導致 1972 年起世界各國對 DDT 的全面禁用。DDT 對於人體健康及生態影響的長期追蹤調查也有助於促成 2004 年生效的**斯德哥爾摩持久性有機汙染物公約**（Stockholm Convention on Persistent Organic Pollutants）。DDT 在 1940～1950 年間，尤其是二戰期間的病媒控制拯救數以百萬計的生命，免於瘧疾、傷寒與登革熱等傳染病造成的死亡。斯德哥爾摩公約允許部分國家，如印度與非洲南部國家，繼續使用 DDT 在病媒控制。

　　DDT 為非水溶性，在環境中主要沉積於土壤與底泥，在這些環境中的 DDT 非常穩定，半衰期可長達數十年，其降解產物 DDE 與 DDD 有類似 DDT 的化學與生物化學特性。DDT 被生物攝取之後蓄積於脂肪，不易排出，而造成**生物累積現象**（bioaccumulation）。由於 DDT 有一些揮發性，可以透過大氣作遠程傳播，甚至進入到地球極區的食物鏈。

　　DDT 有持久性以及生物累積性，會透過食物鏈造成生物放大，其中受影響的最大的為食肉的猛禽。DDT 以及其降解產物曾造成北美與歐洲猛禽的族群數量降低。DDT 影響鳥類鈣的代謝，造成鳥殼變薄與繁殖失敗率高，一般認為是造成猛禽族群數量減少的主要原因。對於人類，DDT 是一種內分泌干擾物質，也被懷疑是人類致癌物，慢性暴露可能影響男女的生殖能力以及胎兒的發育，或造成兒童過動症。

圖 9.9　兩個東德年輕人噴灑 DDT 來防治馬鈴薯甲蟲。DDT 曾經被認為是對人體無害的有效殺蟲劑，被廣泛使用在農田害蟲防治。但後續的調查發現，DDT 對於生態與人體健康都有廣泛的負面影響。

9.5 環境毒物的傳輸、分布與宿命

環境毒物對人體健康的威脅決定在毒化物的毒性以及人體暴露的劑量。美國環保署 2019 年列出前 20 種對美國民眾健康威脅最大的環境毒物，依序如表 9.2 所示。毒化物在環境中的傳輸、分布與宿命影響到生物暴露在這些毒化物的機會與劑量。生物個體的健康狀態及對於毒化物的易感性也影響到毒化物的威脅程度。

表 9.2　威脅美國民眾身體健康的前 20 種環境毒物。

序位	物質	主要來源
1	砷	飲用水、木材防腐
2	鉛	金屬熔煉、電池工業
3	汞	燃煤電廠
4	氯乙烯	塑膠工業
5	多氯聯苯	工業絕緣油
6	苯	汽油、有機溶劑
7	鎘	工業、染料、電池
8	苯芘（BaP）	車輛廢氣、垃圾焚化爐、燒烤食物
9	多環芳香烴（PAHs）	車輛排氣、燃燒燻煙、燒烤食物
10	苯駢熒蒽（BbFA）	（PAH）車輛排氣、燃燒燻煙、燒烤食物
11	氯仿	有機溶劑
12	氯化二苯 1260	工業（多氯聯苯混合液）
13	DDT	農藥
14	氯化二苯 1254	工業（多氯聯苯混合液）
15	二苯并蒽（DBA）	（PAH）車輛排氣、燃燒燻煙、燒烤食物
16	三氯乙烯	有機溶劑
17	鉻（六價）	電鍍與金屬工業
18	地特靈	農藥
19	白磷	軍事工業
20	六氯丁二烯	有機溶劑

　　無論在環境中或在生物體內，水都是攜帶營養物質與代謝物的主要媒介，因此溶解性是決定毒化物在環境中傳輸與分布，以及是否在生物體內累積的最重要因子。化學物質的溶解性可分為**親水性**（hydrophilic）與**親脂性**（lipophilic）。親水性化學物質在水中有高溶解度，可以經由水的攜帶而迅速且廣泛地在環境中散布。在生物體內，這些物質也可以透過水的攜帶而在體內與細胞之間移動，並容易被排出體外。親脂性化學物質不易溶解在水中，但可溶解在油脂與脂肪裡面。在環境裡面，親脂性化學物質需要載體攜帶，移動較為緩慢，並容易沉積在底泥與土壤。由於細胞膜為親脂性物質所構成，親脂性毒化物進入人體之後可以滲入器官與細胞，並沉積在脂肪質中，不易被降解或排除。因此，生物體持續接觸親脂性毒化將造成此種毒化物的累積。有些親脂性毒化物具有揮發性，這些化學物質可以經由空氣攜帶而在環境中廣泛散布。

　　生物體不同組織會對特定毒化物有選擇性吸收，造成一些毒化物在某些特定的組織中累積。許多親脂性毒化物具有生物累積性。具有生物累積性的毒化物也可以在食物鏈中往高營養階濃縮，造成生物放大，使得高營養階生物體含有較高濃度的這類毒化物。生物放大現象在水域環境尤其常見。生活在水中的浮游藻與細菌可以累積數百到數千倍於水中濃度的毒化物，次一個營養階的浮游動物與底棲累積更高濃度。在水域食物鏈，掠食性魚類與水鳥等高營養階生物體內含最高的毒化物濃度。

　　許多有機氯（organochlorines）化合物具有生物累積與生物放大的特性，這類化合物主要由碳、氫與氯的等元素構成，用途因分子構造而有不同，例如 DDT、DDD 與地特靈（dieldrin）是殺蟲劑，2,4-D 與 2,4,5-T 是殺草劑，PCB 被用作絕緣油。有些有機氯化合物並無特別用途，但對人與其它生物造成健康危害，例如 DDT 與 DDD 的生物降解產物 DDE 可以在生物體內脂肪累積並造成危害。另外一個例子是戴奧辛。戴奧辛類化合物並無任何用途，而是有機物燃燒與一部分工業製程的副產物。

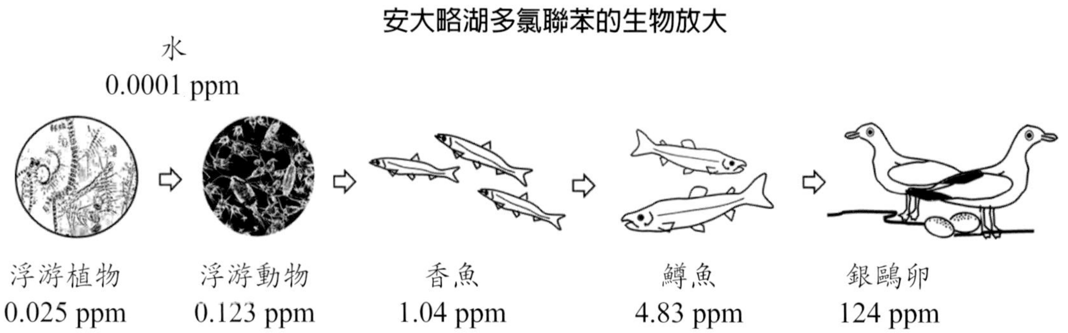

安大略湖多氯聯苯的生物放大

水
0.0001 ppm

浮游植物
0.025 ppm

浮游動物
0.123 ppm

香魚
1.04 ppm

鱒魚
4.83 ppm

銀鷗卵
124 ppm

圖 9.10　多氯聯苯在美國與加拿大邊界的安大略湖（Lake Ontario）生物放大的情形。PCB 是一種曾經廣泛使用在變壓器與其他電力設施的絕緣油，以及工業熱媒，後來被發現是一種對人體與生物體有害的生物累積性有機汙染物。在這個例子，PCB 在湖水中的濃度約 0.00001 ppm，位在食物鏈頂端的銀鷗所產的卵濃度達到 124 ppm，PCB 濃度被生物放大了超過一千萬倍。

9.6 毒理學

毒理學（toxicology）探討化學物質對生物體造成的負面影響。毒性物質對生物體的影響除了物質本身化學特性之外，也與生物體生理上的個別差異有關，這些個別差異可能來自年齡、性別、遺傳、免疫力，以及健康狀態。快速發育的胎兒與幼童特別容易受到毒化物的傷害。例如飲酒與吸菸造成胎兒體重過輕以及智力發展遲緩。藥物也可能影響胚胎發育，造成畸胎，例如 1970 年代撒利竇邁造成胎兒手腳發育不全的例子。鉛影響中樞神經系統，對於發育中孩童的智力發展影響特別顯著。遺傳也造成個體易受性差異，許多慢性疾病或癌症有家族流行的情形。基因差異也造成一些族群較容易受到某種疾病的侵襲，例如華人的鼻咽癌罹患率高於其他人種，廣東省籍的華人尤其顯著。即使移居海外，華人後裔發生鼻咽癌的機率仍遠高於當地人。免疫力低下的族群，例如老年人與患有慢性疾病者，也較容易受到疾病或毒化物的傷害。

劑量—反應關係

毒化物劑量與受影響生物體的反應之間存在一定的關係。劑量反應評估經常使用動物試驗，在這類試驗中，研究人員使用多組試驗動物，例如白老鼠，每組給予不同劑量的待評估毒化物，然後觀察每組的死亡數或發生某種反應的個體數。劑量反應評估一般必須使用群體試驗，因為不同生物個體對於同一種毒化物有不同的耐受性，單一或少數個體經常無法顯示族群的普遍反應。如圖 9.11 所示，對某種毒化物非常敏感或非常不敏感的個體都比較少，造成大多數個體起始反應的劑量集中在中間某個區間，形成一個鐘形的常態分布曲線。若我們使用累積機率，可以得到圖 9.12 的 S 形劑量 - 反應曲線。這個曲線中造成百分之五十個體死亡所對應的劑量稱爲**半致死劑量**（50% lethal dose, LD50），一般我們以 LD50 來評估毒化物的急性毒性。表 9.3 爲一些化合物的 LD50。

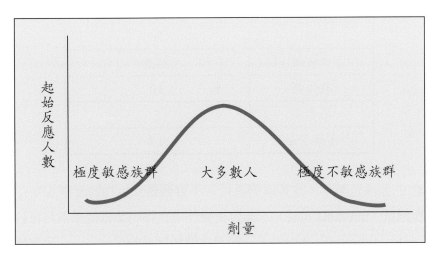

圖 9.11　簡化的劑量─反應曲線。大多數個體對於毒化物的耐受劑量集中在某一區間，高耐受性與低耐受性個體數量較少，形成類似常態分布的劑量─反應曲線。

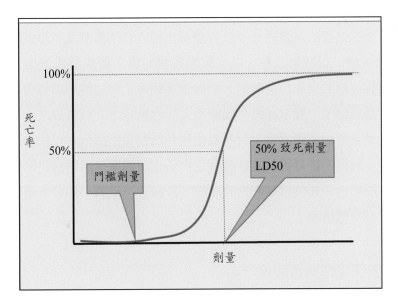

圖 9.12　劑量─反應累積曲線顯示毒化物某個劑量造成試驗個體死亡的百分比，半致死劑量（LD50）是造成半數死亡所需的劑量，是評估化學物質急毒性的重要參數。

表9.3　一些物質對於試驗老鼠的口服半致死劑量。劑量為每公斤體重的攝取量（mg/kg）。

化學物質	LD50（mg/kg）老鼠經由口服
酒精	10,000
食鹽	3,750
阿斯匹林	1,750
咖啡因	200
海洛英	150
鉛	20
古柯鹼	17.5
氰化鈉	10
尼古丁	2
馬錢子鹼	0.8

　　圖 9.12 的曲線也顯示，在某個劑量以下不會觀察到生物的反應或死亡，此一劑量稱為**門檻劑量**（threshold dose）。非致突變性毒化物的暴露標準稱為**每日可接受攝取量**（allowable daily intake, ADI），一般定為門檻劑量的百分之一。致突變毒化物的劑量反應曲線有兩點與非致突變毒化物不同。第一，致突變毒化物沒有門檻劑量。第二，劑量與反應之間的關係為線性。這類劑量反應曲線的依據是致突變的**單擊模式**（one-hit model），也就是某種毒化物只要造成一個細胞產生可複製的基因突變即構成致突變性。根據這樣的單擊模式，致突變毒化物沒有門檻劑量，也就是有接觸就有機會產生基因突變。根據第二點，造成細胞突變的機率與劑量成正比，暴露劑量兩倍，發生突變性反應的機率也是兩倍。由於致突變毒化物並無所謂的安全劑量，因此這類毒化物的暴露標準一般定在終生風險不大於百萬分之一到萬分之一。

　　肝臟是人體主要的排毒器官，有些毒化物在低劑量的情況下可經由肝臟來降低或完全去除毒性。肝臟的排毒機制包括將毒化物氧化或還原，或將毒化物與肝臟本身含有的糖或胺基酸結合，成為毒性較低的產物。肝臟也可以將一些非水溶性毒化物轉化為水溶性，以利身體排除。

致畸胎性、致突變性與致癌性

　　致畸胎物、致突變物與致癌物是特別受到關注的三類毒化物，因為它們可以導致嚴重的身體病變：

- **致畸胎物**（teratogen）影響胎兒的發育，導致肢體或器官畸形，或發育不全。胎兒在 3 到 8 週的階段身體器官正在分化，包括手、腳、眼睛，以及身體的內部器官，在這個階段致畸胎物造成的影響特別顯著。最廣為人知的致畸胎物中毒為撒利竇邁（thalidomide）事件，這藥物有中樞神經抑制作用，在 1957 年開始被用來緩解妊娠性嘔吐。1960 年之後發現，孕婦在懷孕 3 到 5 週之間服用該藥物會造成胎兒的四肢發育不全。該藥物於 1961 年停止發售，估計有約一萬個嬰兒受到影響。

  人類最常接觸的致畸胎物為酒精，孕婦即使攝取少量酒精也可能造成胎兒的酒精症候群（fetal alcohol syndrome），出生的嬰兒可能體重不足、智能障礙或臉部畸形。孕婦吸煙也會影響胎兒發育。吸煙導致孕婦血液一氧化碳、尼古丁、苯芘（benzo (a) pyrene，一種致癌物）濃度升高，並傳送到嬰兒的血液循環系統。因此孕婦需注意避免飲酒或吸煙，也不應使用未經醫生處方的藥物。

- **致突變物**（mutagen）是可以改變 DNA 裡面核酸鹼基排列的毒化物，這類物質會與細胞內的 DNA 發生反應，使得細胞無法準確的複製基因，因而形成突變。體細胞的突變不會遺傳給後代，但可能對生物個體造成危害，例如形成癌症。生殖細胞若含包突變基因則會將這項突變遺傳給下一代。突變可以是自發性的，也可以是基因毒物或放射線所造成。雖然基因突變可對生物體造成傷害，但突變卻也是物種演化的主要驅動力量，沒有基因突變，則生物無法演化。

- **致癌物**（carcinogen）導致生物體內細胞不正常生長，形成腫瘤。良性腫瘤生長慢，且不轉移到其他組織。若細胞的增長不受控制則形成惡性腫瘤（癌症），並可以轉移到其他組織。世界衛生組織所屬國際癌症研究機構（International Agency for Research on Cancer, IARC）將致癌物根據證據強度分四類，如表 9.4 所示。一般認為癌症的發生涉及兩個階段，第一階段為**誘發期**（initiation stage），第二階段為**促進期**（promotion stage）。在誘發期，具有基因毒性的毒化物與一個細胞的 DNA 發生反應，形成一個異常的細胞。有些異常細胞可以馬上開始分裂，形成惡性腫瘤，但大部分情況下這異常細胞仍然正常運作。癌症的促進一般發生在細胞暴露於另一種毒化物的情況，這類毒化物稱為**促進劑**（promoter）。

  根據世界衛生組織估計，生活型態與環境因素約占所有癌症病例的 70～80%，5% 是由於遺傳因素。在致癌原因當中，吸煙占 30%，飲食占 25～30%，職業暴露占 10～15%，環境汙染物占 5～10%。因此改變生活型態可以大幅降低罹癌風險。由於治療技術與藥物的發展，癌症患者的平均五年存活率正在逐年提高。

表 9.4　IARC 對於致癌物的分類。

類別	說明	定義	數量與例子
第 1 類	人類致癌物	對人體有明確致癌性	111 種 砷、石棉、六價鉻、二噁英、甲醛、酒精飲料、菸草及檳榔等
第 2A 類	很可能人類致癌物	動物實驗發現充分致癌性證據，對人體有理論致癌性，但實際證據有限	66 種 丙烯醯胺、無機鉛化合物、氯黴素、紅肉、加工肉等。
第 2B 類	可能人類致癌物	動物實驗發現不充分致癌性證據，對人體致癌性證據有限	285 種 咖啡、泡菜、手機電磁波、氯仿、滴滴涕、柴油燃料及汽油等
第 3 類	致癌性證據尚不充分	無足夠的動物或人體致癌證據，尚無法分類。	505 種 茶、咖啡因、二甲苯、糖精、有機鉛化合物、靜電場、三聚氰胺等
第 4 類	可能不是人類致癌物	根據已有的資料，足以認為非致癌物	1 種 己內醯胺（caprolactam）

9.7 毒性風險評估

　　在日常生活當中，我們無時無刻接觸人造化學物質。在無法完全避免有害物暴露的情況下，我們必須就風險的觀點來與這些毒化物共存，設定一個**可接受風險**，然後在這個風險限度之內來使用這些化學物質。**毒性風險評估**（toxicity risk assessment）可以讓我們了解某種毒化物在何種使用情況下，對大眾健康造成多少健康風險，以決定是否把某種化學物質使用在某特定用途。風險評估包含四個主要步驟：

1. **危害辨識**（hazard identification）：這個步驟確認某毒化物造成健康危害的類型，例如有些毒化物造成急毒性，有些造成慢性毒性，或兩者兼有。急慢性毒性也有各種不同的健康危害類型，例如中毒、死亡、突變、內分泌干擾、中樞神經傷害、癌症等。這項工作讓我們可以確定所需評估的健康風險內容。

2. **暴露評估**（expposure assessment）：暴露評估目的在了解暴露途徑與暴露劑量。環境毒物的人體暴露途徑有口服、吸入、皮膚接觸等三種，我們使用合適的方法分別估計暴露劑量。劑量以單位體重為基礎，一般以每公斤體重所攝取的毫克數（mg/kg-bw）表示，例如體重 10 公斤的孩童每天攝取 1 毫克某種毒化物，與體重 60 公斤的成人每天攝取 6 毫克有相同的劑量。

依照暴露時間的長短，毒化物的暴露可分成**急性暴露**（accute exposure）與**慢性暴露**（chronic exposure）。急性暴露為短時間的大劑量暴露，例如大量的口服、注射、農民噴灑農藥，或工人暴露在有害氣體。慢性暴露是持續性的低劑量暴露，且延續相當長時間，一般為數年到數十年。

毒化物有三種可能的暴露途徑：

- **經皮暴露**（percutaneous）　指經由皮膚暴露，此時毒化物必須穿過表皮細胞。氣體可以輕易穿透皮膚，液體較難，固體若不溶解在水裡面則非常難穿透。皮膚的狀態也影響毒化物的穿透。破皮或發炎的皮膚對於毒化物的吸收比正常皮膚要快。不同類型的毒化物對於皮膚的穿透力差異很大，例如已被禁用的殺蟲劑 DDT 很難穿透人體皮膚，但卻很容易穿透昆蟲的幾丁質軀殼，對昆蟲造成劇烈毒性。經皮暴露的劑量與暴露部位皮膚面積成正比。

- **吸入**（inhalation）　指經由呼吸進入人體。透過呼吸攝取的毒化物必須為氣體或可以漂浮在空氣中一段時間的固體微粒或液態霧滴。由於空氣流動，毒化物濃度的變化非常快，因此吸入劑量經常使用濃度的時間加權來估算，但瞬間的高濃度也必須加以考慮。

- **口服**（oral inake）　食物與飲用水是毒化物口服攝取的兩個主要來源。成人每天約飲用兩公升水，飲用水毒化物濃度一般非常低，但攝取延續的時間常達數年或數十年。許多環境毒物有生物累積與生物放大現象，這些毒物經由食物的攝取對人體造成慢性傷害。

3. **劑量－反應評估**（dose-response assessment）：毒化物造成的影響與暴露劑量有關，劑量－反應評估讓我們了解暴露劑量與危害程度或危害機率之間的關係。劑量反應評估並不容易，因為毒性研究一般不被允許做人體試驗。毒性評估大多根據意外暴露事件的觀察，例如職業暴露、意外事件、流行病學統計等，但更多的是透過動物試驗。但無論意外暴露或動物試驗都與正常生活情況下的暴露有很大差異，因此評估結果有很大的不確定性。

4. **風險描述**（risk characterization）：暴露評估讓我們了解一個人或一群人可能暴露的劑量，運用這項數據與劑量－反應關係，我們可以界定風險度，亦即某種毒化物在我們設定的暴露條件下對大眾造成多大健康風險，做為環境決策的參考。風險描述內容包括這項風險評估的目的、方法與評估結果，以及這項評估的不確定性來源與處理方法。

9.8 毒化物管理

毒化物與有害物管理的目標在降低這些物質對大眾健康造成的風險，管理策略除了考慮風險評估結果之外，還需考慮經濟、社會與政治等因素。毒化物與有害物管理面臨許多方面的挑戰。由於這類物質的種類繁多，根據估計，目前使用的化學物質共有 8 萬種，其中只有非常低的比例曾經做過健康風險評估，這些物質存在幾乎每一件我們使用的日常用品，包括家具、化粧品、清潔用品、玩具、飲用水，以及食物裡面。第二個挑戰是毒化物與疾病之間的因果關係經常難以確立。我們同時接觸種類繁多的化學物質，而且毒化物的慢性危害需有長時間的暴露才發展出來，因此建立某毒化與特定疾病之間的關係變得相當困難。還有非常多毒化造成危害所需的劑量很低，經常在儀器檢測極限的邊緣，這類毒化的定量與管理都非常困難。毒化物管理的第三個挑戰是控制技術與成本。毒化物一般為微量，防止這類物質的產生或加以去除在技術上經常相當困難或成本非常高。

對於已知的毒化物，政府可以透過法規進行管理。我國訂有毒性化學物質管理法，對於毒化物的輸入、製造、儲存、運作、使用與廢棄進行管理，這樣的管理可以大幅降低毒化物在環境中的流佈與人體暴露造成的健康風險。對於危害性高的毒化物，禁止製造與使用是最經濟可行的方法，已有非常多化學物質因為明顯的危害性而遭到禁用。2001 年簽署的**斯德哥爾摩公約**目的就在禁止或限制一些持久性毒性有機物的生產與使用，公約簽署時共列出 12 種這類物質，後續的檢討名單有陸續增加。

表 9.5　斯德哥爾摩公約原始所列 12 項需管制的持久性有機汙染物。

有機氯殺蟲劑
阿特靈（Aldrin）
地特靈（Dieldrin）
氯丹（Chlordane）
DDT
安特靈（Endrin）
飛布達（Heptachlor）
滅蟻樂（Mirex）
毒殺芬（Toxaphene）

> **工業原料**
> 多氯聯苯（PCBs）
> 六氯苯（Hexachlorobenzene）
>
> **副產物**
> 戴奧辛（Dibenzodioxins）
> 呋喃（Dibenzofurans）

結語

　　疾病與人類歷史一樣悠久，人類社會自古與各種疾病共存，然而隨著社會進展以及生活方式改變，侵襲人類疾病的類型也有明顯改變。人類疾病負荷從早期的各種感染症、傳染病、營養不良以及與生產及嬰兒相關的死亡轉變為各種慢性疾病，如心臟與血管疾病、糖尿病、癌症以及各種與肥胖有關的疾病，平均壽命提高造成的人口老化使這樣的轉變趨勢更加明顯。

　　居住地的擴張使人類與野生動物的接觸更加頻繁，棲地破壞也降低了生物多樣性，這些因素提高了新興傳染病的發生機會。2019 年末開始的新型肺炎（COVID-19）全球流行是近代人類社會所遭遇最大的健康衝擊之一，疫情對世界各國的社會與經濟造成重大傷害。由於人類社會造成環境變遷、生物多樣性降低，以及氣候改變，預期類似事件將再次發生，甚至更加頻繁。根據保育醫學的概念，維護野生動物棲息環境與生物多樣性可以降低新興傳染病發生的機會。

　　毒化物種類以及人類暴露的來源相當複雜，許多我們接觸的化學物質並未做過毒性評估。另有許多毒化物造成危害所需劑量極低，檢測與定量困難，對毒化物的管理構成挑戰。在不確定的情況下，我們對於毒化物的使用應採取保守性原則，降低無法預期危害的發生機會。

本章重點

- 環境健康的定義
- 各種傳染性疾病與非傳染性疾病
- 保育醫學
- 環境毒物的定義

- 影響健康的重金屬
- 致癌物
- 內分泌干擾物質
- 農藥的健康影響
- 毒性物質在環境中的傳輸、分布與宿命
- 生物累積與生物放大
- 致癌性、致突變性與致畸胎性
- 非致癌物與致癌物的劑量－反應曲線
- 毒性風險評估程序
- 毒化物管理
- 斯德哥爾摩公約

問題

1. 什麼是環境健康（environmental health），與個人健康有何不同？
2. 什麼是失能調整生命年（DALY）？為何使用 DALY 來表示一個社會的疾病負荷？
3. 說明目前人類疾病與早期人類疾病類型的差異。
4. 為何說目前的人類疾病多與生活方式有關？
5. 說明微生物抗藥性的形成機制，以及避免造成藥物抗藥性的個人做法。
6. 什麼是保育醫學或環境醫學，與傳統醫學有何不同？
7. 什麼是環境荷爾蒙？這些化學物質對於人體健康與生態有何不利影響？
8. 戴奧辛、呋喃與多氯聯苯有哪些類似的化學特性？為何這些數量極微的化學物質可以對人類健康與生態造成顯著危害？
9. 為何環境中戴奧辛、呋喃與多氯聯苯的含量大多使用毒性當量而不是質量來表示。毒性當量如何計算？
10. 二次大戰之後有機氯農藥被大量使用，但目前大多已被禁止使用，說明這類農藥被禁用的原因。
11. 依照對水的溶解性，環境毒物可分為親水性與親脂性，請說明這兩類特性如何影響毒化物在環境與生物體中的分布、累積與危害。
12. 說明什麼是劑量－反應曲線。畫出致癌物與非致癌物的劑量－反應曲線，並說明兩者的差異。

13.什麼是半致死劑量？毒化物的半致死劑量如何決定？有何重要性？

14.什麼是健康風險與環境健康風險評估？

15.毒化物的環境健康風險評估如何做？

專題計畫

1. 家庭使用許多化學藥劑，包括噴霧殺蟲劑、清潔劑、油漆、化妝品、個人清潔用品，以及藥品。在家裏面找 5 種這類化學藥劑，從標籤了解他們的內含物，並上網了解這類化學物質的毒性。

2. 上網了解臺灣過去十年各年的十大死因，討論他們的變化趨勢。

3. 找一些塑膠袋或塑膠容器，查看它們標示的材質，並上網了解這類材質容器是否含有塑化劑。

圖 10.1　陽光反射下的亞馬遜河。水域環境包括海洋、河川、湖泊與濕地，是地球上面積最大的生態系。

　　水域環境（aquatic environment）包括內陸的河川、湖泊、水庫、濕地，以及鹹水的海洋。水域環境是地球生態系非常主要的部分。廣大的海洋透過蒸發作用提供陸地源源不絕的淡水，海洋調節地球的氣溫，影響陸地不同區域的氣候，海洋也吸收大量的大氣二氧化碳，在全球碳循環扮演重要的角色。自古以來，海洋是人類食物的重要來源，海洋生物也是許多醫學藥物的原料或製造藥物的藍圖。內陸水域對於陸域生態系有關鍵的重要性，陸地各種動物、植物以及微生物都需要有水。河流、湖泊與濕地提供水的再淨化機制，使得生態系的淡水可以循環利用。高初級生產的水域是許多陸域生物的食物來源，也是許多水生動植物的棲息環境，有很高的生物多樣性。

10.1 河川環境與生態

河川環境

　　河川（river）是陸地的天然排水系統，高地的雨水或融冰往低處流動，並匯集成為河川，最後流入湖泊或海洋。降雨或融雪期間，河川輸送的大多是地表排水，稱為**地表逕流**（surface runoff），但在更長的非降雨時期，大多數河川，仍保有相當流量，稱為**晴天流量**（dry-weather flow）。河川的晴天水流主要來自地下水滲出，這些地下水來自先前降雨或融雪的地表水入滲。有些河川終年有水流，稱為**長年河**（perennial streams）。有些河川，尤其是乾燥氣候帶的河川，只在降雨或融冰季節才有水流，這些河川稱為**間歇河**（ephemeral streams）。**流量**（flow rate）指河川某處單位時間流過水的體積，例如每秒鐘幾百立方公尺。

　　集水區（watershed）是河川集水的範圍。集水區大的河川，規模與流量一般也比較大。集水區的邊界稱為**分水嶺**（divide），分水嶺的另一側是另一個河川水系的集水區。臺灣是海島，因此河川長度、流量與集水區面積都比大陸型河川小。除了規模小之外，臺灣島嶼中央為崇山峻嶺，因此河川縱坡陡峭，降雨期間水流湍急，非降雨期間則幾乎乾枯。一個河川系統由許多支流匯集而成，成為如樹枝的放射狀。河川規模由上游往下游加大，我們用**河川級序**（order）來代表各支流在整個河川水系所處的階段。一個河川的主流是第一級河川，其直相接的支流是第二級河川，依此類推，如下圖。

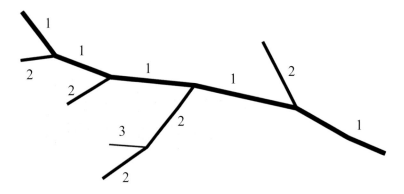

圖 10.2　我們用級序（order）來表示河川階段，主流為第 1 級，連接主流的直接支流為第 2 級，依此類推。

　　接近源頭的河段一般河床狹窄而坡度大，稱為**源頭河段**（headwater）。位於低地的下游河段一般坡度平緩，河道寬闊，水流緩慢。在高流量季節，水流對低地河川的兩岸造成不均勻的侵蝕與堆積。河川凹岸受到受到河水侵蝕，凸岸則堆積成為砂洲。持續的侵蝕與堆積造成河道日益彎曲、蜿蜒與加長，縱坡漸小、流速漸緩，沖淤停止，此時河道呈現蜿蜒狀態。蜿蜒的河道在洪水時期遭到河水淹沒與沉積物填滿，重新開始河床蜿蜒的程序。河川的沖刷、堆積、蜿蜒與改道在其周邊形成廣大的低平灘地，稱為**洪泛平原**（floodplain），這些低地容易在河川流量大時遭到淹沒，造成洪水災害。

圖 10.3　穩定的平原河川呈現蜿蜒狀態，直到被大型洪水淹沒與泥砂淤積，又重新開始河岸沖淤與蜿蜒程序，這樣的程序，形成廣大的洪泛平原。

　　河川水流（stream flow）在晴天與降雨或融雪期間有很大變化，尤其臺灣地形陡峭，降雨時逕流迅速集中，形成暴洪。我們經常使用河川的長期流量紀錄來做統計分析，以決定不同規模流量的發生頻率。例如我們所稱「十年發生一次的洪水」意指根據這個河川長期流量分析，這樣規模的流量平均每十年發生一次。洪流量分析對於防洪設施的設計非常重要，例如北部淡水河流域堤防大多根據 200 年一次的洪流量進行設計，以保護人口與公共設施及財產密集的市區。農業區的堤防可能使用 50 年或 20 發生一次的洪流量進行設計，因此洪水溢堤發生水患的機率也比較高。

　　河川除了水流之外，河水也攜帶大量泥砂，稱為**沉積物**（sediments）。河川輸送

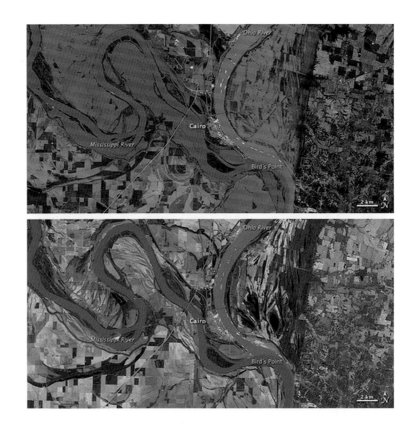

圖 10.4　洪泛平原經常被洪水淹沒，對裡面的農田或住宅造成災害。照片上半為美國
　　　　俄亥俄河與密西西比河交界處洪泛平原淹水情形。

沉積物的數量稱為**輸砂量**（sediment load）。河川輸砂量與集水區的土壤侵蝕速率有
關，而侵蝕速率又受到集水區坡度、土壤性質、地表植被，以及水土保持狀況影響。
臺灣河川河床陡峭，一般輸砂量大，例如南部的二仁溪集水區為泥岩山區，容易受到
雨水沖刷，洪水的沉積物含量非常高，輸砂量大。

　　河川上游坡度大，水流湍急，沉積物不易堆積，因此河床以石塊為主。河川中游
坡度漸緩，河床沉積物大多為卵石或粗砂。平原河段水流緩慢，可以輸送的沉積物顆
粒小，河床以細泥為主。大型河川攜帶大量沉積物，在下游寬廣的河口堆積，形成三
角洲（delta）。經過長久年代的沉積物輸送與堆積，大型河川可以形成面積很大的三
角洲，例如位於孟加拉與印度的恆河三角洲面積超過十萬平方公里。河川上游建造水
壩往往阻斷砂源，造成海岸流失，例如曾文水庫攔截了來自集水區的砂土，是造成曾
文溪出海口周邊海岸退縮的原因之一。

河川生態

河川生態系（river ecosystem）指以流動的水為主體的內陸生態系，由水域與河岸所構成，包括大氣、水與底質等非生物環境，以及河岸與水域的動植與微生物等生物環境。影響河川生態的重要環境因子包括流況、光線、水溫與水質：

- **流況**相關的因子包括流量、流速、水深與水域面積，這些是河川生態最直接的影響因子。上游河川一般坡度大、流量小，因此水淺而水流湍急。中下游河川則水深與河寬都大，水流平緩。

- **光線**為植物光合作用所需，是生態系初級生產的必要條件，對於河川生態有決定性影響。上游河川兩岸有植物遮蔽，限制了河川的初級生產。河川下游水域寬廣，接受大量日照，水中浮游藻、水草、挺水植物與漂浮水生植物等可以提供河川生態系所需的初級生產。

- **水溫**是決定水生物種組成的重要環境因子，許多水生動物為外溫動物，其生存易受環境溫度的影響。上游河川因為高程與植物遮蔽等原因，一般水溫較下游水域低。

- **水質**泛指河水的化學組成。天然河水含有許多溶解的有機物與無機物，以及大氣溶解進來的氣體。重要的河川水質包括溶氧、有機物，以及無機營養鹽。人為汙染可以顯著改變河川水質，對於河川生態造成影響。

  - **溶氧**是溶解在水中的氧氣。大多數水生物為好氧性，依靠水中溶氧呼吸。河水溶氧來自大氣，而氧氣溶入水中的速率受到河水擾動與水溫影響。水淺流急的河段曝氣良好，河水溶氧量高。水深的緩流河段不利於河水曝氣，水中溶氧低。溶氧也受到水生植物光合作用影響。在陽光照射的白天，植物光合作用釋出氧氣，提高河水溶氧。夜間各種水生物與微生物的呼吸造成溶氧下降。

  - **營養鹽**指植物生長所需的無機物。氮與磷是水生植物生長的兩個關鍵營養鹽，這些營養鹽來自岩石、土壤，以及腐爛的草木落葉與枝幹。受汙染的河川有額外的營養鹽來自農田與社區及工業。雖然河川生態系需要營養鹽來支持植物的初級生產，但過多的營養鹽造成優養化，影響到河川的生態健全。

  - **懸浮物**指懸浮在河水中的微細固體顆粒。水中懸浮物阻止陽光穿透，降低水域的初級生產。無機懸浮物如細泥可以沉積於河床，掩埋與破壞底棲生物的棲息環境。

許多河川源流河段位於山區，此處河床佈滿岩石，湍急的河水在石頭的間隙中流動，形成大小的水瀑。由於水質清澈且溫度低，加上擾動劇烈，源頭河川一般溶氧量高，適合敏感性魚類如鱒魚與鮭魚等的生存與繁殖。由於水淺清澈，源流河川的河床石塊上長滿**附生藻**（epiphytic algae），是這類河川的主要初級生產者。溪流底床的石頭縫隙則是許多水棲昆蟲與魚類幼苗的棲息場所。河川中下游水域寬廣、水深較大，水色也較為混濁，不利於附生藻生長，這類水域的初級生產主要來自**浮游藻**（phytoplankton）。浮游藻是懸浮於水中的微細藻類，大多必須使用顯微鏡才可觀察到。營養鹽過剩的河段浮游藻大量生長，造成優養化現象。

河川的**水生植物**（macrophytes）包括挺水植物、沉水植物、浮葉植物，以及漂浮植物。**挺水植物**著根於水下土壤，而上部的莖與葉則挺出水面。蘆葦、香蒲（水蠟燭）、水蓮等是常見的挺水植物。**沉水植物**也著根於土壤，植物體則完全浸沒在水中。水蘊草與龍鬚草是常見的沉水植物。**浮葉植物**著根於土壤，葉片平貼水面，睡蓮與菱角是臺灣常見的浮葉植物。**漂浮植物**不固著在土壤而在水面隨著水流或風力飄移。布袋蓮、水芙蓉與浮萍是臺灣常見的漂浮植物。

河川的**無脊椎動物**多為昆蟲，這些昆蟲主要棲息在河床的石頭縫隙與河川底質。其他無脊椎動物還包括軟體動物如蝸牛與貝類，以及甲殼動物如螃蟹、蝦子。水生無脊椎動物大多依賴水流帶來食物與氧氣，它們既是河川的重要消費者，也是魚類的重要食物來源。**魚類**與其他**脊椎動物**體型較大，較容易受到注意。由於可以游動，魚類的活動領域與食物來源都比其他水生動物廣。許多魚類的生活史包含淡水與鹹水兩個階段，例如鮭魚在淡水河川孵化，但一生大部分時間都在海洋生活，只有產卵階段回到河川上游。鰻魚則相反，大部分時間生長於淡水河川，但到海洋去產卵。河川的其他脊椎動物包括兩棲動物，如蠑螈，以及爬蟲，如蛇、烏龜與鱷魚。此外還有鳥類，以及哺乳類動物如水獺、河馬，以及淡水豚。魚類無法長時間離開水域，但兩棲與爬行動物可以一部分時間停留在陸地。

河川也有大量的**微生物**，這些微生物主要生長在河川底泥以及石頭與水生植物表面。微生物分解河川生態系所生產的有機物，並提供藻類及植物所需的無機營養鹽，在河川生態系的能量傳遞與營養鹽循環扮演重要的角色。

圖 10.5　河流有豐富的生態，河岸有森林與水生植物，河床有附生藻，水中有浮游藻，還有各種魚類、脊椎動物與無脊椎動物。重要的河川環境包括水流、水溫、水質、溶氧、日照。

河川環境的人為改變

　　河川環境的人爲改變主要來自集水區開發、汙染，以及渠道與河岸的改變。

- **集水區開發**：集水區草木等天然植被可以截留雨水，促進入滲。因此，集水區維護良好的河川流量穩定，降雨期間雨水有一大部分被截留、入滲，而不至於河水暴漲。入滲的雨水緩慢滲出到河川，可以維持河川的晴天水流，不至於乾枯。各種人爲開發將天然植被剷除，建造道路、房屋、排水設施與其他人造結構物。這些不透水的表面阻礙雨水入滲，因此集水區雨天排出大量雨水，造成河水暴漲與淹水。入滲減少也造成開發後的集水區喪失水源涵養能力，導致非降雨期間河川水流枯竭。開發也造成集水區土壤侵蝕與崩塌，並影響到河川生態。集水區伐木或農田與果園的開發造成土壤裸露、侵蝕與營養鹽流失。沖刷下來的細泥造成河水混濁，阻礙陽光穿透，造成底棲藻與沉水植物因缺乏日照而死亡。細泥與土石掩埋了許多底棲生物的棲息環境，包括做爲魚類食物來源的水生昆蟲，並影響魚卵的孵化。集水區流失的營養鹽進入河川造成河水，以及下游湖泊或近海的優養化問題。

- **汙染**：河川的汙染主要來自農田、生活汙水、畜牧廢水以及工業廢水。農田使用的肥料與農藥經由灌溉回歸水或雨水攜帶汙染河川。生活汙水與畜牧廢水含有許多有機物與營養鹽，造成河水缺氧與優養化。工業廢水除了排放有機物與營養鹽之外，也可能含有許多其他有害物質。汙染造成河水缺氧、臭味以及藻類繁生等問題，可以造成河川生態的全面改變。

- **水壩**：水壩改變下游河川的流量、水深、水溫以及水的清澈度，對河川水文及環境與生態造成永久性改變。許多洄游魚類無法越過水壩，回到產卵與繁殖的上游溪流，可能造成洄游魚類族群無法維持，甚至從該河流消失。水壩蓄水形成廣大的淹沒區，原有的河流環境與生態受到全面的改變。

- **疏濬**：許多水利工程進行河道疏濬以利排水。河道被挖寬、挖深，天然邊坡以及淺水植物區被改造成陡峭的人造水岸，淺水植物區消失。淺水植物區是河川初級生產主要高區域以及水生物的主要棲息環境，失去淺水植物區對河川生態造成顯著傷害。

- **洪水堤防**：河川洪泛平原土地平坦、土壤肥沃、水源充足而且景觀好，因此經常遭到人為開發。為了避免開發區域發生洪水災害，人們在洪泛平原內河川行水區周邊構築堤防。堤防限縮了河川的蜿蜒與改道，導致水流加快，除加大水流的破壞力之外，也造成下游淹水。臺灣許多河川因集水區開發導致下游洪峰加大，因此以興建堤防來因應淹水問題，但堤防的建造與快速排水造成下游淹水，因此下游河段也跟著興建堤防。問題如骨牌一般，堤防不得不從上游一直施做到出海口，破壞了整條河川的水文與生態。為避免這樣的情況，集水區開發必須就地解決逕流加大問題，使用滯洪池或大量透水性設施來滯留雨水，降低河川洪峰流量，避免下游淹水。

圖 10.6　河道疏濬與改造可對河川生態造成重大破壞。左圖土堤水岸有豐富的生態，右圖混凝土水岸不利於植物生長與動物棲息，生物多樣性低。

10.2 河口環境與生態

河口環境特徵

河口位於河川與海洋的交會處，兼具河川與海洋的特徵，這些特徵包括：

- **水域寬廣**：河口經常形成一個類似海灣的半封閉水域，由海洋端往河流端縮小。大型河川河口最寬處可達數十公里。
- **潮汐漲落**：河口水文受到海洋潮汐影響，河水隨著潮汐進退。
- **鹽分入侵**：河口水域為海洋鹹水與河流淡水的混合，鹽度由海洋端往河流端降低。河口一定點的鹽度隨潮汐改變，漲潮時鹽度高，退潮時降低。
- **營養豐富**：河口承受來自集水區的各種有機物與無機營養鹽，有機物可以做為底棲生物及濾食性生物，如蝦、蟹、牡蠣、貝類的食物。無機營養鹽可以提供各種水生植物以及水中浮游植物所需的營養，這些植物與浮游藻是河口的主要生產者。河口是地球生產力最高的生態系之一。

圖 10.7　河口位於河與海交會處，水域寬廣，因為受到潮汐漲落影響而有泥灘與草澤，生態豐富。

河口保育

河口位於河川最下游，承受來自集水區的許多汙染物與營養物質。因此河口生態保育必須從河川集水區的經營管理著手。優養化是河口最常見的問題，來自集水區農田以及各類廢水所含的營養鹽在河口長時間駐留，造成河口優養化。河口優養化的控制需要靠集水區農田的肥料使用管理與土壤沖蝕控制，以及社區與工業的廢汙水處理，以減少營養鹽的排入。養殖漁業也對河口環境造成顯著影響，養殖池投入大量飼料，魚塭排水影響到鄰近河口的水質與生態。牡蠣養殖為臺灣河口的重要產業。牡蠣為濾食性生物，河川帶來大量有機碎屑與營養鹽，有機碎屑與水中生長的浮游藻是牡蠣豐富的食物來源。牡蠣養殖所使用的蚵架由竹子與保麗龍製作，廢棄蚵架的竹竿與保麗龍塊成為臺灣河口與海岸常見的廢棄物，對景觀造成嚴重破壞，需要有更好的管理來加以改善。

10.3 湖泊環境與生態

　　湖泊有多種不同的形成機制，包括地殼板塊運動、火山活動、冰河活動、河川沖刷、隕石撞擊，以及人類建造的人工湖泊（水庫）。**裏海**（Caspian Sea）位於東南歐與西南亞的交界，面積 37 萬 1 千平方公里，約為臺灣面積的十倍，為全球最大的內陸水體。裏海早期為廣大海域的一部分，由於板塊隆起而陸封成為內陸湖泊，目前鹽度大約為海水的三分之一。**火山口湖**為火山口蓄積雨水所形成，美國奧勒岡州的火山口湖（Crater Lake）深度 594 公尺，為世界最深的湖泊之一。**冰蝕湖**為冰河刮蝕地面並於冰河退卻之後蓄水所形成的湖泊，這類湖泊在北美以及北歐的分布非常普遍，美國東北部的五大湖是世界最大的冰蝕湖。**牛軛湖**為河川曲流因襲奪作用截彎取直之後遺留下的封閉舊河道，規模一般不大。**撞擊坑湖**為隕石坑蓄水而成。早期地面的撞擊坑都已因地殼循環而湮滅，目前地球上可以辨認的隕石坑大約有 150 個，有些蓄水成為撞擊坑湖。除了上述天然形成的湖泊之外，人類為了生活、工業以及灌溉用水的需要而興建水壩，蓄水成為**水庫**，為人造的湖泊。

　　臺灣為多山的海島，天然湖泊規模都不大，因此建造許多水庫來蓄水，以滿足各類用水需求。水庫在許多方面與天然湖泊有所差別，例如水庫的形成年代不遠，邊坡仍不穩定，因而崩塌嚴重，造成水庫淤積。由於邊坡陡峭，水庫大多淺水植物帶範圍小，甚至沒有。水庫也因經常性的砂土淤積因此底床的有機沉泥比天然湖泊少。由於蓄水的利用，水庫的滯留時間一般比天然湖泊短。

湖泊分區

　　在水平方向，湖泊可以分為有水生植物生長的**沿岸帶**（littoral zone）與開放的**湖沼帶**（limnetic zone）。湖沼帶又根據水深區分為光線可達的**透光帶**（euphotic zone），以及以下的**無光帶**（aphotic zone）。湖泊的溫度分層則包括混合良好、水溫較高的**表層**（epilimnion）與水溫較低的**底層**（hypolimnion），以及介於表層與底層之間的變溫層，或稱**溫躍層**（thermocline）。

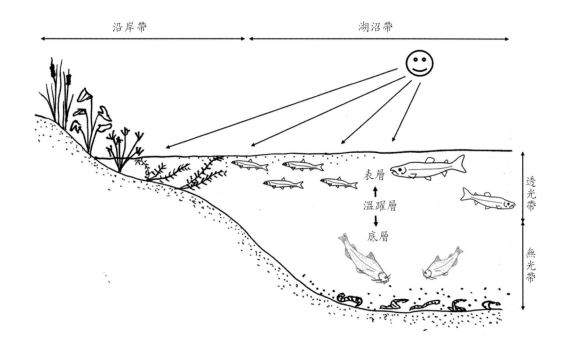

圖 10.8　湖泊的生態分區包括挺水與沉水植物生長的沿岸帶，以及近岸帶以外的開放水域，稱為湖沼帶。湖沼帶又依水深區分為光線可達、浮游藻可以行光合作用的透光帶，以及以下的無光帶。湖泊的溫度分層則包括混合良好、水溫較高的表層與水溫較低的底層，以及介於表層與底層之間的變溫層，或稱溫躍層。

- **近岸帶**是湖泊的水岸地帶，範圍從岸邊一直到開放水域。不同湖泊的近岸帶寬度差異很大。水岸坡度緩和的湖泊有較寬的近岸帶。近岸帶從集水區的雨水逕流或滲出的地下水獲得許多營養，因此植物生長茂密，包括大型的挺水植物與沉水植物，以及懸浮於水中的浮游藻。由於初級生產力高，近岸帶也有許多昆蟲、浮游動物，以及魚類與底棲生物。

- **湖沼帶**指湖泊的開放水域，此一區域沒有大型水生植物，浮游藻提供這一區域主要的初級生產。在湖沼帶，陽光可以穿透、浮游植物可以行光合作用的區域稱為**透光帶**。透光帶的深度因湖水的清澈度而異，混濁湖泊的透光帶厚度可能少於一公尺，非常清澈的湖泊則可到數十公尺。湖沼區的生物以**浮游生物**（plankton）為主，包括**浮游植物**（phytoplankton）與**浮游動物**（zooplankton）。浮游生物只有有限的行動能力，大多隨著水中的紊流漂移。浮游植物是行光合作用的單細胞或多細胞植物，因為體型極小，一般需使用顯微鏡才可觀察到個體。浮游植物是湖沼區主要的初級生產者，為湖泊生態系食物鏈的主要支持者。部分湖泊的因為植物營養過剩，造成浮游藻大量生長的**藻華**（algal bloom）現象，對於水域生態有不良影響。有些浮游藻具有生物毒性，大量生長可能造成魚群死亡，或造成飲用水的安全問題。浮游動物可以是單細胞或多細胞，主要為原生動物（protozoa）與甲殼動物（crustaceans）。浮游動物攝食浮游植物或有機碎屑，並成為魚類以及底棲生物的食物。**無光帶**（aphotic zone）是透光帶以下一直到湖泊底床的區域，這一區光照微弱或完全沒有光照。由於沒有足夠光線進行光合作用，無光帶以底棲生物為主，攝食湖床上透光帶沉降下來的浮游藻與其他有機物。

湖泊的溫度分層

　　湖泊表層吸收陽光能量，水溫較下層高，密度差異形成水溫較高的**表層**與較低溫的**底層**，兩層之間有一個水溫往下層迅速降低的水層，稱為**溫躍層**。溫度分層的湖泊會有季節性**翻轉**（overturn）。在熱帶地區，秋季日照漸弱，湖泊表層水溫跟著下降，溫度分層受到破壞，表面風吹造成湖水的全深度循環。冬季湖面結冰的湖泊另有一次春季翻轉。翻轉將位在湖底層的營養帶到表層，可以促成浮游藻生長，提高湖泊的初級生產，對於湖泊生態有很大影響。

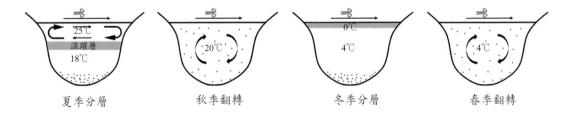

圖 10.9　湖泊的溫度分層與翻轉。夏季表層水溫度高於下層，形成溫度分層。秋季表層水溫下降，分層受到破壞，造成湖水翻轉。冬季表層結冰的湖泊另有一次春季的翻轉。翻轉可以將集中在底層的營養鹽帶到浮游藻生長的表層，對於湖泊的初級生產有很大影響。

優養化

　　優養化（eutrophication）是湖泊由低營養與低初級生產狀態逐漸演變到高營養與高初級生產的過程。初級生產是影響湖泊與水庫生態最重要的因素，營養鹽含量高的湖泊初級生產力高。根據不同的營養狀態，我們可以將湖泊或水庫區分為**貧養**（oligotrophic）、**普養**（mesotrophic）或**優養**（eutrophic）等三個不同的營養狀態等級。貧養湖泊欠缺植物營養（主要為氮或磷），初級生產力低。這樣的湖泊水質清澈，水中有機物含量少，溶氧量高，提供各種水生物合宜的生存環境，因此生物數量雖少，但物種多樣性高。普養湖泊的營養鹽含量與初級生產高於貧養湖泊，水生動植物數量也較多。優養湖泊含有高濃度植物營養，初級生產力高，大量浮游植物造成劇烈的溶氧日夜變化。浮游藻等有機碎屑沉降與分解造成底層缺氧，這些現象都對優養湖泊的生態造成負面影響。

　　在自然狀態，湖泊持續承受來自集水區的營養鹽，其營養狀態也跟著變化，這個過程稱為**天然優養化**（natural eutrophication）。人為汙染可以使湖泊在數年到數十年的時間內快速優養化，這些營養主要來自農田的肥料與土壤，或家庭與工廠排放的廢水。人為因素造成的快速優養化稱為**人為優養化**（cultural eutrophication）。優養化除影響湖泊生態之外，也造成飲用水安全問題。許多藻類具有毒性，可對人體健康造成影響。優養湖泊蓄水含有大量溶解有機物，在飲用水消毒過程產生有害的消毒副產物。優養化是臺灣許多供水水庫面臨的水質問題。營養鹽控制是減緩湖泊人為優養化最根本的方法，包括集水區農田肥料管理與侵蝕控制，以及家庭與工業廢水的營養鹽去除。

圖 10.10　高度優養的湖泊水中浮游藻大量生長，嚴重時可以如照片，在水面形成一層藻毯。優養化對於湖泊生態造成許多負面影響。

10.4 濕地環境與生態

　　濕地（wetland）指永久或部分時間被水淹沒，且上面長有濕地植物的土地。濕地的水文狀態介於高地與水域之間，由於地面淹水範圍常因季節而異，因此各方面對於濕地有不同的定義。**拉姆薩公約**（Ramsar Convention）是濕地保育的國際性公約，該公約對於濕地採用最廣泛的定義。根據該公約，濕地是「不論天然或人為，永久或暫時、靜止或流動、淡水、半鹹水或鹹水，由沼澤、泥沼、泥煤地或水域所構成之地區，包括低潮時水深 6 公尺以內之海域」。根據這樣的定義，所有淡水水域與深度 6 公尺以下的近海都屬於濕地的範圍。

濕地類型

　　濕地土壤長期泡水與缺氧，裡面生長的是一些可以適應這樣環境的濕地植物。濕地存在全球的各種氣候區，且規模差異很大。大型的濕地如西伯利亞與北加拿大廣大的寒帶泥炭沼，也可以小到如內陸埤塘。樹澤（swamp）、草澤（marsh）、酸性泥炭澤（bog）、礦質泥炭澤（fen）是濕地的四種基本類型。

　　樹澤是覆蓋著樹林的沼澤地。樹澤可以是淡水或半鹹水。**淡水樹澤**分布在溫暖多雨的熱帶地區，常見於大河或大湖周邊，以及大面積的低地。非洲剛果河周邊的東、西剛果沼澤森林，以及美國佛羅里達州的大沼澤（Everglades）都是面積廣大的樹澤。樹澤中的林木為適應水域環境的樹種，例如水松、水杉。淡水樹澤是許多動物的棲息環境，包括各類昆蟲、兩棲與爬行動物如鱷魚、青蛙、蛇，以及一些哺乳動物如猩猩、樹猴、水牛、河馬、海牛等。水中有大量的蝦、蟹、鯰魚及許多其他魚類與水生物，樹林中以及水面上則有許多鷺科鳥類、水鴨、雁，以及捕食昆蟲、魚類與底棲生物的鳥類。**半鹹水樹澤**一般位在熱帶河口。熱帶河川的強勁水流攜帶大量沉積物，在河口兩岸形成面積廣大的泥灘與半鹹水樹澤。這類濕地的植物主要為**紅樹**（mangrove）。紅樹科植物體內含有大量單寧，枝幹呈現紅褐色，因而得名。常見的紅樹有海茄苳、欖李、水筆仔以及紅海欖。

　　草澤是以草本植物為主的沼澤地，可以是淡水或半鹹水。草澤經常出現在河岸、河口，以及湖岸等陸地與水域的交界地帶。米草、水蠟燭、莎草等為草澤常見的植物。草澤有很高的初級生產力，提供各種昆蟲、鳥類、魚類、蝦蟹以及其他水生物的食物來源，是重要的漁產地。面積廣大的草澤也可以阻擋水流，暫時蓄水，有調節河川流量的功能。

　　酸性泥炭澤主要分布在高緯度、降水量不多的寒帶低地，植物以苔癬以及草本植物為主，也可能有少數灌木。酸性泥炭澤的特徵之一是底部累積厚層泥炭以及未完全分解的植物枝葉。這類沼澤少有地表水或地下水進出，蓄水主要來自降雨或下雪，而去處以蒸發為主。蓄水呈現酸性且缺乏植物營養，因為富含單寧而顯現褐色。有些泥炭澤累積的泥煤厚度達數公尺，被當地居民挖取做為燃料。

　　礦質泥炭澤為底部累積大量泥炭與未完全分解草木，並有顯著地面或地下水進出的沼澤地。礦質泥炭澤與酸性泥炭澤不同的是，這類沼澤有顯著的地面水或地下水流。由於地下水含有大量礦物質，因此蓄水一般呈現鹼性，與酸性泥炭澤不同。這類沼澤蓄水礦物含量高但缺乏植物所需營養，生長的植物包括苔蘚、草本植物以及少量的灌木與小喬木。

圖 10.11　濕地的 4 種主要類型：樹澤（左上）、草澤（右上）、酸澤（左下）、礦質泥炭澤（右下）。

濕地的功能與價值

濕地廣泛分布在除了南極之外的各氣候區，從赤道周邊的熱帶一直到極區凍原，占地球約 6% 面積。濕地提供許多獨特的生態功能與價值。因型態而異，濕地可能提供的功能包括蓄水與防洪、水質淨化，以及生物多樣性。濕地對於人類也有許多經濟價值：

- **蓄水與防洪**：濕地有如一塊海綿，在降雨或融雪期間可以蓄存雨水或雪水，減少河水氾濫的情況。濕地也可以補注地下水，涵養水源。廣大的河口與海岸濕地可以阻擋海浪或暴潮，保護海岸以及沿岸的住宅與公共設施。河岸濕地上的植物可以減緩水流速度，穩定河岸。湖岸濕地可以降低波浪對水岸的侵蝕，除了穩定湖岸之外，也可以避免湖水混濁。

- **水質淨化**：濕地水流緩慢，來自集水區的細泥以及各類汙染物可以在濕地中沉降、被微生物分解，或被植物吸收利用，達到水質淨化效果。濕地的水質淨化與營養鹽去除功能可以改善近海水質，維持海水清澈，並避免近海水域優養化。

- **生物多樣性**：濕地是地球初級生產力最高的生態系之一，產出的大量有機物可以維持一個穩定的食物鏈。濕地有很高的生物多樣性，除了水生動植物之外，也包括陸域的昆蟲、鳥類，以及哺乳類動物。濕地的廣大範圍可以隔離人為干擾，成為許多受威脅物種的庇護所。

- **經濟價值**：濕地有很高的漁業價值。根據估計，全球 75% 的魚、蝦、蟹與貝類產值與濕地有關。濕地植物也被許多當地居民利用作為建材或柴火。濕地也提供釣魚、打獵等戶外活動機會。濕地的多元景觀與豐富生態也是非常受歡迎的生態旅遊景點，以及很好的環境教育與學術研究場域。

　　人工濕地（constructed wetland）是人為構築的濕地環境。雖然人工濕地也有一些生物多樣性保育的功能，但其主要目的是去除汙染以淨化水質。在歐美國家，許多人工濕地被用在公路以及農田排水的處理。在少數情況，人工濕地也被應用在家庭汙水與事業廢水的處理。雖然濕地具有天然、構造簡單，以及不需密集的操作或維護等優點，但其水質淨化主要依靠沉降、微生物分解，以及植物吸收等緩慢的自然程序，因此運用在處理汙水的人工濕地必須有廣大面積。臺灣許多人工濕地採取過度樂觀的設計，常因面積太小或因欠缺必要的管理維護，而未能達到預期效果。

濕地保育

在歷史上，濕地經常被認為是難以利用並產生各種害蟲與有害野生物的區域，許多濕地因此被疏濬排乾或填滿做其他用途。直到 1970 年代前後，濕地對於人類的價值以及對於生態的重要性才逐漸受到了解與重視。1971 年於伊朗拉姆薩（Ramsar）簽訂的**特別針對水禽棲地之國際重要濕地公約**（簡稱拉姆薩公約），是第一個為了保護濕地而簽署的全球性保育公約，該公約目的在透過國際合作來保護與合理利用濕地。目前列入該公約國際重要濕地名錄的濕地共有兩千多個，分布在 170 個簽約國。拉姆薩公約的核心在強調濕地的**明智利用**（wise use of wetlands）。根據明智利用原則，濕地的利用必須謹守永續發展原則，並以生態系方法來維持濕地整體的生態功能，達到人與自然環境雙方受益的目標。

圖 10.12　拉姆薩公約是最主要的濕地保育國際公約，該公約目的在促進全球濕地的保育與明智利用。

基於對濕地保育重要性的認知，各國也陸續立法保護濕地。以美國本土為例，從歐洲移民開始至今，濕地面積已減少一半。美國政府於 1980 年代開始採取濕地**無淨損失政策**（no net loss policy），以維持濕地面積與生態功能的完整性。在北歐，瑞典有大面積的溫帶與寒帶濕地，該國進行了一次周全的全國濕地普查，在 25 年期間一共調查了 3 萬 5 千個濕地，面積共 430 萬公頃，占瑞典全國面積的 10%。該調查是全世界有史以來最大規模的單一環境系統普查。這項普查讓瑞典政府可以對所有濕地進行監看與管理，防止濕地喪失或生態劣化。

案例：臺灣的濕地

臺灣為多山的島嶼，缺少廣大的平原或低地，較具規模的濕地大多分布在河川下游河口周邊，其他多為人工蓄水設施或平地埤塘，另有一些高山湖泊。

臺灣的**河口濕地**以耐鹽的紅樹林為主，包括海茄苳、欖李、紅海欖與水筆仔，草本植物則以蘆葦居多。河口泥灘常見招潮蟹與彈塗魚。岩石海岸的潮間帶有底棲藻生長，包括綠藻、紫菜與龍鬚菜，動物包括藤壺、牡蠣、淡菜與其他貝類。河口泥灘與海岸砂灘有許多鳥類棲息與覓食，包括留鳥與冬候鳥。

臺灣的**淡水濕地**規模都不大，包括河岸濕地、平地埤塘以及山地湖泊，這些濕地常見的植物有蘆葦、香蒲、莎草、大安水蓑衣等。由於營養鹽豐富，臺灣淡水濕地大多高度優養化，棲息的魚類以吳郭魚、鯰魚等耐汙染品種為主。淡水濕地是兩棲與爬行動物如蛙類與蛇類的主要棲息地。常見的淡水濕地鳥類為白鷺、水雉、水鴨與翠鳥。

我國濕地保育法於 2015 年 2 月公告實施，適用於 83 處國家重要濕地，總面積約 47,000 公頃。濕地保育法強調透過分區管理機制與保育利用計畫來達成濕地的**明智利用**。法規也明訂**零淨損失**政策。透過衝擊減輕、異地補償或生態補償方式，達到濕地面積及生態功能零淨損失的目標。

圖 10.13　位於嘉義東石的鰲鼓濕地。臺灣為多山島嶼，大多數濕地規模不大。

10.5 海洋環境與生態

　　海洋占地球面積 70%，並儲存了地球 96.5% 的水。全球海洋分成三大系統，太平洋、大西洋與印度洋，其中以太平洋的面積最大也最深。大西洋面積次之，深度也最淺。印度洋面積最小，大部分位於南半球。除了面積與深度大之外，海洋與淡水水體最大區別在於海水鹽度高。將海水蒸乾所留下固體無機物占原海水重量的比例稱為**鹽度**（salinity）。全球海水的平均鹽度為千分之 34.7，也就是將一公斤（一千克）的海水蒸乾，將會留下 34.7 克的固體物。海水溶解的主要離子為氯離子（55%）與鈉離子（31%），其他還有硫酸根離子、鎂離子、鈣離子，以及含量更低的其他離子。海水極度欠缺浮游植物所需的少數必要元素，尤其是氮與鐵，因此除了近海有河川從陸地帶來營養鹽之外，汪洋大海大多貧瘠，初級生產力低。

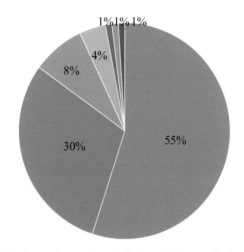

■氯離子 ■鈉離子 ■硫酸根離子 ■鎂離子 ■鈣離子 ■鉀離子 ■其他

圖 10.14　海水的離子組成，其中以氯離子及鈉離子為主，還有硫酸根離子、鎂離子，以及含量更少的其他離子。

海洋分區

　　如圖 4.15 所示，在水平方向，海洋可分為**潮間帶**（intertidal zone）、深度不及 200 公尺的**淺海帶**（neritic zone），以及深度大於 200 公尺的其他大部分海域，稱為**大洋帶**（oceanic zone）。在垂直方向，海洋可分為陽光可以穿透的**光照帶**（photic zone），以及以下的**無光帶**（aphotic zone），海床正上方是**底棲帶**（benthic zone）。

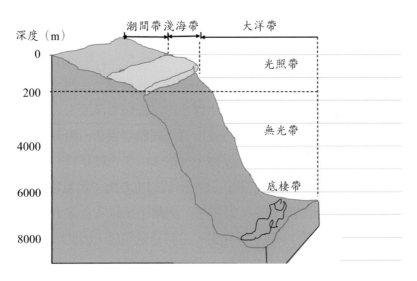

圖 10.15　海洋分區。在水平方向，海洋可分為潮間帶、淺海帶，以及大洋帶。在垂直
　　　　　方向，海洋可分為光照帶、無光帶，海床正上方是底棲帶。

淺海帶是海岸到大陸棚邊緣，深度小於 200 公尺的海域，又稱為近岸海域（coastal ocean），這個區域可視為陸地到海洋的轉換區。淺海帶有來自陸地與海底的營養，而且較淺的水域陽光可達海底，因此水中的浮游藻、底棲藻或水草與珊瑚都非常豐富，為海洋生態系初級生產力與生物多樣性最高的區域，也是海洋漁業的主要區域。淺海帶的大小與海底地形有關，在海底地形平緩的海岸，淺海帶寬度可以達到數百公里，而陡峭的海岸，如臺灣東部一些地方海岸，淺海帶寬度大多只有幾公里。

大洋帶指離開淺海區的更深水域，一般指深度大於 200 公尺的海域。海床地形跟陸地一樣多變化。位於菲律賓的馬里亞納海溝深度一萬一千多公尺，比陸地最高峰喜馬拉雅山的聖母峰的高度還大。海底為地球板塊張裂，新地殼形成的區域，因此有許多火山與海底熱泉等地質活動。

光照帶為靠近海洋表面，陽光可以穿透的區域，這區域的深度與該處海水的清澈度有關。在極度清澈的海域，這個深度最大可以到兩百公尺，極度混濁的近岸水域，光照區可能只有幾公尺。光照區充足的陽光提供浮游藻與底棲藻光合作用所需的光線，是海洋初級生產主要的發生區域，支持整個海洋食物鏈。

無光帶是陽光無法到達的深水海域，此區黑暗而寒冷。數千公尺的深海水溫可低到攝氏 2 到 3 度，水壓則非常高。由於缺乏食物來源，生存於無光區的水生物非常少，少數生物攝食從光照層沉降下來的藻類以及水生物的排泄物或屍體，這些稱為海洋雪（marine snow）的有機物。水下深度大於 6000 公尺的區域稱爲超深淵帶（hadal zone），生活在這裡的水生動物必須能適應寒冷、完全黑暗，而且極端高壓的環境。某些海域，例如位於太平洋或大西洋中央的中洋脊，有海底熱泉（hydrothermal vent）。熱泉噴出的硫化物可以被熱泉微生物利用來合成有機物，並在熱泉周邊完全黑暗的海底形成水生物群聚。

　　底棲帶（benthic zone）包括海床以及其上的沉積物表層與裡層，這裡有各種底棲生物與微生物。比較淺的水域，底棲帶可能有珊瑚礁或海藻床。底棲生物是許多海洋生物以及人類的食物來源，也提供重要的生態系服務，包括有機物的降解以及自然界的元素循環。底棲帶提供許多海洋生物攝食、繁殖以及棲息的環境。

海洋食物鏈

　　浮游藻爲海洋的主要初級生產者，這些藻類除了需要陽光之外，也需要營養鹽。全球海洋初級生產的分佈如圖 10.16 所示。近岸海域有來自陸地的營養鹽，海水初級生產高，成爲良好漁場。大洋帶的營養主要來自海底。中低緯度的海洋雖然陽光充足，但由於上下水層海水密度差異大，無法形成對流，海底營養鹽無法到達表層供藻類利用，成爲低初級生產的海洋沙漠（圖中深藍色區域）。高緯度海域表層海水溫度較低，容易與深層冷水對流，因此表層海水營養鹽濃度與初級生產力都比較高。

　　海洋食物鏈如圖 4.17 所示，包括初級生產者、初級消費者，以及更高階的消費者。海洋的初級生產者包括浮游植物以及海草等可以行光合作用的植物。海洋的初級消費者爲攝食浮游藻的浮游動物或濾食性的貝類，以及部分草食性魚類。海洋次級消費者爲肉食性動物，包括小型魚類、蝦子、螃蟹、海星等。更高級的海洋消費者爲掠食性魚類，如鯖魚、烏賊，以及位於海洋食物鏈頂端的鯊魚與海鳥。生產者與消費者的排泄物與屍體最終爲分解者所分解，回到海洋的無機環境。

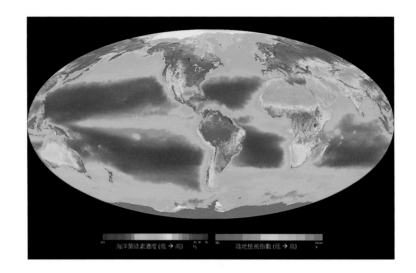

圖 10.16　全球海洋的初級生產力分布。海水葉綠素濃度由最低的深藍色到最高的紅色。靠近海岸的水域有來自陸地的營養鹽，初級生產力高。中低緯度地區表層海水溫度高，海水無法上下對流，底層海水的營養鹽無法到達表層供浮游藻利用，因此初級生產力低，成為海洋的荒漠。高緯度海域海水有顯著上下對流，初級生產力較高。

生產者
（水草、浮游藻）　　初級消費者　　次級消費者　　頂級消費者

圖 10.17　海洋食物鏈包括初級生產者如浮游植物與海草等可以行光合作用的植物。初級消費者為攝食浮游藻的浮游動物或濾食性的貝類，以及部分草食性魚類。海洋次級消費者為肉食性動物，包括小型魚類、蝦子、螃蟹、海星等。更高階的海洋消費者為掠食性魚類，如鯖魚、烏賊，以及位於海洋食物鏈頂端的鯊魚與海鳥。

10.6 海岸環境與生態

　　海岸（coastal zone）指陸地與海洋交會的地帶。海岸兼有陸域與水域環境，因此生態豐富，包括受到潮汐與波浪作用的**潮間帶**（intertidal zone），以及受淺水浸沒的**海岸濕地**（coastal wetland），還有熱帶淺水海域的**珊瑚礁**（coral reef）。海岸是都市發展最早以及人口最密集的地理區域。根據統計，全世界有 44% 人口居住在離海岸150 公里以內。大量的人口以及經濟活動對海岸環境造成沉重壓力。許多海岸被開發成為港口、工業區、住宅區，破壞了海岸的自然環境與生態。鄰近海岸的公共設施與住宅也特別容易因為大浪、暴潮，以及海平面上升而受到損壞。汙染是海岸的另外一個問題。來自陸地的廢水與廢棄物汙染海岸與近海水域，威脅到海岸生態系。**海岸線**（shorelines）可以是岩岸或沙岸，這兩類海岸的生態有很大差異。岩石海岸潮間帶有許多潮汐水池，岩石上附著海藻與各種貝類與螃蟹等水生動物，形成豐富的生態。沙岸形成平坦的灘地，潮汐與波浪造成海砂持續流動，水生物無法附著生長，生物多樣性較低。

圖 10.18　岩岸與沙岸的生態差異大。岩岸的潮間帶有許多潮汐水池，形成豐富的生態。沙岸為平坦的灘地，由於海沙持續流動，水生物無法附著生長，生物多樣性較低。

海岸型態
━━━ 岩石
━━━ 砂泥質
━━━ 砂質
━━━ 礁岩
━━━ 礫岩

台北市
桃園市   新北市
新竹市
新竹縣
宜蘭縣
苗栗縣
台中市
彰化縣
南投縣   花蓮縣
雲林縣
嘉義市
嘉義縣
台南市
高雄市   台東縣
屏東縣

圖 10.19　臺灣各種型態海岸的分布，東部以岩岸為主，西部多為沙岸。

　　潮間帶為海岸被潮汐週期性淹沒的部分。潮間帶的大小依海岸的坡度以及潮差而有很大差異，可以數公尺到數百公尺。岩石海岸潮間帶有許多附生的海藻與海菜，以及攀附於岩石上的藤壺、貽貝與海星，還有棲息在岩石洞穴的海參、海膽與螃蟹等動物，生物多樣性高。沙岸由於海沙受到坡浪的不斷懸浮與沉積，水生物生長不易，因此生物數量與多樣性都遠低於岩石海岸。沙岸潮間帶的動物多為可以挖洞的螺貝類與螃蟹。

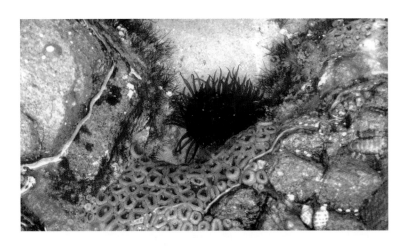

圖 10.20　岩石海岸的潮間帶有許多潮汐水池，形成豐富的生態。

　　海岸濕地是位於海岸周邊，永久或週期性淹水的樹澤、草澤，或泥灘。這些濕地由河川帶來的懸浮質堆積而成。由於日照充足以及河川持續帶來營養，這區域有大量的浮游植物與濕地植物，初級生產力與生物多樣性都高。大面積的海岸草澤與紅樹林可以降低水流與潮汐流速，讓水中有機與無機懸浮物沉降。濕地植物與浮游藻，以及泥中的微生物可以吸收或降解有機及無機汙染物，保護近海水質。大面積的海岸濕地也可以緩衝暴潮與大浪，避免沿海地區淹水與海岸侵蝕。

圖 10.21　海岸的紅樹林可以保護海岸，緩和波浪與暴潮的侵襲。紅樹林也是許多水生物、兩棲與爬行動物，以及鳥類的棲息地。

　　珊瑚礁生長在溫暖、日照充足、海水清澈的淺水海岸。珊瑚礁提供許多海洋生物棲息場所，因此有很高的生物多樣性與初級生產力，有如陸地的熱帶雨林。臺灣的珊瑚礁分布在東北角、台東、墾丁與澎湖及其他離島（圖 10.24）。珊瑚礁近幾十年來面臨人為的干擾與破壞，包括拖網捕魚對珊瑚礁造成的破壞、海岸土地開發與汙染造成的海水混濁，以及溫排水造成的水溫改變。氣候變遷對全球的珊瑚礁生態系造成全面影響。水溫的改變以及水中溶解二氧化碳濃度升高改變了珊瑚礁棲息地的物理與化學環境，造成珊瑚白化或死亡。

圖 10.22　珊瑚礁有很高的初級生產力與生物多樣性，也是熱門的遊憩景點。

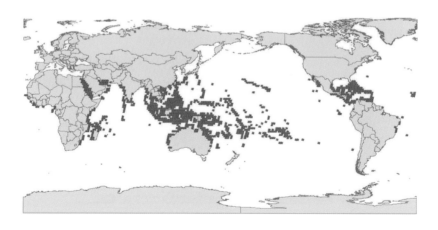

圖 10.23　全球珊瑚礁的分布。珊瑚礁主要生長在熱帶的淺水岩石海岸。

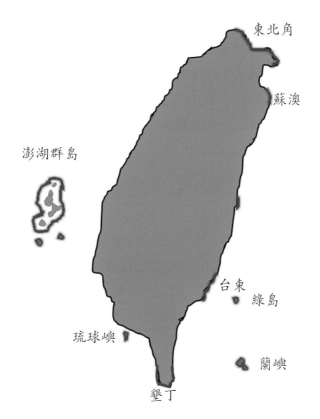

圖 10.24　臺灣珊瑚礁分布的岩石海岸。

10.7 海洋資源保育

海洋資源

　　海洋除了在全球氣候的調節與水分供應扮演關鍵角色之外，也提供人類許多重要資源。**海洋漁業**自古以來即是人類的重要食物來源，漁撈技術的進步使得海洋在食物供應上更形重要，然而長期的過漁卻造成海洋魚類族群崩潰，漁獲量減少，如何管理海洋漁業資源以維持海洋漁業的永續經營成了這個世紀海洋資源管理的重要課題。臺灣為島國，海洋一直是重要的食物來源。在 1970 年代畜牧業尚未發達之前，水產曾經是臺灣民眾蛋白質的主要來源。臺灣目前人均水產年消費量 35 公斤，也遠高於世界平均。海洋生物與陸地動植物一樣是許多醫學藥物的原料，或製造醫學藥物的重要藍圖。**海洋生物研究**也增進科學家對動植物生理的了解，有助於解決許多人類疾病與增進人體健康。

海洋也是**能源**與許多**礦物資源**的重要來源。海洋地層蘊藏大量的石油與天燃氣，近岸開採的石油與天然氣供應可觀的能源。人類社會正逐漸轉向永續性能源，海洋風能在能源供應上扮演逐漸重要的角色。海洋潮汐與波浪能量的利用也是永續性能源探索的對象。**水化甲烷**是海洋底部蘊藏的另一種重要能源。根據估計，這種在低溫、高壓水下環境形成的半固體甲烷水合物的能源蘊藏量高於全球石油、煤與天然氣蘊藏量的總和。

海洋生物多樣性

海洋與陸地一樣，有高度的生物多樣性與複雜的食物網，提供完整的生態系服務。海洋生物在海域的物質循環扮演重要角色。海水中初級生產者（大部分為微小的浮游植物）吸收水中的營養鹽，提供濾食性水生物以及更高階消費者所需的食物。在這過程，海水中的營養鹽以及汙染物如重金屬與有機毒物也被吸收，並隨著這些浮游生物的死亡而沉降於海底，因此有助於海洋水質的淨化。

海洋生態威脅的來源

海洋對地球提供重要的生態系服務，但受限於科學技術，我們對於海洋生態與生物多樣性的了解卻遠遠落後於陸地。雖然保育專家極力呼籲，但海洋所面臨的環境危機卻未得到社會大眾應有的重視。世界自然基金會（WWF）根據 217 種海洋與海岸水生動物調查結果，估計 1970 至 1999 的 30 年間，海洋物種族群指數下降了 30%，其中以印度及東南亞海域的下降最為顯著。海洋生態的威脅來自許多方面，包括以下幾個類型：

- **海岸與海岸濕地破壞**：根據 UNEP 的統計，從 1980 到 2000 的 20 年之間，全球紅樹林面積減少了五分之一，主要的破壞來自柴火的砍伐、水產養殖場的開闢，以及住宅與其它設施的興建。在臺灣，西南沿海包括雲林、嘉義與臺南的海岸大多被開墾成為養殖魚塭，許多地方魚塭大量抽取地下水，造成嚴重的地層下陷與淹水。臺灣有許多沿海聚落濱臨海岸，為保護這些社區免受海岸變遷與暴潮侵襲，因而大量興建海堤，海岸的天然景觀與生態受到全面的破壞。臺灣過多的漁港也破壞了海岸天然環境。根據統計，臺灣本島的漁港共有 149 處，許多漁港為近岸漁業船隻專用，但近年來已使用率不高。

- **過度捕撈**：過度捕撈造成全球許多海洋魚類商業滅絕（commercial extinction），也就是目標魚種的捕撈已經無利可圖。臺灣近岸漁業商業滅絕情況存在已久，目前海產絕大部分仰賴進口以及養殖漁業與遠洋漁業。雖然透過禁魚可以讓海洋魚類族群數量恢復，但魚種枯竭嚴重的區域，族群數量恢復所需時間可能需要二十年以上。黑鮪魚提供高級生魚片，為高經濟價值魚種，然過度獵捕的結果，太平洋黑鮪魚目前只剩原有族群數量的 2.6%。鯊魚鰭是魚翅料理的主要原料，魚翅為中式料理的高級食材。由於鯊魚肉經濟價值不高，過去數十年鯊魚撈捕都採用割鰭棄身的方式，將捕獲的鯊魚割下魚鰭之後，魚身丟回海洋任其死亡，這種不永續的海洋生物資源利用方式導致鯊魚族群數量急劇降低。雖然經過世界各國與保育團體的管理與大力宣導，這樣的行為已大幅減少，但目前每年仍有近一億隻鯊魚遭到獵捕，造成 32% 鯊魚物種面臨滅絕威脅。

大型魚類的過度捕撈造成商業性捕魚轉向較小型魚類，但如此做造成大型魚類食物來源斷絕，使得大型魚類族群數量的復元更加困難。流網捕魚法（drift net fishing）施放長達數十公里，沉於水下約 15 米的漁網，來攔截海洋表層大型魚類，大量非目標魚種則被丟回海中，有很大的比例因而死亡，其中包括許多海洋哺乳類動物以及海鳥與海龜。延繩釣捕漁使用長可達一百公里的繩索，上面繫著許多魚鉤與釣餌來釣捕大型魚類如旗魚、鮪魚、鯊魚等，但這些魚鉤也經常釣到海龜、海豚以及海鳥。養殖漁業雖可補充海洋魚源枯竭的一部分缺口，但養殖所需的飼料有一大部分來自海洋捕獲的雜魚。這些數量龐大的雜魚也許只有作為魚飼料的經濟價值，但他們在海洋生態扮演重要的角色，大量捕撈的結果危害到海洋生態。

圖 10.25　等待曬乾的魚翅。鯊魚鰭是高價魚翅羹的材料，魚翅的消費造成鯊魚被大量獵捕，威脅到鯊魚族群的存續。

- **海洋汙染**：海洋是個巨大的自然淨化系統，人類長久以來也確實將海洋當成一個大垃圾場，將所有的垃圾、汙水與各種化學物質排放到海洋而未曾發生問題。但隨著全球人口成長與物資的大量使用與廢棄，人類所排放的汙染已超出海洋的自然淨化能力，逐漸改變了海水的化學組成，並危害到海洋生態。海洋汙染可以分成營養鹽、溢油，以及重金屬汙染三種類型：

  —**營養鹽與優養化**：近海優養化造成藻華、缺氧，以及魚類死亡，或形成大範圍魚類走避的死區。優養化為水中過多的植物營養所造成，這現象在淡水水域相當普遍。海洋優養化主要發生在河口、海灣，以及近海，這些區域承受來自陸地的營養鹽，尤其是農業區所使用的肥料，以及人類或牲畜的排泄物。優養化是一系列的反應所造成，一開始因水中營養鹽過多造成浮游藻大量生長，這些浮游藻死亡之後被微生物分解，並消耗大量氧氣，造成水中溶氧過低，影響水生物呼吸，嚴重時可導致魚群以及各種貝類與底棲水產，如蝦子、螃蟹等死亡，造成近海漁業的經濟損失。營養鹽排放減量是控制海洋優養化的根本方法，包括農田肥料管理以及各類廢汙水的營養鹽去除。

  —**重金屬汙染**：海洋承接來自陸地的各種有害物質，包括毒性金屬，其中以汞對人體健康造成的可能危害最受關注。許多原因造成這樣的情況。一方面汞有廣泛的天然與人為來源，火山、金屬冶煉、燃煤等排放的氣體，以及許多工業廢水、廢氣與商品都含有汞。另一方面，汞很容易以氣體的形態存在，隨著氣流傳輸，分布到地球的每個角落。環境中無機汞可以透過生物作用形成甲機汞，甲機汞有很強毒性。汞與甲機汞都為脂溶性，容易在脂肪含量高的生物體組織中累積，並在各種生態系的食物鏈中被生物放大。在海洋食物鏈，高營養階的大型掠食性魚類如旗魚、鯊魚、鯖魚、鮪魚等，有最高的汞含量。汞可以對中樞神經造成傷害，對於腦部正在發育的胎兒，汞造成的傷害尤其嚴重。因此醫生建議，孕婦應避免大量攝取這一類魚肉。汞中毒最著名的案例發生在日本水俁市，當地許多居民因食用受到汞汙染水域捕撈的水產而的罹患嚴重神經疾病。

  —**溢油汙染**：海洋溢油汙染兩個主要來源是油輪與近岸油井意外事故造成的洩漏。海洋是原油運輸的主要管道，巨型油輪發生意外可對海洋生態造成災難性的破壞。洩漏的原油在海面形成一層浮油，沾汙水鳥羽毛或海洋哺乳類動物的皮毛，使這些動物失去飛翔或保暖能力，導致死亡。溶解於海水中的碳氫化物改變海水的化學與微生物環境，以及海域的食物鏈結構，傷害海洋生態。溢油汙染也造成重大的經濟損失，尤其是漁業與觀光產業。溢油的清理昂貴而且費時。歷史上最大的一次油輪溢油汙染是 1989 發生在美國阿拉斯加的艾克生石油公司（Exxon Corp.）瓦爾迪茲號（Valdez）油輪的溢油事件。該艘 300 公尺長，滿載 23 萬噸原油的油輪在阿拉斯加的普林斯威廉灣（Prince William Bay）觸礁擱淺，造成據估計 37,000 噸的原油洩漏，汙染造成的損失超過五億美元。另一個嚴重的溢油事件於 2010 年發生在美國路易斯安那州南邊墨西哥灣。屬於英國石油公司（British Petroleum）的深水地平線鑽油平台（Deepwater Horizon）發生爆炸意外與火災，以及水面下 1,500 公尺處的鑽油管斷裂。在最後成功封井的數個月期間，該油井洩漏了 78 萬立方公尺原油到墨西哥灣，造成沿岸各州重大的經濟損失。

圖 10.26　海洋的溢油沾汙水鳥羽毛或海洋哺乳類動物的皮毛，使這些動物失去飛翔或保暖能力，造成死亡。

圖 10.27　工人清洗受瓦爾迪茲號油輪溢油汙染的海岸。

案例：深水地平線（Deepwater Horizon）的溢油汙染

　　深水地平線是英國石油公司所租用的近海鑽油平台，位於美國路易斯安那州海岸外 66 公里處的墨西哥灣中。2010 年 4 月 20 日，油井發生天然氣衝出及後續的爆炸與火災意外，造成 11 個工作人員死亡與 17 人受傷。鑽油管在水下 1,500 公尺深處斷裂，並持續洩漏原油。估計在最高峰階段，洩漏速率達每天 60,000 桶。直到數個月之後油管被完全封閉之前，油井共洩漏了 490 萬桶原油到墨西哥灣。這次大規模的漏油造成重大的環境傷害與經濟損失。估計因油汙致死的水鳥有 80 萬隻，海龜 6 萬 5 千隻，受汙染的海灘達 1,770 公里，遍及路易斯安那、阿拉巴馬、佛羅里達與密西西比州。溢油汙染造成重大的經濟損失。政府宣佈受汙染的海岸禁止捕魚，許多漁民失去經濟來源，度假海灘關閉也造成旅遊從業人員失業。汙染清理費用大約 200 億美元，若加上賠償、罰金，以及長期復育費用，估計英國石油公司為這次意外共付出 790 億美金。

圖 10.28　英國石油公司深水地平線鑽油平台意外造成爆炸、火災，以及溢油汙
　　　　　染，嚴重影響海洋與海岸生態。

圖 10.29　飛機噴灑化學藥劑來清理海面浮油。分散劑可以溶解油汙，加速油汙分
　　　　　解。

— **外來種入侵**：海洋入侵物種與陸地入侵物種一樣，可能大量繁衍而威脅到原生物種的生存與生物多樣性。貨輪的壓艙水是最主要的海洋入侵物種來源。為了航行穩定，空貨輪需要使用大量壓艙水，到了裝載港口排出壓艙水時，也將裡面的水生物釋放到附近海域。另有許多附著性水生物可以吸附在船殼，被帶到新的水域。美國東岸的斑馬貽貝（zebra mussel）為水生物入侵的典型例子。斑馬貽貝屬於淡水或半鹹水貝類，原分布於裏海與黑海，以及流入這兩個內陸水體的河川。1998 年美國五大湖開始出現這種貽貝，之後蔓延到北美東部與中部的許多河川。斑馬貽貝生長快速，並吸附於水中的岩石或港灣結構物，造成許多發電設施、取水設施、船隻等運作上的困擾。這些貽貝大量消耗浮游藻，也造成其他魚類食物缺乏。

圖 10.30　斑馬貽貝繁殖快速，對入侵水域生態與生物多樣性造成傷害。

— **珊瑚礁破壞**：珊瑚礁的破壞來自許多方面。拖網捕魚可以對珊瑚礁造成大範圍的破壞，盜採也造成部分地區珊瑚族群數量減少。陸地土壤侵蝕與廢水排放造成海水混濁，影響共生藻的光合作用，導致珊瑚白化。水溫改變也會讓共生藻離開珊瑚，一些地方夏季較高的水溫也造成非人為的珊瑚白化。隨著氣候變遷，這樣的現象將變得更加頻繁與全面。大氣二氧化碳濃度升高造成海水酸化（acidification），海洋的酸鹼度從 1751 年的 8.18 下降到目前的 8.07。海水酸化影響珊瑚骨架的密度與形成速度，以及族群的健康。

圖 10.31　珊瑚因為失去共生藻而白化。混濁、水溫改變等因素造成共生藻減少或消失。

一 **氣候變遷**：全球暖化直接影響到海洋的生態與環境。人為排放到大氣的二氧化碳有三分之一被海洋吸收，這些二氧化碳溶解於海水形成碳酸。**海水酸化**對海洋生物造成影響，包括某些海洋生物的新陳代謝速率與免疫力下降、珊瑚白化，並影響珊瑚、貝類與浮游植物等的生物體的成鈣過程。大氣暖化造成的直接後果為**海平面上升**。海水位上升來自陸冰融化以及海水升溫膨脹。在過去 120 年，全球海平面已上升 20 公分，根據全球暖化模式預測，在 2100 年之前，地球海平面將再上升 18～60 公分，最壞的情況可達 150 公分。海平面上升危及全球許多海岸城市。根據 OECD 的預測，由於海平面上升，到 2070 年，全球將有一億五千萬人的居所受到威脅，遠高於目前的四千萬人。許多小島已面臨海岸低地淹沒與居住面積縮小的危機。位於赤道附近太平洋中的馬紹爾群島（Marshall Islands）各島嶼都受到海平面上升的威脅，高程僅 0.9 公尺的首都馬久羅（Majuro）遭到越來越頻繁的暴潮侵襲，面臨整個國家必須遷移的危機。臺灣雖然地形多山，但主要城市都沿著海岸興建，海平面上升將造成巨大的社會與經濟損失。根據綠色和平組織的分析，由於海平面持續上升，2050 年臺灣將有大約 1,400 平方公里的沿海低地被海水淹沒，占臺灣本島面積 4%，受影響人口約 120 萬人，為全台人口的 5%。受淹水影響最嚴重的區域為西南沿海，其中以台南市受影響面積最大，約 310 平方公里。

圖 10.32　馬紹爾群島共和國包括 5 個島嶼與 29 個環礁，圖為最大的島嶼與首都所在地馬久羅島（Majuro）。因為海平面上升，馬紹爾各島遭遇越來越頻繁的淹水，若海平面持續上升，將面臨整個國家約 6 萬居民的集體遷徙。

10.8 海洋生態管理

　　生態式環境管理（ecosystem-based management, EBM）是最全面性的保育策略。生態式海洋管理透過對於海洋生態系各因子之間互動的了解，來進行海洋環境管理，這些因子包括海洋環境、海洋生物，以及人類活動。EBM 的目標不只是保護個別物種或生態系，或解決單一問題，而是全面性的管理海洋生物與它們的棲息環境，以及人類活動與海洋資源的利用。EBM 強調以下各項：

- **多目標海洋保育**：EBM 檢視海洋生態服務所提供的多方面效益，包括商業性漁業與休閒漁業、生物多樣性保育功能、永續性能源的生產，以及海岸保護。

- **重視海洋環境的連結性**：EBM 的核心在了解海洋生態系的各種連結，包括海洋環境與生物之間，以及與人類經濟與社會的連結。不同海域的海洋生物與物質透過遷移以及海流產生連結，因此海洋保育必須整合資源與行動。

- **關注累積性的環境衝擊**：海洋生態衝擊的類型多元，如過漁、海岸開發、海床填挖、原油開採等，個別活動所造成的影響也許不顯著，但海洋環境跟許多其他環境一樣，破壞是一點一滴累積而成。因此，海洋環境管理必須有系統性思維，根據整體的需求，進行細部的管理。

- **強調不同部門的合作**：解決不同部門所產生的問題必須為這些部門設定海洋生態保育的共同目標。例如海洋生物多樣性保育牽涉到漁業、石油業、航運業、生態旅遊業，此時必須設定所有業別共同認可並願意遵循的政策，而非個別產業有自己的目標。

- **增進大眾認知**：許多海洋生態問題不為大眾所了解，因此提供民眾正確資訊，讓大眾對於海洋生態的各種議題有完整與正確的認知，是推動海洋保育的重要工作。

結語

　　水就是生命。臺灣的河川大多坡陡流急，水資源利用困難，水的供應主要依賴水庫，水壩的興建與水庫蓄水顯著改變河川生態。為了防洪而興建的堤防也限制了河川天然的沖淤與蜿蜒程序。臺灣的河川與水庫也普遍面臨優養化問題，對於水域生態以及飲用水安全造成不利影響。外來種入侵的問題也相當普遍，許多水體充斥外來魚種如琵琶鼠、泰國鱧、虎魚，這些入侵種大量繁殖，排擠其他魚種的生存空間，影響這些水體的生物多樣性。改善淡水水域生態需要減少汙染排放，尤其是造成優養化的磷與氮等營養鹽。集水區須做好土壤侵蝕控制以及農田肥料管理，廢汙水必須經過處理，遭到外來種入侵的水體需進行生態復育，同時避免引進新的入侵物種。

　　臺灣四面環海，號稱海洋國家，海洋對於臺灣的自然生態與經濟有顯著的重要性。臺灣位於地球的乾燥氣候帶，但海洋帶來充沛水氣，創造臺灣豐富的生物多樣性。海洋漁業也一度是臺灣非常重要的產業。臺灣海域環境面臨一些值得關注的問題。我們的海岸線充斥著消波塊以及大大小小的漁港與各種人工構造物，天然海岸線所剩無幾。過漁造成臺灣近海魚源枯竭，近海漁業已幾乎不存在。汙染是臺灣海洋生態的另一個主要問題。河川攜帶來自陸地的廢汙水，影響近海水質並造成優養化。許多海岸佈滿各類廢棄物，包括河水帶來的陸地廢棄物與近海養殖漁業廢棄物。海洋環境管理牽涉層面很廣，必須採用生態式環境管理（EBM）的全面性保育策略。我國海洋委員會於 2018 年設立，負責海洋事務的統合管理，其下的海洋保育署負責海洋生態保育、海洋汙染防治與海洋資源管理等事務。海洋委員會與海洋保育署的設置符合生態式海洋環境統合管理的概念。

本章重點

- 河川環境與生態
- 河川保育
- 河口環境與生態
- 河口保育
- 湖泊環境與生態
- 湖泊保育
- 濕地環境與生態
- 濕地的功能與價值
- 濕地保育
- 海洋環境與生態
- 海洋保育
- 海岸環境與生態
- 海岸保育
- 海洋生態管理

問題

1. 說明什麼是河川的集水區與分水嶺。
2. 什麼是洪水平原？有何地理特徵？
3. 什麼是河川流量？流量的單位是什麼？
4. 河川生態系有哪些重要的環境因子？這些環境因子對於河川生態有何影響？
5. 什麼是沉水植物、挺水植物、浮葉植物與漂浮水生植物？
6. 水壩對於河川生態造成什麼樣的影響？
7. 河川洪水堤防對於河川環境造成怎樣的影響？
8. 什麼是河口？河口環境有哪些特徵？
9. 為什麼河口生態系有很高的初級生產力？
10. 優養化對於湖泊生態造成怎樣的影響？
11. 說明酸性泥炭澤與礦質泥炭澤的差異。
12. 濕地有哪些重要的生態功能？
13. 什麼是海洋的光照帶？對於海洋生態有何重要性？

14.岩石與砂質海岸在生態上有何差異？

15.海洋漁業對海洋生態造成哪些影響？

16.溢油汙染對於海洋生態造成哪些影響？

17.氣候變遷對海洋生態造成哪些影響？

18.生態式海洋管理與傳統海洋管理有何不同？有什麼優點？

專題計畫

1. 觀察一個位於山區的河川上游河段與一個位於平原的下游河段，說明兩者在河床形態、水文與生態上的差別。

2. 觀察一個你住家附近的河川，畫出河川的草圖，標示洪水平原、河岸、淺水植物區，以及開放水域。說明你在河川各個分區觀察到的生物，以及各區的生態功能。

3. 描述你所觀察河川的河水外觀，根據外觀與味道判斷水質好不好，並試著了解該河川的汙染來源。

4. 觀察一個你住家附近的水塘或湖泊，劃出這個水塘或湖泊的草圖，標示各個分區。觀察湖泊各個分區的生物，以及各分區的生態功能。

5. 在你住家附近找到一片濕地，劃出濕地的草圖，說明這個濕地有哪些可能的生態功能。

圖 11.1 摩洛哥沙漠中的大城延吉爾（Tinghir），沙漠中的綠洲見證了「水就是生命」
這句話。

　　生命都需要水。細胞運作所需的氣體與營養物由水來輸送，所產生的代謝物也由
水來排除。就人類社會而言，我們需要水來灌溉農田、生產食物。我們也需要乾淨的
水來飲用並做日常生活的清潔。工業生產也需要水，例如食品、造紙、鋼鐵、石化以
及電子等產業都需要大量用水。

　　我們使用的淡水主要來自河川、水庫，以及貯存在地底下的地下水，這些水屬
於全球水循環的一部分。因此，水是可再生資源，地球的水透過水文循環在環境中一
再被更新。雖然自然界源源不絕供應潔淨的淡水，但水的需求與供應在時間與空間的
分布並非均勻，尤其在人口密集、產業發達的都會區，水的穩定供應成為一項挑戰。
水也是糧食生產的必要資源，許多國家近數十年來人口快速成長，對於糧食的需求隨
之擴大，農業灌溉大量取水造成許多地區面臨**缺水**（water shortage）。在此同時，大

氣暖化造成降水型態的改變，使得一些地區缺水的狀況更加顯著。在來源有限的前提下，如何有效運用水資源以滿足越來越多人口的生活、食物生產，以及工業製造的用水需求，是世界許多國家與地區所面臨的考驗。缺水固然造成問題，過度集中的降雨或融雪卻可造成**洪水**（flooding）。臺灣南部雨季集中，經常發生雨季來臨之前缺水，而雨季卻又豪雨成災的情況。**水汙染**（water pollution）是水資源管理所面臨的第三項課題。在供應量有限的情況下，水汙染使得乾淨用水的取得更加困難。水汙染也對水域生態的健全造成危害。

11.1 水的來源

地球被稱做藍色星球（the blue planet），因為海洋占了地球 70% 面積，但海水並不適合生活在陸地的人類以及其他動物與植物利用。陸地淡水所占全球水量比例雖少，但對人類社會以及陸域生態有關鍵性的影響。如表 11.1 所示，陸地淡水占全球水量約 3%，這些淡水又絕大部分以冰雪的型態被封鎖在兩極冰帽與高山冰河，液態淡水又有絕大部為地下水。地表水（河川、湖泊與水庫）是我們最方便取用的淡水，但這部分淡水只占全球水量約 0.01%。有人比喻，若地球的水可裝滿一個 50 加侖的汽油桶，則我們可直接取用的地表淡水只有約一茶匙。地球淡水可經由水文循環不斷更新，因此雖然陸域淡水存量有限，但屬於可再生資源，若做好水資源管理，則自然界可以源源不絕供應人類社會所需的淡水。

表 11.1　地球水的分布。雖然我們可以取用的河、湖等地表淡水所占比例很低，但水是可再生資源，若做好水資源保育與管理，仍可滿足人類社會的需求。

貯存庫	全球水量占比
海水	97.2%
冰帽／冰河	2.0%
地下水	0.62%
淡水湖泊	009%
鹹水湖泊／內陸海	0.08%
大氣	0.001%
河川	0.0001%
總計	100%

降水

　　降水（precipitation）指水降到地面的所有水文程序，包括下雨、下雪、冰雹、霧與露，其中以降雨及下雪為陸地淡水最主要的來源。全球降水的分布主要受到大氣環流、水氣來源、地形等三個主要因素影響。赤道周邊是地球大氣環流的低壓區，上升氣流造成大量降水。地球中低緯度為大氣沉降區，氣候乾燥，成為沙漠集中的區域。中高緯度是另一個低壓區，此區降水量雖不如赤道周邊，但在靠近海洋、水氣來源充沛的地帶也可形成雨林。高緯度的極區一帶為大氣環流的沉降區域，寒冷而乾燥。

世界各國年平均降水量，2017

Precipitation in millimeters per year. Precipitation is defined as any kind of water that fells from clouds as s liquid or a solid.

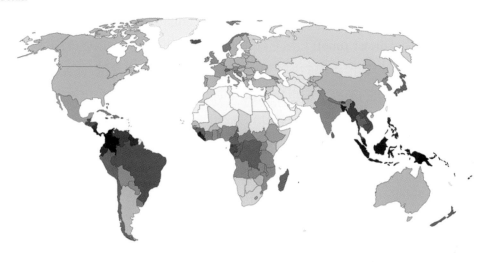

| 0mm | | 250mm | | 750mm | | 1,250mm | | 1,750mm | | 2,252mm | | 3,000mm | |
| No data | 100mm | | 500mm | | 1,000mm | | 1,500mm | | 2,000mm | | 2,500mm | | 3,500mm |

Source: Food and Agriculture Organization of the United Nations (via World Bank)　　　CC BY

圖 11.2　全球降水分布——世界各國年平均降水量。降水（precipitation）指水降到地面的所有水文程序，其中以降雨及下雪為最主要。赤道周邊以及中高緯度為全球降水集中地區。

　　地形也影響降水，主要風向的迎風面氣流上升，形成降雨，氣候潮濕，而背風面氣流下降，氣溫上升，形成乾燥的氣候區。北美西岸洛磯山脈兩側，迎風面的太平洋沿岸有顯著降水，而背風面則形成溫暖、乾燥的焚風，稱為**欽諾克風**（Chinook

wind），造成加拿大艾柏塔省以及美國西北邊華盛頓州東半部的乾燥氣候。臺灣島嶼
中央有山脈貫穿，這樣的地形也對降雨型態造成影響。西半部降雨集中在吹西南風的
夏秋季，晚秋至初春吹東北風，位於中央山脈背風面的西部平原天氣乾燥，而位處迎
風面的東部與北部，則有顯著的雨量。

就全球大氣環流來看，臺灣位處北回歸線周邊，是地球最乾燥的地區之一，這一
緯度的內陸大多乾旱，甚至形成荒漠。但臺灣是海島，水氣來源充沛，山脈造成的地
形雨對臺灣的降水量有顯著貢獻。臺灣也位於颱風路徑上，每年颱風為臺灣帶來大量
降雨，甚至豪雨成災。

地面水

地面上所有依靠重力流動的天然水流稱為**逕流**（runoff）。當次降雨所造成河川
水流稱為**直接逕流**（direct runoff）。非降雨期間河川中的水流為以往下雨或融雪入
滲至地下，並沿著河岸緩慢滲出的地下水流，稱為**晴天水流**或**基流**（base flow）。
每個河川有其收集降水的範圍，稱為**集水區**（watershed），相鄰的集水區以**分水嶺**
（divide）為分界。不同河川的集水區規模差異很大，大型河川如密西西比河集水區
涵蓋美國本土約 40% 面積。臺灣前五大河川的長度、流量以及集水區大小如表 11.2
所示，其中以高屏溪集水區面積最大，流量也最豐沛，長度則以濁水溪最長。大型河
川可以維持穩定的晴天流量，小型河川的晴天流量小。臺灣許多河川非降雨期間乾
枯，成為間歇流的型態。

表 11.2　臺灣前五大河川的長度、流量與集水區面積

河川	長度（km）	流域面積（km²）	平均流量（m³/s）
濁水溪	186	3157	165
高屏溪	171	3257	268
淡水河	159	2726	180
曾文溪	138	1176	75
大甲溪	124	1236	41

地下水

地下水（groundwater）指貯存於地層中的水，可以是淡水或鹹水，但淺層地下水以淡水爲主，是地球液態淡水最大的儲存庫。地下水分布很廣，陸地大部分地區都蘊藏有地下水。由於地下水分散且運用時必須抽水，因此地下水的使用量遠不及地面水，但在一些乾燥氣候區，農田灌溉與生活用水高度仰賴地下水。

地下水得到地面水的持續**補注**（recharge）。地表水滲入到地下的過程稱爲**入滲**（infiltration）。地表水入滲速率受到許多因素影響，主要因素包括土壤質地、地表覆蓋、地面坡度，以及土壤含水量。砂質土壤透水性好，入滲率高，黏土質土壤或岩石雨水入滲不易。有草木生長的地面入滲量也大於裸露的地表或不透水的路面以及建築物遮蔽區域。地表坡度對於入滲也有顯著影響。坡度和緩的地面水流緩慢，入滲量大。低地如濕地與水塘，降水期間可以蓄水，並持續補注地下水。土壤水分狀況也影響入滲，若土壤乾燥，則入滲顯著，飽和土壤入滲率低。臺灣南部冬季乾旱，土壤吸水容量大，因此春季初期降雨往往無法形成顯著逕流。反之，夏季降雨頻繁，土壤入滲率低，容易造成洪水。

存有地下水的地層稱爲**含水層**（aquifer）。地球表面岩石崩解與風化形成粒徑不一的顆粒，經過運移與沉積形成沉積層。由粗砂與礫石構成的沉積層孔隙大，允許地下水的貯存與流動，成爲良好的含水層。顆粒極細的土壤不透水，例如黏土，形成地下水不易穿透的**阻水層**（aquitard）。地底透水層與不透水層交錯，形成如圖 11.3 的地下含水層構造。最靠近地表的含水層與大氣相通，水位隨著蓄水量而有季節性變化，這一個含水層稱爲**自由含水層**（unconfined aquifer）。地下水位以上一直到地面是**不飽和層**或**通氣層**（vadose zone），土壤孔隙存在水分與空氣。自由含水層以下的其他含水層都包夾在兩個不透水層之間，稱爲**受限含水層**（confined aquifer）。受限水層受到靜水壓力，因此當水井打到這一層時，井內水位將高於含水層頂。由於地殼變動含水層可能露出地面，如圖 11.3 左側，成爲地下水**補注區**（recharge area）。

地下水流動緩慢，流速最快可到一天數十公尺，較慢的一天只流動幾公分，甚至完全不流動。地下水井抽水時水井周邊水位下降成喇叭狀，稱爲**洩降錐**（cone of depression）。鄰接的水井可能因爲洩降錐重疊而影響彼此的抽水量，甚至造成較淺的水井乾枯。沿海地區水井也可能因地下水超抽而造成海水入侵與水井鹽化（圖 11.4）。

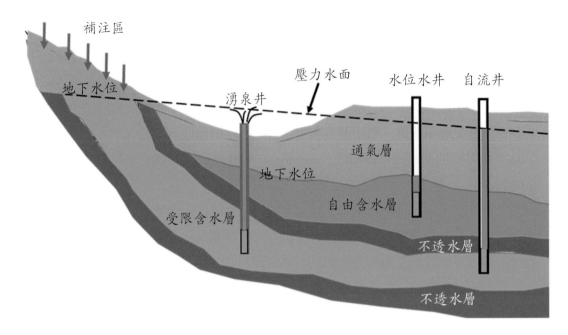

圖 11.3　地下水含水層包括位於最上層的自由含水層，以及以下的多個受限含水層。
　　　　自由含水層水井水位與地下水位同高，受限含水層承受水壓，水井水位可到
　　　　壓力水面，這類水井稱為自流井。自流井水位若高於地面，則水井成為自然
　　　　湧出的湧泉井。

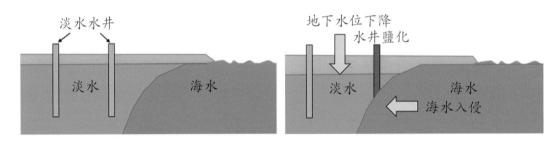

圖 11.4　地下水超抽造成海水入侵與水井鹽化

　　美國中西部的 Ogalala 地下水含水層分布在美國中部平原的 8 個州（圖 11.5），
提供美國 27% 灌溉土地所需的灌溉水，以及區域裡面 80% 以上的生活用水。長期大
量抽水的結果造成地下水位顯著下降，最大可達 90 公尺。這個區域是美國穀物與棉
花的種要產區，地下水枯竭將對於美國糧食與棉花生產造成重大影響。目前美國政府
正採取各種灌溉水管理措施，降低灌溉用水的消耗。臺灣沿海一些地區因為大量抽取

大下水供應水產養殖與灌溉而有地層下陷情況，下陷地區約占臺灣平原十分之一面積，其中又以彰化、雲林、嘉義沿海最為嚴重，許多沿海鄉鎮因為地層下陷而長期淹水。雲林地區農田抽取地下水灌溉也造成地層下陷，有影響高速鐵路安全的疑慮。

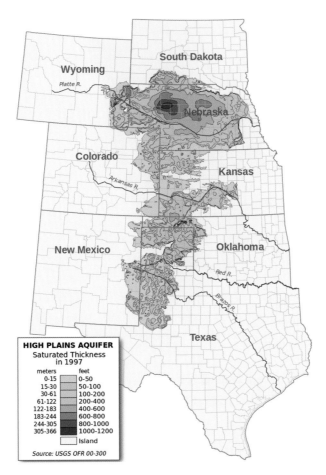

圖 11.5　位於美國本土中部的 Ogallala 含水層。該含水層供應美國高地平原（High Plains）農田主要的灌溉水與生活用水。長期大量抽水造成地下水位大幅下降，最大可達 90 公尺。這個區域是美國穀物與棉花的重要產區，地下水枯竭將對美國的農業生產造成重大影響。

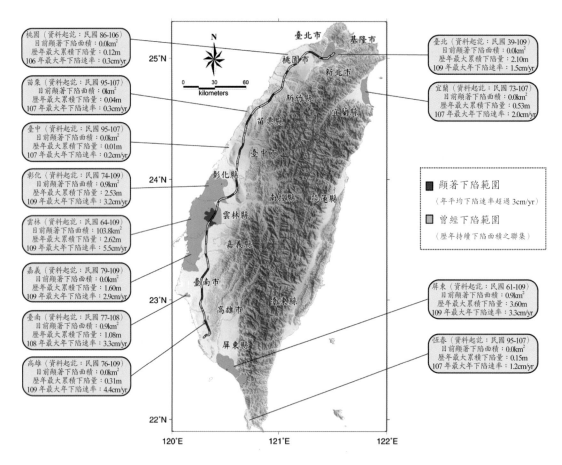

桃園（資料起訖：民國 86-106）
目前顯著下陷面積：0.0km²
歷年最大累積下陷量：0.12m
106 年最大年下陷速率：0.3cm/yr

苗栗（資料起訖：民國 95-107）
目前顯著下陷面積：0km²
歷年最大累積下陷量：0.04m
107 年最大年下陷速率：0.3cm/yr

臺中（資料起訖：民國 95-107）
目前顯著下陷面積：0.0km²
歷年最大累積下陷量：0.01m
107 年最大年下陷速率：0.2cm/yr

彰化（資料起訖：民國 74-109）
目前顯著下陷面積：0.9km²
歷年最大累積下陷量：2.53m
109 年最大年下陷速率：3.2cm/yr

雲林（資料起訖：民國 64-109）
目前顯著下陷面積：103.8km²
歷年最大累積下陷量：2.62m
109 年最大年下陷速率：5.5cm/yr

嘉義（資料起訖：民國 79-109）
目前顯著下陷面積：0.0km²
歷年最大累積下陷量：1.60m
109 年最大年下陷速率：2.9cm/yr

臺南（資料起訖：民國 77-108）
目前顯著下陷面積：0.9km²
歷年最大累積下陷量：1.08m
108 年最大年下陷速率：3.3cm/yr

高雄（資料起訖：民國 76-109）
目前顯著下陷面積：0.0km²
歷年最大累積下陷量：0.31m
109 年最大年下陷速率：4.4cm/yr

臺北（資料起訖：民國 39-109）
目前顯著下陷面積：0.0km²
歷年最大累積下陷量：2.10m
109 年最大年下陷速率：1.5cm/yr

宜蘭（資料起訖：民國 73-107）
目前顯著下陷面積：0.0km²
歷年最大累積下陷量：0.53m
107 年最大年下陷速率：2.0cm/yr

屏東（資料起訖：民國 61-109）
目前顯著下陷面積：0.9km²
歷年最大累積下陷量：3.60m
109 年最大年下陷速率：3.3cm/yr

恆春（資料起訖：民國 95-107）
目前顯著下陷面積：0.0km²
歷年最大累積下陷量：0.15m
107 年最大年下陷速率：1.2cm/yr

■ 顯著下陷範圍
（年平均下陷速率超過 3cm/yr）

□ 曾經下陷範圍
（歷年持續下陷面積之聯集）

圖 11.6　臺灣沿海地區地下水超抽造成地層下陷，影響面積約占臺灣平原十分之一，其中又以彰化、雲林、嘉義沿海最為嚴重，許多濱海村落因此長期淹水。

11.2 水資源利用

　　水資源利用可依照用途大致區分為農業用水、生活用水、工業用水，這三個類型用水造成水量減少或水質劣化，稱為消耗性用水。水的非消耗用途包括環境保育、遊憩與航運，這類用途並未減少水量或顯著降低水質。以全球而言，農業用水所占比例最高，根據世界銀行統計，約占全部用水量的 70%。水資源第二個主要用途是生活用水與工業用水，合占約總用水量的 30%。灌溉需水量因作物以及灌溉方式而有很大差異，熱帶及亞熱帶國家種植水稻所需灌溉水量大，寒帶種植小麥，所需灌溉水量較少。而乾燥氣候區採取的噴灌又比熱帶普遍採用的淹灌需水量少。

　　人的生活脫離不了用水，但人均用水量在不同國家或地區有很大差異。影響生活用水量的因素包括用水取得的方便性、氣候、經濟狀況、水價以及節水政策。在沒有自來水系統的地區，家庭使用人力取水，用水量有限。自來水系統的使用大幅提高用水的方便性與用水量，尤其現代化家庭使用沖水馬桶與洗衣機，大幅增加生活用水的消耗。根據水利署統計，臺灣人均生活用水量約每日 275 公升，為用水量較高的國家，世界部分國家的生活用水量如圖 11.7 所示。雖然一般而言用水量隨著經濟改善而有升高趨勢，但近年來發達國家由於保育意識抬頭以及節水措施的落實與省水設備的使用，人均用水量有逐年降低的趨勢。水價也影響用水量，許多國家採取高水價政策，這些國家的人均用水量一般都低。工業用水量因產業型態而有很大差異，許多產業需水量大，例如造紙、食品、紡織、鋼鐵、石化、積體電路等產業都需要大量用水。

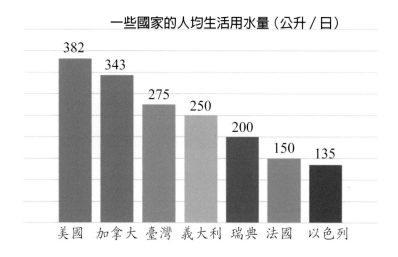

圖 11.7　世界部分國家的人均生活用水量。臺灣由於氣候炎熱、水價便宜，以及管路漏水率高等因素，人均用水量高於許多已開發國家。

全球水資源現況

　　根據聯合國統計，全球可更新的水資源約每年 43,750 立方公里。美洲擁有最多的水資源，占全球的 45%，亞洲 28% 次之，歐洲為 15.5%，非洲 9%。在人均可取得水量方面，美洲為每人每年 24,000 立方公尺，歐洲為 9,300 立方公尺，非洲為 5,000

立方公尺,亞洲為 3,400 立方公尺。以國家來做區分,淡水資源量各國有很大的差異,從科威特的每人每年 10 立方公尺到每年每人超過 100,000 立方公尺的加拿大、冰島、加彭、蘇利南。就人均可用水量而言,全球最缺水資源的十個國家為巴林、約旦、科威特、利比亞、馬爾地夫、馬爾他、卡達、沙烏地阿拉伯、阿拉伯聯合大公國、葉門。根據估計,一個國家必須至少有每人每年 1,000 立方公尺的淡水資源才可維持生活以及生產足夠的糧食。許多國家與其他國家共享水資源,這種情況可能在用水短缺時造成國家之間的衝突。如圖 11.8 所示,全球淡水使用量在歷經 1950～2000 年代的快速成長之後,成長率已趨於緩和,原因是水資源開發趨於飽和,而在新水源開發困難的情況下,世界各國也採取節水措施,減少水的消耗。

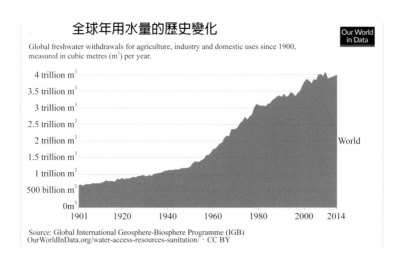

圖 11.8 全球年用水量的歷史變化。由於新水源開發日益困難以及各國採取節水措施,提高水資源利用效率,全球用水量在歷經 1950～2000 年代的快速成長之後,成長漸趨緩和。

缺水問題

由於開發中國家人口成長與經濟開發,從 1950 年開始,全球需水量急速增加,缺水問題逐漸顯現,許多河川因為大量取水造成流量銳減與下游湖泊乾枯,導致區域性的生態改變。圖 11.9 為世界各地區的缺水指數,許多地區因為氣候乾燥或人口密集而有缺水的情況。

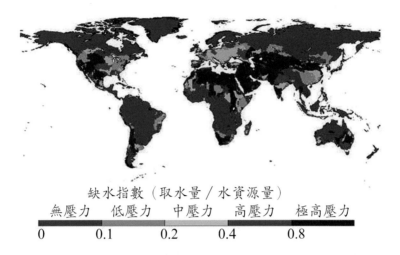

缺水指數（取水量／水資源量）

| 無壓力 | 低壓力 | 中壓力 | 高壓力 | 極高壓力 |

0　　　0.1　　　0.2　　　0.4　　　0.8

圖 11.9　世界各地區缺水指數。指數值為取水量占可用水資源量的比例，比例越高，缺水壓力越大。

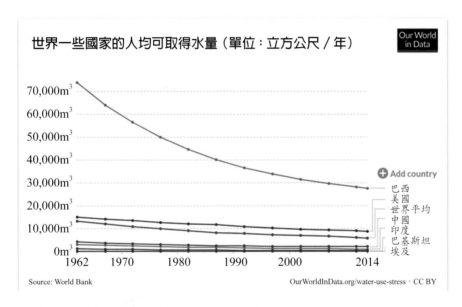

圖 11.10　世界各國人均可分配水量均逐年下降，顯示水資源逐漸短缺為全球普遍的趨勢。

　　全球需水量不但隨人口增加，人均用水量也隨著經濟發展提高。上一個世紀，全球人口增長了 3 倍，而用水量卻成長了 6 倍，預期往後的 50 年，世界人口將再成長 40～50%，可以預期全球缺水問題將更加嚴重。水汙染進一步限縮可用水量。估計全球大約有六分之一，也就是 12 億人口，無法取得安全的飲用水，有大約三分之一人口產生的汙水沒有得到妥善處理。氣候變遷使得水資源不足的問題更加惡化，一些地區降雨減少導致湖泊乾枯以及水庫與地下水水位下降。暖化導致水的蒸發損失加大以及灌溉區土壤鹽分升高。海平面上升也導致沿海地區水井鹽化，淡水供應減少。

國際水資源紛爭

　　全球平均年降雨量約 1000 mm（臺灣約 2500 mm），但降水的分布不均，在降水量少或用水需求量大的區域形成缺水問題。全球需水量也隨著人口快速增加，其中又以糧食生產的需水量增加最大。部分國家共用同一天然水源，在供水短缺時容易發生用水紛爭。

　　非洲的尼羅河（The Nile）為全球最長的河川，其上游位於衣索匹亞與蘇丹，下游則為埃及。尼羅河的充沛水量與洪氾帶來的肥沃土壤自古支持埃及發達的農業，並孕育人類最早的文明。位於上游的衣索匹亞與蘇丹近年來由於人口增長，對於電力與食物的需求增加。為了取得經濟發展所需的電力與用水，衣索匹亞在尼羅河上游進行大型水壩復興壩（Grand Ethiopian Renaissance Dam）的建造，水庫設計蓄水量 630 億立方公尺，水力發電 64 億瓦，為非洲最大與全球第七大的水力發電計畫。該計畫雖然受到同樣需要電力的蘇丹歡迎，但埃及強烈反對該水壩的興建。根據估計，復興壩的興建將使得 2400 公里以下，位於埃及的阿斯旺水壩減少四分之一的淡水流量，以及三分之一的發電量。到 2018 年為止，水庫興建進度為 65%，但相關的三個國家仍然無法對水庫未來的蓄水計畫達成協議。

圖 11.11　非洲尼羅河流經衣索匹亞、蘇丹與埃及等國，上游衣索匹亞的水壩興建影響
　　　　　到下游埃及的供水與發電，造成兩國之間的爭執。

　　用水爭端也發生在氣候乾燥的中東地區。約旦河以及周邊的地下水層造成以色
列、約旦、黎巴嫩，以及居住在約旦河西岸與迦薩走廊的巴勒斯坦人之間的用水爭
執。黎巴嫩與敘利亞位於約旦河上游，但兩個國家目前甚少利用約旦河的水資源。下
游的以色列、約旦，以及巴勒斯坦人居住區，則必須強力奪取水資源，或接受他們所
能得到的。以色列仰賴其強勢軍事力量取得大部分他們所要的，而約旦與巴勒斯坦人
則需遷就於留給他們的部分，水資源分配成為未來衝突的可能來源。

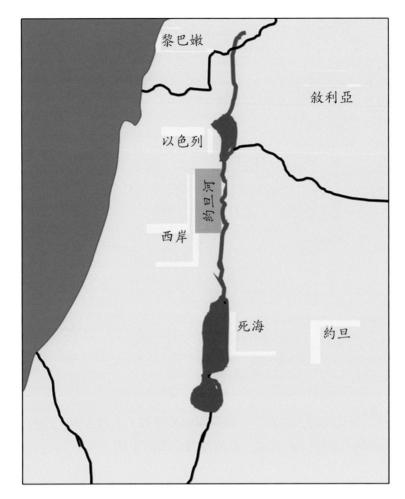

圖 11.12　位於約旦河下游的以色列、約旦，以及巴勒斯坦人居住區共用約旦河的水資
　　　　　源，以色列以其軍事力量取得大部水源。

　　另一個國際水資源紛爭的熱點是西亞的幼發拉底河與底格里斯河。這兩個河流發
源於土耳其，流經敘利亞，而於伊拉克進入波斯灣，兩河的豐沛水量孕育了的米索布
達米亞古代文明。隨著人口增長，這三個國家都希望取得更多的灌溉用水與電力，造
成國家之間的爭執。敘利亞 1975 年的水壩興建與伊拉克幾乎釀成軍事衝突，而伊朗
的一個幼發拉底河引水計畫也引起敘利亞以及伊拉克的不滿。用水的爭執牽動這一區
域原就不穩定的政治情勢。

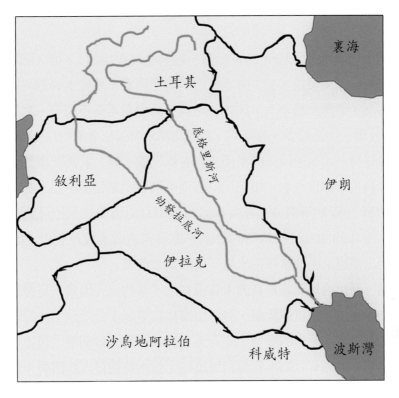

圖 11.13 西亞的土耳其、敘利亞與伊拉克共用底格里斯河與幼發拉底河的水資源，電力與用水需求的增長造成這三個國家之間的紛爭。

東南亞雖然雨量豐沛，但新加坡為城市國家，本身無足夠的水資源來滿足城市大量人口的用水需求。新加坡的用水有 60% 來自於與鄰國馬來西亞簽訂的長期供水協定，但兩國對於水價時有爭執。新加坡認為馬來西亞應依照 1965 年兩國分離時簽訂的合約供水，但近年來馬來西亞認為水價過低，形成馬來西亞補貼新加坡用水的情況，因而希望提高水價到原合約的 16 倍。新加坡為了供水自主，近年來積極進行水的再生利用，將廢汙水進行高級處理之後做為自來水與飲用水，成為水再生利用的創舉。

湄公河為世界上流量最豐沛的河川之一，河川源頭在中國，流經緬甸、寮國、泰國、高棉與越南，最後進入南中國海。中國在湄公河上游陸續建造了十一座水庫，這些水庫顯著減少了湄公河的流量，造成下游沿岸各國農業生產、供水、生態與海岸流失等問題。

11.3 臺灣的水資源

　　臺灣長期平均降水量為每年 2500 公釐，約為全球平均的 2.6 倍，降雨量不算少，但由於人口密集、產業發達，加上降雨型態與地形因素不利於水資源利用，因而時有用水短缺的情況。臺灣面積不大，因此各地區年降雨量差異不顯著，北部地區最多，每年約 2900 公釐，中部最少，每年約 2200 公釐，南部及東部約為 2500 公釐。雖然各區域降雨量差異不大，但降雨的季節分布各區明顯不同。北部及東部降雨的季節分布均勻，較少發生季節性缺水。中部及南部地區則有明顯乾濕季節，其中又以南部地區最為顯著，有 70% 的降雨分布在每年五月到十月的雨季，十一月到隔年四月的乾季降雨量只占全年的 30%，不均勻的降雨季節分布造成水資源利用上的困難，每年春天雨季開始之前經常面臨水庫蓄水量不足的缺水危機。

　　地形陡峭、河川河短流急是臺灣水資源利用不易的另一因素。臺灣最長的河川濁水溪全長只 186 公里，在這個距離，河床由海拔高度三千公尺以上的源頭下降到海平面。降雨期間，河水在短短的幾個小時奔流入海，沒有機會利用。在這樣的天然條件下，建造水庫蓄水是最有效的水資源利用策略。日治時期日人八田與一籌建烏山頭水庫與嘉南大圳，透過灌溉，將草原型態的嘉南平原變成生產稻米的穀倉。民國之後興建的曾文水庫更大幅增加灌溉用水的供應與糧食產量。翡翠水庫 1987 年開始蓄水之後，穩定了大台北地區巨大的用水需求。然隨著人口增加以及產業發展，臺灣水資源不足的問題仍然逐漸顯現。九二一地震之後水庫集水區山坡不穩，每年風災造成山坡崩塌導致水庫嚴重淤積，容量大幅降低，使得缺水情況雪上加霜。目前水庫清淤的做法杯水車薪，無法根本解決缺水問題。水資源整合規劃是解決臺灣缺水問題的必要策略，做法包括節水、水的再生利用、集水區管理，以及水庫建造與新水源開發。

11.4 水資源開發

　　由於人口成長以及開發中國家近年來的經濟發展，全球水資源需求持續成長。節約用水以及更有效的水資源管理雖可滿足一部分新增的用水需求，但仍然需要開發新的水源，可行技術包括水庫興建、越域引水、地下水開發，以及海水淡化。

水庫

　　當河川天然流量有部分季節無法滿足取水需求時，許多地方建造水庫來調節水量。根據統計，目前全世界有 48,000 個既有水庫，另有 3,700 個在興建或計畫中。臺灣雨季集中且河川坡度大，雨天河水迅速入海，更需要運用水庫蓄水來提高水資源利用率。除了供水，水庫還可以有防洪、灌溉、發電與遊憩等功能。以臺灣北部的翡翠水庫爲例，蓄水可以滿足大台北地區的用水需求，同時也有防洪功能。曾文水庫則兼具防洪、灌溉、公共給水與發電等功能，南化水庫爲供應台南與高雄地區用水的單一目標水庫。大型水庫可以提供潔淨的電力，例如中國的三峽大壩可以產出 22,500 百萬瓦電力，滿足中國經濟快速發展一部分電力需求。非洲衣索匹亞的復興壩也是基於電力供應與滿足用水需求所進行的大型水庫計畫。水庫也提供遊憩與水上活動場域。水庫也是各種魚類與水生物的棲息環境，水庫蓄水也提供河川晴天流量，並稀釋汙染，維護河川生態。

　　雖然水庫有多方面效益，但也對環境、生態與社會造成一些衝擊。水庫蓄水形成大面積**淹沒區**，淹沒住家、農田、古蹟以及其他設施，對經濟、社會與文化造成衝擊。中國三峽大壩蓄水造成淹沒區 124 萬居民遷移，其中有 14 萬遷徙到其他省分。長達 600 公里的淹沒河道中有 1,300 個古蹟遭到淹沒或被迫遷移。在臺灣，桃園石門水庫蓄水之前，位於淹沒區的泰雅族卡拉社部落於 46 年被政府遷移安置到大溪中庄，該安置區於 1963 年颱風淹水，居民被重新安置到觀音大潭新村。1983 年，村落周邊土地遭到工廠含鎘廢水汙染，居民再度遷居，如今分散在桃園各鄉鎮。類似的淹沒區居民安置與社會正義是水壩規劃階段必須考慮與妥善因應的問題。

　　水庫也對河川生態造成影響。水壩阻斷迴游魚類溯河產卵路線，對這些魚類的存續造成威脅。許多水壩設置魚梯（圖 11.14），讓魚可以分段跳躍，回到河川上游產卵與繁殖。較高的水壩需要使用升降機，將迴游魚類從水壩下游吊到上游釋放。水庫也攔截了河水運送的沉積物，除造成水庫淤積之外，也造成下游河道沖刷並影響出海口周邊海岸的穩定。水庫的大面積水域造成顯著的蒸發損失，蓄水長時間滯留也造成藻類生長與優養化。水庫沉泥中的有機物分解釋放大量甲烷等溫室氣體。

圖 11.14　魚梯讓河川迴游魚類可以分階段跳躍，越過水壩，回到河川上游產卵與繁
　　　　　殖。

　　水庫興建可以創造的效益包括：
- 供水、發電與防洪
- 景觀、遊憩與水上活動
- 提供水生物棲息與繁殖環境
- 維持下游河川晴天水流
　　水庫興建的問題包括：
- 阻斷魚類的迴游路線
- 造成水的蒸發損失
- 阻斷砂源，造成下游河岸與海岸侵蝕
- 藻類生長，造成優養化與水質劣化
- 水壩潰堤的安全顧慮
- 蓄水淹沒村莊、農天與古蹟
- 水庫底部有機物分解釋出甲烷等溫室氣體

案例：美濃水庫的爭議

　　臺灣南部乾濕季節分明，經常發生乾季供水吃緊情況。高屏溪是臺灣水量最豐沛的河川，但流域內欠缺大型水庫，雨季大量溪水直接流入大海，未能有效利用。水庫的興建可大幅提高水資源利用效率，紓解高屏地區的供水壓力，促進南部的經濟繁榮。因此日治時期即有流域內興建水庫的計畫。歷經多次規畫，最後由經濟部水資會於 1989 年完成定案計畫，壩址位在高屏溪水系的美濃溪，為離槽水庫，蓄水引自鄰近的荖濃溪。水庫容量 3 億 2800 萬立方公尺，日供水量 188 萬噸，估計供水人口 684 萬，同時每年可以發電一億四千五百萬度。

　　水庫的興建遭到美濃地方人士強力反對，理由包括水庫改變客家村落風貌，導致傳統文化流失。大壩與村落距離太近，潰堤將造成小鎮沖毀與文化毀滅。黃蝶翠谷與熱帶植物園區將被蓄水淹沒，造成不可回復的生態影響。以及政府黑箱作業，導致大面積集水區土地承租權被財團收購，計畫套取高額地上物補償費用等。水庫興建計畫經過數次政府更迭與政策轉變，最終仍無法啟動。美濃水庫對於高屏溪水資源有效利用，以及南部地區缺水情況的紓解有重大效益，但由於在地居民的各種考量與強力阻擋而未能推動，是資源利用與在地居民利益衝突的典型案例。

圖 11.15　美濃水庫計畫案為資源利用與在地居民利益衝突的典型案例。

越域引水

越域引水（interbasin water transfer）將一個流域的水經由渠道、隧道或管線導引流到流域外的用水區域，以提高水資源的利用效率。在臺灣，我們把位在高屏溪流域的旗山溪經由隧道引流至屬於曾文溪系統的南化水庫，以供應台南與高雄地區用水。美國科羅拉多河為美國中西部的主要河川，科羅拉多河流域有許多越域引水工程，供應加州南部以及亞利桑那州等乾旱地區灌溉用水與公共給水，為美國西南部創造巨大的經濟效益。

圖 11.16　越域引水工程將屬於高屏溪系統的旗山溪引流到屬於曾文溪系統的南化水庫，供應台南與高雄地區用水。

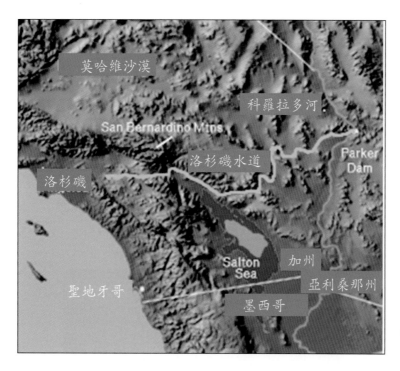

圖 11.17　科羅拉多水道系統從大約 400 公里外的科羅拉多河引流到加州南部，成為南加州主要的飲用水水源。

地下水開發

雖然地面水是水量最大與最容易利用的水源，但地面水的空間分布不均，在無法取得地面水的地區，抽取地下水使用成為一個選項。就全球而言，地下水有 70% 用在農田灌溉，同時也供應約全球一半家庭的生活用水。全球需要灌溉的農田約有 38% 使用地下水灌溉。淺井抽取自由含水層的蓄水，這些水很快獲得地表水或雨水的補注，因此在合理的水量範圍，我們可以永續的抽取地下水使用。深井從受限含水層抽水，這些含水層位於兩個不透水層之間，大量抽水造成水壓下降與地層下陷。臺灣西南沿海雲林、嘉義一帶因為抽取地下水進行水產養殖，導致沿海低地大面積淹水，成為永久性濕地。沿海地區地下水超抽也造成海水入侵，水井鹽化。

海水淡化

在極度缺水的沿海地區，海水淡化成為淡水供應的一個可能方案。目前海水淡化占全球生活用水約 1%，但正在快速成長。中東地區水資源缺乏，但日照充足，還有一些國家擁有充沛的化石能源，因此海水淡化的運用普遍，占全球淡化水量超過一半，其中科威特的用水全部來自海水淡化。臺灣目前有二十多個海水淡化廠，大多用來供應離島的民生用水。這些廠的規模都不大，有一半以上容量未超過每天 500 噸，最大的馬公第一海水淡化廠每天產水一萬噸，供應馬公地區民生用水。海水淡化有多種不同技術，其中運用最廣的是逆滲透。逆滲透採用加壓的方式強迫鹹水通過半透膜以取得淡水。使用逆滲透技術生產淡水除了需要設備之外，最主要的操作成本是電力。海水淡化也可以使用蒸發的方式，能量來源可以是化石能源、太陽能或工業廢熱。

圖 11.18　一個西班牙的海水淡化廠。逆滲透是目前最常用的海水淡化技術。

11.5 水資源永續利用

雖然地球透過水文程序可以持續供應淡水，但其供應量受到水文循環效率限制，因此水是一項有限資源，節約用水是確保供水無虞的必要作法。提高用水效率可以讓我們在用水量最少的情況來生產食物、製造用品，以及滿足我們生活的用水需求。灌溉用水、工業用水以及生活用水各有不同的節水做法。

灌溉節水

灌溉是最大的用水標的，目前採用的灌溉方式造成大約 60% 的灌溉水流失，改變農田澆灌方式與提高灌溉效率可以節省大量水資源。不同灌溉方式的效率有很大差異。水資源充沛的地區大多採取**淹灌**（flood irrigation），以漫淹的方式灌溉在渠道輸水過程因為蒸發與入滲，可能損失高達 60% 的水量。到了農田之後，也有很高比例的水入滲到土壤或蒸發到大氣，作物實際利用的部分非常有限，是效率最低的灌溉方式。許多亞洲國家種植水稻，需要使用漫淹方式灌溉，消耗大量的水資源。

噴灌（spray irrigation）使用噴灑的方式灌溉作物，有 80% 以上的水可以澆在需要灌溉的作物上，大幅減少入滲造成的灌溉水損失。有些作物可以採用**滴灌**（drip irrigation）。滴灌系統使用水管或水帶送水，注水頭放置於地面或埋在地下的作物周邊，因此入滲與蒸發都低，灌溉水可以達到 90% 以上的利用效率。滴灌也因為蒸發量低，可以避免土壤鹽分累積。目前全世界有大約 4% 的農田採用滴灌，大部分使用在缺水地區的果樹與蔬菜種植，如美國加州、中東地區，以及地中海周邊國家。隨著水資源短缺問題日益嚴重，中國與印度在過去 20 年採用滴灌的農地面積分別增加 85 以及 111 倍。在印度的研究甚至使用滴灌方式來栽種水稻，初步試驗結果認為此項技術只需傳統淹灌三分之一的灌溉用水，稻米產量卻可增加 22%。

除了採用高效率灌溉方式之外，加強灌溉管理也可以降低灌溉水量，這些措施包括：

- 種植耐旱作物或需水量少的作物品種。
- 使用管線或不透水襯砌的水路輸送灌溉水，減少輸水的蒸發與入滲損失。
- 進行農田水分管理，提高灌溉效率。
- 使用汙水處理的回收水灌溉。

圖 11.19　水稻田採取淹灌造成大量灌溉水的入滲與蒸發損失，是低效率的灌溉方式。

圖 11.20　乾燥氣候區常抽取地下水進行噴灌。噴灌效率遠高於淹灌，但蒸發可能造成土壤鹽分累積。

工業節水

　　傳統產業如造紙、石化、鋼鐵、食品的需水量大，部分高科技產業，如半導體業，耗水量也很大，工業節水不但可以減輕供水壓力，也可以節省大量生產成本。在國家的層次，產業政策必須考慮用水需求，配合國家的水資源狀況進行整體規劃。就事業單位而言，高耗水製程可以轉往水資源相對豐沛的國家或地區發展。事業單位節水的第一步是進行用水分析，以了解用水情形，以及各種節水的可能性。採用節水製程除了節省用水成本之外，也可減少大量廢水處理成本。冷卻水是許多工業主要的淡水消耗，冷卻水離子濃度的嚴密監測可以大幅降低補充淡水的需求。漏水管線的維修或老舊管件的更換可以減少漏水損失。廠區使用乾式清潔可以減少沖洗的用水需求。廠區景觀維護選用耐旱的園藝植物，並可使用水池蓄存雨水作爲晴天澆灌用途，或使用回收水來做澆灌與廠區清潔。在所有可行的節水措施都考慮之後，可以採行廢水的循環利用。在臺灣，半導體工業與鋼鐵工業都有很高的水循環利用效率。

生活節水

　　生活用水主要用來做清潔與飲用，臺灣生活用水各種用途的人均日用水量如表 11.3 所示。這個統計顯示，廁所馬桶沖水的用水量最大，再次爲洗衣與洗澡。雖然沖水馬桶與汙水下水道大幅改善居住環境品質，但也消耗大量的水資源。生活汙水可以經過處理之後回收做非接觸用途，例如馬桶沖水或庭園澆灌，但這項作法需要公共建設配合，另做一套**中水系統**。中水系統需要初期投資，但臺灣逐漸有一些機關或學校回收中水使用。中水系統有很好的成本效益，一個每天處理一千噸廢水的汙水處理廠，若將處理水全數回收與利用，則按照目前水價約可每天省下一萬元或每年三百多萬元水費。提高水價也可以降低用水量並提高廢水再生利用的投資意願。臺灣自來水價格低一直被認爲是節約用水推動不易的重要原因。但用水是大眾生活的基本需求，調高水價加重弱勢家庭的經濟負擔，因此遭遇許多阻力。採用累進或差別費率的合理化水價結構可以解決水價調整的困境。

表 11.3　臺灣住家各種用水設施用水量所占比例

用水設施	占總用水量比例
馬桶沖水	27%
洗衣	21%
洗澡	20%
水龍頭	15%
其他清潔	17%

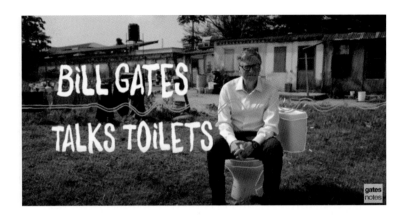

圖 11.21　沖水馬桶是家庭最耗水的用水設備之一，比爾‧蓋茲（Bill Gates）的基金會
　　　　　贊助無水馬桶的研發，希望讓水資源短缺的低度開發國家，人類排泄物也可
　　　　　以得到妥善處理，以降低這些地區的傳染病，並改善生活品質。

　　減少管線漏水也可以減少生活用水的浪費，這項作法在自來水管線老舊的供水
區域尤其重要。臺灣自來水的漏水率達送出水量的三分之一，是一項非常顯著的水資
源損失。在土地空間足夠的情況，利用水塘或建造水槽儲存雨水利用是另一個節水方
式。雨水利用須考慮地區降雨特性，在雨季短而且降雨過度集中的地區，使用雨水收
集系統可能不具經濟效益。以下是家庭與商業可行的節水作法：

- **使用省水設備**：許多新型用水設備都已採用節水設計，包括沖水馬桶、水龍頭、淋
  浴設備、洗衣機，家庭在購買這些用品時可以選用節水產品。
- **減少漏水**：供水系統、消防栓，以及家庭沖水馬桶與水龍頭的檢漏與修復可以少水
  的無謂流失。
- **設置水表**：使用者付費可以減少浪費。公共場所、宿舍或旅館依照用水量收費可減
  少這些場所自來水的無效率使用。
- **提高水價**：提高水價可以以價制量，但須考慮到弱勢家庭的負擔。
- **雨水利用**：收集雨水做澆灌用途，但需考慮地區降雨特性，並非所有的雨水利用都
  具有效益。
- **減少庭園澆灌**：種植本地植物或耐旱花木可以減少澆灌需求，洗滌用水也可以收集
  作為園藝澆灌用途。

11.6 洪水與防洪

　　流量（discharge）指單位時間通過河川斷面的水流體積，等於該斷面河水的平均流速乘以水流斷面積。河川流量隨時間變化的曲線稱爲**流量歷線**（hydrograph）。大多數河川在非降雨期間仍可維持一定的基流量，當降雨發生時流量逐漸上升，降雨結束之後水位緩慢下降。典型的流量歷線如圖 11.22 所示。

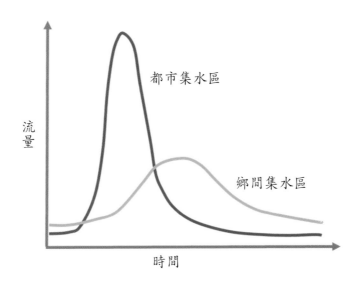

圖 11.22　典型的河川流量歷線，降雨期間地面水流逐漸集中，形成歷線的上升段。降雨停止之後，積水逐漸消退，為歷線的下降段。都市開發造成逕流快速集中，洪峰加大且提早到達。

　　洪水（flooding）指水流溢出水道，淹沒原爲無水的區域。雨水逕流流量超出渠道輸水容量時漫淹周邊土地，造成洪水。低窪地區雨水無法及時排除時也造成淹水。沿海地區颱風期間的大降雨配合高潮位或暴潮也會造成淹水。集水區開發是造成洪水最常見的原因。天然集水區有草木與土壤覆蓋，允許雨水入滲，並從下游緩慢滲出，因此降雨期間洪峰流量低，而非降雨期間可維持相當流量。集水區開發時草木遭到移除，取而代之的是房屋、道路等不透水設施，雨水逕流加大與加快，造成下游淹水。傳統上避免淹水的作法是加大排水系統容量，但如此做卻加重下游淹水情況。**海綿城市**強調開發基地保水性的維持以降低排出水量，避免下游洪水。海綿城市的社區開發必須盡量保持地表植被並普遍採用透水設施，如透水鋪面、入滲溝等，以維持集水區的透水性。社區也可以設置滯洪池來滯留洪峰，避免下游淹水。

圖 11.23　位於道路中央的透水瀝青鋪面。海綿城市大量使用透水設施，以促進雨水入
　　　　　滲，降低下游河川流量，避免淹水。

11.7 水汙染

　　水汙染（water pollution）指天然水的物理、化學或生物性質受到外界因素改變，
導致水不再適合作爲某些既定用途。雖然水汙染一般指人爲因素造成的水質改變，但
天然因素也可能造成水的汙染。水汙染可分爲物理性汙染，例如混濁或水溫改變，化
學性性汙染，例如有機物與重金屬汙染，以及生物性汙染，例如細菌與病毒感染。我
們可以將水的汙染物依照其組成或性質區分爲病原體、酸與鹼、熱、懸浮固體、油
脂、有機耗氧物質、無機物、毒性有機物、毒性金屬等類別，其中毒性有機物與毒
性金屬經常被稱爲**非傳統汙染物**（non-conventional pollutants），其餘爲**傳統汙染物**
（conventional pollutants）。表 11.4 列出各類型汙染物以及他們的來源與影響。

表 11.4　造成水汙染的汙染物或影響因子，以及它們的主要來源

汙染物或因子	影響	汙染源
病原體	包括細菌、病毒、原型蟲、寄生蟲，造成人體感染	家庭汙水、動物排泄物、自然環境
酸與鹼	影響水的用途以及水域生態	工業

汙染物或因子	影響	汙染源
有機耗氧物質	造成微生物生長，呼吸作用消耗水中氧氣，造成水域缺氧	生活汙水、畜牧廢水、食品工業、農業
無機物	水中溶解物質，如硝酸鹽影響飲用水安全、氯離子造成鹹味、鈣與鎂造成硬度、氮與磷化合物造成優養化	工業、農業
毒性金屬或礦物	造成中毒或病變	工業
毒性有機物	可以造成中毒或病變的人為合成有機物，如農藥與有機溶劑	農業、化學工業
油脂	影響河川曝氣、造成油汙、影響景觀	工業
懸浮固體	造成混濁、破壞水生物棲息環境、造成河道淤積	農業、土壤沖刷、河道疏浚
顏色、泡沫、臭味	造成景觀影響	工業廢水、生活汙水
廢熱	造成水溫改變，影響水域生態	發電廠、工業

　　病原體（pathagen）是一些可以導致人類疾病的微生物，包括細菌、病毒、原型蟲與寄生蟲。傳染病是人類最常遭遇到的水汙染危害，這些透過飲用水傳染的疾病稱為**水媒疾病**（waterborne disease）。常見的水媒疾病包括傷寒、霍亂、賈弟蟲症（一種原型蟲引起的感染）、痢疾、A 型肝炎等。為防止水媒疾病，我們必須妥善處理人類排泄物，以避免汙染水源，同時也對飲用水進行殺菌，如煮沸或消毒。有少數疾病為人畜共通，例如梨形鞭毛蟲與隱胞子蟲病。為避免這類病原體的感染，我們也必須防止相關的動物汙染飲用水源。

　　酸與鹼（acid and base）指可以改變水酸鹼度的物質。除非受到人為汙染，天然水的酸鹼度接近中性，pH 在 6.5 與 8.5 之間。某些工業可能排放強酸或強鹼，例如金屬加工業經常用酸來進行表面處理，因而產生酸性廢水。太酸或太鹼的水都影響水的化學性質與用途，並傷害水生物。

　　有機耗氧物質（oxgen-depleting organic matters）指可以造成河水溶氧消耗的有機物，溶氧消耗主要由分解這些有機物的微生物呼吸作用所造成。水中溶氧太低將影響魚類與許多其他水生物的生長，最嚴重情況可以造成**厭氧狀態**（anoxic conditions），也就是河水幾乎不含氧，導致魚類與大多數水生物絕跡，河水烏黑、發臭。有機物分解耗氧是最普遍的一種水汙染型態。生活汙水含有高濃度有機物，這些有機物主要來自食物殘渣、排泄物與清潔劑。

　　測定水中有機物的耗氧潛勢簡易方法是將受汙染的河水裝到密閉的瓶子裡培養，讓水中微生物分解有機物，並測定氧的消耗量，稱為**生化需氧量**（biochemical oxygen demand, BOD）。河川、湖泊水中溶氧主要來自大氣。氧氣透過**曝氣作用**（aeration）溶解到水中。河水曝氣有一定的速率，當水中有機耗氧物質濃度高、氧氣消耗速率超過曝氣速率時，水中溶氧逐漸降低。水中有機物因微生物分解而持續減少，耗氧速率降低，溶氧逐漸恢復。圖 11.24 顯示河川承受有機物耗氧物質汙染時，河水溶氧降低以及後續逐漸恢復的過程，這個河川溶氧變化的曲線稱為**溶氧垂線**（DO sag curve）。汙染源密集的河川，溶氧往下游一步步降低，終至厭氧、發臭。

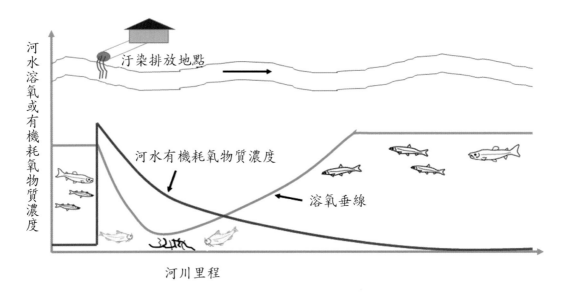

圖 11.24　河川溶氧垂線。有機耗氧物質（紅色）排入河川並受到微生物分解，造成河水溶氧（藍色）快速降低。往河川下游，隨著有機物濃度降低，河水溶氧逐漸恢復。

　　無機物（inorganic matter）是一些無法被微生物分解的鹽類，這類物質會在我們將河水樣蒸乾並燒灼之後殘留在蒸發皿上，稱為**溶解固體物**。水中無機物含量過高不適合飲用或作為工業用水。大量氯離子造成飲用水鹹味，鈣或鎂造成硬度，影響水的口感並在鍋子上或盥洗用具上形成水垢。水中的氮或磷等營養鹽則會刺激浮游藻或附生藻的大量生長，造成水的優養化。

　　毒性有機物（toxic organic compounds）指那些可能對人體健康造成危害的有機化學物質，這類物質主要來自工業廢水、農藥，以及有機溶劑。這類汙染物可能有致癌性、致突變性，或者會干擾我們的內分泌系統，或降低人體免疫力。許多這類汙染物在環境中不易被分解，並有生物累積性，對高營養階生物與人類的健康影響尤其顯著。

　　毒性重金屬（toxinc heavy metals）爲可以對人或其他生物體造成健康危害的金屬或類金屬。水中常見的毒性金屬主要包括砷、鎘、鉛、汞、鉻，其中砷、汞與鉛對大眾健康的威脅特別受到重視。在 1950～1970 年代，臺灣西南沿海布袋、北門一帶烏腳病流行，後來證實爲地下水砷含量過高造成的末梢血管阻塞與腳部組織壞死。除了烏腳病之外，砷也是一種確定人類致癌物。根據調查，砷是全球最普遍的飲用水安全威脅，孟加拉有數千萬人的飲用水受到砷汙染。**汞**（mercury）是另一種可能造成大眾健康危害的毒性金屬。發生在 1950 年日本水俁（Minamata）的汞中毒案件使得汞汙染問題受到重視。工廠排放含汞廢水到河川，這些無機汞在河床底泥沉積，一部分被微生物合成毒性極強的有機汞，透過水域食物鏈的累積與放大，對食用這些水產的人類造成健康危害。

非點源汙染

　　生活汙水或工廠廢水都有明確的產生與排放地點，可以透過廢汙水的收集與處理來降低汙染，這類型的汙染稱爲**點源汙染**（poisont source pollution）。另外有一些汙染是分散性的，一般是在降雨時全面性發生，汙染發生地點分散而且水量大，無法收集處理，這一類型的汙染稱爲**非點源汙染**（nonpoint source pollution）。農田排水含有農藥、肥料以及細泥，爲典型的非點源汙染。都市地區晴天地面累積大量落塵，降雨期間被雨水沖刷出來，汙染河川，是另一種非常普遍的非點源汙染。公路、施工工地、工廠廠區、工業區等，也都產生非點源汙染。非點源汙染必須使用管理手段來控制，例如農地進行肥料與農藥使用管理，並避免土壤侵蝕。都市地區管制機動車輛排氣汙染，以及定期掃街與洗街來減少地面落塵，降低雨天的非點源汙染。

11.8 飲用水處理

　　飲用水（drinking water）指可以飲用或清洗食物的水。雖然許多人不直接飲用水龍頭開出來的水，但根據法令，供應給家庭的自來水必須符合飲用水水質標準，可以直接飲用。自來水廠從河川、湖泊、水庫或地下水井取得原水，經過處理後供家庭使用。典型的飲用水處理包括以下程序：

- **混凝**：加入混凝劑來凝聚水中懸浮微粒，以利沉澱。
- **沉澱**：將凝聚的水中懸浮物沉降去除。
- **過濾**：使用砂濾床將未能沉降完全的懸浮物濾除。
- **消毒**：加入消毒劑以消滅水中微生物。

　　一般情況，原水經過這樣的處理程序可以得到清澈、無味與安全的飲用水。受到汙染的原水可能需要額外的高級處理程序，例如：

- **活性碳吸附**：去除毒性有機物、臭味，或顏色。
- **離子交換或逆滲透**：去除過多的溶解礦物。
- **臭氧消毒**：比加氯消毒產生較少有害的消毒副產物。

　　高級處理所需成本高，水中汙染物也不容易全部去除，因此做好集水區保護，避免水源受到汙染，是取得高品質飲用水的最佳策略。

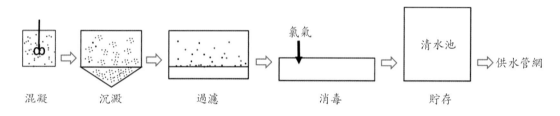

圖 11.25　典型的飲用水（自來水）處理程序，包括混凝、沉澱、過濾與消毒。

11.9 廢水處理

　　廢水處理目的在保護河川、湖泊或海洋等承受水體的水質。社區與商業區產生的生活汙水使用公共汙水下水道系統收集與處理。事業廢水是由事業單位產生的廢水，不同產業所產生的廢水水質與處理程序差異大，一般由事業單位自行處理。根據法令，廢水排放需取得許可。廢水排放許可載明排放源允許排放的水質與水量。生活汙水的處理已有一套非常成熟的處理程序：

- **初步沉澱**：去除汙水中可沉降汙染物。
- **曝氣**：提供氧氣以培養微生物，分解有機物。
- **最終沉澱**：去除培養的微生物（汙泥），得到清澈的處理水。
- **汙泥消化**：將汙泥中的高濃度有機物分解去除。

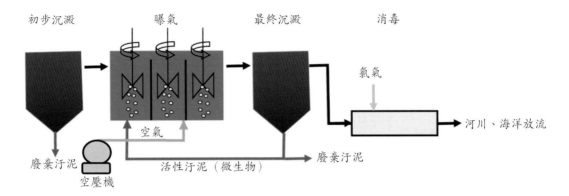

圖 11.26　典型的汙水處理程序包括初步沉澱（去除可沉降汙染物）、曝氣（培養微生物來降解汙染物）、最終沉澱（沉降去除微生物）、消毒（殺死殘留微生物）、放流。最終沉澱池沉降的微生物（活性汙泥）一部分迴流到曝氣池，維持曝氣池高量的微生物與快速的處理效果。

　　傳統處理程序以外的廢水處理程序稱為**高級處理**或**三級處理**。廢水進行高級處理有兩個可能情況，一個是廢水再利用，另一個是營養鹽去除。廢水回收可以做非接觸用途，主要為馬桶沖水與澆灌。做非接觸用途的再生水必須經過過濾，以去除殘留的懸浮物，避免殘留的有機物腐化產生臭味。營養鹽去除目的在防止承受水體優養化，廢水需要去除的營養鹽為磷與氮。廢水營養鹽去除成本高，但卻是避免水體優養化最根本的方法。

11.10 水的自然淨化系統

　　汙水處理場利用微生物來分解水中有機物並吸收營養鹽與其他微量汙染物，達到水質淨化效果。自然界的微生物與植物也有淨化水質的功能。人工濕地（constructed wetland）是人為建造，以水質淨化為目的的濕地，是最常見的水自然淨化系統。人工濕地內部填充碎石或卵石，供微生物附著生長，大量微生物可以降解、吸收或轉化水中汙染物，達到水質淨化效果。濕地種植蘆葦或香蒲等植物可以吸收一部分營養鹽，植物根部也提供微生物共生的環境，可提升水質淨化效率。有些自然淨化系統加入動力曝氣系統，可以顯著提高系統效率，降低土地需求。

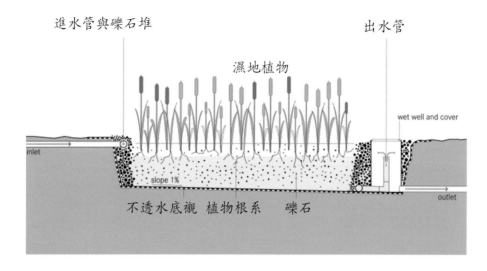

進水管與礫石堆   出水管

濕地植物

wet well and cover

inlet

slope 1%

outlet

不透水底襯   植物根系   礫石

圖 11.27   使用人工濕地進行水質淨化。人工濕地內部填充礫石，讓大量微生物生長以分解去除汙水中的有機物。礫石床上方種植植物，這些植物可以吸收營養鹽與其它微量汙染物，根部則提供微生物良好的生長環境。

結語

　　淡水是一項可再生資源，因此在自然界更新速率的範圍，人類可以得到永續的淡水供應。然由於世界人口成長以及開發中國家經濟發展，全球的需水量快速增加，造成許多地區缺水。淡水的最主要用途是農田灌溉，用來生產糧食與纖維。在缺水情況，灌溉用水往往被移做生活或工業用途，這樣的做法不但影響糧食生產，也造成地下水因缺乏地面補注而枯竭。缺水灌溉的農田也將逐漸荒廢，失去生產力，甚至荒漠化。

　　氣候變遷也對全球水資源供應造成影響。大氣升溫使得高強度降雨與下雪更加頻繁，造成洪水災害，有些地方則發生高溫與長期乾旱，影響到農業、林業與能源（水力發電）生產，以及飲用水供應。氣候變遷也導致濕地喪失以及河川流量改變，影響到生態系統功能的健全。水資源短缺是氣候變遷對全球經濟、社會與自然生態造成的最顯著衝擊之一。

本章重點

- 地球水的循環與分布
- 地面水源與地下水源
- 全球水資源利用情形與缺水問題
- 國際水資源紛爭
- 臺灣水資源概況
- 水資源的開發
- 節水與水資源永續利用
- 洪水的形成與防洪措施
- 水汙染與汙染物
- 飲用水處理
- 廢水處理
- 水的自然淨化系統

問題

1. 寫出地球淡水的前三大儲存庫，以及各占地球淡水總體積的百分比。
2. 說明什麼是集水區與分水嶺。
3. 什麼是雨水入滲與地下水補注？
4. 劃出地下水含水層，標示出地下水位、自由含水層與水井、受限含水層與水井。
5. 為什麼我們說全球面臨水資源短缺問題，而且問題將越來越嚴重？
6. 國際水資源紛爭如何發生？
7. 臺灣年降雨量不少，卻經常面臨缺水危機，什麼因素造成臺灣水資源利用困難？
8. 水庫建造對於河川的自然與人文環境造成哪些影響？
9. 什麼是越域引水？對於水資源利用有何幫助？
10. 繪圖說明沿海地區地下水超抽如何造成水井鹽化。
11. 缺水國家某些作物可以採用滴灌，說明滴灌如何做，以及為何可以節水。
12. 什麼是流量歷線？畫出一個典型的流量歷線。
13. 海綿城市形容怎樣的城市？為何可以防止都市下游洪水？

14.什麼是水中溶氧與有機耗氧物質？各對河川生態有何重要性？

15.什麼是水的非點源汙染？它與點源汙染有何不同？

16.飲用水（自來水）處理一般包含哪些程序？各程序功能各為何？

17.生活汙水處理一般包含哪些程序？各程序的功能各為何？

18.說明人工濕地的主要構造以及各部分的功能。

專題計畫

1. 使用 Google Map，找出住家附近一條主要河川，印出並在圖上標示出該河川與集水區範圍。

2. 觀察一片人工濕地，劃出濕地外觀草圖，包括主要結構物、植物與水域，並說明這個人工濕地如何淨化水質。

3. 大多數水庫都開放民眾參觀並提供導覽。參加一個水庫的團體參觀，並撰寫參觀報告。

4. 許多自來水廠與汙水處理場開放民眾參觀，並有解說。參加你居住城市的淨水廠或汙水處理場參訪活動，並撰寫參訪報告。

5. 了解你居住地區的河川保護團體，並參與他們的活動。

第12章　大氣與空氣汙染

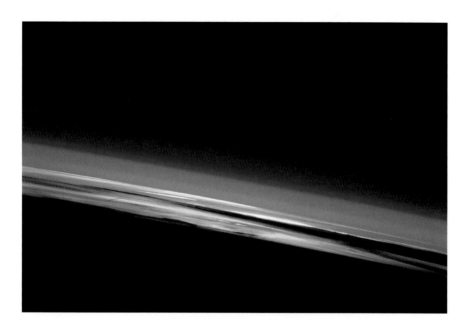

圖 12.1　從國際太空站所見的日落可觀察到大氣層的分層構造。暗色的下半部為地面，鄰接地面，橘紅色且圖案多變的一層為對流層，此層占了大氣質量約90%。對流層以上，均勻橘灰色的部分為平流層，藍色部分為更外層大氣。

　　地球表面覆蓋著大氣層，雖然廣義的大氣層厚度接近 500 公里，但將近 90% 的質量以及 99% 的水氣與微粒物質集中在最靠近地表約 15 公里厚的對流層。相較於地球六千多公里的半徑，大氣是相當薄的一層，有人將大氣深層比喻成冰箱拿出來的西瓜表面凝結的那一層水膜。雖然如此，這個薄層氣體卻是地球生物生存所不可或缺。

　　大氣是生物呼吸的氧氣來源。絕大多數動物、植物與微生物都需要氧氣呼吸，以取得維持生命所需的能量。大氣也阻絕許多有害宇宙射線，讓地表生物得以不受傷害。大氣中的水氣與二氧化碳等溫室氣體可以吸收地表放射的長波輻射，維持地表適合生物生存的溫度。

　　人類自古將呼吸空氣視為最自然的一件事，直到最近數十年，人們開始認識到，不乾淨的空氣不但威脅人體健康，還造成許多環境問題，如臭氧層破壞、酸雨，以及氣候變遷，危及我們所賴以生存的地球。在臺灣，來自工廠、火力發電廠以及機動車輛的廢氣對空氣造成嚴重汙染，導致民眾呼吸道疾病與肺癌罹患率高，是不可忽視的公共衛生問題。這一章我們介紹地球大氣，以及空氣汙染的來源、影響與防制。

案例：細懸浮微粒（PM2.5）是全球性的健康威脅

根據世界衛生組織 2016 年估計，空氣汙染造成全球每年 420 萬人提早死亡。全世界肺癌死亡人口中的 16%、慢性阻塞性肺病死亡中的 25%、缺血性心臟病與中風死亡中的 17%，以及呼吸系統感染死亡中的 26%，是空氣汙染所造成，空氣汙染已成為世界性的公共衛生問題。細懸浮微粒單獨一項空氣汙染因子就占據全球提早死亡風險的第 6 名，可見空氣汙染，尤其是細懸浮微粒汙染，對人類健康造成顯著威脅。

全球大部分地區細懸浮微粒年平均濃度都高於 WHO 所建議的 10 微克／每立方公尺，估計全球 91% 人口所呼吸的空氣超過此一建議值。細懸浮微粒較高地區包括西太平洋地區、東南亞、非洲以及東地中海地區，其中非洲與東地中海地區主要為天然因素，例如沙塵暴所造成。除了北美洲之外，全球都會區的細懸浮微粒濃度大多超出 WHO 建議值。

全球空氣細懸浮微粒（PM 2.5）濃度

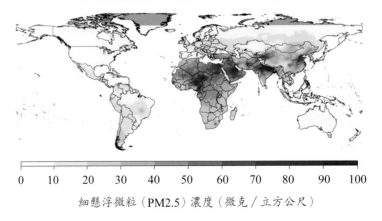

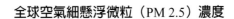

細懸浮微粒（PM2.5）濃度（微克／立方公尺）

圖 12.2　全球各地細懸浮微粒（PM2.5）濃度。細懸浮微粒較高地區包括西太平洋地區、東南亞、非洲以及東地中海地區，其中非洲與東地中海地區主要為天然因素，如沙塵暴，所造成。

從 2010 年到 2016 的 5 年期間，全球細懸浮微粒的人口權重濃度增加了
18%，從 43.2 提高到 51.1 微克／每立方公尺。雖然中國的空氣汙染已經穩定下
來，甚至有下降的趨勢，但其他主要的開發中國家如巴基斯坦、孟加拉與印度卻
有上升幅度擴大的趨勢。許多開發中國家居民使用柴火烹調，所呼吸的空氣細懸
浮微粒濃度大約為世界衛生組織建議值的 20 倍。數據顯示，PM2.5 暴露造成的疾
病死亡集中在中老年人，死亡原因包括心血管疾病、中風、肺癌，以及慢性呼吸
系統阻塞症。根據估計，這些疾病 2016 年造成全球 180 萬 70 歲以上人口，以及
130 萬 50～69 歲人口的死亡。

12.1 空氣的組成與大氣層構造

空氣的組成

如圖 12.3 所示，乾燥的空氣氮氣占 78%、氧氣 21%、氬氣 0.9%，還有其他微量
的氣體如二氧化碳、氧化亞氮、甲烷、臭氧等，合占大約 0.1%。

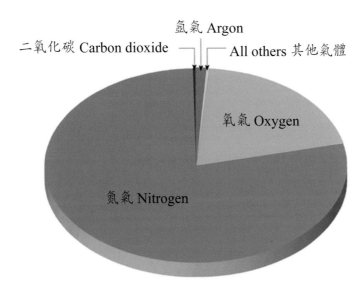

圖 12.3　大氣的氣體組成。大氣的主要氣體為氮氣與氧氣，合占約 99%，其餘的氣體
　　　　包括氬氣、二氧化碳、氧化亞氮、甲烷、臭氧與更微量的其他氣體。

　　大氣的氣體組成持續變化。四十多億年前，地球剛形成時，大氣的主要氣體是氫與氦這兩種宇宙中最多的氣體。當時的地球表面熾熱，氣體分子運動速度快，並逐漸逸散到外太空，地球後續形成的大氣稱為二次大氣。二次大氣所含的氣體主要來自地球內部，透過頻繁的火山爆發噴發到地表，這些氣體以水氣、二氧化碳、氨氣為主。地表溫度降低之後水氣凝集，形成海洋，大量二氧化碳也溶解到海水裡面。海洋演化出可以行光合作用的生物之後，釋放出的氧氣逐漸在大氣累積，而二氧化碳含量則相對降低。早期大氣中的氨受到強烈陽光照射而裂解為氫氣與氮氣，密度低的氫氣漂浮到大氣外層，最終脫離地球，氮成為地球大氣最主要的氣體。大氣與地球生物有密切的互動，並維持穩定的氣體組成。工業革命之後，人類大量使用化石燃料，包括煤、石油與天然氣，並排放大量二氧化碳，干擾了大氣長期以來的平衡狀態，導致暖化與全球性的氣候變遷。

大氣層構造

　　地球大氣因為陽光照射與地表散熱而形成如圖 12.4 的溫度分層。最接近地面的一層為**對流層**（troposphere），也是所有生物生存的一層，此層大氣的狀態對生物的影響最大。這一層受到地表加熱的影響，溫度最高，並產生顯著的上下對流。對流層厚度在熱帶地區約 18 公里，中緯度地區約 17 公里，兩極附近則只有大約 6 公里。對流層氣體質量占大氣總質量接近 90%。對流層最高處我們稱為對流層頂，此處氣壓只有大約 0.1 大氣壓，空氣非常稀薄。對流層以上為**平流層**（strasphere）。平流層大氣厚度約 35 公里，以水平氣流為主。平流層內部高度 15～30 公里的大氣是臭氧分子較集中的一層，稱為**臭氧層**（ozone layer）。臭氧層可以吸收一部分來自太陽的紫外線，對於保護地球生物至關重要。平流層以上為**中氣層**（mesosphere），這一層大氣沒有吸收能量的機制，因此越往高處溫度越低。中氣層以上為**熱氣層**（thermosphere），這裡空氣極度稀薄，氣體分子受到強烈的陽光及宇宙射線照射，溫度隨著高度上升。

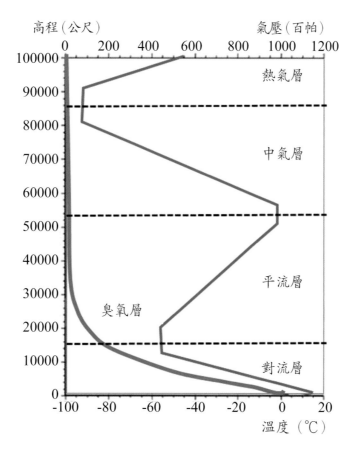

圖 12.4　大氣層可依照溫度隨高程的變化趨勢區分為對流層、平流層、中氣層與熱氣層。對流層與平流層占了大氣 99% 以上質量，更外圍的大氣層空氣非常稀薄。臭氧層是平流層底部，臭氧濃度較高的一層，可以吸收一部分紫外線，保護地表生物。

12.2 空氣汙染

　　大氣除了前述氣體之外，也含有一些氣態、液態或固態雜質，這些雜質來自自然程序或人為排放。**空氣汙染物**（air pollutants）指大氣中濃度足以對生物、生態或財物造成傷害的雜質。空氣汙染造成的影響層面廣泛，從能見度降低造成的景觀破壞，一直到可以致命的呼吸道疾病與肺癌。空氣汙染也對生態造成全面影響，從局部的妨礙植物生長，到影響區域性生態的酸雨以及臭氧層破壞。

　　空氣汙染並非近代才有的問題。早期農牧社會使用柴火烹煮食物與取暖，產生的燻煙對人體健康造成危害。據估計，目前全世界仍有大約 30 億人以柴火為家庭的主要能源。長期暴露在柴火的燻煙之中可能造成呼吸道疾病、眼睛發炎、心血管疾病，以及肺癌等健康問題。燻煙是低度開發國家婦女與五歲以下孩童死亡的一個顯著因素。在工業化國家，煤與石油等化石能源的使用是空氣汙染的主要來源。

空氣汙染的健康危害一般是長期暴露所造成的慢性疾病，但短時間的嚴重空氣品質不良也可造成**急性空氣汙染**。歷史紀錄第一次造成傷亡的急性空氣汙染事件發生在比利時瑪斯河谷（Meuse Valley）。瑪斯河谷一帶是二十世紀初期歐洲工業最發達的區域，區內有許多煉鐵、煉錫、玻璃以及火藥製造工廠。在 1930 年冬天，該地區發生一次連續五天的大氣擴散不良，造成嚴重空氣汙染，估計該次事件共造 63 人死亡。同一時期美國也發生類似的急性空氣汙染傷亡事件。

多諾拉（Donora）是賓州匹茲堡市附近一個工業小鎮，密集的冶金工廠排放大量煤煙，造成長期空氣品質不良。在 1948 年 10 月底，連續幾天大氣擴散不良造成空氣中累積高濃度硫氧化物與粒狀物，導致全鎮 14,000 人當中有 6,000 人發生呼吸道症狀，並造成 20 人死亡。

歷史上死亡人數最多的一次急性空氣汙染事件發生在英國倫敦。工業革命之後，英國開始大量使用燃煤。倫敦的冬天寒冷多霧，民眾燒煤取暖，工廠與交通工具也排放大量廢氣，並與潮濕的空氣形成所稱的黑霧。倫敦大霧霾事件（the great smog of London）發生在 1952 年 12 月初，有一個星期因上空高壓滯留，大氣擴散不良，造成嚴重空氣汙染。該次霧霾導致四千多人死亡，以及十萬人以上發生急性呼吸道症狀。

森林火災經常造成東南亞空氣汙染問題。1997 年發生在印尼的大規模森林火災造成濃煙壟罩鄰近的馬來西亞與新加坡，嚴重的空氣品質不良從當年 10 月延續到隔年，該次空氣汙染事件估計造成馬來西亞 0.3%GDP 的經濟損失。另一次 2006 年 9 月到 10 月的東南亞霾害事件由印尼蘇門答臘大量的森林火災所造成。火耕造成多達 300 處的森林大火，霧霾隨著季風吹送，嚴重影響到周邊國家的空氣品質，尤其是馬來西亞、新加坡與泰國。

發生在印度的博帕爾災變（Bhopal disaster）則是一次毒氣意外洩漏造成大量死亡的空氣汙染事件。1984 年 12 月的一天凌晨，位於印度中央邦博帕爾貧民區附近的一個農藥工廠發生劇毒氰化物氣體洩漏，造成 2,259 人立即死亡以及一千多人後續死亡。該事件顯示，意外排洩到大氣的毒性汙染物可造成嚴重的死亡事件。

圖 12.5　發生在 1952 年的倫敦大霧霾事件造成四千多人死亡以及十萬人以上的呼吸道
　　　　症狀。家庭燒煤取暖以及工廠與交通工具排放廢氣，加上連續幾天的大氣擴
　　　　散不良，是造成該次空氣品質嚴重不良的主要原因。

空氣汙染的來源與汙染物

空氣汙染源

　　空氣汙染可能是自然或人為因素造成。主要的天然空氣汙染源包括森林火災、
火山爆發、海邊鹽粒，以及乾燥氣候帶的沙塵暴。某些樹種也可釋放顯著數量的揮發
性有機物，在陽光充足的情況下，這些揮發性有機物在空氣中反應，形成光化學煙
霧與臭氧等空氣汙染物。人為空氣汙染的來源眾多，我們可以將這些汙染源區大致
區分為**固定源**（stationary sources）、**移動源**（moving sources）以及**逸散源**（fugitive
sources），這三類汙染源有不同的排放特性、控制方法與管理策略。

　　固定源指工廠、火力發電廠等，定點排放的汙染源，這些汙染源可以改用清潔燃
料或改善燃燒效率來減少汙染物的產生，或使用大型廢氣處理設備，將汙染物從廢氣
中移除。移動源以機動車輛為主，包括汽車、機車，以及飛機、輪船等交通工具。這
類汙染源的個別排放量小，但數量眾多，汙染控制方法大多是透過內燃機引擎效率的
提升來減少汙染物排放，或使用小型汙染控制設施來去除一部分汙染物。逸散源指隨
機產生、來源分散的汙染源，例如露天燃燒與路面揚塵。這類型汙染隨機發生且汙染
源分散，控制困難，必須對發生源加以管理，例如露天燃燒的禁止、掃街、洗街，以
及工地揚塵控制等。

空氣汙染物

　　空氣汙染物的種類繁多，大多數染源排放一種以上空氣汙染物，但不同類型的汙染源有不同的主要汙染物。有些空氣汙染物以其排放時的形態直接對人體健康或環境品質造成負面影響，這類汙染物稱為**原生性汙染物**（primary pollutants），例如工廠、發電廠或機動車輛所排放的粒狀物、一氧化碳、氮氧化物、硫氧化物等。另外一類汙染物則是由原生性汙染物在大氣中反應所產生，這類汙染物稱為**衍生性汙染物**（secondary pollutants），例如由氮氧化物與硫氧化物所衍生的硝酸鹽與硫酸鹽，以及由多種原生性汙染物經陽光催化後反應產生的臭氧與光化學煙霧。我們所關切的細懸浮微粒即包括原生性微粒與衍生性微粒，其中衍生性微粒的粒徑比大部分原生性微粒小且數量多，造成的健康危害也更大。

　　依照內含物質，空氣汙染物可分成以下幾類：

- **懸浮微粒**（suspended particulates）指可以在空氣中停留數以天計的粒狀物，這些粒狀物的成分複雜，有一些物質可造成健康危害，例如呼吸系統疾病或癌症。懸浮微粒有天然以及人為來源，天然來源包括森林火災、火山活動、地面塵土以及海水鹽沫。人為來源則有工業、火力發電、金屬冶煉、垃圾焚化以及機動車輛排氣等。有些粒狀物來自逸散源，如露天燃燒與街道揚塵。極細的粒狀物可以在大氣中長時間滯留，同時也可深入人體肺部，甚至擴散至血液，循環到身體其他部位。我們所稱的細懸浮微粒或 PM2.5 是粒徑小於 2.5 微米的粒狀物。一般口罩或手術口罩無法有效濾除細懸浮微粒。空氣懸浮微粒對於大眾健康的危害在 1970 年代開始受到注意，目前已成為全球最大的公共衛生問題之一。根據估計，懸浮微粒在美國每年造成 22,000～52,000 人因相關疾病提早死亡，在歐洲這個數字高達 20 萬，中國的估計為每年 35～50 萬人。PM2.5 可以造成血管傷害，導致血管發炎與硬化，可能發展成心臟病或其他心血管疾病。微粒也常含有致癌物質，例如多環芳香烴與重金屬，可造成肺癌或其他器官的癌症。

- **一氧化碳**（carbon monoxide）來自燃料不完全燃燒。環境中一氧化碳最主要來源為機動車輛排氣，但草木燃燒以及使用柴火烹調所產生的燻煙也含有大量一氧化碳。一氧化碳可以與血紅素結合，其結合力為氧氣的數十倍，因此影響血液的氧氣輸送效率，造成缺氧。短時間或低濃度的一氧化碳暴露可能造成反應遲鈍或頭痛，但高濃度一氧化碳可能導致休克或死亡。交通繁忙的街道以及通風不良的隧道或地下停車場較常發生一氧化碳濃度過高的問題，但一般是低濃度暴露所造成的輕微症狀。排放到大氣的一氧化碳大多數被光化學反應轉化為無害物質，主要是二氧化碳。

- **碳氫化物**（hydrocarbons）又稱爲揮發性有機物，這些是低分子量、高揮發性的有機物。碳氫化物有天然與人爲來源，天然來源主要來自植物的釋放。有些植物在陽光曝曬下會釋放出有機物，例如針葉樹會釋放出揮發性的萜烯（terpene, $C_{10}H_{15}$）。根據估計，空氣中的揮發性有機物有三分之二來自草木等天然來源。雖然它們大多不對人體構成直接傷害，但仍然可以在大氣中與其他汙染反應產生有害的衍生物。碳氫化物的人爲排放主要來自石化工業、機動車輛，以及加油站的油氣、乾洗店的有機溶劑等。有些揮發性有機物本身爲有害氣體，例如汽油中含量極高的苯爲致癌物，但更普遍的影響來自它們在大氣中反應所衍生的二次汙染物。

- **二氧化硫**（sulfur dioxide）是一種無色、味道強烈而且有刺激性的氣體，有天然與人爲的排放源。二氧化硫的天然來源包括火山活動釋放的氣體，以及環境中微生物新陳代謝產生的硫化氫在大氣中氧化形成。二氧化硫的人爲排放主要來自化石燃料的使用，尤其是煤的燃燒。就全球而言，燃煤電廠的二氧化硫排放量占人爲總排放量大約一半，燃油占了另外 25～30%，其他來源爲工業以及使用柴油的機動車輛、輪船或重機械排放的廢氣。二氧化硫可以對呼吸系統造成傷害，同時也形成硫酸鹽霧霾，影響能見度。二氧化硫也在空氣中氧化並與水氣反應生成硫酸，是造成酸雨的主要物質。

- **氮氧化物**（nitrogen oxides）指**一氧化氮**（NO）與**二氧化氮**（NO_2）。一氧化氮是無色、可燃，有輕微味道的氣體。二氧化氮是橘紅色，有強烈味道與刺激性以及毒性的不可燃氣體。氮氧化物的天然來源包括火山爆發、海洋逸散、微生物活動以及閃電。人爲排放的氮氧化物量稍低於天然來源，主要來自燃煤或燃氣鍋爐以及內燃機引擎。在高溫環境，空氣中的氮氣（N_2）與氧氣（O_2）反應，生成一氧化氮與少量二氧化氮，一氧化氮在大氣中快速與氧氣反應形成二氧化氮：

$$高溫環境：O_2 + N_2 \rightarrow 2\,NO$$
$$在大氣中：2NO + O_2 \rightarrow 2\,NO_2$$

二氧化氮在大氣造成棕色霧霾，它也可以刺激呼吸道，造成呼吸系統疾病。氮氧化物也是造成酸雨的主要空氣汙染物之一。氮氧化物是多種空氣汙染物的前驅物質，可以在陽光催化下與其他汙染物反應，形成臭氧與其他刺激性氣體，稱爲光化學煙霧。

- **鉛**（lead）曾被使用在汽油添加劑來降低爆震以保護汽車引擎，但隨著鉛對於人體健康與生態的危害逐漸被了解，含鉛汽油於 1980 年代起逐漸被無鉛汽油取代。目前空氣中鉛的主要排放源為金屬冶煉、垃圾焚化、燃煤電廠，以及鉛酸電池製造業。從呼吸或攝食進入人體的鉛可以進到血液循環系統，輸送到身體各處。體內過量的鉛可以干擾神經系統、影響腎臟功能、影響免疫系統、生殖系統與內分泌系統，並可造成心血管疾病。神經系統發展階段的嬰兒與孩童特別容易受到鉛的毒害，造成行為異常、學習障礙以及智能低落等問題。環境中的鉛也可以妨礙動植物的生長與繁殖，以及對脊椎動物的神經系統造成傷害。

- **霾**（haze）指懸浮微粒所造成的大氣混濁外觀。霾除了影響能見度也對人體健康及自然生態造成傷害。霾有兩種顯著不同的型態，一種為燃煤造成，以一氧化碳、粒狀物及硫酸為主的**工業煙霧**（industrial smog），或稱為倫敦型煙霧。另一種形態的霾是由氮化物與揮發性有機物經過陽光催化所反應產生的**光化學煙霧**（photochemical smog），也稱為洛杉磯型煙霧。工業煙霧主要由燃煤造成。家庭、工業、發電廠燒煤所排放的煤煙含有大量粒狀物。二氧化硫與粒狀物可以對人體的呼吸系統造成刺激性與損傷，導致呼吸道與肺部的相關疾病與癌症。1952 年發生於英國倫敦，造成四千多人死亡的嚴重空氣汙染事件為這類型煙霧所造成。光化學煙霧是霾的另一種類型，由大氣中二氧化氮與揮發性有機物在陽光催化下反應生成，汙染物包括臭氧、硝酸、甲醛，以及許多具有強烈活性與刺激性的二次汙染物。光化學煙霧特別容易發生在日照充足、車輛密集的城市，世界許多大城市如美國洛杉磯、墨西哥的墨西哥市、中國北京、印度德里等，都有顯著的光化學煙霧問題。臺灣氣候溫暖，車輛、工廠與發電廠密集，在陽光普照的夏季，中南部光化學煙霧造成的霧霾以及臭氧濃度過高的情形相當常見。

圖12.6　美國加州洛杉磯天氣晴朗、氣候乾燥，大量汽車排氣形成嚴重的光化學煙霧。

科學：光化學煙霧（photochemical smog）

大氣除了天然存在的氣體之外，也含有各種雜質，並發生複雜的化學反應，有些反應需要陽光能量的催化，稱為**光化學反應**（photochemical reaction）。大氣中參與光化學反應的主要初級汙染物包括一氧化氮、二氧化氮，以及種類繁多的揮發性有機物。簡化的光化反應程序如圖 12.7 所示：二氧化氮（NO_2）受紫外線照射分拆成一氧化氮（NO）與氧原子（O），氧原子與空氣中的氧氣分子（O_2）結合形成臭氧（O_3）。臭氧是光化學煙霧中的主要汙染物。臭氧分子有強烈的反應性，在大氣環境的半衰期不到一小時。大氣臭氧濃度超過 0.1ppm 可以對動物呼吸道黏膜造成刺激，引發呼吸道過敏、發炎與感染。臭氧也可以對植物細胞造成傷害，影響植物生長。臭氧也會破壞各種有機物分子，造成橡膠與塑膠製品及油漆等物品的劣化。

大氣光化學反應也產生活性很強的原子態氧，可以與空氣中的揮發性有機物反應形成醛以及許多不同類型的有機物，部分有機物可以再與二氧化氮結合，形成有強烈刺激性的**過氧乙醯基硝酸鹽**（peroxy-acetyl nitrate, PAN）。

二氧化氮也可以與水氣反應，生成硝酸。因此，光化學煙霧所含的主要空氣汙染物為臭氧、PAN、甲醛、硝酸，以及其他有強烈刺激性的有機物，這些物質可引起呼吸道過敏反應，造成呼吸道腫大與阻塞，降低呼吸效率，造成氣喘，也能影響人體的免疫力。光化學煙霧對某些敏感族群的影響尤其顯著，包括老人、小孩、心臟病患者，以及呼吸道與肺部相關疾病患者。

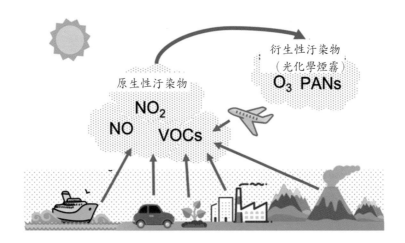

圖 12.7　光化學煙霧的形成。高溫燃燒產生的氮氧化物在陽光的催化之下與自然
　　　　　及人為來源的揮發性有機物發生反應，產生臭氧、硝酸、甲醛，以及其
　　　　　他刺激性氣體，所形成的霾稱為光學煙霧。

酸雨

酸雨（acid rain）更正確的說法是**酸沉降**（acid precipitation），包括降雨、下雪、霧、露與冰霰一類的**濕沉降**，以及非降水期間的**乾沉降**。未受汙染的降水因大氣二氧化碳溶解而呈微酸性，其酸鹼度值（pH）為 5.6，pH 小於此值的降水遭到天然或人為汙染，被界定為酸雨。

造成酸雨的主要物質為硫酸與硝酸，這兩種酸由氣態汙染物二氧化硫與氮氧化物在大氣中與氧及水反應產生。雖然自然現象如火山噴發、森林火災等也排放二氧化硫及氮氧化物，但在許多地區，大氣中這兩類物質主要來自人為排放。二氧化硫與氮氧化物最主要的人為來源是化石燃料燃燒，其中火力發電為最主要排放源，其他來源還包括車輛與動力機械內燃機排放的廢氣，以及來自工業的排放。二氧化硫與氮氧化物透過氣流傳送影響到汙染源周邊國家或地區，成為區域性汙染型態。

酸雨對於環境造成廣泛影響，主要影響包括：

- **建築物與雕像的侵蝕**　石頭建材、水泥、金屬、油漆等，長時間暴露在酸性環境將受到腐蝕。許多古老建築與室外雕像使用石材，這些材料都可能受到酸雨侵蝕，經年累月造成嚴重損壞。大型古建築如希臘雅典的帕德嫩神廟（Parthenon）因長期雨水侵蝕造成嚴重損害而無法修復。

- **森林死亡**　德國黑森林受到酸雨傷害是最廣為人知的案例。來自東歐的酸雨造成德國東部巴伐利亞一帶森林大面積死亡。類似情況也發生在美國、中國、蘇聯，以及歐洲某些地區。酸雨傷害植物葉片細胞，影響光合作用，也可以改變土壤化學性質，導致營養鹽流失，或釋出對植物有毒的元素例如鋁，這些因素導致植物體弱而無法抵抗寒冷或各種病蟲害的侵襲，最終造成死亡。高山森林特別容易受到酸雨影響。雲霧帶森林經常暴露在酸性環境，受酸雨的影響尤其顯著。高山土壤層淺薄，土地對酸雨的緩衝能力弱，植物容易受到傷害。

- **湖泊酸化**　酸化造成湖泊內部生態改變，部分浮游藻可能消失，例如有硬殼的甲藻，大型水生植物的優勢種也會改變。軟體水生動物如水蛭、蝸牛、螯蝦等的消失經常是湖泊酸化的早期跡象，敏感的魚類如鮭魚、鱒魚也在湖泊酸化早期就可能消失。造成魚類死亡的因素大多不是湖水的低 pH，而是集水區土壤與湖泊底泥毒性金屬的釋出，尤其是鋁。水中氫氧化鋁的絮體可以附著在魚鰓，妨礙魚類呼吸，甚至造成死亡。湖泊受酸雨影響程度與集水區地面狀況有關，土壤層厚且植被茂密的集水區對酸雨有較好的緩衝效果，湖泊酸化的機會低。臺灣各地區降雨的酸鹼值如圖 12.9 所示，東北部酸雨情況比較顯著。

圖 12.8　酸雨侵蝕石頭雕像造成嚴重毀損。

圖 12.9　臺灣各地區降雨的酸鹼度值（2017 年），圖中顯示東北部有較顯著的酸雨情況。

臭氧層破壞

臭氧是由三個氧原子構成的氣體分子，化學式為 O_3。臭氧層分布在離地面 15 公里到 35 公里的平流層，最高濃度發生在 25 公里左右高度。臭氧層可以吸收紫外線並將其轉變為熱，可以保護地表生物，不受到過量紫外線傷害。

紫外線是波長比可見光短的太陽輻射，我們依照波長將紫外線分成三類，紫外線 C（UV-C）的波長最短，能量最高，這部分的太陽輻射被外大氣層吸收，並未到達地面。紫外線 B（UV-B）的波長稍長，大部分被臭氧層吸收，只有一小部分到達地面。紫外線 A（UV-A）是波長最長、能量最低的紫外線，大部分可以到達地面，是我們日常所接收紫外線的主要類型。臭氧層受到破壞時，地表生物受到較強 UV-B 的照射。UV-B 對於人類造成皮膚曬傷或皮膚癌、白內障，以及影響免疫功能等健康危害，也可以對植物與水中浮游生物造成傷害。

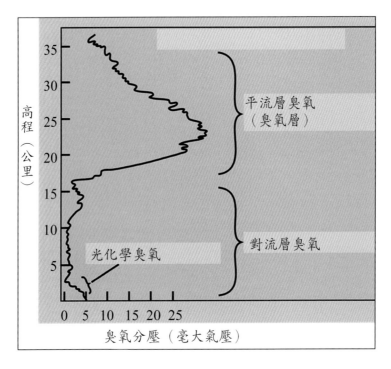

圖 12.10　大氣臭氧的分布。臭氧層分布在離地面 15～35 公里的範圍，最高濃度約在 25 公里高度。接近地表也有少量臭氧，是空氣汙染所造成。

大氣層臭氧量以**杜布森單位**（Dobson unit, DU）表示。地表某一面積上方柱狀體空間內的臭氧若集中到地面，在一大氣壓、攝氏零度的條件下，1 mm 為 100 個杜布森單位。地球平均臭氧大約 300 DU，但分布並非均勻。1970 年代，在臭氧層還未受到破壞之前，南極臭氧最低含量為 220 DU。因此，臭氧含量低於此值的大氣範圍被定義為**臭氧洞**（ozone hole）。駐紮於南極觀測站的英國科學家在 1970 年代首先發現，南極大陸上空每年八月接近春季時，臭氧含量開始降低，十月達到最低，之後逐漸恢復。後來的研究發現，人為合成的臭氧破壞物質是造成南極上空春夏臭氧層破壞的主要原因。

氟氯碳化物（chlorofluorocarbons, CFCs）是主要的臭氧破壞物質，這類物質使用在冷氣與冰箱的冷媒、噴霧罐的壓縮氣體、電路板清潔、發泡材料的製造等。如圖 12.11 所示，氟氯碳化物是氫原子由氟與氯取代的碳氫化物分子，這類分子非常穩定，可以在大氣長期滯留，並擴散到臭氧層，在那裡氟氯碳化物分子被強烈的紫外線破壞並釋放出氯，氯原子可以反覆催化破壞臭氧分子，造成臭氧洞。

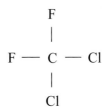

圖 12.11　CFC-12 是氟氯碳化物的一種。氟氯碳化物是主要的臭氧破壞物質，分子由碳與氯或氟結合而成。

有鑑於臭氧層破壞對人類與地球生態的嚴重影響，國際社會很快對臭氧破壞物質的管制做出反應，於 1987 年在加拿大蒙特婁簽訂了**蒙特婁破壞臭氧層物質管制議定書**（Montreal Protocol on Substances that Deplete the Ozone Layer），簡稱**蒙特婁公約**，這個公約訂下了臭氧破壞物質逐步禁用的時程。該議定書於 1989 年生效，並得到聯合國所有會員國的簽署，成為歷史上全球合作對抗環境問題的先例。臭氧破壞物質禁用至今，臭氧洞範圍已大幅縮小，但臭氧層回復到原有狀態仍需數十年時間。

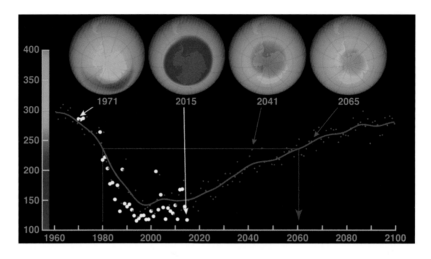

圖 12.12　蒙特婁公約於 1989 年生效之後，大氣層臭氧逐漸穩定下來，預期 2075 年可
以回復到 1980 年之前的水準（縱坐標為 DU 值）。

科學：臭氧破壞物質（ozone depleting susbstances, ODS）

　　平流層臭氧持續產生與消失的自然過程稱為查普曼機制（Chapman mechnism）。在這個機制的第一步，一個氧氣分子（O_2）吸收紫外線 C（UVC）能量而光解成為兩個氧原子（O），其中一些氧原子與氧氣分子結合，形成臭氧（O_3）。臭氧分子可以吸收紫外線 B（UVB），並光解成一個氧原子與一個氧氣分子，並釋放出熱能。臭氧分子對於 UVB 的吸收是臭氧層保護地表生物的主要機制。

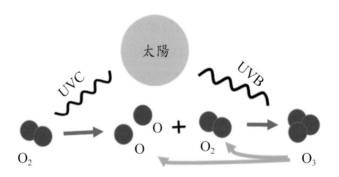

圖 12.13　平流層臭氧自然產生與消失的循環過程稱為查普曼機制。在這過程，
高空氧氣分子（O_2）被短波長的紫外線 C 照射而光解成為兩個氧原子
（O），氧原子與另一氧氣分子結合形成臭氧（O_3）。臭氧分子再受到
中波長的紫外線 B 照射而光解成氧原子與氧氣分子而消失。

　　人造的臭氧破壞物質催化破壞平流層臭氧，主要的催化物是原子態氯。在這個催化破壞過程，原子態氯（Cl）與臭氧（O_3）反應，生成一氧化氯（ClO）與氧氣分子（O_2）。兩個一氧化氯再互相結合，並拆解成一個氯氣分子（Cl_2）與一個氧氣分子（O_2）。氯氣分子可以再被陽光拆解為兩個原子態氯，並重複臭氧的破壞反應，如圖 12.14 所示。氯在這個反應扮演催化劑的角色，可以一再循環使用，因此即使人類排放的臭氧破壞物質在大氣中濃度非常低，也可造成平流層臭氧的大規模破壞。

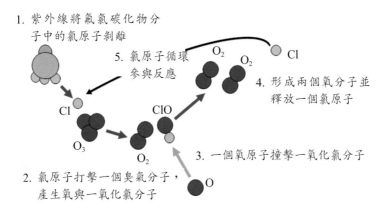

圖 12.14　氟氯碳化物分子受紫外線照射而釋出氯原子，氯原子可以循環催化臭氧的破壞反應。

12.3 氣象與空氣汙染

　　大氣清除汙染物的自然機制稱為自淨作用，主要的自淨機制為稀釋、沉降、反應與雨除（rain out）。空氣汙染物在大氣有一定的滯留時間，雖然有些汙染物非常穩定，但這類汙染物可以隨著下雨、降雪或乾沉降回到地面。海洋也吸收大量的空氣汙染物。

　　陽光是促成空氣自然淨化的重要因子。太陽輻射提供許多化學反應所需的活化能，可以催化破壞汙染物分子。大氣的稀釋作用顯著降低空氣汙染物濃度，因此大氣擴散良好時，空氣品質好。空氣品質嚴重不良除了因汙染物排放量大之外，也都與大氣擴散不良有關。在日照強烈的夏季，地表溫度高，大氣的上下對流顯著，地面空氣品質好。陰天或日照弱的冬季，地表與上空溫差小，大氣對流不顯著，容易造成空氣品質不良。

　　大氣**溫層逆轉**或**逆溫**（inversion），是地面大氣溫度隨高度上升，而非下降的情況，此時汙染物無法向上擴散，容易造成地表嚴重空氣汙染。大氣逆溫可以發生在不同情況：

- **沉降性逆溫**由區域性沉降氣流造成。全球大氣環流在南北緯 30 度附近各有一沉降帶，這一帶高空空氣下沉並受到壓縮升溫，造成某一高度空氣溫高於地表的逆溫現象。

- **山地逆溫**發生在山區，冷空氣下沉並滯留山谷，造成山谷空氣溫度低於上空的逆溫情況。吹過高山的氣流在背風面下降升溫，並籠罩在背風面大氣上方，也會形成逆溫。

- **鋒面逆溫**發生在冷暖氣團交界面，暖氣團壟罩在冷氣團上方，形成逆溫情況。

- **輻射逆溫**發生在晴天夜間，地面輻射冷卻造成午夜以後地表空氣溫度低於上空的逆溫情況。輻射性逆溫是夏季清晨常態性的逆溫型態，容易造成上班時間的嚴重空氣汙染。輻射逆溫大多可在早上十點以後，隨著地表被陽光加熱而逐漸消失。

圖 12.15　大氣逆溫指上層大氣溫度高於地表，阻止了大氣的上下對流與擴散，造成嚴重空氣汙染。

科學：大氣穩定與空氣品質

　　大氣中的氣團往高處移動時因氣壓下降、體積膨脹而降溫，其溫度隨高度下降的幅度稱爲**乾絕熱直減率**（dry adiabatic lapse rate），約每一百公尺降低攝氏 1 度。此處「乾」指的是不含水氣的假設情況。若空氣含有水氣並隨著降溫而凝集成水霧時，釋出的熱量將使降溫減緩，此時的直減率稱爲**飽和絕熱直減率**，約每一百公尺降低攝氏 0.6 度。絕熱表示氣團與周邊大氣沒有熱交換。大規模氣團與其周邊大氣進行熱交換的速率緩慢，短時間兩者處在沒有熱交換的絕熱狀態。

　　正常情況，地表空氣溫度高於上方大氣，此時氣團上升，若周邊大氣的直減率大於氣團的乾絕熱直減率，則氣團可以持續向上擴散，這樣的大氣稱爲不穩定大氣，如圖 12.16(a)。

　　反之，若大氣直減率小於乾絕熱直減率，則氣團上升到一定高度之後，溫度將與周邊大氣相同而無法繼續上升與擴散，如圖 12.16(b) 所示，這樣的大氣稱爲穩定大氣，而氣團可上升的高度稱爲**大氣混合高度**。大氣混合高度大時，汙染物被稀釋，空氣品質較好。

　　大氣擴散最不好發生在圖 12.16(c) 的逆溫（inversion）情況。逆溫可發生在不同高度，越接近地面則大氣混合高度越小，越容易造成空氣品質不良。

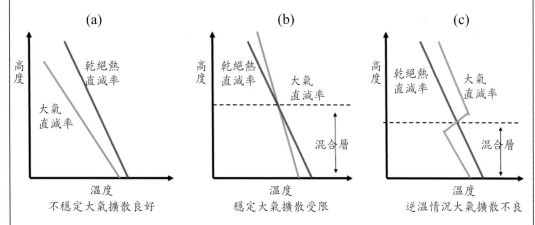

圖 12.16　三類型的大氣穩定度與混合層高度。在不穩定大氣，汙染物擴散不受限制。穩定大氣的混合層高度越高，大氣對於汙染物的稀釋效果越好。在逆溫的大氣，汙染物無法向上擴散，在地表累積造成嚴重空氣汙染。

12.4 室內空氣汙染

　　大多數都市居民一天有 90% 的時間生活在室內，即使室外工作者，一生仍然有 60% 的時間在室內生活，因此室內空氣品質對我們的健康至關重要。室內空氣經常比室外有害，居住在空氣品質不良的屋子可能造成過敏、肺炎、高血壓、缺血性心臟病、中風，甚至肺癌等負面的健康影響。

　　造成室內空氣品質不良的因素與物質眾多。使用柴火烹調與取暖所產生的燻煙對人體造成傷害。貧窮國家許多家庭使用木材、動物糞便、木炭、作物殘株、煤碳等做為家庭烹調與取暖燃料，對這些國家的國民健康造成嚴重影響，其中長時間待在室內的婦女與孩童是受害最深的族群。低效率爐灶所排放的粒狀物、甲烷與二氧化碳也構成全球性空氣汙染。

圖 12.17　使用柴火烹煮造成的室內空氣汙染導致許多開發中國家人民的呼吸系統疾病，包括肺癌。

　　現代化住宅室內空氣汙染的來源包括建築材料、地毯與家具所使用接著劑所散發出的有害氣體，尤其是甲醛，以及油漆使用的有機溶劑與家庭清潔用化學製品所含的揮發性有害物質。室內空氣也包括生物性汙染物，如細菌、病毒、黴菌、塵蟎以及寵物毛髮、蟑螂糞便、花粉等。廚房烹調也產生油煙、氮氧化物、一氧化碳。現代化住宅為了維持空調效果大多採用氣密門窗，這樣的做法固然提高能源效率，但也影響通風，惡化室內空氣品質。圖 12.18 為室內空氣汙染的主要來源。

圖 12.18　室內空氣汙染的來源眾多，汙染物的類型也非常複雜。主要的汙染源包括車輛油氣、爐火、油漆溶劑、家庭清潔液體溶劑、家具與地毯黏著劑、放射性氣體氡、灰塵、塵蟎、菸煙。

　　長期待在通風不良的辦公室或住宅可能罹患**病屋症候群**（sick building syndrom），常見的症狀為頭痛、疲倦、注意力不集中，眼睛、鼻子或喉嚨搔癢，皮膚乾燥或搔癢，過敏或其他類似流感的症狀。

　　退伍軍人病（legionnaires' disease）由一種生活於淡水的細菌所引起，包括一系列身體不適的症狀與呼吸系統感染。這種細菌在 1976 年美國賓州的一次退伍軍人大會造成居住同一旅館的退伍軍人群聚感染，名稱由此而來。體弱的老年人、慢性肺部疾病患者，以及有免疫力不足問題的族群，最容易受到退伍軍人症的感染與傷害。

　　甲醛（formaldehyde）是特別受到關注的室內空氣汙染物。甲醛經常被使用在膠合劑與黏著劑的製造，因此家具、隔間板、油漆、地毯黏著劑等都可能含有甲醛，並釋放到室內空間。甲醛造成眼睛與呼吸道的刺激以及過敏與紅腫。甲醛也是一種已知人類致癌物，部分國家的法令禁止建材與家具含有過量的甲醛。

案例：美國卡崔娜風災緊急安置屋的甲醛汙染

　　FEMA 拖車屋是美國聯邦緊急應變局（Federal Emergency Management Agency, FEMA）用來安置因天災而無家可歸居民的臨時住所。2005 年颶風季美國東岸發生兩次大規模颶風，造成超過 30 萬家庭的房子無法居住，FEMA 緊急購置了 14 萬 5 千個拖車屋來安置部分家庭，然而這些臨時住所的居民陸續發生呼吸困難、眼睛不適、流鼻血等症狀。後來的調查發現拖車屋的建材使用了含有甲醛的黏著劑，造成高達 83% 的這些拖車屋內部空氣甲醛含量超過空氣品質標準。為解決此一問題，美國政府重新裝修有問題的屋子，同時修改了往後的拖車屋設計，加大了室內空間，並改善通風。

圖 12.19　一部分卡崔娜風災臨時安置用的拖車屋因室內空氣含有過量甲醛而須進行改裝。

香菸的危害

　　環境菸煙（environmental tobacco smoke）或稱**二手煙**是抽菸者吐出的菸煙與香菸燃燒直接釋出的燻煙兩者的混合物。許多科學研究顯示，二手菸可造成健康危害甚至提早死亡。長期暴露在二手煙的小孩可能罹患氣喘、呼吸道與耳朵感染、嬰兒猝死症。二手煙也可導致成人的心臟病與肺癌。根據估計，全球有 40% 的兒童、35% 的不吸菸婦女，以及 33% 不吸菸男性經常性暴露在二手煙的環境。眾多的研究顯示菸煙含有種類繁多的毒性物質以及 60 種致癌物，這些物質大部分也出現在二手菸裡面。

　　根據美國癌症學會（America Cancer Society）估計，抽菸造成美國每年 44 萬人，以及全世界 500 萬人因爲中風、心臟病、肺癌，以及身體其他部分癌症死亡。孕婦吸菸可能導致流產、嬰兒猝死、腦部發育遲緩、行爲異常，以及學習障礙等問題。根據世界衛生組織的統計，全球吸菸人口逐漸減少，但目前仍有 11 億人吸菸，其中東地中海地區與非洲吸菸人口有增加的趨勢。青少年人吸菸問題尤其值得重視，有很高比例的青少年吸菸者將成爲終生菸癮患者。統計顯示，有將近 90% 的吸菸成人在 19 歲或以前開始吸菸。

降低室內空氣汙染的危害

　　室內空氣汙染可以造成許多健康上的不利影響，保持室內清潔、移除汙染源，以及保持良好通風可以降低室內空氣汙染造成的健康危害：

- 選用不含甲醛的家具與建材，許多這類商品都有不含甲醛的標示，若沒有，可以透過其他訊息加以確認。
- 避免室內吸菸，指定的吸菸區必須通風良好。
- 有機溶劑如甲苯或含有機溶劑的產品如油漆、去漬油以及汽油等必須置於室外通風處。
- 定期吸塵與擦拭家具以去除微塵，保持室內乾燥可以避免黴菌滋生。空調系統濾網定期清理以避免發霉並可維持除塵功能與冷氣效率。
- 被褥枕頭等寢具保持清潔乾燥，以免滋生黴菌與塵蟎。
- 廚房維持良好通風，避免油煙長時間滯留室內，改用電子爐具可以免除瓦斯爐燃燒產生的空氣汙染物。
- 浴室保持通風以避免自來水消毒產生的有害副產物以及放射性氣體氡的危害。
- 室內保持整齊、簡單，避免堆置無用或不常使用的雜物。

12.5 空氣汙染控制

　　移動源以機動車輛爲主，這類汙染源可以透過以下方法加以控制：

- **燃料管理**：例如汽油含有一定比例的苯，是人類致癌物，因此各國都對於汽油的苯含量加以限制。早期車輛使用含鉛汽油，造成環境的鉛汙染，1970 年代起鉛汽油被逐步汰除。柴油引擎造成二氧化硫汙染，因此柴油的含硫量受到法令管制。

- **引擎改善**：透過引擎的改善可以大幅降低車輛排氣汙染。二行程引擎排放大量空氣汙染物，尤其是碳黑以及揮發性有機物與一氧化碳。目前大多數內燃機採用四行程引擎，大幅降低空氣汙染。新型的車輛引擎也比以前更有效率，排放更少的汙染物。

- **排放控制**：目前汽車都裝設三效觸媒轉化器來降低排氣汙染。轉化器以稀有金屬如鉑、鈀及銠爲觸媒，將一氧化碳與碳氫化物燃燒成爲二氧化碳與水，並將氮氧化物還原成爲氮氣。因此，排氣系統妥善保養的汽車汙染排放量低。觸媒轉化器必須在高溫時才可以發揮效果，因此汽車在冷車階段汙染排放最爲顯著。柴油引擎爲車輛氮氧化物的主要排放源，柴油引擎車輛大多裝有選擇性觸媒還原系統（selective catalitic reduction, SCR），使用氨或尿素將氮氧化物催化還原成氮氣與水。

　　固定源主要爲工廠以及火力發電廠，排放的汙染物主要爲粒狀物、硫氧化物、氮氧化物，經常使用的汙染控制方法包括：

- **粒狀物去除**：大多數固定源廢氣在進入煙囪排放之前都經過集塵器，將粒狀物去除。這些集塵器主要有濾袋集塵器與靜電集塵器兩大類。濾袋集塵器使用由防火纖維做成的多孔隙濾袋將廢氣中的粒狀物濾除。靜電集塵器則使用帶電的極板，將氣流中帶有靜電的微粒吸附與去除。

- **燃料脫硫**：將煤或重油所含的硫去除，以減少硫氧化物的產生。

- **煙道脫硫**：在煙囪內部裝設滌塵器，噴灑混有吸收劑的水，以吸收並中和硫氧化物、粒狀物與其他汙染物，所收集的廢水具有酸性並含有許多其他汙染物，必須妥善處理。

- **氮氧化物去除**：工廠或發電廠燃氣鍋爐高溫燃燒產生大量氮氧化物，這些氮氧化物可以使用選擇性還原觸媒將其還原成無害的氮氣與水。

　　逸散源來源分散，因此須透過源頭管理來防止汙染，方法包括：

- **露天燃燒管理**：限制草木以及作物殘株的露天燃燒。臺灣以往稻米收割季節農民大量焚燒稻草，造成空氣品質不良，經過嚴格管理之後，情況已得到改善。

- **揚塵控制**：掃街與洗街可以減少道路揚塵造成的空氣汙染。施工工地、施工道路等灑水或做臨時覆蓋可以降低這些區域的揚塵。

12.6 空氣品質管理

世界各國都制定政策與法規來降低空氣汙染，改善空氣品質。例如臺灣的二行程機車汰除政策，以及階段性廢氣排放標準。**空氣汙染防制法**是臺灣最主要的空氣品質管理法令，這個法令規定環境空氣品質標準，並提供汙染源管制的法律依據。

根據汙染者付費原則來向汙染源依照排放量徵收費用也可以降低空氣汙染。**總量管制與排放權交易制度**（cap and trade）是一項固定源排放減量的有效策略。這項管制架構將一區域的空氣視為一個泡泡，內部有許多汙染源。依照希望達成的空氣品質目標可以算出泡泡內部某汙染物允許的排放總量，再將這個總排放量分配給各排放源。排放源實際排放量低於配額時可以取得積點，供未來使用或轉賣給需要超額排放的排放源。這個制度讓汙染處理成本低的汙染源多去除一些汙染，以出售排放權，而汙染處理成本高者可以選擇少處理一些，以購買排放權來超額排放。排放權交易制度可以讓社會以最低的汙染控制成本達成空氣品質目標，但也有一些人認為這是只要付費就可以汙染環境的不當制度。

結語

空氣汙染是全球性的問題，雖然先進國家的空氣品質在過去幾十年來有大幅改善，但開發中國家的空氣汙染問題仍然嚴重，全球每年有數百萬人的提早死亡與空氣汙染有關。空氣汙染的排放源相當複雜，包括固定源、移動源與逸散源，空氣品質的改善必須同時對這些多元且複雜的汙染源進行控制，這是一項需要長期投入的工作。

改善空氣品質除了運用汙染控制技術之外，也依靠能源的轉型與產業政策調整。汰除高汙染產業與發展清潔生產技術可以降低汙染物的排放。使用乾淨能源如水力、風電、太陽能、核電等，也是改善空氣汙染的有效策略。

本章重點

- 空氣的組成
- 大氣層構造
- 空氣汙染的來源與汙染物
- 光化學煙霧的形成與造成的問題
- 酸雨與湖泊酸化
- 臭氧層破壞的原因與影響

- 臭氧破壞物質
- 氣象與空氣汙染
- 室內空氣汙染
- 空氣汙染控制
- 空氣品質管理

問題

1. 畫出大氣層溫度分布的草圖,並在圖上標示各個分層。
2. 解釋空氣汙染的固定源、移動源與逸散源,說明各有哪些主要排放源。
3. 說明粒狀空氣汙染物中,什麼是原生性微粒與衍生性微粒。
4. 說明什麼是煙霧,以及工業煙霧與光化學煙霧。
5. 酸雨主要由哪些空氣汙染物造成?對環境有何影響?
6. 臭氧層對地球有何重要性?臭氧層如何被破壞?
7. 什麼是臭氧破壞物質?
8. 說明蒙特婁公約的目的與主要內容。
9. 什麼是大氣的逆溫現象?對於空氣品質有何影響?哪些情況造成大氣逆溫?
10. 什麼是病屋症候群?什麼原因造成這些症狀?
11. 甲醛是重要的室內空氣汙染物,說明室內空氣甲醛的來源與對健康的影響。
12. 解釋空氣品質管理的總量管制與排放權交易制度,並說明這項制度的優點與可能的缺陷。

專題計畫

1. 環保署每天公布空氣品質預測,並以空氣品質指標以及不同顏色來告訴民眾當天空氣品質的好壞。上網了解空氣品質指標包括哪些空氣品質項目,以及指標值如何決定。你居住地區今天的空氣品質指標值多少?對健康的影響程度為何?代表顏色是什麼?
2. PM2.5 的問題在過去幾年受到大眾關注,環保署以及各汙染源都積極推動粒狀物排放減量,尤其是燃煤電廠的減排。根據環保署報告,這幾年臺灣各地空氣中 PM2.5 濃度都有顯著下降。請從環保署網站下載你居住地區的 PM2.5 數據,了解過去 10 年的變化情形。

圖 13.1　離岸風電是很有潛力的永續性能源。

　　能（energy）是做功的能力。自然界所有的程序都由能量來驅動，從水的流動、風的吹襲、植物生長、動物奔跑等，一直到生物體內營養與氣體的輸送，以及細胞的運作，都因為能量做功。除了生物生存與活動需要能量之外，現代化社會幾乎所有活動都需要能量，而這些能量的來源就稱為**能源**（energy source）。在日常生活，我們使用電能來照明、驅動電器與各種資訊產品，使用石油來驅動車輛，工業使用能源來製造各種產品，可以說整個現代化社會的經濟是由能源所驅動。能源的類型非常多，在不同歷史階段，人類社會因為需求量以及取得的方便性而使用不同能源。目前石油、煤與天然氣這三種化石能源占全球能源的供應量超過 80%，預期未來數十年，化石燃料仍會是人類社會的主要能源。化石能源的使用造成嚴重的汙染問題，尤其是排放二氧化碳造成的溫室效應若不解決，將危及人類社會以及各種地球生物的生存。永續性能源如水力、風力與太陽能預期將成為未來能源開發的主軸，發展中的核融合技術若可以實現，也將全面改造全球的能源結構。

13.1 能量與能源

　　人類自古從自然界取得能源，早期人類收集木材來取暖與烹煮食物，最早的工業運用水力，使用水輪機來驅動磨粉機與鋸木機。工業革命之後，人類開始使用動力機械，十八、十九世紀，煤是主要能源。十九世紀末期開始，由於內燃機的使用，石油的使用量逐漸超越煤，同一時期，天然氣的使用量也大幅提升。煤、石油與天然氣這些我們所稱的**化石燃料**（fossil fuel）在過去兩百年多年來是驅動社會現代化的主要能源。一直到目前，化石能源仍然是全球最主要的商業能源。然而，化石能源的開採與使用造成重大環境衝擊。煤、石油與天然氣開採與輸送造成自然環境的破壞與汙染，在使用過程則排放大量空氣汙染物與二氧化碳。二氧化碳排放造成的大氣暖化與氣候變遷對於地球生態的干擾巨大而全面，成為目前最受關切的全球環境問題。

　　由於化石能源造成無法避免的環境問題，**替代能源**（alternative energy）的運用在最近半個世紀以來逐漸受到重視。替代能源指化石能源以外的各種能源，主要有水力、核能、風力、太陽能、生質能，以及目前規模仍小的能源如地熱，以及潮汐、波浪等海洋能源。

　　除了新能源的開發之外，過去數十年能源的使用效率也大幅提升。許多工業利用**汽電共生**（cogeneration）來充分利用能源，機動車輛的每公升行駛里程也提升了兩倍到三倍，家庭也逐漸使用高能源效率的電器產品。目前家庭使用的 LED 燈泡耗電量只有螢光燈的一半，白熱燈的五分之一。

　　公制的能量單位是**焦耳**（joule），代表 1 牛頓的力作用 1 公尺距離：

$$1 \text{ joule} = 1 \text{ N} \times 1 \text{ m}$$

在地球表面，當你手裡拿著一瓶 1 公斤的水（大約 1 公升），你手的支撐力是 9.8 牛頓，或大約 10 牛頓。當你把這瓶飲料往上舉 1 公尺時，你的手臂做功了 10 焦耳的功，因此焦耳是相當小的能量單位。在談論一個國家或全球能源的生產或使用時，我們經常使用艾焦耳（exajoule, EJ）這樣的單位，等於 10^{18} 焦耳。

　　功率（power）是單位時間所做的功或所傳遞的能量。功率的公制單位是**瓦特**（watt, W），一瓦特是每秒一焦耳：

$$1 \text{ watt} = 1 \text{ joule/sec}$$

一支長 120 公分的標準螢光燈管的消耗功率大約 20 瓦。一個燃煤發電機組的發電功率大約 550 百萬瓦（mega watts, MW）。一個電廠可能有數個發電機組，例如台中火力發電廠包括 10 個機組，總發電容量 5,824 MW，是全球最大的火力發電廠之一。卡路里（carorie, cal）是另一個常用的能量單位，1 卡路里約等於 4.1868 焦耳。由於卡路里是相當小的單位，我們日常生活經常是用大卡，也就是一千卡，例如一個便當熱量大約 700～1,000 大卡。

13.2 全球能源的生產與使用

圖 13.2 為 1800 年（工業革命期間）一直到 2019 年全球能源使用情形。工業革命之前，人類社會所使用的能源以傳統生質能（柴火）為主。工業革命之後，1850 年開始，能源的使用量逐漸增加，此時的能源以燃煤為主。1950 年代之後，能源使用呈現指數成長，石油使用量成長尤其快速。到了 1960 年代，石油超越燃煤，成為世界最主要能源。與煤及石油比較，天然氣是相對潔淨的能源，1980 年代開始，天然氣所占的能源比例逐漸顯著。

圖 13.3 顯示，石油與煤是目前全球最主要能源，天然氣的占比稍低，這三種化石能源合占全球能源使用量約 85%。若不納入核能，則以水力、風力及太陽能為主的替代能源占比約 11%，其中超過一半為水力能。風力與太陽等永續性能源雖有很大的發展潛能，但根據預測，如圖 13.4 所示，在未來數十年，我們的社會仍將高度依賴化石能源。

能源密度（energy intensity）指一個國家單位經濟產值的能源消耗量，能源密度低，則能源使用效率高。一般而言，服務業以及高科技產業有較低的能源密度，以基礎工業及製造業為主的經濟有較高的能源密度。圖 13.5 顯示全球主要經濟體的 GDP 與能源年消耗量，其斜率為能源密度。氣候也影響能源的使用，寒帶國家因為暖氣需求，人均能源使用量大。

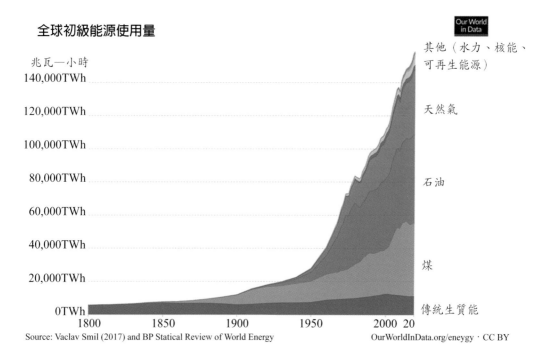

全球初級能源使用量

Source: Vaclav Smil (2017) and BP Statical Review of World Energy　　　OurWorldInData.org/eneygy · CC BY

圖 13.2　1800～2019 全球能源使用量成長情形（TWh = 10^{12} 瓦—小時）。工業革命之前的能源以傳統生質能（柴火）為主，工業革命之後開始使用燃煤，能源使用量漸增。石油的使用大約在 1920 年代逐漸成長，並在 1970 年代取代燃煤，成為最主要能源。

2020 年全球各主初級能源消耗量占比

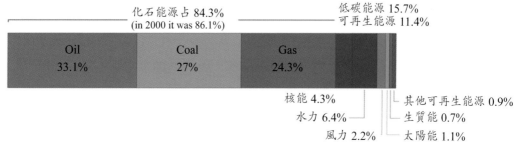

*'Other renewables' includes geothermal, biomass, wave and tidal. It does not include traditional biomass which can be key energy source in lower income settings.
OurWorldinData.org-Research and date to make progress against the world's largest problems.
Source: Our World in Data based on BP Statistical Review of World Enrtgy (2020).　　　Licensed under CC-BY by the author Hannah Rithcie.

圖 13.3　石油、煤與天然氣是目前全球三個主要能源。

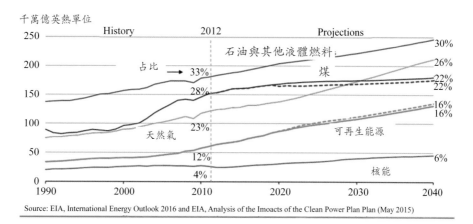

圖 13.4　全球各種能源占比的歷史變化與未來預測。雖然以水力、風力、太陽能為主
　　　　　的可再生能源最近幾年發展快速，但根據估計，到 2040 年，化石能源的全球
　　　　　占比仍然高達 78%。

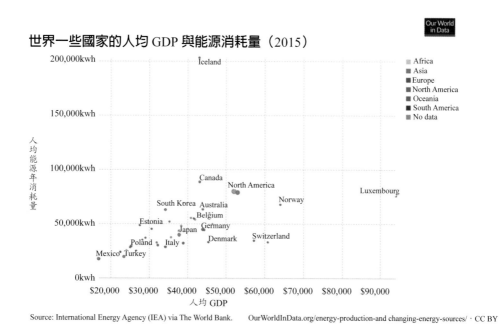

圖 13.5　世界各國經濟的能源密度（2015 年）。一個經濟體的能源密度指每單位產
　　　　　值（GDP）所消耗的能源，能源密度低的經濟體對環境的衝擊比較小。一般
　　　　　而言，以服務業與科技產業為主的經濟體能源密度低於以製造業為主的經濟
　　　　　體。能源密度也受到氣候影響，寒帶國家用於暖氣的能源消耗量大。冰島天
　　　　　氣寒冷且地熱能源豐富，能源密度遠高於世界各國。

13.3 臺灣的能源使用

　　臺灣使用的能源以化石能源為主，2019 年占能源總使用量 91.5%，核能占 6%，可再生能源占 2.5%，其中化石能源以石油占比最高，再次為煤，天然氣所占比例較低。臺灣的能源自主率低，高達 98% 的能源仰賴進口。如圖 13.6 所示，1960 年代以前，臺灣所使用的能源以燃煤為主，1960～1970 年代石油的占比逐漸提高。發生在 1973 年的石油危機使原油價格暴漲 400%，1979 的另一次危機，石油價格又漲了 100%，高油價驅使臺灣的能源使用逐漸多元。1980 年代開始，石油的能源占比緩慢下降，煤與核能占比上升。煤是電力以及鋼鐵工業的主要能源，但燃煤造成嚴重空氣汙染，因此 1990 年代開始，臺灣部分發電廠改用燃氣機組，天然氣的能源占比逐漸提高。

　　臺灣核能的使用從 1978 年核一廠的商業運轉開始，此後又新蓋了核二與核三廠。核能占比在 1984 年達到 19.4% 的最高峰，此後未再新增核電機組，隨著能源總使用量增長，核能所占比例逐漸降低。臺灣的可再生能源以傳統水力為主，雖然近幾年政府積極推動風力與太陽能建設，但所占能源總使用量仍低，扣除傳統水力，以風電及太陽能為主的可再生能源在 2019 年僅占能源總使用量 1.5%。

　　圖 13.7 為臺灣人均用電量成長與部分國家的比較。臺灣從 1960 年代開始直到 2005 年，由於鋼鐵與石化等基礎工業快速發展，人均能源消耗量快速提升，目前人均用電量與荷蘭相近。

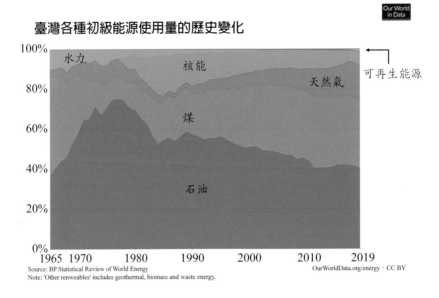

圖 13.6　臺灣各種能源使用配比的歷史變化。1960 年開始，石油超越燃煤，成為主要能源。1970 年代的兩次石油危機造成原油價格高漲，石油的能源占比下降，燃煤占比上升。1990 年代開始，空氣汙染問題受到重視，天然氣的能源配比緩慢增加。

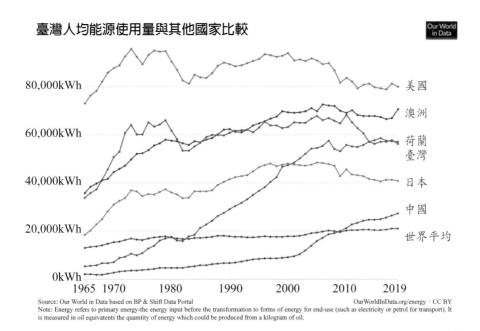

圖 13.7 臺灣人均用電量與世界各國比較。臺灣目前人均用電量遠高於世界平均，與荷蘭相當。

13.4 石油

石油的形成

沉積於海床的浮游生物因地殼變動而被掩埋於高溫、高壓的地質環境，經過數千萬到數億年緩慢的化學變化形成石油。石油主要由碳與氫兩種元素所組成，因此又稱為碳氫化物。目前開採的石油有 70% 形成於地質年代的中生代（Mesozoic age），大約兩億五千兩百萬年前到六千六百萬年前，另外的 20% 形成於新生代（Cenozoic age），大約六千五百萬年前，其他的 10% 形成於更早的古生代（Paleozoic age），大約五億四千一百萬年前到兩億五千兩百萬年前。中生代的地球氣候溫暖，海洋有大量浮游生物，成為石油的主要來源。石油的形成必須在無氧環境，沉積層深處不易接觸到來自大氣的溶解氧，這些被掩埋在二到四千公尺中的有機物逐漸形成**油母質**（kerogen）。若沉積層溫度在 90℃ 以上但低於 160℃ 時，經過長時期，這些有機物將形成石油與天然氣。若沉積層溫度高於 160℃，則只有天然氣或石墨形成，而不形成石油。

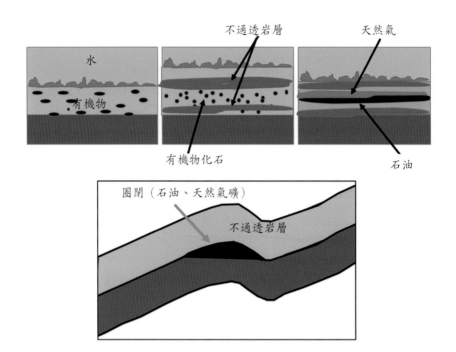

圖 13.8　石油是數千萬到數億年前海洋浮游動物沉積、掩埋，並在高溫、高壓的無
　　　　氧環境中，經過長期的化學變化形成。地質活動形成石油圈閉（petrolieum
　　　　trap），石油在地層中緩慢移動，並集中在圈閉，成為石油蘊藏的區域。

　　石油蘊藏量（oil reserve）代表具有開採價值的原油存量，**總資源量**（oil resource）
則代表地下原油貯存的總量，而不考慮其商業開採的可能性。全世界已知原油蘊藏量
較高的一些國家如圖 13.9 所示，其中前五名國家為委內瑞拉、沙烏地阿拉伯、加拿
大、伊朗、伊拉克。全世界的原油有將近 80% 控制在石油輸出國組織（Organization
of the Petroleum Exporting Countries, OPEC），這個組織協調成員國的石油政策以及生
產與價格，對於全球原油價格有舉足輕重的影響，也曾經因為政治原因干擾全球的能
源供應。最嚴重的一次石油危機發生在 1973 年，以阿拉伯國家為主的 OPEC 宣布石
油大幅減產與禁運，以報復在贖罪日戰爭中支持以色列的美國與西方工業國家。這次
禁運造成全球能源短缺，石油價格上漲四倍，並導致全球性的失業、通貨膨脹，以及
經濟衰退。

　　全球原油產量的歷史變化趨勢如圖 13.10 所示，顯示全球石油產量仍然持續增
加，但增加速度漸趨平緩。根據 2017 年的統計，全球前十名的原油生產國與產量如
圖 13.11 所示，主要產油國家為美國、沙烏地阿拉伯、俄羅斯、加拿大、伊朗、伊
拉克。大多數的預測認為，原油生產將在 2030 年前達到高峰，傳統原油的蘊藏將在
2100 年用完。石油的使用方面，美國原油的消費量最大，占了全球四分之一，中國
的消費量正快速成長，其他消費量高的國家還有歐盟與日本。

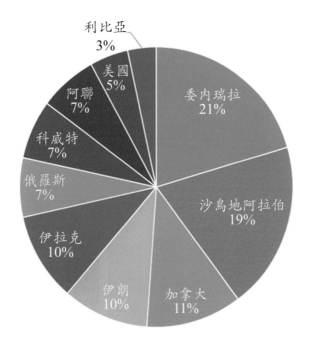

圖 13.9　全球石油蘊藏量最大的十個國家。

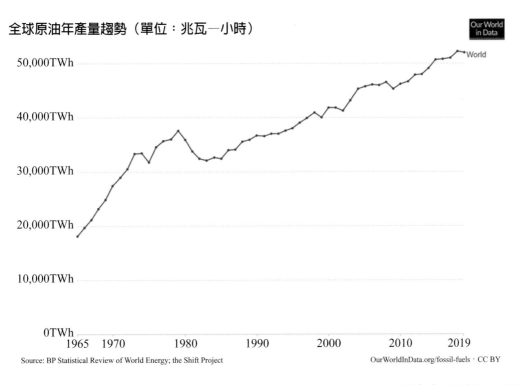

圖 13.10　全球原油產量的歷史趨勢。大多數預測認為，2030 年之前將達到高峰，而傳統原油的蘊藏將在 2100 年枯竭。

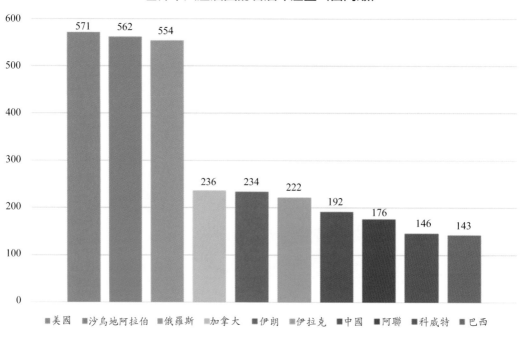

圖 13.11　世界十大產油國的石油年產量。

石油的生產

　　原油必須經過分餾以分離出特性不同的產品，做不同用途。煉油廠使用蒸汽將原油加熱之後進入分餾塔，將沸點不同的原油分開。最輕質的原油可以做有機溶劑，再次可做汽油、航空燃料油、柴油，較重的部分則爲石蠟與瀝青。原油也是重要的工業原料，石油經過裂解成爲低分子氣體之後，可以再加以聚合，成爲製造各種塑膠製品的原料。石油也是許多醫學藥品、農藥，以及其化學產品的原料。石油是目前全球使用量最大的能源，其廣被運用的原因包括：

- 蘊藏量大，可以供長期開採。
- 能量密度高，因此不須很大體積或重量即可提供所需能源。
- 輸送容易，無論是管線或油輪都可輸送大量原油。

　　石油作爲能源也有一些缺點，它與其他化石能源一樣，使用時排放二氧化碳與其他空氣汙染物。鑽油平台以及輸送石油的管線或油輪也可能發生意外，造成陸地或海洋汙染，儲油設施或加油站也可能汙染土壤與地下水。

13.5 煤

　　煤是 3 到 4 億年前，樹木被無機沉積物掩埋，在高溫、高壓與無氧的環境中長期礦化而成。煤的分布很廣，全球主要陸地國家都有很大的蘊藏，其中以美國的蘊藏量最大，約占全球的四分之一，其次為俄羅斯、澳大利亞、中國與印度。根據估計，依照目前開採速率，煤大概可以再供應數百年時間。目前煤最大的消費國為中國與印度，各占全球燃煤消費量的 51.7% 與 11.8%。煤的主要用途為火力發電，工業用途則以金屬冶煉以及蒸氣生產為主。

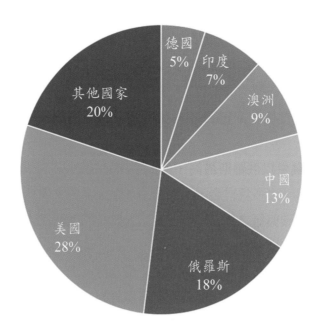

圖 13.12　主要煤蘊藏國家占全球蘊藏量的百分比。各大陸地國家都有顯著的煤蘊藏量，其中以美國的蘊藏量最大。

　　煤雖然蘊藏量豐富但並非理想的能源。燃煤產生大量且種類繁多的汙染物，包括粒狀物、二氧化硫、氮氧化物、汞、鉛，以及其他重金屬與一些放射性核種。在許多地方，燃煤廢氣是霧霾、酸雨，以及細懸浮微粒的主要排放源。燃煤電廠也是重金屬汞的主要排放源。汞是一種毒性金屬，主要透過海洋食物鏈累積於大型魚類體內，大量攝取可以造成人體健康危害。根據不同的估計，美國燃煤電廠廢氣每年造成 24,000～52,000 人提前死亡，包括肺癌以及其他呼吸道疾病與慢性病。

　　燃煤的開採方法有礦坑開採與露天開採兩種。煤礦開採所造成的人員傷亡遠高於其他能源的生產。根據美國的統計，煤礦在過去一百年來造成大約十萬個煤礦工人意外死亡。露天開採的生產成本較低，但造成相當大的環境破壞。露天採煤須移除大面積植被與表土，開採過程也產生含有大量土石的廢棄礦渣，礦渣滲出的強酸廢水汙染鄰近土地與河川，造成礦區與周邊地區的大規模生態破壞。

13.6 天然氣

天然氣的成分為甲烷以及較少量的丙烷與丁烷。天然氣為掩埋於地層中的有機物在高溫、高壓環境經過百萬年以上形成，通常存在深層的岩石層或與石油或煤的蘊藏庫並存。比起石油或煤，天然氣體積龐大，輸送困難。一般天然氣使用管路輸送作為能源，但油井溢出的甲烷經常直接或經過燃燒後排放到大氣。天然氣開採時可以先分離出丙烷與丁烷，這兩類氣體的沸點較高，容易被加壓液化後方便輸送，成為液化石油氣。臺灣家庭使用的天然氣（甲烷）由管線供應，液化石油氣則以桶裝瓦斯方式販售。

全球天然氣的蘊藏量以俄羅斯最高，伊朗與卡達次之。美國為天然氣最大使用國，占全球用量的27%，大多為自產，一部分由加拿大進口。天然氣被認為是乾淨的能源，甲烷分子之除了碳與氫之外沒有其他元素，燃燒的產物為水與二氧化碳。甲烷單位熱量所產生的二氧化碳量遠低於煤與石油。然而，油礦與煤礦未收集的天然氣，以及輸送過程逸散的甲烷是大氣溫室氣體的重要排放源。天然氣蘊藏量豐富，依照目前開採速率大約還可再供應 100 年。由於天然氣造成的空氣汙染與溫室氣體比煤或石油少，許多國家逐漸以天然氣取代煤或石油，作為過渡到永續性能源的踏板能源。

除非以管線輸送，天然氣必須在低溫加壓成為液化天然氣之後運輸與儲存，成本相當高。臺灣目前電力政策計畫以燃氣發電作為彌補廢核的供電缺口，但跟據估計，燃氣成本為每度電 2.57 元台幣遠高於燃煤的 1.62 與核電的 1.14 元。

13.7 非傳統化石能源

焦油砂（tar sand）是一種混著砂粒、黏土、水與有機物的砂或砂岩。焦油砂經過加熱萃取可以取得瀝青油（bitumen），可進一步加工提煉生產液體或氣體燃料。焦油砂占全球石油蘊藏量的66%，超過傳統油礦。加拿大亞伯他省有全球最大的焦油砂蘊藏，約占全球總蘊藏量的 70.8%，所生產的原油主要經由管線輸送到美國進行提煉。美國的**基石管線**（Keystone Piplines）長約 3,500 公里，將加拿大焦油砂所生產的原油輸送到美國的煉油廠進行提煉。

　　油砂大多採取露天開採，必須將表層的土石與植被清除，再將開採出來的油砂與熱水及蒸氣混合進行油水分離以提取原油。這樣的開採方式所造成的環境衝擊遠大於傳統油井。礦區地表的森林、河流、湖泊，以及所有的草木被全數破壞，且覆蓋層的清除與油砂挖取與輸送，以及原油的加熱提取都耗費能源，並排放大量二氧化碳。原油提取後殘餘的土石與汙泥造成附近土地、河流與地下水汙染。

　　油頁岩（oil shale）是富含有機物的沉積岩，經過開採與萃取可以得到黏稠的油母質。油母質的化學成分與石油不同，但經過裂解與提煉可以取得頁岩油與頁岩氣，跟傳統的石油或天然氣一樣，可做為燃料。油頁岩主要分佈在美國懷俄明、科羅拉多、猶他等州，能源蘊藏量約為全球原油蘊藏量最大的沙烏地阿拉伯的四倍。根據估計，全球頁岩油的蘊藏量約為原油蘊藏量的 240 倍。頁岩油的開採牽涉到將油頁岩挖出、加熱、壓碎，然後蒸餾出油母質，生產過程需要大量的水，並產生大量的礦渣與廢水。

　　雖然焦油砂與油頁岩代表著非常大的原油蘊藏，美國向加拿大進口焦油砂或自行生產頁岩油可以降低其對進口原油的依賴，但基於環境的考量，這兩種能源的未來仍不確定。

圖 13.13　焦油砂（tar sand）是一種混和著砂粒、黏土、水與有機物的砂子或砂岩。焦油砂經過加熱萃取可以取得瀝青油，可進一步加工提煉生產液體或氣體燃料。

圖 13.14 油頁岩經過開採、加熱萃取可以取得頁岩油，但開採、萃取與廢棄消耗大量能源，並造成顯著的環境衝擊。

甲烷水合物（methane hydrate）是水與被限縮在晶格之中的甲烷所構成的複合物，存在低溫與高壓的環境，主要的蘊藏環境為北極永凍層下的沉積物與沉積岩、南極冰帽下層、淡水湖泊深層沉積物，以及海洋底床沉積物。這些原先位於地層中的甲烷從地殼縫隙中滲出，並與高壓低溫的水接觸而形成水合物。有些估計認為甲烷水合物的能源全球蘊藏量大於煤、石油與天然氣的總和，然而這個能源的開採仍然面臨許多困難，目前的小規模開採仍在調查與試驗階段。

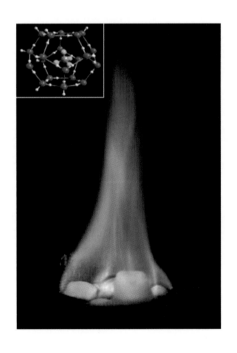

圖 13.15 燃燒中的甲烷水合物。水合物被加熱之後釋出甲烷氣體與水。左上角為水合物中甲烷被冰的晶格包圍的示意圖。

13.8 核能

核能與化石能源比較是一個相對新穎的能源，所需的發電技術門檻也比較高。核分裂技術在二次大戰末期取得突破性進展，雖然美國建造與操作第一個核反應爐，但前蘇聯是第一個將核電接到電網的國家。核電因為不涉及燃料燃燒，因此其環境衝擊比燃煤、燃油或燃氣都低許多，尤其核電不產生空氣汙染物以及各種化石能源所難以解決的二氧化碳問題。然而核電並非到處受到歡迎，反對核能的大眾反核基於兩個主要原因，第一是發生核災變的風險，第二是核廢料到目前為止沒有一個理想的處置方式。

核電約占全球電力供應的 10%，目前全世界運轉中的核電廠有 448 座，另外有 59 座在興建中。美國核電產量遠高於其他國家，法國次之。在使用核電的 31 個國家當中，法國、斯洛伐克、烏克蘭、匈牙利、比利時以核能為主要電力來源。美國、法國、中國、俄羅斯、日本、南韓則為核電機組最多的幾個國家。臺灣運轉中有三個核電廠共 5 個機組，第四個核電廠由於反核團體的壓力，在 2014 年一號機組完成、二號機組尚未完成的情況下，由當時的馬英九政府宣告封存。臺灣目前核電占總發電量 19%，以及能源總使用量 8.1%。

放射線

在討論核電之前我們有必要對原子的構造、放射性，以及核分裂原理做一了解。原子是由位在中央的原子核與周邊環繞的電子所構成。原子核內有質子與中子，其中每個質子帶有一個正電荷，原子核內質子的數量稱為電荷數。電荷數決定一個原子的屬性，稱為元素，不同元素有不同的電荷數。中子有一個質量單位，但不帶電荷。電荷數相同但質量數不同的原子為同位素。因此，同位素的原子核有相同數目的質子，但中子數目不同。同位素可以是不具放射性的穩定同位素，如氧 -18，也可以是不穩定同位素，如鈾 -235。不穩定的同位素會一次或多次衰變，直到穩定狀態。

每種不穩定同位素都有特定的衰變速率，我們一般以其半數衰變所須的時間來界定衰變速率，稱為**半衰期**（half-life）。就同樣數量的原子而言，衰變速率慢的同位素放射性強度低，但在自然界存在時間久，例如鈾 -235 只有微弱的放射性，其半衰期超過 7 億年，因此我們還可以從自然界取得鈾 -235。比鈾 -238 重的元素都為人為核反應所產生，不是天然存在的元素，這些元素皆不穩定，因此都帶有放射性。

所謂衰變是放射性同位素的原子核失去某種粒子，成為另外一種元素。原子核衰變有兩種不同型態，在 α 衰變，原子核放射出一個含有 2 個質子與 2 個中子的 α 粒子，所以 α 粒子與一個氦原子的原子核相同。原子經過 α 衰變之後，電荷數少 2，質量數少 4。在 β 衰變，原子核中的中子轉變成質子，並放射出一個電子，該原子增加 1 個電荷數，但質量數不變。因此，β 射線是 1 個電子，帶 1 個負電荷以及非常微小的質量。無論是 α 或 β 衰變，因為原子序都有改變，因此都變成不同的元素。γ 射線是伴隨 α 或 β 衰變發生的高能量電磁波，不具質量或電荷。

α 射線質量與體積都大，運動速度慢、穿透力低，但因質量大，因此所攜帶的能量非常高。人體外部接受 α 射線所導致的傷害不大，因為衣服或皮膚可以擋住 α 射線，但若 α 衰變核種經由呼吸或飲食進入體內，則會對直接接觸的組織造成嚴重傷害。β 射線的穿透力較大，但可以被金屬薄膜如錫箔紙擋下。γ 射線穿透力最強，可以穿透幾十公分厚的水泥牆，需要幾公分厚的鉛板才能阻擋。

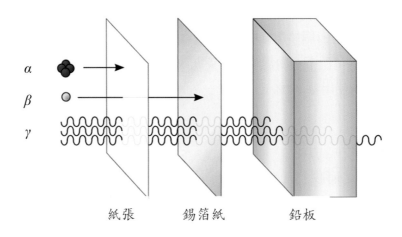

圖 13.16　不同游離輻射的相對穿透力。α 射線可被紙張擋下，β 射線可被錫箔紙擋下，數公分厚的鉛板可以顯著削弱 γ 射線。

放射性有許多不同的量度單位，比較常用的單位包括：

1. 放射性活度單位：表示一單位時間內發生衰變的次數。**居里**（Curie, Ci）代表一公克鐳 -226 的放射性活度，1 居里（Ci）= 3.7×10^{10} 次 / 秒。公制的放射性活度單位是**貝克**（Becquerel, Bq），1 Bq 為每秒鐘一次衰變。

2. 放射性吸收劑量單位：表示一公斤身體或器官所吸收的放射線能量，公制單位為**戈雷**（gray, Gy），代表每公斤身體或組織所吸收能量的焦耳（joule）數。舊的，但仍然使用的放射性吸收劑量單位單是**雷得**（rad），1 Gy =100 rad。

3. 輻射等效劑量：等效劑量是游離輻射對人體造成傷害程度的評估單位，公制單位是**西弗**（Sievert, Sv）。由於不同放射線對人體不同組織造成不同程度的傷害，在評估放射線傷害時，須將人體組織吸收的各種輻射劑量乘以放射線品質因子 Q（例如光子與電子 Q=1，中子 Q=5，α 粒子 =20），再乘以個別組織的修正因子 N（如骨髓、肺 N=0.12，膀胱、肝、腦 N=0.05），加總之後得到等效劑量。由於 Sv 單位相當大，實際運用時經常使用毫西弗（mSv = 1/1,000 Sv），以及微西弗（μSv = 1/1,000,000 Sv）。

　　高劑量的放射線暴露可以造成放射病（radioactive sickness），包括灼傷、噁心、嘔吐、腹瀉與白血球減少，以及身體器官，如骨髓、肺部與消化道的傷害。這類急性暴露造成的傷害只發生在核爆地點附近居民以及核災變的救災人員。受輻射塵汙染區域的居民可能形成慢性暴露，發生白內障、畸胎、白血病、癌症，以及基因突變造成的遺傳病變。

　　美國的估計顯示，國民經常性暴露的輻射劑量為每人每年 6.2 毫西弗，其中天然的背景輻射占約一半，另一半來自使用輻射的醫療診斷與治療，來自工業、職業暴露，以及消費產品的暴露總共約占 2%。臺灣民眾承受的天然輻射劑量約每人每年 1 到 2 毫西弗，主要來自宇宙射線與地球環境中的天然放射性元素。醫療暴露的人均劑量每年小於 1 毫西弗，核電相關造成的輻射貢獻非常微小。

表 13.1　全球人口平均輻射線暴露來源。環境背景的輻射暴露遠高於人為暴露。人為暴露主要來自醫療檢驗與治療，天然暴露主要來自室內空氣中的放射性氣體氡。

輻射暴露來源	暴露劑量（mSv/yr）
空氣（主要為氡）	1.26
食物與飲用水	0.29
土壤與建材	0.48
宇宙射線	0.39
天然來源合計	2.40（77.4%）
醫療	0.60
核子試爆	0.005
職業暴露	0.005
核燃料循環	0.0002
人工來源合計	0.61（22.6%）
總計	3.01（100%）

核分裂反應

有些高原子序原子的原子核可以吸收一個熱中子而變得不穩定，進而分裂成幾個較輕的原子核，這個現象稱為**核分裂**（nuclear fission）。核分裂產物的總質量小於母原子，並根據質能互換定理 $E = mc^2$ 釋放出巨大能量。絕大多數核電廠都使用鈾—235 做為燃料，核燃料組合裝在金屬的密閉反應爐中。核燃料中的 U-235 受到中子撞擊後，分裂成多個較小的原子，並產生多個中子，這些中子經過純水減速之後，撞擊周邊的 U-235，產生更多的核分裂反應，反應規模以等比級數快速加大，稱為連鎖反應。反應爐使用可以吸收中子的控制棒來控制核反應速率。反應爐連鎖反應產生許多自然環境不存在，快速衰變的同位素，成為反應爐放射性與能量的主要來源。

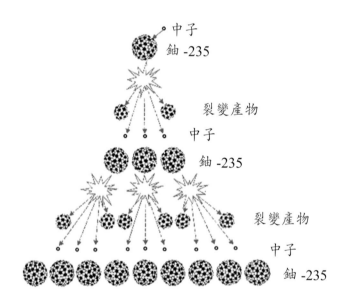

中子
鈾-235

裂變產物

中子
鈾-235

裂變產物

中子
鈾-235

圖 13.17　核分裂的連鎖反應。核燃料鈾—235 受到中子撞擊之後發生裂變，釋出能量與更多的中子，造成後續更多的撞擊與裂變，可以在瞬間產生巨大能量。

核電廠

核子反應爐的構造如圖 13.18 所示，顆粒狀的核燃料裝在燃料棒內，以幾十個燃料棒為一組，放入裝有純水的反應爐。燃料束之間有控制棒，主要為碳所做成，可以吸收中子，用來控制連鎖反應速率在希望的範圍。反應爐內的水被核反應加熱成高壓蒸氣之後，經由一次蒸氣管線送到熱交換器，在二次側產生攝氏六百多度的高壓蒸氣來推動渦輪發電。渦輪兩端的溫度差越大，蒸氣的能源轉換效率越高，因此下游端蒸汽必須使用大量冷卻水來冷卻，將溫度降到 30 度左右。臺灣的核電廠都蓋在海邊，一方面可以避開人口聚集的地區，另一方面也容易取得冷卻水。內陸的核電廠從河川或湖泊取得冷卻水，並使用大型冷卻水塔，透過水的蒸發來達到冷卻效果。

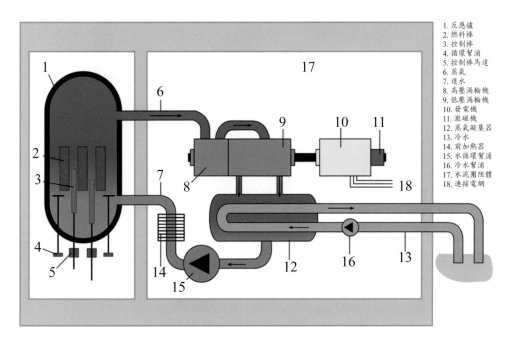

1. 反應爐
2. 燃料棒
3. 控制棒
4. 循環幫浦
5. 控制棒馬達
6. 蒸氣
7. 進水
8. 高壓渦輪機
9. 低壓渦輪機
10. 發電機
11. 激磁機
12. 蒸氣凝集器
13. 冷水
14. 前加熱器
15. 水循環幫浦
16. 冷水幫浦
17. 水泥圍阻體
18. 連接電網

圖 13.18　典型的沸水式核電廠示意圖。核反應爐發出高熱來產生高壓蒸氣，驅動發電渦輪與發電機。高壓蒸氣需經過外循環水冷卻，產生壓力差，以驅動渦輪機發電。

核燃料

　　鈾是天然存在最重的元素，有兩種同位素，鈾 -235 與鈾 -238。鈾 -235 的半衰期為 7 億年，鈾 -238 為 45 億年。由於非常長的半衰期，鈾的放射性低。一般地層內鈾的含量極微，但有些地方因為水的攜帶與沉積，造成鈾的集中而成為值得開採的鈾礦。天然存在的鈾有 99.3% 為鈾 -238，只有 0.7% 是可以作為核燃料的鈾 -235。鈾 -235 的原料必須被濃縮到 3～5% 才可以做為核燃料，製作核武器則須濃縮到 90% 以上。燃料鈾被加工成為直徑約 1 公分，長約 1.6 公分的顆粒，這些顆粒被裝填到細長的燃料棒中，燃料棒再被組合成燃料束與燃料組，放到核反應爐。燃料棒使用一段時間之後產熱效率降低，必須更換。廢乏燃料含有許多核分裂產生的高度放射性同位素，這些極度有害的放射性廢料必須加以妥善處置。

圖 13.19　核燃料丸。大多數核電廠以鈾 -235 為核燃料，但鈾 -235 只占天然鈾礦約 0.7%，必須經過濃縮，含量到達 3～5%，並製作成丸狀，填裝到燃料棒中，並組合成燃料組件，放置到核反應爐。一個 1,000 百萬瓦的核反應爐每年約需 1,800 萬顆核燃料丸，總重約 27 頓，發電量相當於 250 萬噸燃煤。

核廢料

高階核廢料指廢乏的燃料棒。廢乏燃料棒含有大量核分裂產物，這些產物大多數為不具放射性的元素或半衰期很短的放射性同位素。短半衰期的同位素放射性強，但在一年以內就大部分衰變完畢，一年之後，廢乏燃料的放射性主要來自半衰期約 30 年的同位素。極長半衰期的同位素雖然半衰期長，但放射性弱。鈽 -239 的半衰期 24,000 年，是廢乏燃料中最受重視的物質，一方面它可以經過加工再製造核燃料，另一方面，濃縮鈽是製造核武器的原料。

高階核廢料處置的第一步是將燃料棒放到純水水池進行冷卻，過了一到兩年之後，放射性與溫度都已大幅降低，此時可以移出，進行乾式貯存。乾式貯存的廢燃料棒經過玻璃固化之後貯存在金屬容器，放置於地面儲槽，進行通風冷卻。許多國家目前對高階核廢料的最終處置方案還不明確，高階核廢料大多於電廠內做乾式貯存。台

電核一廠的乾式貯存場空間已不敷使用，但新闢空間因地方政府拒發水土保持許可而
面臨反應爐燃料棒無法更新的困境。

圖 13.20　廢乏核燃料的乾式貯存槽。在未能取得永久處置設施之前，許多核電廠將高
　　　　　階核廢料暫存於廠區。

低階核廢料是那些可能接觸到放射性塵粒或水的廢棄物品，例如工作手套、防護
衣、工具或舊零件。低階核廢料的處置必須阻絕雨水與地下水，依放射性等級不同，
這些廢棄物可能裝到貯存桶中進行隔離與掩埋，最低階的核廢料可與其他廢棄物混合
掩埋。

核燃料循環

廢乏核燃料含有剩餘的鈾 -235 以及反應過程產生的鈽 -239，這些可分裂同位素
經過濃縮與再製之後可以再作為核燃料，大幅降低高階核廢料的數量，所做成的燃
料稱為混氧燃料（mixed-oxide fuel, MOX），含有可裂變金屬如鈾 -248、鈾 -235、
鈽 -239 的氧化物。廢燃料棒再處理困難，因為鈽除了有放射性與很長半衰期之外，
也有很強的化學毒性。另一方面，鈽可以濃縮作為生產核武器的原料，且其原始型態
即非常有害，可能被做成髒彈（dirty bomb）。由於核子擴散以及可能落入恐怖組織
的顧慮，國際對於核廢料，尤其是鈽，有嚴格的控管。

新核能技術

　　核電目前以使用鈾燃料的核分裂技術爲主，然而還有多項可能運用的核電技術，包括孳生反應技術、釷燃料，以及核融合技術。可作爲核燃料的鈾-235 在鈾礦只占約 0.7%，其他 99.3% 是不具裂變性的鈾-238。因此，若設法將鈾-238 轉換爲可裂變元素，則可取得幾乎使用不完的核燃料。**孳生反應器**（breeder reactor）要做的正是這樣。核反應爐如果使用效率較低的鈉來做降速劑，而不是用水，那麼大量的快速中子可以被鈾-238 吸收，產生鈽-239，做爲核燃料或核武器原料。然這類反應爐操作困難，且鈽燃料的製造產生非常危險的放射性廢料。鈽的生產也有核擴散的疑慮，因此目前全球只有少數幾個運作中的這類反應爐。

　　釷-232（Thorium, Th）是天然存在，具有輕微放射性的同位素，其半衰期爲 140.5 億年，因此放射性低於鈾-235 與鈾-238。釷本身不具裂變性，但是經由中子撞擊可以產生鏷-233，再衰變爲鈾-233。鈾-233 是可裂變的鈾同位素，可以作爲核燃料。使用釷作爲核燃料有一些優點，包括蘊藏量比鈾高出許多、產生較少核廢料，以及不能作爲核武器原料等。雖然目前有一些國家進行釷燃料核反應爐的研發，但目前尚無商業運轉的釷反應爐。

核融合

　　在核分裂反應，一個重元素的原子裂變爲多個較輕的原子並產生熱能。核融合反應則讓兩個輕的原子融合成一個較重的原子。目前認爲可行的核融合使用氫作爲材料。氫是宇宙最輕的元素，也是宇宙剛形成時唯一的一種元素。氫有質量數 1、2 與 3 的三種同位素，分別爲**氫、氘與氚**，其中氘與氚的含量極微，但海水可以提供未來核融合所需不虞匱乏的氘與氚。如圖 13.21 所示的融合反應，一個氘與一個氚融合，產生一個氦原子，並釋放出中子以及巨大能量。融合反應的困難在於需要大約攝氏一億度的高溫。核融合技術仍在試驗與改善之中，但很有可能成爲未來取之不盡的能源。

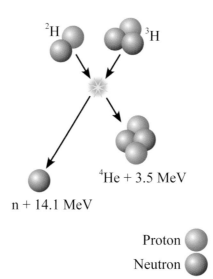

^{2}H

^{3}H

^{4}He + 3.5 MeV

n + 14.1 MeV

Proton

Neutron

圖 13.21　氘與氚原子融合產生一個氦原子與一個中子，以及數百萬電子伏特（eV）的
能量。

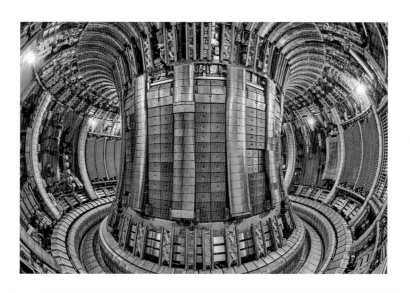

圖 13.22　歐洲聯合環狀反應爐是全球少數幾個核融合的試驗反應爐之一。

核電廠除役

核電廠一般的設計使用年限為 40 年，但全球有許多核電機組已被核准或正在
評估延役到 60 年。核電廠除役之後有三個可能做法，第一個做法將各部件拆除，運

到最終處置場所，原廠址進行除汙與復原。第二個方法是將廠區隔絕，等待 30-100 年，放射性降低到比較安全水準再進行拆除與復原。第三種方法是建造永久性的鋼筋混凝土墳墓，將場址做永久性包覆。可以想像，無論那個方案，這些工作所耗費的經費都很高。有些估計認為，核電廠除役所需費用可達原建廠費用的 5 到 10 倍。

核能安全

雖然核電業者與擁核團體一再強調核電是乾淨與便宜的能源，尤其在二氧化碳的減排可以做出顯著貢獻，但核能的使用在世界各國都遭遇一些阻力。兩個主要原因造成社會大眾對於核能的排拒，一個是核能的安全疑慮，另一個是核廢料目前仍無大眾可接受的處置方案。也有一些疑慮源自於大眾對於複雜核電技術的不了解。例如認為核電廠會如核彈一般，發生核爆，但實際上武器級的鈾 -235 純度須達 90%，而核燃料鈾 -235 純度不到 10%，遠低於核爆炸所需純度。

核災變最嚴重情況是反應爐失去冷卻水導致爐心熔毀，所引發的火災造成放射性核種空浮與大面積的核汙染。核電的運作歷史發生三次重大核事故。1979 年美國賓州三哩島核電廠因操作錯誤，冷卻水閥門未開啟，造成爐心失水與部分熔毀，釋放了一些放射性氣體到空氣中，以及 120 頓具輻射性的冷卻水到河川。雖然附近居民未受到輻射傷害，但汙染的清理花費了十幾年與大約十億美元。歷史上最重大的核災變於 1986 年發生在前蘇聯。車諾比核電廠因為演習降載，由於操作錯誤導致爐心熔毀並發生大火，歷經數天才撲滅，造成大面積土地的核汙染，輻射塵甚至遠達西歐與北歐，成為核電史上最嚴重的核災變事件。歷史上第三個重大核事故發生在 2011 年，日本福島核電廠因為海嘯淹沒冷卻水幫浦的緊急供電系統，導致三個反應爐部分爐心熔毀，以及後續的氫氣爆炸，放射性物質汙染了附近土地以及周邊海水。

案例：車諾比核災變

車諾比核災變於 1986 年 4 月發生在前蘇聯烏克蘭北部距離基輔約 100 公里的普里彼特（Pripyat）。該天午夜核電廠 4 號反應爐進行安全測試，模擬停電的因應措施，在這過程需要將安全系統暫時關閉。在系統設計缺失與一系列錯誤操作的情況下，反應器發生失控性增溫，急速灌入的冷卻水造成反應槽蒸氣爆炸與石墨質的控制棒燃燒。爆炸與火災造成大量放射性核子塵飄向蘇聯西北部與歐洲。熔毀的爐心燒穿反應爐地基，並持續下沉。救災人員冒險挖掘隧道，並打入

中子吸收劑以阻斷連鎖反應，阻止了火球往地下延燒，並將火災撲滅。發生災變的反應爐最後以鋼筋混凝土的石棺封閉。相鄰的 3 號機經過放射性清理之後繼續運作到 2000 年。電廠氣爆造成兩人當場死亡，救災過程有 134 名人員因急性放射病送醫，在接下來的幾個月共有 28 人因此死亡，另有 14 人在往後的十年內死亡。在一般大眾方面，截至 2011 年至少有 15 名兒童罹患甲狀腺癌死亡。在核電廠方圓 30 公里內共撤出 13 萬居民。這個核災變加深大眾與各國領袖對於核電安全的疑慮，造成多個規劃中核電廠的建造延後或取消。

圖 13.23　　前蘇聯車諾比核電廠發生嚴重災變後的損毀情形。

圖 13.24　　車諾比核電廠災變之後所做的安全圍阻體。

案例：日本福島核災變

　　福島一號（Fukushima Daiichi）核電廠共有六個獨立的反應爐。2011 年 3 月 11 日太平洋近海地震發生時，核電廠 4、5、6 號爐停機中等待更新燃料，但廢燃料棒冷卻水池仍需冷卻水循環。地震發生後，操作中的三個反應爐正常緊急停機。冷卻水由備用柴油發電機供電抽取。地震發生 50 分鐘後，高約 10 米的海嘯來襲，淹沒備用發電機，造成 1、2、3 號反應爐部分爐心熔毀，以及 4 號機廢燃料棒水池失水。四個機組圍阻體內產生大量高溫氫氣，由於壓力過高，氫氣由洩壓閥排出，並導致 1、3、4 號機圍阻體內部氫氣爆炸，屋頂損毀。放射性核種空浮導致周圍 30 萬居民撤離。海水以及地下水也受到放射性汙染。根據估計，此次災變最終將造成數百人罹癌或死亡，農業與漁業也遭受嚴重損失。

圖 13.25　日本福島一號核電廠因海嘯淹沒冷卻幫浦緊急發電機，導致反應爐與廢燃料棒冷卻水池失水，1、3、4 號機圍阻體內部高溫造成氫氣爆炸，炸毀圍阻體屋頂。

核電的前景

　　全球有一些國家採取非核政策，有些國家一直未使用核電，如澳大利亞、紐西蘭、奧地利、挪威、馬來西亞、菲律賓等，也有許多國家採取逐漸減少對核電依賴的策略，例如德國、日本、美國，以及許多其他國家，包括臺灣。然而非核政策也面臨許多困難，最主要困難在於燃煤發電的二氧化碳排放問題。永續性能源在未來三十年仍無法大規模取代排放二氧化碳的化石能源，包括燃煤、石油與天然氣。福島核事故之後，日本與德國大幅降低對核電的依賴，卻造成排碳量大幅升高，而英國仍然繼續核電廠的新建，主要爲了降低燃煤的使用。中國則因爲經濟發展對於電力的殷切需求而有多個核電廠的新建計畫。核能工程界正在發展更安全、核廢料更少的新一代核電技術，以及使用釷燃料的核分裂系統。核融合技術在最近幾年也有重大的突破，有可能在不久的未來提供源源不絕的無汙染能源。

13.9 可再生能源

可再生能源（renewable energy）指從自然界取得，會自動再生的能源，由於這類資源可以一再更新，因此供應不虞匱乏。主要的可再生能源包括水力、風力、太陽能、生質能、地熱、潮汐與波浪等。雖然人類使用可再生能源的歷史久遠，例如柴火的使用已有數萬年歷史，而水力的利用也有將近兩百年，但高科技的再生能源使用技術卻只有大約 50 年。圖 13.26 顯示 1965～2019 年期間各種可再生能源使用的成長情形，圖上顯示，雖然在過去 50 年可再生能源的供應持續增加，但 2000 年之後的產出呈現指數成長，其中又以風電的開發速度最快。根據 2020 年的統計，可再生能源占全球總發電量的 29%，以及全球能源使用量的 11%（2018，不含傳統生質能）。可再生能源受歡迎的主要因包括汙染程度低、不排放溫室氣體，以及能源的自主性高。由於天然資源豐富，目前挪威與冰島兩國的電力已百分之百來自可再生能源。德國在 2019 年上半年第一次可再生能源的供應超過燃煤與核電的總和。英國 2019 年供電有超過 40% 來自風電，燃煤使用量則比 1970 年少了 96%。

傳統水力是潔淨、價格低廉的可再生能源，但在已開發國家的成長已大致飽和。隨著技術的進展，高科技可再生能源設備的造價持續降低，價格已可跟傳統能源競爭。分散式的風力與太陽能供電系統可以免除傳統集中式系統長程送電所造成的 40～65% 能量損失。由於可再生能源的普及以及天然氣使用量持續增加，預估全球煤與石油產量在 2020 年代達到高峰之後將逐漸降低，對於全球環境品質的改善將產生顯著效果。可再生能源也提供許多開發中國家經濟發展的機會，這些國家欠缺傳統集中式供電系統所需的技術與資金，可再生能源如太陽能與風力讓這些國家的能源取得更加容易。

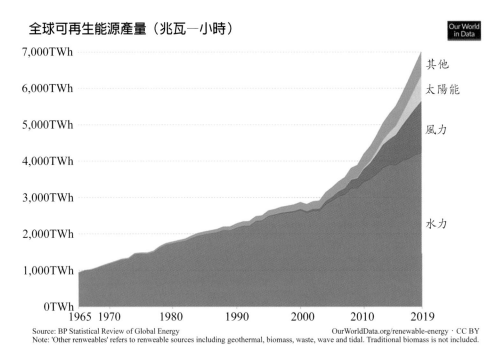

全球可再生能源產量（兆瓦—小時）

Source: BP Statistical Review of Global Energy　　　　OurWorldData.org/renewable-energy・CC BY
Note: 'Other renweables' refers to renweable sources including geothermal, biomass, waste, wave and tidal. Traditional biomass is not included.

圖 13.26　可再生能源使用量的歷史變化，其中以傳統水力占比最高。高科技可再生能源以風力占比最高，其次為太陽能。生質能、地熱、海洋能源等所占比例不多。

太陽能

太陽為人類提供巨量與穩定的乾淨能源。跟據估算，地球接收的陽光能量約 18 天就可以等同於地球全部煤、石油與天然氣所蘊藏的能量。太陽能直接以陽光做為能源，但水力、風力、生質能、波浪等可再生能源最終也都源自於太陽能。

跟據能量的捕捉、轉換與輸送方式，太陽能技術可以大致區分為**主動式太陽能**（active solar）與**被動式太陽能**（passive solar）。主動式太陽能技術將陽光能量轉換為電能來做最終用途。被動式太陽能技術則直接以陽光或光線產生的熱能做為最終用途，例如房屋採光、室內空間加熱、家庭熱水等。

主動式太陽能技術可區分為**太陽能光電技術**（solar electrical technologies）與**太陽能光熱技術**（solar thermal technologies）。太陽能光電技術跟據光伏原理（photovoltaics, PV），使用太陽能板將陽光能量轉換為電能，是目前運用最廣的主動式太陽能技術。太陽能光熱技術使用平板的低溫集熱器或鏡面的高溫集熱器來收集陽光能量，並轉化爲電能或直接使用熱能。

　　太陽能光電板（簡稱太陽能板或光電板）由許多太陽能電池（photo cell）串接而成。太陽能電池並非電池，其英文原意爲太陽能單元，這些單元運用光伏原理將陽光能量轉換爲電能。如圖 13.27 所示，光電板最重要元件是兩層的矽晶體半導體材料。單純的矽晶體不是導體，但使用摻入其他元素的半導體可以利用光線來產生電流。光電板下層摻入硼的矽晶體半導體爲正極，上層摻入磷的半導體爲負極。這樣的組合讓電子可以在陽光能量的驅動下由正極跑到負極，產生電壓，連結外界的電力迴路則形成電流。太陽能光電板一般製作成每邊幾十公分的正方型，每片可產生幾瓦電力，這些單獨的光電板再被串連起來成爲太陽能板。太陽能板的效率因製造技術不同而有差異，目前常用技術的能量捕捉效率大約爲 20%，但使用試驗性材料在最佳的試驗條件下可以達到接近 50% 的效率。太陽能板可以單獨供應電力，也可以連接傳統電網。

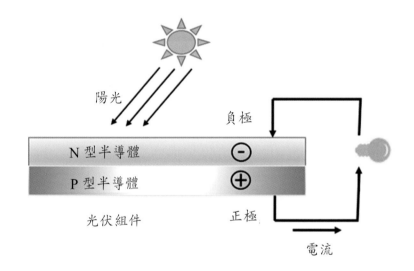

圖 13.27　太陽能電池由 p-n 兩種半導體接合而成，陽光的光子打擊太陽能板，在半導體內部產生帶負電荷的電子與帶正電荷的電洞，並分別往正負極移動，產生電流。

　　太陽能光熱技術使用兩種不同設計，一種使用直排弧形鏡面將陽光集中到焦點上的集熱管上，將管內循環的熱媒加熱到約攝氏 300 度，並循環到蒸氣產生器來產生蒸氣，驅動發電機渦輪發電。另一種設計爲**集中式太陽能電廠**（concentrating solar power plants, CSP）。CSP 使用散佈於數十公頃土地上的數千個鏡面，將陽光聚焦到中央的收集塔，產生攝氏數百度的高溫熱媒，用來生產蒸氣發電。白天收集的熱能也

可以用熱媒儲存，在夜間或日照不足時持續發電，提供穩定的電力。CSP 的優勢在於
這類系統可以儲存熱能，提供較穩定的太陽能電力。

圖 13.28　大面積的太陽能板可以在晴朗的白天提供大量電力，但陰天與晚上無法供電
　　　　　或供電量受限。

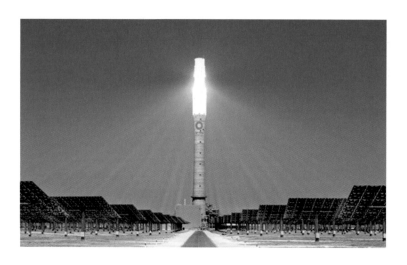

圖 13.29　西班牙 Gemasolar 聚光太陽能熱電廠在 210 公頃的基地上，使用 2650 個 120
　　　　　平方公尺的鏡面將陽光反射並聚焦在 140 公尺高的接收塔來加熱液態鈉以製
　　　　　造蒸氣發電或儲存熱能，該設施的發電量約可提供 27,500 個家庭所需電力。

被動式太陽能系統

　　被動式太陽能系統透過建築物設計與材料的使用來利用陽光能量，進行自然通風、採光，以及室內溫度的調節，這些技術不涉及機械或電機設備的使用或外部能源的輸入。被動式太陽能屋設計的主要考量因素包括在地氣候、房屋基地配置、房屋的設計與材料的使用。雖然這類做法相當容易理解，但最佳化設計仍然需要許多相關的知識與經驗。被動式太陽能可能需要額外的建築設計與建造費用，但以建築物生命週期來看，可節省大量的能源支出，也可以提高房屋的舒適度與價格。

太陽能發電使用現況與展望

　　跟據統計，2016 年全球可再生能源新增的發電容量光伏太陽能占了將近三分之二，再次為風能。光伏占比上升主要原因是太陽能板的價格持續降低，以及各國對於可再生能源的政策性支持。光伏與風力發電的成本已經可以比擬燃煤及燃氣發電，再生能源逐漸成為全球新增發電設備的主流。中國的能源政策對於全球能源結構的未來趨勢有顯著影響。2016 全球可再生能源的增長中國占了 40%，光伏市場的增長中國占了全球的 50%。

風能

　　大氣壓力梯度為風的驅動力量，而日照則為造成大氣壓力梯度的因素。風力發電使用風力渦輪來驅動發電機產生電力。風能雖比太陽能集中，但仍然相當分散，風力渦輪必須成群裝設以產生大量電力。風力渦輪機的大小差異很大，商業電力系統的風力渦輪可以大到十層樓高，足夠供應超過一千個住宅所需的電力，小的系統也可以小到只供單獨家庭使用。雖然風力渦輪的設置費用高，但風力可以免費取得，渦輪的操作維護成本也不高，因此若以使用的生命週期來評估，風力是最便宜的可再生能源之一，此外風能也比許多發電方式的環境衝擊小。風力發電最主要的環境考量為風車的運轉噪音，以及巨大風車造成的景觀影響。風車也可能造成鳥類與蝙蝠的傷亡，這些環境衝擊必須在規劃與設計階段加以考慮。

　　風電最大的挑戰是風力的不穩定性，使用儲電設備的成本很高。風電的另一困難是合適的設置地點往往遠離需電的市區，增加輸電成本與能量損失。風力發電機基地面積比其他可再生能源小，許多地方把風車設置在海岸或海上，以及牧場或農場，對於用地的影響遠小於太陽能發電。

圖 13.30　大型的風力發電機可以設在農場或海岸，對於用地的影響小。

臺灣在 2000 年開始風力發電的開發，但到目前為止規模仍然相當小，並以陸地風力發電為主。2018 年開始執行大規模離岸風力發電計畫，預期 2020 年之後陸續有不同的風電系統併入電網，預期此後風電將快速成長。

水力

水力為發展最早的可再生能源，目前水力發電仍是占比最大的可再生能源。根據國際能源總署 2017 的統計，水力發電占全球總發電量的 17%。全球水力發電仍繼續成長，預計到 2050 年，水力發電容量將為目前的兩倍，這些成長主要來自發展中國家，尤其是中國。亞洲其他國家、中南美洲與非洲的水力發電也都持續成長，除了新的水力開發，還包括舊系統的重整與抽蓄發電。

水力能的最終來源是太陽能。陽光將海洋與陸地的水分蒸發，降雨時落到地面，位於高處的河流、湖泊與水庫保留了雨水的一部分位能，這些位能可以用來驅動發電渦輪產生電力。水力發電優勢之一是電力輸出很有彈性，可以隨用電需求機動調整。抽蓄發電（pump-and-storage hydroelectric power）使用核電廠與火力發電廠的剩餘電力將下池的蓄水抽到上池，並於於高用電時段利用蓄水發電，提供額外電力。

水力發電具有無汙染、供電穩定、彈性大，以及技術成熟與操作維護成本低等優點。相對於風力與太陽能，水力發電的穩定性尤其明顯。水力發電的水壩同時提供防洪、灌溉、航運與公共給水等功能。雖然如此，大型水壩的興建牽涉到安全、環境、生態，以及土地正義的爭議。

案例：三峽大壩

　　位於中國河北省的長江三峽大壩爲世界最大的水利工程，完成於 2012 年 7 月。壩體爲混凝土重力壩，長 2335 公尺，壩高 181 公尺，蓄水河段最長 660 公里，蓄水量 393 億立方公尺。水力發電裝設 32 座 700 百萬瓦以及兩座 50 百萬瓦的發電渦輪，總發電量 22,500 百萬瓦，約等於 11 個墾丁核三廠的裝置容量，提供中國經濟發展所需的低汙染能源，同時也兼具防洪、航運與灌溉的功能。

　　三峽大壩爲中國帶來龐大的經濟利益，但其環境與社會成本也很高，規劃期間在中國內部以及國際間引起廣泛的討論。水壩上游 632 平方公里的淹沒區內有許多考古與文化遺址被淹沒，並有 130 萬人被迫遷移。蓄水造成淹沒區的生態改變以及水庫沿岸的崩塌。水庫的有機沉泥造成大量甲烷的釋放，加重溫室效應。2020 年 8 月的洪水也造成三峽大壩潰堤的疑慮，以及是否加劇大壩下游地區淹水的爭議。

圖 13.31　　中國三峽大壩

生質能

　　生質燃料（biofuel）指生質本身或由生質提取的固體、液體或氣體燃料。根據 2017 年的統計，生質能源約占全球能源用量的 9%，其中三分之二爲家庭烹調或取暖所使用的柴火，稱爲**傳統生質能源**，另外三分之一爲利用科學技術生產的**現代生質能**

源，如酒精與生質柴油。柴火一類的傳統生質能產生大量燻煙，不但造成空氣汙染，同時也危害家庭成員的健康。現代生質能源占全球能源總使用量約 3%，主要使用在暖氣、發電、工業與交通。

現代生質燃料由生物質經過轉化，成為方便使用的液體、氣體或固體。生物質的轉化技術可分為熱轉化、化學轉化及生物化學轉化。固體生物質的直接燃燒主要運用在工業方面，大多是工廠本身產生的有機廢棄物用來當成燃料，垃圾焚化廠也生產一些電力。液態生質燃料主要使用在運輸工具，但運輸工具目前仍高度依賴化石能源，生質燃料只占 4%，其中巴西與美國為液體生質燃料使用量最高的兩個國家。液體生質燃料除使用在機動車輛之外，也使用在飛機與輪船，唯目前這方面的使用量不大。生質燃料的使用也產生二氧化碳，但這些二氧化碳由植物吸收自目前的大氣，因此這類燃料可以達成**碳中和**（carbon neutral），也就是燃料的使用不增加大氣的二氧化碳含量。

生質乙醇（bio-ethanol）或稱**生質酒精**，是由作物如甘蔗、玉米或糖高粱（一種容易生長且糖含量高的高粱）所含的澱粉或糖經過發酵產生。**纖維素乙醇**（cellulosic ethanol）以作物不可食用部分或非食用作物以及木材來生產乙醇做為燃料。巴西為生質能生產與使用最多的國家，原料以甘蔗為主，在國際糖價低時生產生質酒精以降低該國對輸入能源的依賴。全球第二大生質燃料使用國家為美國。美國主要以玉米作為生產生質酒精的原料，並以 10%（E10）或 85%（E85）的比例與汽油混合販售，聯邦政府透過減稅來鼓勵生質酒精的使用。以食用作物來生產生質燃料有一些明顯的問題，其中最重要的是對食物的生產造成競爭，包括土地與用水。作物的種植也需要肥料，肥料生產耗費能源並造成二氧化碳排放，使用後也造成水的汙染。纖維素乙醇的生產不使用食用作物，但是從木質纖維取得生質燃料在技術上相當困難，必須經過許多物理、化學或生物化學程序，這些程序緩慢且過程耗費額外的能源。

生質柴油（biodiesel）使用油脂經過化學轉化而成，油脂的來源為動植物以及藻類脂肪。有越來越多的廢食用油被加工做成生質柴油。生質柴油在歐洲為使用最廣的生質燃料。生質柴油雖可直接作為燃料，但一般做為柴油的添加劑以改善傳統柴油造成的粒狀物、一氧化碳與碳氫化物汙染。生質柴油產生的空氣汙染比傳統柴油要少 60% 以上。美國生質柴油主要以大豆為原料，以 20% 混合化石柴油販售（B20），聯邦政府對於生質柴油提供減稅優惠。德國為生質柴油最大生產國，以自產以及由東歐輸入的油菜籽榨取生質柴油。

生物氣體（biogas）指由作物、牲畜糞便或廢棄物經過微生物厭氧分解所產生的甲烷氣，這些氣體產量不大，大多就近利用，分解之後的殘渣可以作爲一般生質燃料或肥料。**合成氣體**（syngas）是由生質原料經過高溫缺氧燃燒所產生的氣體，裡面含有一氧化碳、氫氣、碳氫化物以及二氧化碳。合成氣體可以直接拿來做爲發電渦輪或內燃機的燃料。

生質能的發展前景

許多生質燃料的相關研究正在進行，目標在降低生質燃料與食物生產的競爭，以及提高木質纖維轉化生質燃料的效率。雖然如此，生質燃料的未來仍不確定，原因包括：

1. 生質燃料生產成本高，面臨許多其能源的價格競爭，例如核電以及成本逐漸降低的風力與太陽能。
2. 生質燃料的生產占用農業用地，影響食用作物產量，抬高了食物價格，影響低度開發國家的糧食供應。
3. 生質作物的生產可能造成草原、濕地，以及森林的開發，破壞地球生態。聯合國經濟合作開發組織建議各國對於生質能源的運用進行檢討，而德國爲也取消了對於生質柴油的稅務優惠。
4. 電池科技與電動車輛的發展降低了機動車輛對於液體燃料的依賴，因此生質能的優勢逐漸流失。

雖然如此，從傳統廢棄物生產生質燃料仍然有助於資源的有效利用。

臺灣生質燃料的研究與運用

臺灣土地資源有限且食物高度仰賴進口，使用食用作物生產生質能源的可行性不高，廢棄物再利用是生質能的主要利用型態。臺灣 24 座垃圾焚化爐每年發電收入約 50 億台幣。有一些研究探討農業廢棄物，尤其是稻草的再利用，但仍未有大規模的實際運用。使用豬糞尿來做沼氣發電有一些實際案例，但規模不大。在非食用作物方面，大戟科植物如麻瘋樹、油桐樹及烏桕樹爲臺灣常見的非食用作物，曾被探討作爲能源植物的可能性，但由於生產成本高，在發展上不具經濟效益。臺灣生質柴油的發展以廢棄食用油加工生產生質柴油較爲可行，但產量有限。

地熱

地球核心溫度可達攝氏 6,000 度，**地熱**（geothermo）可以經由傳導與岩漿對流向地表擴散。地熱能源使用地球內部所蓄存的能量來發電、取暖或做其他用途。地熱的自然傳導非常緩慢，每平方公尺地面只約 0.05～0.07 瓦，同樣面積的日照能量則有 342 瓦。因此地熱的利用必須鑽鑿地熱井到達高溫的深處地殼。地殼溫度約每公里深度升高攝氏 20～30 度，因此地熱到處可以取得，但有些地方地殼的升溫幅度大，地熱取得容易，具備較好的開發利用價值，這些地點包括岩漿流、熱泉、噴氣孔等。一些研究認為，全面開發地熱可供應全球的能源需求，但目前地熱的使用率仍然相當低。用來發電的地熱必須能產生高壓蒸氣，由於所需的溫度高，技術上可行的地點侷限在特定地區，例如地球板塊邊界、地底岩漿庫，以及有火山活動的地點。地熱的供應率也受到地殼熱傳導速率的限制，地熱利用必須在地殼熱傳導速率的限度之內才可永續。

地熱最早的利用方式是直接使用，這些地熱的溫度大約在攝氏 50 到 150 度，用途包括房屋取暖、烹調、沐浴以及工業蒸氣的供應。深度約 10 公尺處的地層溫度就相當穩定，年平均溫度約 10～16 度。在溫帶或寒帶使用地熱泵，這樣的溫度在夏天可以提供房屋降溫，冬天提供暖氣。地熱泵系統包括埋入地下約 6 公尺深的管線，以及一個幫浦與熱交換器，使用這樣的系統來做居住空間的溫度調節只需傳統空調四分之一到一半的電力支出。地熱發電則須高溫以及大量的地熱來源，因此運用地點受到限制。地熱發電系統將水打到地底下加熱後產生高壓蒸氣送回地面驅動渦輪來發電，也可以直接使用噴出的蒸氣或蒸氣與水來發電。地熱發電的理想地點為地殼升溫大的地方，這些地方分布在板塊邊界的環太平洋火圈（Pacific Ring of Fire），以及火山活動活躍或地殼較薄的地方，如冰島、紐西蘭、夏威夷，以及美國的黃石公園。地熱的優點在於能源供應穩定、低汙染、低排碳量、基地面積小，但地熱的使用受到可開發地點的限制，且規模一般不大。大多數地熱井的使用年限在 30 到 50 年，但若在熱源更新速率的範圍內運用則有可能長久使用。

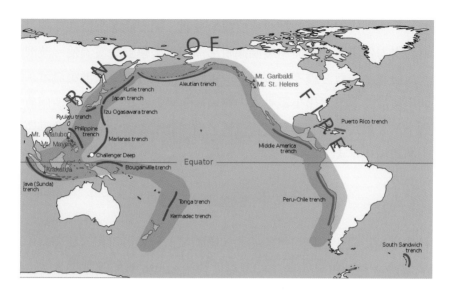

圖 13.32　太平洋火圈（Pacific Ring of Fire）為火山活動活躍的板塊邊界，是地熱利用的理想區域。

圖 13.33　奈斯亞威里爾電廠（Nesjavellir Power Plant）是冰島最大的地熱發電廠。冰島為火山活躍的島嶼，有利於地熱的開發利用。地熱發電提供冰島全國 26% 的電力，以及 87% 的住家暖氣。

海洋能源（ocean energy）

　　海洋占地球 70% 的表面積，是太陽能最大的收集面，只須利用其中一小部分就可供應全球的能源需求。海洋能源取得可分為熱能與機械能系統。海洋熱能發電系統利用海洋表面的溫水來氣化工作流體以驅動發電渦輪，也可直接使用海面蒸發的水氣發電。機械能系統則使用海洋的潮汐或波浪來發電。潮汐能源來自地球與月球以及太陽之間的萬有引力作用，一般使用矮壩攔阻漲潮海水來驅動發電渦輪。波浪的能量來自海風。波浪發電系統有三種不同型式，一種將波浪引導到蓄水池來發電，另一種漂浮的系統利用波浪的上下震盪來驅動水力幫浦產生電力。第三種系統使用直立管柱，藉由波浪的上下來壓縮氣體並驅動發電渦輪。海洋能源系統大多在試驗階段，實際運作的案例少，規模也不大。

可再生能源的未來

人類社會逐漸從以化石燃料為中心的經濟體系過渡到以可再生能源為中心，這樣的轉變將相當快速。2019 年可再生能源提供全球 11.4% 的能源需求，其中絕大部分用來發電。根據國際能源總署的預估，2017～2022 這五年期間，可再生能源占全球總發電量的比例將由 24% 提升到 30%，可再生能源的成長率為燃煤與燃氣能源成長率的兩倍，其中成長最快的是光伏發電，再次為風力與水力。雖然 2022 年燃煤仍將是最大的發電能源，但可再生能源與燃煤發電的差距將降低到 17%。

13.10 節能

滿足能源需求除了開發新能源之外還可以透過各種節能措施來降低能源的消費。節約能源可就兩個面向分別考量，一個是提高能源的使用效率，例如住家照明改用省電燈泡，另一個是減少能源所提供的服務，例如減少照明燈具的數量。由於能源的運用廣泛，因此節能涉及所有產業與日常的生活活動。政府的節能政策可以包括以下主要項目：

1. **檢討產業政策**：淘汰低附加價值的耗能產業，降低能源密度，提高能源效益。就產業類型而言，高科技產業與服務業的能源密度遠低於製造業或原物料產業，如鋼鐵業、石化業與部分的製造業。
2. **規範商品的能源效益率**：強制規定消耗能源的商品須達到一定的能源效率，例如各型車輛的每公升汽油里程數，電器產品的年耗電量等。
3. **發展公共運輸系統**：以大眾運輸系統取代私人車輛可以大幅降低交通能源的消耗。
4. **落實市區規劃，減少交通里程**：使用行人友善的街道設計，以鼓勵騎乘腳踏車或步行。

5. **徵收能源稅或採用累進電價**：利用經濟手段來抑制產業與住家的能源消耗。

在個人的層次，節能不但可以降低能源開發與使用對於環境的衝擊，而且也可以減少家庭的能源支出，是一舉兩得的做法，而且許多節能的選擇或行為並未降低生活品質或方便性。個人節能可就居家節能、車輛節能，以及降低消費等三個部分來考量。在居家節能方面可以檢討以下各點：

1. **建築物節能**：盡量採用自然通風與採光。建築物採用被動式太陽能設計可以減少能源需求。既有建築物可以透過簡單的修改來減少能源消耗，例如使用窗簾或有色玻璃來降低室內溫度，屋頂種植盆栽來減少陽光曝曬等。執行建築物耗能分析有助於決定節能策略。公共建築使用個別電表可以落實使用者付費，顯著降低能源消耗。

2. **使用節能家庭用品**：節能的燈泡、冰箱、開飲機、熱水器等雖然新購時可能較貴，但生命週期所節省的能源支出可超過購買時的價格差異，因此反而節省。

3. **養成節能的生活習慣**：洗衣機與洗碗機盡量滿載使用以減少用水與用電，衣服使用自然晾乾，少用烘衣機。開飲機用電量大，選用可做時間設定的機型，長時間不用則關閉開關或拔除插頭。冰箱須確定冰箱門封條完整沒有洩漏，並減少開關次數。

4. **減少空調的使用**：盡量使用自然通風，避免過低的冷氣溫度或過高的暖氣溫度設定。做好房屋的氣密，防止冷暖氣流失。冷氣搭配電扇使用可以促進身體降溫，減少冷氣的運轉。定時清理冷氣濾網可以降低通風的能源消耗。

5. **使用省水設備**：自來水的處理與輸送耗費能源，家庭用水設備如洗衣機、水龍頭、沖水馬桶、蓮蓬頭等，都有省水的類型可供選擇。

交通節能方面可以考慮以下作法：

1. **選擇經濟車型**：購買節能車型在使用週期可以省下許多燃料開銷，往往比便宜而耗油的車型或老舊車輛更為經濟。車輛做好保養、維持正確胎壓也可減少能源消耗。

2. **減少車輛的使用**：出門購物、辦事或訪友做好行程規劃，在同一個行程中完成。出差或旅遊做好行程規劃可以減少許多不必要的旅程與時間損失。

3. **減少引擎怠速時間**：等待時間較久時停掉引擎，行車保持適當與穩定的車速，車速越快，單位里程的油耗越高，頻繁變換車速也增加油耗。

4. **提高行車效率**：計畫好行車路線，避開塞車路段與時段可以節省燃料與時間。

在消費習慣方面：

1. **降低消費**：降低消費是最徹底的節能方式。過簡單的生活，必要的用品選擇品質好，可以耐久的產品。

2. **減少包裝**：包裝材料占生活廢棄物很大的比例，購買包裝簡單的產品可減少大量廢棄物，以及製造包裝材料的能源消耗。減少一次性飲料杯與塑膠袋的使用也可以節能。

3. **吃當地食物**：在地的農產品不但新鮮，而且可以免除長途運輸與儲存所耗費的能源。

4. **吃當季蔬菜與水果**：當季量產的蔬果不但品質好、價格低，而且作物栽種所耗費的能源也比較少。

13.11 未來的能源系統

我們正處在一個能源革命的階段，在經濟上逐漸擺脫對化石能源的依賴，以減少排碳量，降低大氣暖化對人類社會的衝擊，可再生能源將成為未來能源的主流。主要的可再生能源都是分散的，因此未來的供電系統也將分散與小型化，可以免除大型電力系統的輸電損失，以及意外停電造成的經濟衝擊。

根據估計，到 2040 年，全球人口將由目前的 77 億成長到 91 億。同一時期全球的人均 GDP 將成長一倍。經濟成長主要來自開發中國家，這意味著全球每一個角落都將有高度的經濟成長。人口增加與經濟成長兩個因素結合將創造巨大的能源需求，這些能源需求的成長有一半以上是用電的成長，以滿足開發中國家越來越電氣化與數位化的生活型態。根據估計，2040 年的用電量將比目前多 25%。

石油與天然氣仍將是最主要的能源，約占全部能源的 60%，非排碳能源，包括核電與可再生能源所占比例將為目前兩倍，達到 25%。天然氣的使用量將持續成長，燃煤則持續降低，預期 2040 年開始，天然氣的能源占比將超越燃煤，成為僅次於石油的能源。油頁岩與焦油砂的開採將使北美從石油進口國成為出口國，改變石油將逐漸枯竭的舊有認知。

結語

　　現代化社會高度依賴能源，從家庭照明、烹煮食物、冷暖氣空調、自來水供應，一直到手機、電腦，以及所有的電器與電子產品，再到汽機車與所有的交通工具，更不用說製造所有物品的工業，以及生產食物的農業，全都需要能源。過去兩百多年來，人類社會高度依賴化石能源，先是煤，再到石油與天然氣，但化石能源大量使用造成嚴重的空氣汙染以及二氧化碳排放與大氣暖化。雖然天然氣造成較少空氣汙染，但仍然難以解決二氧化碳排放的問題。可再生能源是最理想的能源，不但對於自然環境的干擾少，而且可以永久持續供應。有些預測認為，可再生能源的產出在2050 年可以超越傳統能源，成為最主要能源，但在這之前，我們仍然高度依賴化石能源。

　　核能是短期內降低二氧化碳排放的一個選項。擁核者認為核能是乾淨、低碳的能源，但車諾比以及更近的福島核災變驗證了反核者對於核電的安全疑慮，他們也認為臺灣目前沒有核廢料的妥善處置方案。臺灣的環境基本法訂有非核家園的目標，原電業法更有 2025 年以前廢除核電的條款（為符合以核養綠的公投結果，該條款於 2019年廢除）。擁核者「以核養綠」的倡議認為，臺灣目前可替代能源的占比低，在過渡到可再生能源之前，應使用核能來取代部分化石能源，以降低火力發電造成的汙染與碳排放。你的觀點如何？

本章重點

- 能量的定義與能量單位
- 全球能源使用現況
- 臺灣能源使用現況
- 化石能源與替代能源
- 石油、煤、天然氣的形成、蘊藏量與產量
- 非傳統化石能源
- 化石能源使用造成的環境問題
- 放射線與放射性同位素
- 核分裂反應
- 核電廠、核燃料與核廢料
- 核融合反應

• 核能安全
• 可再生能源種類與全球使用情形
• 居家與產業節能
• 未來的能源系統

問題

1. 什麼是化石能源與替代能源？
2. 目前全球使用有哪些主要能源？
3. 比較煤、石油與天然氣這三種化石能源在環境汙染與使用上各有何優劣。
4. 焦耳（joule）與卡路里（calorie）是能量單位，瓦特（watt）則是功率單位，請說明這三個單位。
5. 說明能源密度的概念。一個經濟體的能源密度高代表何種意義？
6. 石油與油礦如何形成？
7. 煤是蘊藏量最大的傳統化石能源，但卻不被認為是未來的主要能源，原因為何？
8. 焦油砂與頁岩油蘊藏量大，但他們的開採與生產造成重大的環境問題，請說明。
9. 放射線有那三類？各由什麼所構成？比較這三種放射線的能量與穿透力。
10. 請說明核分裂反應。
11. 目前核電使用的核燃料是什麼？核燃料本身放射性是否很強？半衰期多大？
12. 鈽是核廢料中最被關切的放射性物質，請說明原因。
13. 什麼是高階核廢料與低階核廢料，這兩類核廢料各如何處置？
14. 說明核融合與核分裂的差異。核融合發電若能成功，它比目前的核分裂發電有何優勢？
15. 什麼是主動式太陽能與被動式太陽能？
16. 有些人認為綠能只能當輔助能源，而無法全面取代化石能源與核能等傳統能源，你是否認同他們的觀點？為什麼？
17. 生質能的使用也排放二氧化碳，因此生質能不是零排碳，而是碳中和，請說明。

專題計畫

1. 上網了解臺灣目前的能源結構，煤、石油、天然氣、核能與替代能源所占比例各多少？

2. 臺灣目前採取非核家園政策，核電占比將隨著核電廠除役逐漸降低，政府計畫以增加天然氣及替代能源來彌補，請就供電穩定與二氧化碳排放兩方面，討論你認為這樣的政策是否可行？

3. 臺灣擁核團體與反核團體所提出的觀點各為何？你是否認同任何一方的觀點？

4. 檢查家裡的各項用電設備，哪一項用電量最大？有沒有辦法讓這個設備更省電？

5. 檢查家裡的各項用水設備，哪一項用水量最大？有沒有辦法讓這個設備更省水？

第14章　全球暖化與氣候變遷

圖 14.1　巴黎的反氣候變遷示威活動。氣候變遷為目前最被全球國家與社會關注的環境議題，但問題解決的路途仍然遙遠。

　　十八世紀工業革命以來，人類社會大量使用煤、石油與天然氣等化石能源，並向大氣排放二氧化碳，造成全球暖化。森林砍伐以及農牧業的大規模經營更加速地球的暖化趨勢。暖化造成的氣候改變嚴重影響到人類社會以及自然生態，所有的預測都認為，若不立即採取大規模的減碳行動，人類社會與地球生態將在未來數十年面臨災難性的破壞。雖然問題嚴重，但人類社會卻遲未下定決心改變過去數十年來高度依賴化石能源的情況。

14.1 氣候與氣象

全球暖化（global warming）近年來成為一個耳熟能詳的名詞，我們經常聽到有人說，這幾天好熱，地球暖化了！但這樣的說法並不完全正確。氣候（climate）指的是一個地方大氣的長期平均狀態。因此，當我們說一個地方的氣候時，我們指的是在過去至少數十年來氣溫、降雨、日照等的平均狀態。氣象（weather）則是短期的大氣狀態，指的是一天以內到一兩個星期的大氣狀況。我們每一天，甚至一天之內的每一小時經歷不同的日照、氣溫、降雨、風吹等氣象因子的變化，這種短時期的大氣狀態屬於氣象的範疇。

氣候決定一個地區生物群落的組成，例如地表植物的種類、數量，以及動物群聚的組成。決定氣候的兩個主要環境因子是氣溫與濕度，而這兩個環境因子又決定於一些更基本的地理條件，如緯度、高程、地形，以及與水氣來源（如海洋與大型湖泊）。根據氣候因素所形成的生物群落差異，我們將地球分成一些主要的氣候區，例如臺灣位在亞熱帶氣候區，有這個氣候區特有的生物群落。

14.2 氣候的自然變化

地球的氣候一直是變動的，變動的時間尺度從短短的數年，到數十萬年。例如1991 年，菲律賓皮納圖博（Pinatubo）火山的爆發，造成往後兩、三年地球比長期平均低的氣溫。另一個短期的氣候變化是聖嬰現象（El Nino），這個每幾年發生一次的南太平洋升溫事件，造成南太平洋兩岸周邊地區持續數個月的氣候異常。地球也有更長期的氣候變化，造成地球長期氣候變化的因素包括大氣溫室氣體含量的變化、陸地板塊飄移、洋流的改變、太陽輻射強度變化、地球公轉軌道與自旋軸角度的變化等。

我們對於長久以前地球氣候的了解所依據的是一些數量很少，而且相當間接的代用氣候指標（climate proxy），這些指標來自動植物化石、海洋沉積物，以及冰蕊等，尤其是南極大陸與格陵蘭冰蕊的同位素分析讓我們相當確定過去 40 萬年來地球氣溫的變化（見案例）。

案例：利用南極冰蕊所做的古氣候推斷

　　古氣候學（paleoclimatology）研究在沒有直接量測與紀錄時期的地球氣候。就地球歷史的時間尺度來看，有氣候紀錄的年代非常短暫，因此古氣候學在了解早期地球氣候以及氣候的演化歷程就顯得特別重要。由於缺乏直接觀測，我們對於古氣候的了解主要依靠間接證據所做的推論，這些間接證據我們稱為**代用氣候指標**（climate proxy）。許多不同物件或方法可以做為代用氣候指標，例如動植物化石、海洋沉積物、花粉化石、深層冰蕊等，不同的方法可以涵蓋不同的年代與也有不同的準確度。

圖 14.2　　南極鑽取的深層冰蕊可以做為地球古氣候推斷的依據。

　　氧 -18 同位素分析是可靠的氣候代用指標。氧有質量數為 16 與 18 的兩種同位素，其中氧 -16 為主要同位素，較重的氧 -18 只占大約 1/500。在各種環境中，這兩個同位素的比例隨著地球氣候的改變而有年代上的差異，這樣的差異可以做為代用氣候指標。

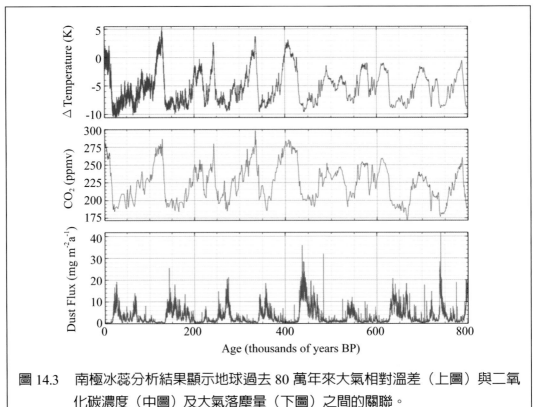

圖 14.3　南極冰蕊分析結果顯示地球過去 80 萬年來大氣相對溫差（上圖）與二氧化碳濃度（中圖）及大氣落塵量（下圖）之間的關聯。

14.3 影響大氣溫度的因子

日照變化的影響

在漫長的地質年代，地球氣候經歷顯著的變化，這些變化隱約顯示某種週期性。1920 年代，塞爾維亞（Serbia）的地球物理與天文學者**米蘭科維奇**（Milankovitch）對這樣的週期性氣候變遷提出了他的解釋。他使用數學方程式來說明，地球數萬年週期的氣候變化主要受到自轉與公轉的合併影響，包括公轉軌道的偏心率變化、自轉軸傾斜角變化，以及自轉軸的旋進，如圖 14.4 所示。

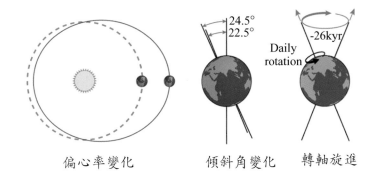

偏心率變化　　　傾斜角變化　　　轉軸旋進

圖 14.4　米蘭科維奇循環（Milankovitch Cycle）。地球自轉與公轉有週期性變化，包括
　　　　公轉軌道的偏心率、自轉軸的傾斜角與旋進，這三個因子的週期性變化影響
　　　　到地球對於陽光能量的接收，以及大氣溫度。米蘭科維奇的推斷與代用氣候
　　　　指標所推定的地球氣候變化歷程相當吻合。

- **偏心率（週期** 100,000 **年）**：偏心率顯示地球公轉軌道與正圓形的差異程度。地球
  公轉軌道從近乎正圓的 0.005 偏心率到橢圓形的 0.058。地球公轉軌道的變化主要
  受到其他行星的影響，尤其是木星與土星這兩個質量相當大的行星。在地球軌道最
  橢圓的情況，近日點受到的日照比遠日點高出約 23%。
- **自轉軸傾斜角（週期** 41,000 **年）**：傾斜角指地球轉軸與其公轉平面的夾角，其變
  化範圍為 22.1°～24.5°，最大相差 2.4°，變化週期約 41,000 年。傾斜角越大，地球
  不同緯度日照差異越大。
- **旋進（週期** 26,000 **年）**：旋進（precession）指地球轉軸繞著中心軸的擺動。旋進
  受地球潮汐影響，而影響地球潮汐的是太陽與月亮的引力。

　　雖然類似的理論在 19 世紀曾被提出，但缺乏可靠的地球長期氣候數據來驗證，
直到 1976 年，學者利用海洋沉積物鑽蕊所取得的海洋生物外殼做同位素分析，回溯
地球最近 45 萬年來的大氣溫度變化，結果顯示氣溫變化歷程相當吻合米科維奇所做
的推斷。

大氣環流的影響

　　大氣環流指地球大氣的大規模流動，這樣的大規模氣流雖然有季節及年與年的
變化，但整體而言，其型態相當穩定。大氣環流主要由太陽所提供的巨大能量以及

地球自轉所造成的**科氏力**（Coriolis force）所驅動。赤道附近日照強烈，海洋水氣蒸發快速，含有飽和水氣的溫暖空氣上升並在高空往南北流動。因此，赤道周邊爲低壓帶，上空多雲且降雨顯著，海面氣流微弱，這一帶稱爲**間熱帶輻合區**（intertropical convegence zone, ITCZ）或赤道無風帶。ITCZ 上升氣流中的水氣攜帶大量潛熱，將能量輸送到高緯度地區，成爲地球能量分布最主要的影響機制，決定了地球不同地區的氣候。

圖 14.5　地球大氣環流系統。大氣環流主導地球的能量與水氣輸送，決定地表氣候區的分布。

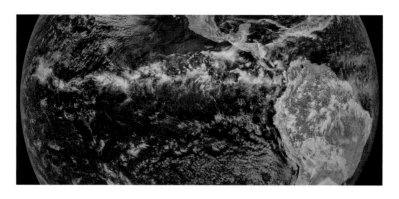

圖 14.6　東太平洋與中美洲地區上空的間熱帶輻合區雲帶。

　　由於柯氏力的作用，ITCZ 上空的南北氣流到南北緯 30 度左右逐漸成為東西向，同時因為冷卻而下沉，形成晴朗、乾燥的高壓帶，並在低空往低緯度流動。由於柯氏力影響，氣流逐漸偏西，形成貿易風帶，回到赤道周邊，完成一個密閉的環流胞，稱為**哈德里胞**（Hadley cell）。分布在赤道兩側的哈德里胞是地球規模最大的環流胞。大氣在南北緯 60 度有另一股上升氣流，在南北半球各形成兩個較弱的環流胞，**佛雷爾胞**（Ferel cell）與**極胞**（polar cell）。這些大規模的氣流對於地球表面能量與水氣以及氣候區的分布有決定性影響。

洋流的影響

　　洋流在地球能量分佈也扮演重要的角色。赤道周邊的海洋接受強烈日照與大量降雨，形成溫暖而鹽分低的表層水，這股表層水受到赤道東風的影響往西流動，遇到美洲大陸之後流往寒冷的北大西洋。溫暖的海水經由水面蒸發釋放出水氣與熱量，溫暖了中高緯度的大氣，同時海水鹽分也逐漸升高。在靠近極區的北大西洋，這些低溫、高鹽分、高密度的表層水逐漸下沉至海洋底層，並往南方移動，成為寒冷的**北大西洋深層水**（north atlantic deep water, NADW）。寒冷的底層洋流往南流動，最後上升到海面並回到赤道附近。這個由海水密度差所驅動的海洋循環系統稱為**溫鹽環流**（thermalhaline circulation）。簡化的溫鹽環流系統如圖 14.7 所示。溫鹽環流對地球溫度的平分佈有顯著影響，沒有這樣的循環，高緯度地區將變得非常寒冷。在大約一

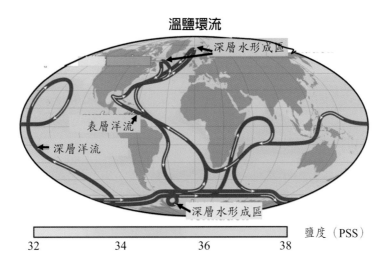

圖 14.7　地球海洋的溫鹽環流。海水溫度與鹽度造成的密度差驅動這個環流系統，海水所攜帶的巨大能量影響到地球的能量與水氣分布。

萬年前，地球剛脫離最近一個冰河期不久，陸地融冰水在北美大陸形成大湖，不久之後，這個淡水湖潰堤，大量淡水流入北大西洋，覆蓋在海水上方，阻斷了溫鹽環流，北半球少了熱量的補充，再一次掉回冰河時期的低溫狀態，這個短暫的北半球嚴寒稱**為新仙女木期**（Younger Dryas Period）。

聖嬰現象的影響

聖嬰現象（El Nino）是影響全球短期氣候的重要機制。在正常情況下，赤道上方大氣有一個東西向的環流系統，稱為**沃克環流**（Walker circulation）。這個大氣環流驅動南太平洋由東向西的一股表面洋流，以及智利西側太平洋東岸的一股湧升流。湧升流冰冷的底層海水為南太平洋帶來涼爽的氣候，並將海洋底層的營養帶到表層，提供浮游藻生長所需的養分，智利沿岸因此成為著名的漁場。由於不規律的大氣擾動，沃克環流每幾年發生減弱甚至逆轉的情況，此時湧升流停止，導致南太平洋表層海水溫度升高，周邊地區氣候型態改變。原本潮濕多雨的南太平洋西側，包括澳洲北部與印尼，變得乾旱，而南太平洋中央與智利西岸則變得溫暖多雨。湧升流減弱也造成海洋初級生產降低，魚群消失。這樣的現象每幾年在南半球的夏季聖誕節期間發生，造成漁獲量減少，影響生計，當地居民稱之為聖嬰現象。聖嬰現象造成位於南太平洋西側的澳洲達爾文與位於南太平洋中央的大溪地氣壓高低反轉，有如蹺蹺板的兩端，因此聖嬰現象又稱為**南方震盪**（Southern Oscillation），合稱**聖嬰－南方震盪**（El Nino-Southern Oscillation, ENSO）。雖然南太平洋周邊國家受到聖嬰現象的影響最為顯著，但這個現象可以干擾到全球氣候，不一樣的區域所受到的影響也不同，有些地方降雨增強，另一些地方則可能經歷乾旱。

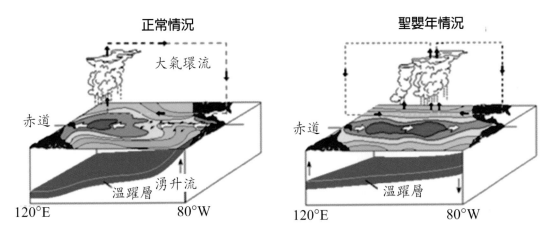

圖 14.8　平常年（左圖）與聖嬰年（右圖）南太平洋的大氣與海洋狀況。正常情況
　　　　赤道上空的沃克環流在南太平洋形成一個往東的表層洋流，並在南太平洋東
　　　　岸的智利沿岸形成低溫、營養鹽豐富的湧升流，使這一帶成為良好的漁場。
　　　　由於大氣不規則擾動，每幾年會發生沃克環流減弱或逆轉，湧升流停止的情
　　　　況，造成南太平洋水溫升高，對周邊地區的氣溫與降雨造成改變，稱為聖嬰
　　　　現象。

14.4 溫室效應

地球的能量平衡

　　地球氣候由陽光的能量驅動。太陽是個龐大的火球，其內部巨大的壓力可以將
氫原子融合為氦原子，產生高溫並釋出電磁輻射。根據物理學原理，有溫度的物體都
會釋出電磁輻射，這些電磁輻射的頻譜與物體表面溫度有關。太陽表面溫度約攝氏
6,000 度，其放射頻譜如圖 14.9 所示，圖上可見，輻射強度集中在可見光。照射到地
球的太陽輻射有大約 30% 被雲層與大氣中的微粒與氣體，以及地球表面的物體反射
回太空。物體反射電磁輻射能量的比例稱為**反照率**（albedo）。地球表面不同的覆蓋
類型有不同的反照率，冰雪覆蓋的地面有很高的反照率，沙漠與城市的反照率也高，
森林的反照率較低，海洋則幾乎不反射光線。

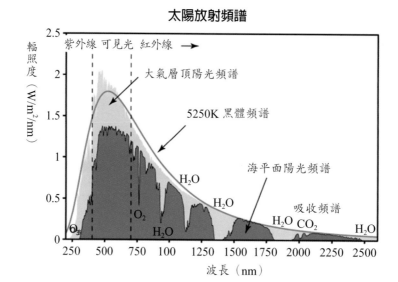

圖 14.9　太陽光的頻譜。黃色部分在大氣層外測得,紅色部分在地表,兩者的差為大氣反射或吸收的能量。雲與懸浮微粒造成陽光反射,水、二氧化碳與臭氧則為陽光的主要吸收氣體。

　　地球**能量平衡**（energy balance）描述地球接收太陽輻射,並放射回到外太空的能量平衡。在大氣層外,地球接收的太陽輻射功率約每平方公尺 340 瓦,進入大氣之後,有大約 30% 的能量被大氣或地面反射,其餘 70% 則分別被大氣與地面吸收。大氣與地面因吸收陽光能量而升溫,電磁輻射增強,直到所放射的能量與接收自太陽的能量達到平衡。

大氣的溫室效應

　　地球接收與放射的電磁輻射頻譜有很大差異。照射在地球的陽光能量集中在可見光,非常少被大氣中的氣體吸收,而地面與大氣的放射能量則集中在熱紅外線,很容易被大氣中的**溫室氣體**（greenhouse gas）吸收,造成大氣的升溫效果,稱為**溫室效應**（greenhouse effect）。大氣中天然存在的溫室氣體包括水氣、二氧化碳、甲烷、氧化亞氮,所造的溫室效果稱為**天然溫室效應**（natural greenhouse effect）。根據能量定律計算,在沒有大氣的情況,地球的平衡溫度為負 17℃,大氣的天然溫室效應將這個溫度提高了 32℃,達到實際的 15℃。工業革命之後,人類往大氣排放了大量溫室氣體,尤其是二氧化碳與甲烷,進一步強化大氣的升溫效果,造成了大約攝氏一度的額外升溫，稱為**人為溫室效應**（anthropogenic greenhouse effect）。

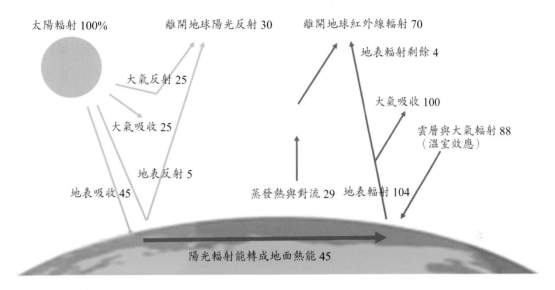

溫室效應

圖 14.10　太陽輻射加熱大氣與地表，被加熱的大氣與地面以紅外線放射出相等能量，
這些紅外線有大部分被溫室氣體吸收，被加熱的大氣以紅外線向地表與外太
空放射。過量溫室氣體造成額外的紅外線吸收與溫室效應。

14.5 溫室氣體

　　地球大氣的主要溫室氣體包括二氧化碳、甲烷、氧化亞氮、水氣、臭氧，以及多
種氟氯碳化物（chlorofluorocarbons, CFCs）。生物活動為大氣天然二氧化碳、甲烷、
氧化亞氮的主要來源。水氣主要來自海洋蒸發，臭氧則為大氣中空氣汙染物經過陽光
催化而反應生成，氟氯碳化物為人為合成氣體。水氣是大氣溫室效應的最大貢獻物
質，大概占暖化效應的 60%，然而全球水氣含量相當穩定，改變大氣溫度的溫室氣
體主要為二氧化碳、甲烷與氧化亞氮。

二氧化碳

工業革命前的大氣二氧化碳濃度大約 280 ppm，目前（2021 年）爲 417 ppm，並以每年約 2 ppm 的速率持續上升。化石燃料的使用與混凝土製造占了全球人爲二氧化碳排放量的 75%，其餘的 25% 來自森林砍伐、農業活動以及土地開發。

海洋是二氧化碳最主要的儲存庫與大氣二氧化碳最主要去處。陸地綠色植物的光合作用也在全球二氧化碳平衡占有重要的地位。根據估計，自 1900 年代以來，人類向大氣排放的二氧化碳有一半被海洋與陸地吸收，其他則停留在大氣中，造成大氣升溫。

海洋對二氧化碳吸收的機制包括溶解作用與生物作用。大氣二氧化碳濃度升高，溶解在海水的二氧化碳也隨之增加。海洋浮游植物光合作用吸收大量溶解於海水的二氧化碳，隨著這些浮游藻的死亡與沉降，碳被埋藏於海洋的沉積物。雖然海水可以吸收大量二氧化碳，但長此以往，將導致海水酸化，對海洋生態造成全面性的影響。

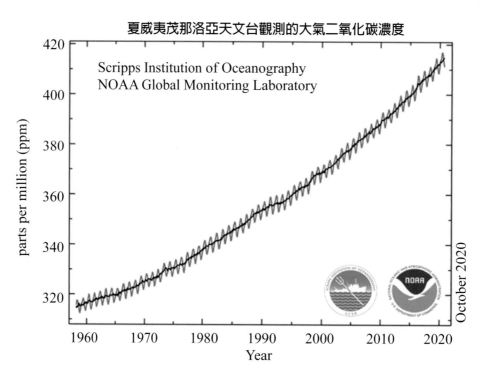

圖 14.11　大氣二氧化碳濃度在過去 60 年來的升高情形。數據為夏威夷茂納洛亞觀測站的監測結果。每年的週期性變化為植物生長所造成，陸地為主的北半球的生長季，全球二氧化碳濃度較低。

甲烷

　　大氣甲烷濃度從 1978 年的 1520 ppb 以每年約 1% 的速度增加，2020 年濃度為 1875 ppb。大氣甲烷有天然與人為來源。甲烷的天然來源主要是微生物活動，有機物被微生物厭氧分解產生甲烷。濕地是甲烷主要的天然排放源，另外有一些來自海洋底泥以及白蟻的消化道。人為排放源則包括天然氣開採與輸送、油礦與煤礦、廢棄物掩埋場、畜牧業的反芻動物，以及水稻田。濕地是全球甲烷最主要排放源，植物碎屑在濕地底部的缺氧環境中分解產生大量甲烷。

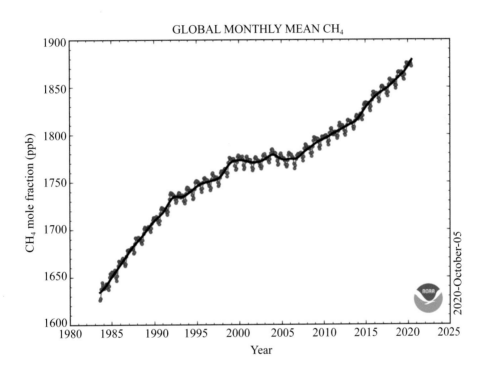

圖 14.12　大氣甲烷濃度變化歷史，2020 年濃度位為 1875 ppb，並以每年約 1% 的速率升高。

氧化亞氮

　　氧化亞氮（nitrous oxide, N_2O）為自然界含氮物質經由水或土壤中微生物的作用所產生。工業革命前大氣氧化亞氮濃度約 270 ppb，穩定升高到 2021 年的 334 ppb。氧化亞氮最主要的人為來源是肥料的使用，農田施用的一部分氮肥經過土壤微生物作用後產生氧化亞氮。其他來源包括化石燃料燃燒、生質燃料燃燒，以及牲畜排泄物的降解。對流層大氣的氧化亞氮非常穩定，因此氧化亞氮在大氣有非常長的滯留時間。平流層強烈紫外線輻射造成的光解是大氣氧化亞氮的主要去除機制。

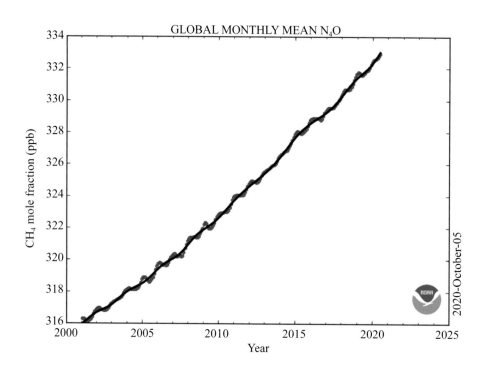

圖 14.13　大氣氧化亞氮濃度的歷史變化。氧化亞氮有天然與人為排放源，是主要的溫室氣體之一。

對流層臭氧

　　對流層臭氧由空氣中的前驅物質如揮發性有機物、氮氧化物以及一氧化碳等，在陽光催化之下反應生成。平流層臭氧可以吸收紫外線，對地表生物形成保護作用。同樣的紫外線吸收機制也發生在對流層，並對對流層大氣造成增溫效果。在有大量機動車輛、工業或火力發電廠排放廢氣與強烈日照的情況下，大氣會有較高濃度的臭氧。目前臭氧全球平均濃度高出工業革命前約 38%。

含鹵素氣體

　　含鹵素氣體指含有以氯爲主等鹵素的低分子量化合物。大氣中含鹵素氣體主要爲氟氯碳化物，這些物質主要使用在冷媒、噴霧罐壓縮氣體、塑膠發泡劑，以及電子零件清潔劑。在 1928 年開始製造與使用之前，大氣不含這一類人造氣體，其濃度於 1980 年代達到歷史高峰。這類氣體除了造成大氣暖化之外，更重要的考量是對臭氧層造成破壞，因此也被稱爲臭氧破壞物質。1989 年簽署的**蒙特婁臭氧破壞物質公約**開始對這些物質的使用進行控制與逐步禁用，此後這類氣體的大氣濃度快速降低。雖然大氣含鹵素氣體濃度很低，但這類氣體有很高的暖化潛勢，有些這類氣體的溫室效果可以達到等量二氧化碳分子的一萬多倍。

氣懸膠

　　氣懸膠（aerosol）指可以在空氣中滯留較長時間的液態或固態微粒，這些微粒可以對光線造成吸收與散射，因此對大氣兼有升溫與降溫的效果。氣懸膠的暖化效果與其組成及光學性質有關，碳黑（黑煙）可以吸收光線，造成大氣增溫，硫酸鹽氣懸膠則有很高的反照率，對於大氣有降溫效果。二氧化硫爲硫酸鹽氣懸膠的前驅物質，而火山氣體與含硫燃煤或石油燃燒所排放的廢氣則爲二氧化硫主要的天然與人爲排放源。海洋生物也釋放出二甲基硫氣體，並在大氣中反應形成硫酸鹽氣懸膠。氣懸膠本

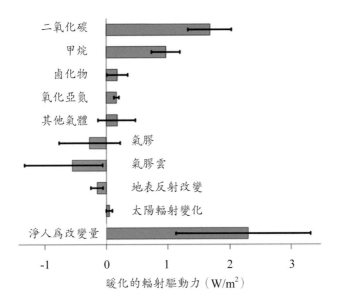

圖 14.14　人爲排放的各種溫室氣體對於暖化貢獻的比較，其中二氧化碳的貢獻量最大，甲烷次之。大氣所含氣懸膠，以及地面植被的喪失提高地球反照率，對大氣有降溫效果。

身固然反射陽光造成降溫，但氣懸膠凝集水氣所形成的氣懸膠雲（aerosol cloud）反射陽光所造成的大氣降溫效果更爲顯著。整體而言，氣懸膠對大氣造成降溫效果。

14.6 全球暖化的證據與影響

基於經濟、政治等原因，世界各國仍未能對排碳減量達成共識，但 IPCC 的報告明確指出，人爲活動與大氣持續暖化有高度的關聯，暖化造成的環境負面效應證據也逐漸明確，主要包括陸冰與海冰融化、長期乾旱及劇烈風暴與降水、動物習性以及植物生長季節的改變、傳染病的擴散等。

全球暖化的證據

・大氣升溫

大氣升溫是暖化最直接的證據。美國海洋及大氣署（NOAA）的監測數據顯示，最近一百年來大氣升溫攝氏 0.8 度，而自 1895 年開始有大氣溫度記錄以來，2016 年爲歷史上氣溫最高的一年，比整個二十世紀的平均溫度高出約攝氏 1 度。

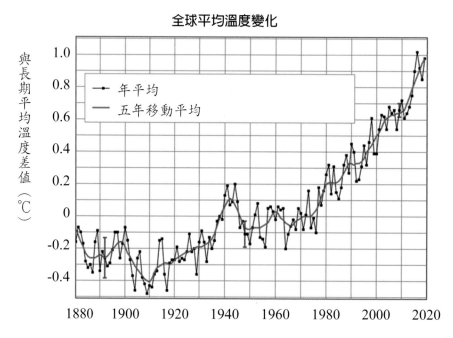

圖 14.15　各年大氣平均溫度與二十世紀平均值的差異。大氣有明確的升溫趨勢，其中 2016 年爲這段期間量測到的最高溫，高出二十世紀平均約攝氏 1 度。

• 極端天候

　　極端天候是大氣暖化另一個明顯跡象，全球各地經歷到越來越頻繁的創紀錄風暴、降雨、降雪與熱浪及乾旱。氣候所代表的是長期的大氣狀況，雖然少數幾次的熱浪或酷寒無法解釋為大氣暖化所致，但當這樣事件變得越來越頻繁時，我們開始了解到地球氣候的變遷。全球暖化造成的影響並不限於酷熱與乾旱，暖化也造成異常的暴風雨與暴風雪，以及水災。雖然有紀錄顯示，暖化造成某些地區颶風或颱風的頻率減少，但強度持續加大則非常明確。除了極端天候事件之外，暖化也造成全球普遍性的氣候改變，例如風向改變、年降水量改變，以及季節氣溫的改變。

• 北極冰帽縮小

　　如圖 14.16 所示，北極海冰覆蓋面積有明顯逐年縮小的趨勢。海冰覆蓋面積減少導致地球反照率降低，加速大氣暖化。北極冰帽面積的縮小也影響到北半球高緯度地區的氣候，歐洲北部近年來的夏季降雨量增加，可能與暖化造成極區寒冷噴流的減弱有關，這樣的影響也可能擴大到中緯度地區。冰帽面積縮小也導致寒帶針葉林面積縮小以及森林火災頻率增加。暖化造成極地冰帽較晚形成而較早融化，縮短了北極熊獵捕海豹的季節，因而必須花更多時間獵捕陸地動物，造成北極熊族群營養不良與數量下降。

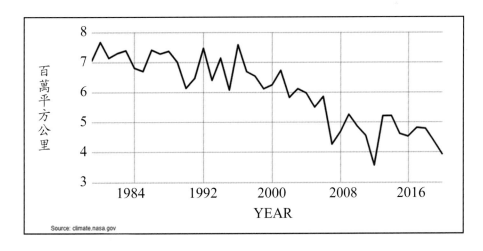

圖 14.16　北極海冰覆蓋面積有逐年縮小趨勢，圖中顯示每年 9 月，冰層覆蓋的最小面積。

・陸冰融化

陸冰融化是大氣增溫最早出現的徵候之一。從 1960 年開始，無論北美、歐洲或亞洲都出現冰雪覆蓋面積減少的情況。根據估計，2016 年全球冰雪經常性覆蓋面積比 1990 年代初期減少了 10%。格陵蘭與南極大陸為陸冰最大的儲存庫，暖化造成格陵蘭陸冰以每年 2,780 億噸的速率減少，南極陸冰的損失速率為每年 1,490 億噸。冰河退卻也是全球暖化的明顯跡象。全球的冰河，無論是歐洲、亞洲與北美洲的中緯度冰河，或極區冰河，以及非洲、南美洲與大洋洲的熱帶冰河，都顯示自 1850 年以來的退卻。冰河退卻影響許多依靠冰河融雪供水與灌溉的區域。在南美與中亞，許多水庫蓄水完全仰賴冰河融雪，冰河退卻影響到這些區域的供水，以及河川中水生物的保育。一些仰賴融雪的水力發電也受到融雪量減少的影響，如美洲西北角、挪威與歐洲的阿爾卑斯山。一些水生物，如某些品種的鮭魚與鱒魚，在其生命史的某個階段需要在冰冷的淡水環境生活與繁殖，失去冰河融雪將破壞這些生物的棲息環境。

圖 14.17　美國華盛頓州 White Chuck 冰河 1973（左圖）到 2006 年（右圖）退卻的情形。冰河退卻為大氣暖化最明顯的證據之一，全球許多冰河都面臨類似的情況。

・海平面上升

暖化造成的海平面上升一部分來自陸冰融化，另一部分來自海水升溫造成的體積膨脹。陸冰主要分布在南極以及格陵蘭的冰層與北美、南美、歐洲與亞洲的高山冰河。根據世界氣象組織 2014 年的報告，最近幾年全球海平面上升的平均速度提高到每年 0.3 公分，為 20 世紀平均值 0.16 公分的兩倍。全球暖化從 1870 年至今已造成海平面上升超過 20 cm。根據 IPCC 的預測，到 2100 年，海平面將至少比目前高出 30 公分，最壞的情況可以高達 2.5 公尺。另有研究指出，即使將大氣升溫幅度控制在 2℃ 以內，最終海平面仍將上升 6 公尺。這樣的海平面上升將大幅改變全球的海岸線，並淹沒許多沿海城市。如圖 14.18 所示，若海平面上升 6 公尺，則台北、宜蘭，以及臺灣西南沿海的許多城市與鄉村將被海水淹沒。

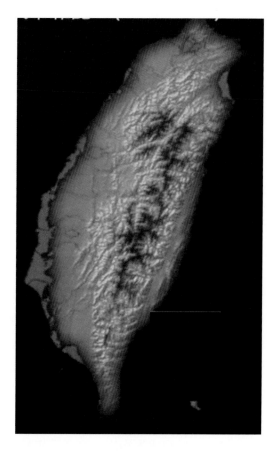

圖 14.18　根據估計，既使將暖化的升溫幅度控制在 2℃ 的目標，海平仍將上升 6 公尺，臺灣許多地區將被海水淹沒，包括西南沿海、台北盆地，以及蘭陽平原。

・海水酸化

　　大氣暖化的另一效應是海水酸化。大氣二氧化碳有一部分溶解到海水成為碳酸。海水酸化影響許多海洋生物，尤其是珊瑚的生長與存活。澳洲大堡礁在 2016～2017 年發生大規模珊瑚白化，這些珊瑚排出與其共生的藻類，這現象可能為海水升溫、汙染或酸鹼度改變造成的生存壓力。雖然一部分珊瑚白化可以恢復，但頻繁的類似事件或環境的根本改變，將造成不可回復的後果。

全球暖化的影響

・對動植物的影響

暖化對於動植物造成廣泛與顯著的影響。研究發現有一些動物與植物往高緯度或高山遷移以躲避升溫的情況。許多動植物的遷移速度趕不上氣候變遷而必須生活於不是最合適的氣候，這些物種的競爭力變弱，長此以往將被其他物種取代並可能導致滅絕。許多遷移性鳥類與昆蟲也比上個世紀提早幾天或幾星期來到它們夏天的覓食地。暖化也造成熱帶病媒的分布範圍擴大，使一些原受到氣候保護的動物與植物受到傷害。根據一份 2013 年的報告估計，若氣候變遷趨勢持續，則到 2080 年將有一半的植物與三分之一的動物從它們目前的棲息地消失。

・對人類社會的影響

暖化對於人類社會的影響將比對自然環境的干擾還要重大，農業生產首當其衝。雖然高緯度地區將因暖化而產生新的耕地，但氣候變遷造成的乾旱、極端天候、融冰水減少、病蟲害增加、地下水減少，以及耕地劣化等因素結合，將大幅降低全球作物與畜產品的產量。農畜產品的短收將對全球食物供應造成重大衝擊，饑荒與政治混亂的情況變得越來越普遍。

除了食物缺乏造成的營養不良，傳染病也將對人類健康造成嚴重衝擊。美國醫學會（American Medical Association）的報告指出，全球病媒蚊傳染疾病如瘧疾與登革熱，以及慢性氣喘案例的增加可能都與全球暖化有關。2016 年爆發的茲卡病毒傳染事件具體顯現氣候變遷的危險性。茲卡病毒由病媒蚊攜帶與傳染，受到感染的孕婦將產下有小頭症與其他缺陷的嬰兒。暖化也使得較高緯度地區的居民受到病媒蚊傳染疾病的威脅。較長與較炎熱的溫暖季節也造成跳蚤傳染疾病的散播。

14.7 暖化的控制

國際合作

國際社會在 1992 年巴西里約熱內盧**地球高峰會**（Earth Summit）簽署了**聯合國氣**

候變化綱要公約（UN Framework Convention on Climate Change, UNFCCC），對於減少溫室氣體排放、穩定地球氣候形成共識，但公約並未設定有約束力的碳排放減量目標。直到 2005 年，在日本京都舉辦的第三次締約國會議所簽署的**京都議定書**（Kyoto Protocol），才對工業化國家定下有法律效力的溫室氣體減排目標。2015 年在巴黎舉行的第 21 次締約國大會，進一步將所有締約國，包括工業化國家、新興經濟體，以及開發中國家，納入減排時程。這個減排時程以升溫幅度不高於工業化之前攝氏 2.0 度為目標，但以 1.5 度為理想。

　　巴黎協定於 2016 年 11 月生效。2017 年 6 月，美國川普總統宣布退出巴黎協定，並於 2020 年 11 月生效。由於美國是世界最大的溫室氣體排放國，川普的這項決定受到世界各國政府與民間的廣泛批評。2020 年 1 月，川普的繼任者拜登總統於就任當天宣布，美國將重新加入巴黎協定，這項宣布於當年 2 月生效，使得溫室氣體排放控制的國際努力又向前一步。

　　跨政府氣候變遷專家委員會（Intergovernmental Panel on Climate Change, IPCC）是附屬於聯合國的一個跨政府組織，該組織於 1988 在世界氣象組織（World Meteorological Organization, WMO）與聯合國環境署（United Nations Environment Programme, UNEP）的支持下設立。委員會的主要目標在向全世界提供關於全球暖化趨勢的預測，以及暖化對於社會與經濟衝擊的科學評估。IPCC 是國際上對於全球暖化評估的最權威組織，其報告成為許多國家與國際社會規劃氣候變遷對應策略的依據。IPCC 於 2007 年與美國前副總統高爾（Al Gore）共同獲得諾貝爾和平獎。

　　IPCC 於 2014 年發表了第五次評估報告，該報告的重要摘要包括：

- 大氣溫室氣體濃度為地球過去 80 萬年來最高
- 1983～2013 年這 30 年可能是過去 1,400 年來最溫暖的 30 年
- 暖化最主要的驅動力是大氣二氧化碳濃度升高
- 大氣與海洋系統暖化的證據明確，海平面上升速率史無前例
- 格陵蘭與南極冰棚在過去 20 年體積減少，北極海冰以及北半球陸地春天覆雪面積持續減少
- 人為因素影響氣候的證據明確，二氧化碳排放控制拖得越久，代價越高

　　根據巴黎協定所設定的 1.5℃最大升溫目標，IPCC 在聯合國氣候變化綱要公約的邀請下，發表了 2018 年特別報告。該報告就全球升溫 1.5℃可能造成的環境衝擊做出預測，並提出達成這個目標的各種溫室氣體減排策略，世界各國必須進行大規模與立即的能源與社會轉型，並在 2050 年之前達到零排碳。IPCC 也認為，雖然 1.5℃的目

標是個重大挑戰，但人類會社具備足夠的技術與經濟能力來因應，目前所需要的是政治決心來進行這個史無前例的全球合作。

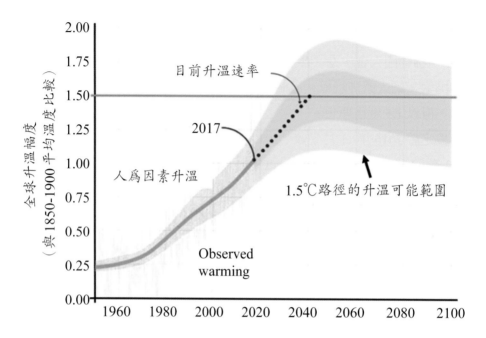

圖 14.19　IPCC 對於全球升溫幅度的預測。實線部分為以往實際監測數據（含不確定性），虛線部分為排碳速率不變情況下的升溫幅度預測，預期 2040 年會達到 1.5℃的升溫。陰影部分為採取 IPCC 減排策略的預期升溫幅度，含不確定性。這個策略需要立刻採取減排行動，並在 2055 年達到全球碳中和。

溫室氣體減排

　　人類社會日常生活用油、用電，以及生產食物、製造用品、建造房屋、生產汽車等，都需要能源，依能源類型以及不同的能源效率而會有不同程度的碳排放。生活方式是影響個人以及一個社會排碳的最主要因素。開發中國家人民生活簡單，人均排碳量低。工業化國家在住屋與公共設施的建造、汽車的製造與使用，以及食物生產與許多用品的製造，造成很高的人均排碳量。國家的總排碳量為人均排碳量與人口數的乘積，因此人口多的國家也會有較大的總排碳量。圖 14.20 為世界各國的總排碳量與人均排碳量。

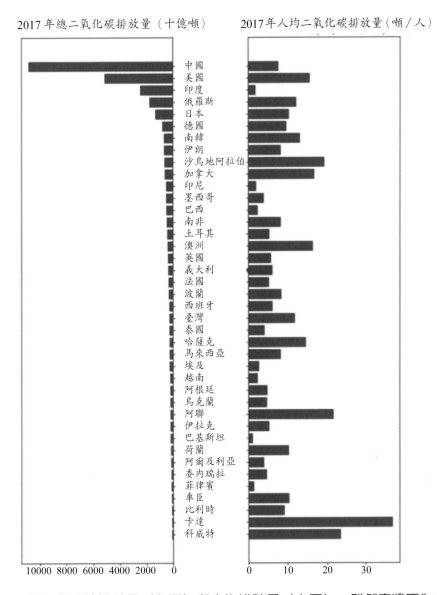

2017 年總二氧化碳排放量（十億噸）　　2017 年人均二氧化碳排放量（噸／人）

圖 14.20　世界各國總排碳量（左圖）與人均排碳量（右圖）。雖然臺灣因為人口少，總排碳量不大，但卻屬於人均排碳量高的國家。

　　溫室氣體排放量與個人的生活方式與消費習慣有關，因此降低排碳量必須從個人的層次著手。就居家、交通與食物三個方面來考量，以下做法可以降低個人的排碳量：

居家減碳

- 住屋盡量採用自然採光與通風
- 使用冷暖氣時注意房間隔熱
- 冷氣搭配電扇可以顯著提高溫度設定
- 家電設備與照明選用節能產品
- 購買品質優良、耐久性好的用品
- 隨手關燈、關電、關水
- 住家裝設太陽能板
- 選用省水的設備
- 拒絕過度包裝的商品,減少使用一次性購物袋或飲料杯
- 做好廢棄物再利用與資源回收

交通減碳

- 盡可能步行或騎腳踏車
- 盡量利用大眾運輸系統或採取共乘
- 選用低排碳車輛
- 做好車輛保養,養成良好駕駛習慣,不頻繁加速、減速
- 做好行程規劃,避開交通繁忙時段與路段,多樣事情一趟完成
- 若需要搭飛機,規劃次數少而停留時間長的旅行
- 工作上盡可能採取視訊會議
- 搭機坐經濟艙可以節省每人的排碳量

飲食減碳

- 選用在地生產食材,減少運輸與保存的能源消耗
- 減少肉類與乳製品的消耗,多攝取植物性營養,肉類與乳製品的生產成本與排碳量數倍於等量的植物性營養
- 食物講求適量、新鮮與營養,避免大吃大喝或浪費食物

碳截存

碳截存（carbon sequestration）是將煙囪廢氣或大氣中的二氧化碳吸收、貯存，使其與大氣長期隔離，隔離的方式包括儲存在植物、土壤、地層或海洋。京都議定書給予運用碳隔離技術的國家排碳權配額，這些技術包括造林、森林復育，以及農業與林業經營的改善。

雖然樹木與作物所吸收的二氧化碳在植物體腐爛之後重新回到大氣，但暫時埋藏在土壤的植物體仍可保存可觀的碳。改善農牧經營也可以達到碳隔離效果，例如使用綠肥或改善耕犁技術來增加土壤的有機質含量，或執行較好的肥料使用管理來減少氮肥被轉化為溫室氣體，以及做好畜牧管理以減少甲烷的排放等。

地層深層貯存是碳截存的地球工程技術，這項技術將工廠或發電廠煙囪排氣中的二氧化碳吸收或分離，並儲存到封閉的地層，例如廢油礦或天然氣礦、鹹水地層。利用海洋深處的低溫與高壓，也可以將二氧化碳以液體水合物的型態儲存在海床。

二氧化碳可以運用在強化採油技術，從地層中開採傳統開採技術無法取得的原油，同時讓二氧化碳埋藏在地層中。這項技術提供二氧化碳截存的經濟誘因。各種碳截存技術所隔離的二氧碳仍將緩慢釋出，回到大氣，但貯存的時間可以超過一千年或更久。根據估計，發電廠採用碳隔離技術所增加的成本大約為每度電一分到五分錢美金。

海洋藻類也可以吸收大量二氧化碳。在海洋投放氯化鐵溶液，可以供應藻類生長所需的鐵，刺激浮游藻生長與二氧化碳吸收。浮游藻與浮游動物死亡之後沉積海底，可以達到碳截存的效果。另有一些減緩暖化的地球工程技術被提出來，包括高空施放硫酸鹽微粒以提高大氣反照率，降低地球溫度。另有一項提議是在太陽與地球引力的平衡點放置遮光板，以遮蔽一部分陽光，降低地球的日照與溫度。然而，這些技術仍有許多問題待克服。

案例：臺灣的二氧化碳排放控制

我國因為政治因素並未參與聯合國氣候變化綱要公約的簽署，但作為世界重要經濟體之一，我國仍努力對於全球暖化的控制做出貢獻。**溫室氣體減量及管理法**於 2015 年 7 月公告實施，該法是我國因應氣候變遷最重要的法案，內容明定國家溫室氣體長期減量目標為 2050 年溫室氣體排放量降到 2005 年排放量的 50% 以下，並制定五年一期的階段性目標。為達成這樣的目標，政府應根據以下原則來制定相關的法令與政策：

(1)擬定逐步降低化石燃料依賴的中長期策略；

(2)溫室氣體排放朝配額方式規劃；

(3)推動進口化石燃料之稅費機制；

(4)創造新的就業機會與綠色經濟體制，推動國家基礎建設之低碳綠色成長方
　案；

(5)提高資源與能源使用效率，促進資源循環使用。

　　溫室氣體減量及管理法亦規定政府必須設立溫室氣體管理基金，並明定基金
專供溫室氣體減量及氣候變遷調適之用。

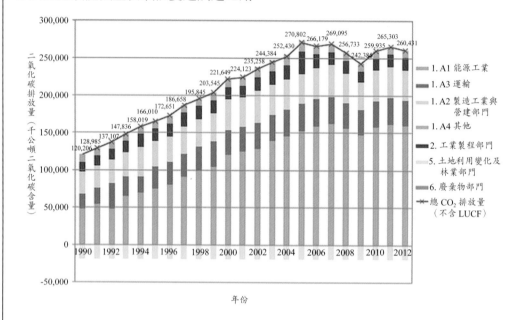

**圖 14.21　臺灣 1990 年至 2012 年各來源二氧化碳排放量趨勢。由於各方面減
排的努力，在 2005 年的高峰之後，排碳量成長趨於緩和。**

14.8 大氣暖化的調適

　　暖化影響到地球的自然環境、生態，以及人類社會如各種公共設施、糧食供應以
及傳染病等。即使國際合作落實 IPCC 所做的最嚴格減碳方案，地球暖化仍將持續一
段時期，這時我們必須在思考、行為、社會與各種硬體建設等層面進行調適，以降低
暖化對人類社會造成的衝擊，主要的暖化調適策略包括：

- **海岸淹水對策**：沿海地區新市鎮規劃需考慮到海平面上升造成的影響，可能淹水的既有社區必須規劃逐步遷移或建造海堤保護。
- **市區排水系統**：暖化將造成極端天候，風暴與降水強度加大，都市雨水下水道與其他公共設施的規劃都需考慮暖化造成的影響。
- **公共設施**：道路、橋樑、供電、供水、通信系統等必須考慮暖化可能造成的災害。長期乾旱是暖化的後果之一，水源規劃須考慮到乾旱時期的供水準備，如擴建既有水庫容量或開發新的水庫。
- **糧食生產**：農業需考慮氣候變遷對於作物生長的影響，以及未來的灌溉需求與灌溉用水來源，同時也須考慮氣候暖化之後的病蟲害控制問題。
- **傳染病**：暖化將造成熱帶傳染病往高緯度遷移，醫療系統必須根據未來的疾病防治進行規劃與建置。
- **犯罪問題**：研究顯示，高溫天候導致罪率上升，其中又以暴力犯罪案例的增加最為顯著。犯罪防治為暖化必須考慮的一個社會問題。

結語

　　根據超過三十年的觀察與研究，IPCC 在 2015 年巴黎的 UNFCCC 第 21 次締約國會議明確指出，工業革命以來的地球暖化是人類活動所造成，而且世界各國必須馬上採取行動，大幅度減少溫室氣體排放，以免對地球環境造成災難性後果。然而全球經濟仍然高度仰賴化石能源，IPCC 歷次提出的溫室氣體減排策略皆未獲落實，美國川普政府更於 2017 年宣布退出訂有世界各國溫室氣體減排承諾的巴黎協定。然而，最近的發展讓暖化控制的努力出現一些曙光。美國拜登政府宣布重回巴黎協定，可再生能源近幾年在世界各國快速發展，風力與太陽能逐步取代傳統化石能源。另外，世界各國在森林保育的努力不但減緩了森林的破壞，全球森林的覆蓋率在過去 35 年實際是增加的。

　　車輛的電動化在近幾年來發展快速，將逐漸降低交通部門的排碳量。2019 年新型冠狀病毒的肺炎大流行造成全球經濟活動趨緩，以及個人生活方式的改變，也造成全球排碳量顯著降低，而且一般相信，有部分生活習慣與商業模式的改變是永久性的。以上所有的跡象顯示，增溫 1.5℃的目標雖不容易，但透過各種努力與科學技術的發展，人類可以再一次證實有能力克服重大的生存挑戰。

本章重點

- 氣候與氣象的定義與差異
- 地球氣候的自然變動
- 各種代用氣候指標
- 影響氣候的各種因子
- 米蘭科維奇循環
- 大氣環流對於氣候的影響
- 溫鹽環流對氣候的影響
- 聖嬰現象
- 地球的能量平衡與溫室效應
- 天然溫室氣體與溫室效應
- 人造溫室氣體與人為溫室效應
- 全球暖化的證據與影響
- 溫室氣體控制
- 暖化控制的國際公約與國際合作

問題

1. 你能不能說出氣候與氣象的差別？
2. 地球大氣溫度一直是變動的，我們怎麼知道數百萬年前的大氣溫度？
3. 米蘭科維奇循環如何解釋數十萬年來大氣的溫度變化？
4. 劃出大氣環流草圖，標出地球的高、低壓區。
5. 說明海洋溫鹽環流，以及它對於地球氣候的重要性。
6. 說明聖嬰現象的形成機制與影響。
7. 說明地球的天然溫室效應以及天然溫室氣體。
8. 說明人為溫室效應。哪些是人為溫室氣體？
9. 什麼是氣懸膠？對於地球暖化有何影響？
10. 地球暖化有哪些已經觀察到的現象？
11. 什麼是氣候變化綱要公約？
12. 什麼是京都議定書？
13. 什麼是跨政府氣候變遷專門委員會？它的任務是什麼？

14.什麼是碳截存？有哪些可能做法？

15.暖化的控制困難而緩慢，在碳排放可以得到理想控制之前，人類如何適應氣候變遷？

專題計畫

1. 許多商品都有碳標籤，請查看五種你所購買商品的碳標籤，記下每項商品的碳足跡。碳足跡會不會影響到你對商品的選擇？

2. 雖然專家一再呼籲，減碳必須馬上行動，否則就太慢了，但目前全球排碳減量仍然進展緩慢，為什麼減碳那麼困難？

3. IPCC 剛發表了氣候變遷第六次評估報告，請上網找到這個報告，根據報告摘要，了解暖化現況，以及未來減碳所需的努力。

圖 15.1　氣動式垃圾收集系統投入口。使用管線收集與輸送垃圾大幅改善都市生活環境。

人類社會生活或生產活動產生種類繁多的廢棄物，這類物質必須加以妥善處理與處置，以避免對人體或環境造成危害。廢棄物管理的目的在降低廢棄物產量，同時從已產生的廢棄物回收有用物質。無法再利用的物質必須妥善處置，回歸自然環境。

15.1 廢棄物來源與種類

固體廢棄物（solid waste）指人們使用過後，無利用價值或不再使用而需要加以廢棄的固態物質，或半固態物質如汙泥。我們日常生活產生的紙張、廚餘、玩具、衣服、用具、電器產品等，這些不再使用的東西我們通稱為**垃圾**（garbage）或**生活廢棄物**（household waste）。工業、商業、建築業、農業、畜牧業、醫療業等也產生廢棄物，這一類廢棄物我們通稱為**事業廢棄物**（commercial waste）。無論生活廢棄物或事業廢棄物都可能含有一些可以對人體安全或健康造成危害的物質，例如感染性醫療廢棄物、毒性化學物質、可燃性有機溶劑，或具有爆炸性化學物質等，這些我們稱為**有害廢棄物**（toxic/hazardous waste）。

表 15.1　廢棄物的來源與種類。

來源	主要產生者	廢棄物種類
住宅	住家	廚餘、紙箱、塑膠、紡織品、皮革、庭園廢棄物、金屬、灰燼、電器用品、家具、電池、廢油、廢輪胎、家庭用有害物
工業	製造業、發電、化學工業	廠區清潔廢棄物、食品製造廢棄物、有害物質、集塵灰、特殊廢棄物
商業	商店、旅館、餐飲業、辦公場所	紙張、紙板、塑膠、廚餘、玻璃、金屬、有害廢棄物
機關	政機關、學校、醫院、監獄	同商業廢棄物
營建與拆除	營建工地、道路施工、房屋與其他結構物拆除物	木頭、磚塊、水泥、砂土、金屬、其他建築材料
公共服務	道路清潔、造景、海灘及遊憩場所、水及汙水處理廠	塵土與垃圾、樹枝與庭園廢棄物、公園與海灘及其他遊憩設施產生之一般廢棄物
製程	煉油、金屬冶煉、化學製程、發電廠、採礦	各種工業程序產生之廢棄物、下腳料、廢汙泥、瑕疵品
農業	農田、果園、葡萄園、牧場	不合格農產品、作物殘株、包裝袋、包裝箱、農藥空罐、肥料袋、農業生產廢棄物（如遮陽網、作物支撐或覆蓋材料）

廢棄物最終都必須回到自然界，我們稱為廢棄物**處置**（disposal）。絕大多數的廢棄物最後都以掩埋來做最終處置，但掩埋之前大多需做**處理**（treatment），以減少廢棄物體積，例如焚化處理，或降低其有害性，例如有害廢棄物的安定化。所有廢棄物處理與處置的方式都對環境造成傷害，因此減少廢棄物的產生是廢棄物管理的最佳策略。廢棄物減量的有效方法包括降低消費、物品再利用，以及資源再循環，這些目標可以從消費習慣的改變、產品的設計，以及資源再循環技術的開發與系統建立著手。廢棄物管理的終極目標則是建立一個資源全數再循環、零廢棄的永續社會。

案例：我國家戶垃圾產量與趨勢

　　根據環保署統計，我國 2017 年家戶垃圾總產生量為 787 萬噸，人均日產生量為 0.92 公斤，年回收再利用量 474 萬公噸，回收率 60.2%。未回收的廢棄物絕大多數採焚化處理，共 297 萬噸，僅 7 萬噸做衛生掩埋。

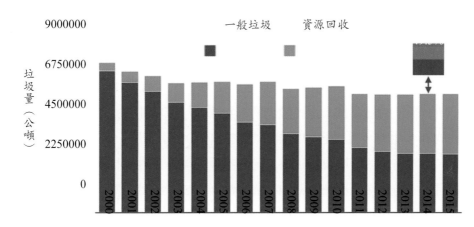

圖 15.2　我國廢棄物產量變化趨勢，2014 年開始，資源回收已超過廢棄物總量的一半。

15.2 廢棄物處置方法

開放式傾倒

　　早期社會以及目前一些開發中國家缺乏廢棄物收集與處裡系統，露天棄置是廢棄物處置的主要方式，造成景觀及環境衛生問題，包括髒亂、臭味、病媒、地面水與地下水汙染。廢棄物堆置場也經常發生難以撲滅的火災，焚燒的燻煙造成長達幾個月的空氣汙染，嚴重影響大眾健康。河岸棄置的廢棄物也經過洪水沖刷，進入海洋，成為海洋廢棄物的重要來源，尤其是難以分解的塑膠製品，如塑膠袋、寶特瓶。

　　在 1980 年之前，臺灣大多數地方欠缺完善的廢棄物處理設施，垃圾收集之後大多棄置河床，雖名為垃圾掩埋場，但實際為露天堆置場，既無覆蓋也沒有做滲出水收集與處理，對環境造成嚴重汙染。位於台北市內湖區基隆河右岸的內湖垃圾山，1970

年開始使用到 1985 年封閉，經過十幾年運作，堆成一座面積約 15 公頃，高度 60 公尺的垃圾山。1983 年，該垃圾山數度沼氣自燃，產生的燻煙嚴重影響附近居民生活品質與健康。該垃圾山也占用基隆河行水區，妨礙水流，有造成上游淹水的顧慮。內湖垃圾山於 1985 年封閉，並於 2006 年開始清理，2015 年復育完成，成為內湖復育園區，做為民眾遊憩與生態保育用途。

海洋投棄

在 1970 年代以前，世界許多地方以海洋投棄作為廢棄物處置的重要手段，所投棄的包括家戶垃圾、事業廢棄物、廢水處理汙泥、毒性有機物，以及放射性廢棄物等，幾乎所有類型的廢棄物。這些廢棄物被棄置海岸或由船隻送到外海投放，認為海洋有無限的涵容能力，可以容納大量廢棄物。1970 年代初期，許多海岸受到廢棄物嚴重汙染，內容除了傳統廢棄物之外，還包括重金屬、毒性有機物以及營養鹽。1972 年國際簽訂了《防止傾倒廢物和其他物質對海洋造成汙染公約》，或稱為倫敦公約，簽約國同意管制海洋投棄，並鼓勵區域合作，防止海洋汙染。在取得許可的情況，該公約仍然允許一些類型的廢棄物做海洋投棄，例如土石、陸地無法處置的建築廢棄物、廢水處理汙泥等。

海洋累積了人類數十年來投棄的大量廢棄物，許多海域漂浮著難以分解的各種廢棄物，大多是塑膠製品。海洋環流造成一些垃圾集中的區塊，其中太平洋垃圾帶以夏威夷群島為界，分為東西兩個條帶，東半部由夏威夷群島延伸到美國加州，西半部延伸到日本，總面積約 160 萬平方公里，約臺灣面積的 40 倍。這些海洋塑膠垃圾主要來自太平洋沿岸的亞洲國家，包括中國、印尼、菲律賓、越南、斯里蘭卡、泰國，其中以中國的貢獻量最大，大約占全球海洋塑膠垃圾的 30%。北大西洋也有類似的垃圾帶，雖然規模比太平洋垃圾帶要小。國際上許多保育組織正在合作試圖消除這些漂浮在海面的廢棄物，但清理這些分布在廣大海域的廢棄物需要長久努力，同時也要防止陸地上這類廢棄物繼續進到海洋。塑膠廢棄物在環境中逐漸崩解成為碎片與塑膠微粒，微細的塑膠顆粒可以進入海洋生物體內，並透過水產的攝取進入人體，因此人體器官都可以發現數量不一的塑膠微粒。

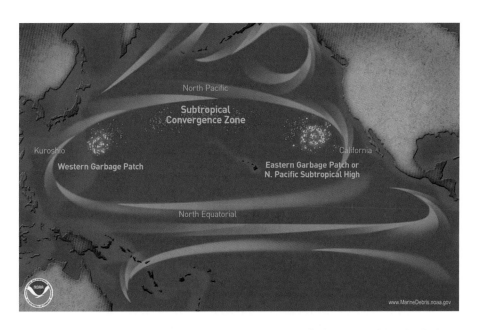

圖 15.3　太平洋垃圾帶分布在日本到美國西岸之間的北太平洋，其中包含東、西兩個廢棄物集中的漩渦。這些廢棄物主要是塑膠產品，尤其是塑膠瓶、塑膠袋、保麗龍與魚網。據估計，每年有大約兩百萬噸塑膠垃圾進到海洋。

案例：海洋廢棄物與塑膠微粒

　　塑膠廢棄物漂流在海水表層，許多海洋生物如海鳥、海龜與海洋哺乳類被廢棄網具纏繞而溺死。許多海鳥因誤食塑膠碎片而死亡，鳥胃中殘留大量這類碎片。漂浮於海面的垃圾帶也吸引一些海洋生物棲息與覓食，造成外來物種入侵，這些生物也可能受到廢棄物毒性的傷害。

　　海面塑膠類廢棄物受到陽光照射而光分解成細小顆粒，可以小到分子層次。有些塑膠微粒小到可以被浮游動物攝取，進入海洋食物鏈，並經由攝食水產進入人體。雖然單純的塑膠反應性低，但塑膠原料經常加入其他物質來著色、改善易加工性，或減緩陽光降解等，因而含有有害物質，例如環境荷爾蒙、毒性有機物，以及重金屬。研究發現，幾乎所有人體器官都可發現塑膠微粒，科學家正在了解這類微粒對於健康的危害。

圖 15.4   環境中的塑膠微粒有各種大小與成分，許多微粒細小到肉眼無法辨別。大
　　　　　一點的微粒可能進入並累積在水生物或鳥類腸胃道，更細的微粒可能進入
　　　　　生物體，包括人體的組織。科學家正在了解，這些微粒是否只是無害的進
　　　　　出生物體，或可能造成哪些危害。

焚化處理

　　焚化可以大幅縮小廢棄物體積，方便最終的掩埋處置。垃圾焚化處理尤其適用在缺乏土地做掩埋處置的情況。廢棄物焚化也可以回收熱能，生產蒸氣來供應暖氣或來驅動渦輪發電。焚化也可將混在廢棄物中的有害物濃縮在底灰，以進行適當的處置。廢棄物焚化爐的構造如圖 15.5 所示，其中包括燃燒爐、蒸氣產生器、發電設施，以及廢氣處理等四個主要單元。焚化產生大量空氣汙染物，因此廢氣處理是焚化爐非常重要的一個單元，必須對於排氣所含的汙染物有很高的去除效率。來自空氣汙染控制設備的飛灰與燃燒爐所產生的底灰必須做最終處置，一般採用掩埋。飛灰與底灰若含有過量的毒性物質，則須依照有害廢棄物的標準與程序加以處理與處置。

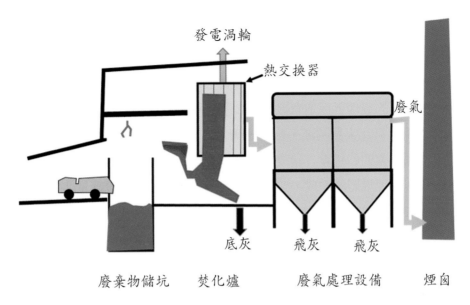

發電渦輪

熱交換器

廢氣

底灰　　飛灰　　飛灰

廢棄物儲坑　　焚化爐　　　廢氣處理設備　　　煙囪

圖 15.5　垃圾焚化爐包括燃燒器、蒸氣產生器、發電設施，以及廢氣處理等四個主要單元。

掩埋

掩埋可以讓廢棄物得到完整的處理，環境的衝擊也比較小，但掩埋需要大面積土地，並可能造成地下水汙染，掩埋也無法回收廢棄物所含的熱能。廢棄物採用焚化或掩埋處理與土地取得的難易以及廢棄物管理政策有關。在土地容易取得的國家，廢棄物以掩埋處置為主。地狹人稠的國家則傾向於採取焚化處理，大幅縮小廢棄物體積之後再將飛灰與底灰掩埋。垃圾衛生掩埋與開放式傾倒不同。開放式傾倒造成臭味與病媒孳生，並汙染地面水與地下水。衛生掩埋必須每天覆土，以避免產生臭味或孳生病媒。掩埋區底部必須使用不透水的黏土層或防水布來防止滲漏，滲出水必須收集並抽出處理，以防止汙染地面水與地下水。掩埋場內部設置通氣管，以排除或收集利用發酵產生的氣體。掩埋場採取區塊操作，以減少操作面廢棄物暴露的面積，並進行每天覆土，因此正確運作的掩埋場見到的是大面積覆土而非廢棄物。掩埋場填滿之後做表層覆土、封閉，並進行植栽以恢復景觀並營造生物多樣性。

堆肥

　　生活廢棄物中的有機成分可以用來製作堆肥。相較於化學肥料，堆肥製造的有機肥料可以改善土壤吸水性與通氣性，並可培養土壤生物與微生物，增進土壤活性。堆肥製作過程在控制的條件下促進有機物的發酵分解，以適合做為植物肥料。堆肥原料的合宜性可以用碳氮比來做判斷，合適的碳氮質量比為 25 左右。草木、樹葉與紙張含氮量低，而動物糞便如雞糞、豬糞、牛糞以及廚餘含氮量高，樹葉堆肥加入動物糞便或廚餘，可以加速堆肥的熟成，並提高肥料價值。堆肥的水分含量非常重要，若水分低於 40%，則有機物分解無法進行，高於 60% 則會妨礙通氣，窒息微生物。堆肥合適的溫度為攝氏 40～60 度，維持 60 度可以殺死有害的致病微生物。成堆的堆置可以維持合適的溫度與水分，數量少時可以使用覆蓋來維持溫、濕度，但需注意保持適度的通氣。製作過程進行兩、三次的翻堆，以有助於均勻分解。

圖 15.6　堆肥製作過程需要翻堆以控制溫度與水分在適合微生物生長的範圍。

案例：焚化或掩埋？

　　廢棄物管理的最佳策略是減量，對於已產生的廢棄物須考慮再利用或做資源再生，最後才考慮處理與處置。處置的完整說法是**最終處置**，是指將廢棄物排放到自然界，不再做進一步處理。因此，嚴格來說，只有掩埋是廢棄物的最終處置。雖然海拋也是最終處置，但考慮到海洋生態維護，這項處置方式受到**聯合國防止傾倒廢物等物質汙染海洋公約（倫敦公約）**以及我國**海洋汙染防治法**的限制，實際上可以做海洋處置的廢棄物種類與數量都很有限。

　　焚化可以將廢棄體積縮小到大約原體積的十分之一，這些灰燼（底灰）大多採用掩埋處置。廢棄物掩埋主要顧慮是土壤及地下水汙染，尤其掩埋場持續產生不易處理的滲出水，若掩埋場底部未做好防漏，會造成地下水汙染。抽出的滲出水若未經妥善處理則會汙染地面水。相較之下，焚化處理後的灰燼體積只有生垃圾的十分之一，可以大幅降低掩埋的場地需求，而且所掩埋的灰燼是無機物，滲出水汙染的問題比較少。

　　垃圾焚化產生大量空氣汙染物，焚化爐排氣必須經過妥善處理，但持續排放的廢氣仍造成可觀的空氣汙染。焚化爐廢氣中的粒狀物、硫氧化物、氮氧化物、戴奧辛，以及許多重金屬如汞、鉛、鎘等，都對人體健康與環境品質有長期的不良影響。表 15.2 與表 15.3 列出廢棄物焚化與掩埋各自的優點與問題：

表 15.2　垃圾焚化處理的優點與問題。

優點	問題
可減少 90% 廢棄物體積	造成空氣汙染
不需大面積土地	設備及操作維護成本高
較不汙染土壤與地下水	產生飛灰及底灰需要妥善處置
可回收能源	小規模處理時成本高
不產生甲烷	降低可燃物的回收意願
可回收金屬	
可長期運作	

表 15.3　垃圾掩埋處理的優點與問題。

優點	問題
不造成空氣汙染	需要大面積土地
可掩埋大型廢棄物	可能造成地下水汙染
操作與維護成本低	未妥善操作可造成景觀與環境汙染
處理規模有彈性	封閉後土地利用受限
封閉後土地可做公園	
產生甲烷可做能源使用	

15.3 事業廢棄物

　　不屬於家戶垃圾的廢棄物統稱為**事業廢棄**（commercial waste），是工、商、農、牧等事業所產生的廢棄物。主要的事業廢棄物有農業廢棄物、畜牧廢棄物、工業廢棄物、商業廢棄物、醫療廢棄物，以及建築廢棄物等。根據我國廢棄物清理法，事業廢棄物分成有害事業廢棄物以及一般事業廢棄物。有害事業廢棄物是事業所產生並具有毒性、危險性，且濃度或數量足以影響人體健康或汙染環境的廢棄物。有害事業廢棄物以外的事業廢棄物為一般事業廢棄物。事業廢棄物的種類與內容如下：

- **農業廢棄物**：包括作物殘株、農產品處理廢棄物、包裝材料、農藥空罐，以及覆蓋材料如塑膠布、遮陽網等。

- **畜牧業廢棄物**：主要為牛、羊、豬、雞糞便，這些廢棄物具有肥料價值，因此絕大部分收集做為農田有機肥料。大規模牧場可以設置沼氣收集設備，收集沼氣發電或焚化回收熱能。

- **工業廢棄物**：主要為製造業的下腳料、化學程序的副產物或耗乏物質，以及汙染控制設施產生的飛灰、底灰與汙泥等。工業廢棄物種類繁多，內含物也相當複雜，尤其許多工業廢棄物含有毒化物或有害物，若未妥善處理可能對人體健康與環境造成負面影響。

- **商業廢棄物**：指的是各種商業活動產生的廢棄物，其種類與性質與商業類型有關，例如餐飲業可能產出廚餘，商店主要產出包裝材料，辦公大樓產生紙張與生活垃圾等，這些廢棄物有極大比例可以回收。

- **建築廢棄物**：主要為建造或拆除住宅、辦公大樓、商業大樓、道路、橋樑與其他公共設施所產生的廢棄物，其內含物主要爲土石、磚塊、混凝土塊、木頭、金屬、玻璃等。

- **生物醫療廢棄物**：主要來自醫院、醫學檢驗機構、生物性實驗室，以及殯葬業。來自醫院的廢棄物可能含有處理過血液、體液的紗布、棉花或醫學器材與用具，以及手術切除的人體組織。生物實驗室可能產生染有細菌、病毒的各種實驗室用品以及試驗動物的組織或屍體。這類廢棄物可能對人類造成疾病感染。

　　在臺灣，事業廢棄物不進入生活垃圾的收集、處理與處置系統，而由產出廢棄物的事業自行處理或委外處理。臺灣事業廢棄物的產量約爲生活垃圾的三倍。一般事業廢棄物雖可付費由各縣市區域性垃圾焚化爐處理，但這些焚化爐的餘裕容量有限，而事業廢棄物專用的處理與處置設施卻嚴重不足。鄰避效應造成事業廢棄物處理場的設置困難，無處去的廢棄物終究被違法棄置於河川、山谷、海岸，以及公私有土地，造成嚴重的環境問題。

案例分析：臺灣的事業廢棄物管理問題

　　環保署 2015 年的統計顯示，臺灣事業廢棄物年產量約 1900 萬噸，爲家戶垃圾的 2.6 倍，這些廢棄物必須妥善處理。根據環保署規範，廢棄物管理以再利用優先，無法再利用者優先考慮焚化，無法焚化的廢棄物再予以掩埋。然而，臺灣地狹人稠，扣除山區以及國家公園與其他類型保護區以及住宅與農業用地，掩埋場址的選擇非常有限，加上環境的考量以及鄰避效應，掩埋場的設置困難重重。

　　遠見雜誌 2017 年 2 月的一篇報導可以大概了解臺灣一般事業廢棄物處理的困境。根據該報導，臺灣每年有兩百多萬噸事業廢棄物需要掩埋，然目前僅有兩座私營掩埋場，容量每年 41 萬噸。無處去的事業廢棄物被傾倒在公有土地以及私有空地，還許多事業將產生的汙泥、爐渣，甚至有害廢棄物堆置在廠區，成爲未來廢棄物處理的棘手問題。根據環保署調查，違法棄置的廢棄以一般事業廢棄物居多（73%），其次爲混合廢棄物（17%）、有害事業廢棄物（10%），內容則以汙泥最多，其次是營建混合物、液態廢棄物（廢液、廢酸鹼）、爐碴以及集塵灰。以往事業廢棄物違法棄置刑法僅止於行爲者，委託處理的企業主只需證明委由合格廠商清理即可免除刑責。2016 年底廢棄物清理法修正，事業主也須負違法棄置的刑事責任。

15.4 有害廢棄物

有害廢棄物類型

　　有害廢棄物是具有毒性或危險性，可能影響人體健康或汙染環境的廢棄物。有害廢棄物須與一般廢棄物分開清除與處理、處置，部分有害廢棄物經無害化處理之後可以與一般廢棄物一起處置，其他類型有害廢棄物則須做永久性封閉處置。美國環保署將有害廢棄物根據其危害特性分為易燃性、腐蝕性、反應性、毒性等四類：

- **易燃性廢棄物**：包括汽油、有機溶劑等閃火點在攝氏 60 度以下的液體、可燃性壓縮氣體、吸水或摩擦會造成持久劇烈燃燒的固體，如金屬鈉與鉀，以及其他強氧化劑。
- **腐蝕性廢棄物**：酸鹼值低於 2.0 的強酸以及高於 12.5 的強鹼，或可對鋼材造成每年大約 0.635 公分腐蝕的廢棄物。腐蝕性廢棄物可能溶出有毒金屬，或腐蝕有害廢棄物的金屬容器。
- **反應性廢棄物**：受熱或震動會造成劇烈反應的物質、與水發生劇烈反應的金屬、接觸水或酸與鹼會釋出有毒氣體的物質。
- **毒性廢棄物**：毒性廢棄物是可對生物生理造成危害的物質，包括致癌性、致突變性、致畸胎性，以及對植物造成毒性。廢棄物毒性根據毒性溶出試驗決定，這個試驗將廢棄物浸泡在酸性溶液中，並在指定的條件與時間下測定溶液中有害物的含量。毒性廢棄物包括毒性金屬，如砷、鋇、鎘、鉻、鉛、汞、鍶、銀等，以及苯、四氯化碳、氯仿等數百種有機毒物與農藥。

有害廢棄物管理

　　有害廢棄物管理根據以下優先順序：

1. 變更工業製程：不使用有害物，或使用有害性較低的物質，若必須使用，則考慮再利用及回收的可能性，降低廢棄物產量。
2. 降低有害物的危害性：將廢棄物無害化，包括物理、化學、生物或熱處理，或使用土壤、空氣或水來稀釋或降解。
3. 安全處置：處置方法包括安全掩埋、地下灌注、礦坑貯存等。有害廢棄物處置最常採用的方法為**安全掩埋**（secure landfill）。安全掩埋有嚴格的設施標準，包括廢棄物需裝桶、掩埋場底下須做防水層、地面必須使用排水設施避免雨水入滲、地點需遠離水源並考慮地震與斷層等地質災害的風險等，掩埋場址須做地下水監測以確定無滲漏情況發生。

圖 15.7　有害物質容器必須做內容物的危害性標示。

有害廢棄物運送管理

為避免意外洩漏或遭到違法棄置，有害廢棄物的運送必須有良好的管制鏈，包括標示、運送以及追蹤。包括臺灣，許多國家採用遞送聯單系統，從產源一直到最終處置設施，使用聯單追蹤有害廢棄物的流向。有害廢棄物的產出者必須填寫聯單，並確定廢棄物得到妥善的處置。聯單隨著廢棄物轉交給合格的運送者、處理者與最終處置者，在每個轉手過程必須取得接受者的簽名，並將副本送交管理單位。這類搖籃到墳墓的追蹤系統可以防止廢棄物違法棄置。

有害廢棄物汙染整治

在嚴格管制法令實施之前，許多有害廢棄物被貯存在廢物堆、汙水塘或無底襯的掩埋場，許多這類場址已經老舊，不再受到管理。另外還有許多土地被違法棄置或被意外洩漏汙染。這些場址的清理與復育需要很長時間以及鉅額費用。許多汙染場址因年代久遠，或無法確認汙染行為者而無法追究清除責任，此時需要由政府運用資金進行清理。美國於 1980 年建立了**超級基金計畫**（Super Fund Program），動用數十億美元來對超級基金場址（Super Fund Sites）進行整治。我國參考美國超級基金制度，在環保署成立**土壤及地下水汙染整治基金**，使用在土壤及地下水汙染的監測、調查、整治與健康風險評估。基金的主要收入來自土壤與地下水汙染整治費，這項費用向毒性或有害物質的製造與輸入者徵收。

　　許多工業區或商業區曾遭到有害廢棄物汙染，但並不完全符合超級基金場址的定義，這些經過整治之後可以再次被利用的土地被稱為**褐地**（brownfield）或**棕地**。褐地常見於都市或小鎮的工廠、工業區以及商業區，曾經販售或使用有害物的場所，例如工業區的化學工廠、金屬工廠，商業區的加油站、乾洗店等。常見的汙染物包括油品、有機溶劑、農藥、重金屬、石綿等。褐地的整治與再利用牽涉到汙染整治技術、財務以及法律等層面，需要一個完善的制度與完整的規劃。

放射性廢棄物處置

　　放射性廢棄物與核廢料一般不納入廢棄物管理系統，而由原子能管理機關負責管理與處置。臺灣的放射性廢棄物管理機關為**行政院原子能管理委員會**，但一定數量或活度以下的放射性廢棄物可以納入廢棄物管理系統。目前全球有 31 個國家使用核電，總共 451 機組，這些核電機組每年產生大量核廢料。全世界核電已產生超過 35 萬組高階核廢料，核廢料處置成為各國的重大挑戰。少數國家進行核廢料再處理來回收核燃料，包括法國、日本、英國、俄羅斯與中國，另有一些國家進行進行深層地下貯存。許多國家尚未決定最終處置方法，目前採取暫時貯存。

案例：核廢料管理

　　臺灣放射性廢棄物由原子能委員會負責管理，與美國情況一樣，美國放射性廢棄物由能源部而非環保署負責管理。大多數國家的放射性廢棄物來自核電廠，少數製造核武器的國家，放射性廢棄物主要來自核武工廠。世界各國都有少量而且危害性較低的核廢料來自醫院、實驗室、工業以及鈾礦開採。核電廠產生的放射性同位素種類繁多，半衰期從幾天一直到幾萬年。核廢料處置一般接受的標準是 10 個半衰期之後放射性可以降低到無害的水準，因此半衰期兩萬四千年的鈽 -239 必須二十萬年以上才可以降低到無害程度。

　　核廢料可分為高階核廢料與低階核廢料。高階核廢料為核電廠產生的廢燃料束以及核武工廠產生的廢料，其他的核廢料都為低階核廢料，主要為受到放射性汙染的手套、防護衣、工具、舊零件，以及醫院與實驗室產生的低放射性廢棄物。美國在 1970 年以前低階核廢料都以淺溝掩埋，未做防水設施，之後的法令規定，低階核廢須以鋼桶盛裝，並掩埋於有防漏措施的掩埋場。美國能源部於 1983 年開始在新墨西哥州的一處廢棄鹽礦挖掘坑道，作為核武計畫所產生的低階核廢最終處置設施，該設施於 1999 年開始運作，預計使用 30 年。

核電廠廢燃料束須先浸泡於廠區水池，一方面防止放射性核種逸散，另一方面進行冷卻。經過一到數年，放射性降低之後，這些高階核廢料可以裝於鋼桶做空氣冷卻，並移到混凝土儲槽，等待最終處置。世界各使用核電的國家對於高階核廢有不同的處置方案，一些國家進行深層地層處置，少數國家做再處理以回收可用核燃料，但有更多國家，包括臺灣，做暫存以尋求最終處置方案。

美國核電廠每年產生 7,800 組廢燃料束，都放置於廠區，許多核電廠已發生高階核廢貯存空間不足的情況。為解決高階核廢永久貯存問題，美國國會於 1982 年通過核廢料政策法（Nuclear Waste Policy Act），訂下高階核廢地下永久貯存設施的建設時程，原規劃只接受商業核電廠高階核廢料，後來決定也接受核武工廠高階核廢，以及經過玻璃化封存的拆解後核彈頭。1987 年，能源部選定位於內華達州的**尤卡山**（Yucca Moutain）作為高階核廢的永久貯存設施。選擇該地點的原因包括遠離城市，以及該處為乾燥的沙漠，年降雨平均只有 150 mm，而且地盤穩固，可以吸收核廢產生的熱並防止放射性物質外洩。國會於 2002 通過該計畫，並開始建造。然該計畫持續受到來自環保團體、社會大眾，以及當地居民的反對。2011 年，歐巴馬政府終止對該計畫的撥款。

Ycca Mountain 計畫執行期間美國能源部開始對商業核電廠徵收核廢料處理費，計畫終止之後能源部面臨核電工業的巨大壓力，因此計畫在新墨西哥州的一處阿帕契印地安保留區設置一個預計使用 48 年地上中途貯存設施，並允諾給予印第安部落金錢補助與工作機會，然州政府受到居民強烈壓力而未核准該計畫。印第安部落認為保留區屬於獨立國家，不需州政府核可，但該計畫仍然在 1996 年被迫中止。基於各種政治因素，核廢料處置目前仍為美國能源部難以解決的問題。

臺灣三個核電廠已產生約 21 萬桶，每桶 52 加侖的低階核廢料，其中大約十萬餘桶存放於蘭嶼的貯存場。由於蘭嶼居民的反對繼續接收，目前新產生的低階核廢都暫存於廠區。高階核廢料已累積近 4 千噸（2018 年），皆放置於反應爐外圍的冷卻水池。各核電廠冷卻水池容量都已接近飽和，乾式貯存設施因未能取得水土保持許可而無法啟用。高階核廢暫存問題若未能解決，將造成部分核電機組被迫提前除役。

15.5 廢棄物減量

　　廢棄物管理涵蓋妥善安置固體廢棄物的所有作為，包括源頭減量、收集、處理、處置。源頭減量為廢棄物管理最徹底與有效的方法，避免廢棄物產生可以完全免除後續處理與處置的費用與環境成本。無論是家戶垃圾或事業廢棄物，廢棄物源頭減量建立在一個3R的策略，減量（reduce）、再利用（reuse），以及再循環（recycle）：

- **減量**：廢棄物減量包含所有可以減少廢棄物產生的方法。廢棄物減量可以透過產品生命週期分析或物質平衡分析來達成。**生命週期分析**指評估某一商品生命週期不同階段對於環境所造成的衝擊，包括原料的開採與處理、製造、配送、使用、回收，以及最終處置。生命週期分析可以了解商品產出廢棄物的生命階段，並透過各種措施來降低廢棄物產量。**質量平衡分析**根據質量守恆定律，評估物質的流向與廢棄物產量。就事業單位而言，廢棄物減量不但對環境有利，同時也可以降低生產成本，提高獲利。

- **再利用**：廢棄物再利用是僅次於減量的第二優先選項。再利用指對於已使用過的物品或材料以其既有的型態再加以使用，這項使用可以是相同的用途或不同用途，但在使用之前，不須對物件或材料進行物理或化學改造，例如有些飲料容器使用可以再利用的玻璃瓶。

- **再循環**：廢棄物再循環或稱資源回收，指分離、收回與再使用廢棄物中有經濟價值的內含物。廢棄物焚化設施回收熱能是常見的一種能源再循環形式。堆肥製作利用廢棄物中的有機成分來製造肥料或做土壤改良，也是再循環的一種型態。廢棄物中還有許多可以再循環的物質，例如玻璃、紙張、塑膠、金屬等。物品的分類回收有兩種方式，一種為**產源分類**（source separation），家戶在送出垃圾之前加以分類，臺灣全面採用這種分類方式。另一種方法為**集中分類**（centralized separation），這類方法在廢棄物分類場進行，產源不做分類或只做簡單分類。集中分類可免除家戶做細分類的負荷，但需要有分類的場地與設施，以及建造與操作成本。回收的資源可以做原有用途，例如回收的鐵、鋁與玻璃可以再生產鐵罐、鋁罐或玻璃罐，但大多數回收的資源無法再做原來用途，只能做為其他商品的原料，塑膠的回收大多屬於這一類。

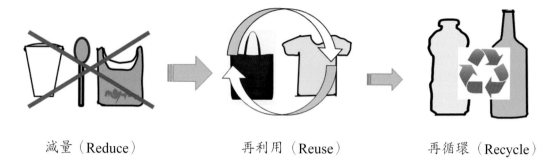

減量（Reduce）　　　再利用（Reuse）　　　再循環（Recycle）

圖 15.8　以 3R 為綱領的廢棄物管理策略。先考慮減量（reduce），也就是減少廢棄物的產生。再次考慮再利用（reuse），也就是重複使用或做其他用途，最後才考慮回收（recycle），將廢棄物收集並經過處理，成為製造其他產品的原料。

　　在政府政策方面，廢棄物源頭減量的一些策略包括：

- **商品延伸責任制度**：政府建立制度，對各項商品估算廢棄物處理所衍生的處理與處置成本，並向生產者收費。此一政策可以鼓勵製造者降低其產品廢棄處理的社會成本，誘導生產者使用可回收與環境衝擊小的材料。
- **一次性容器收費**：透過法令，規定塑膠袋與一次性包裝材料或容器的使用必須付費。目前臺灣以及世界許多國家都已規定塑膠袋使用須付費，但這項規定在臺灣尚未擴及一次性飲料容器。
- **垃圾計量收費**：在這項收費系統，可回收物的收集不收費，不可回收的垃圾則依重量、體積，或件數收費。垃圾從量收費可以降低廢棄物產量，同時提高廢棄物再利用與再循環效率。

　　就個人而言，源頭減量可以從以下幾個方面著手：

- **減少消費**：減少購買非絕對需要的商品。選購耐久或可重複使用，或材料可以回收或自然分解的產品。
- **避免一次性容器與購物袋**：使用可重複使用的飲料杯與購物袋，少用一次性飲料杯或塑膠袋。購買包裝簡單，包裝材料可再生的商品。
- **物品再利用**：購買二手商品與再生材料製品，參加跳蚤市場，流通可用的二手物品。
- **做好垃圾分類與資源回收**：辨別可回收物與不可回收物，家庭準備資源回收專用垃圾桶。

- **製作堆肥**：庭園或陽台種植植物的家庭可以使用廚餘桶製作堆肥，減少廚餘的廢棄量。

15.6 廢棄物管理國際公約

　　世界各國都訂有法規做爲境內廢棄物管理的依據，跨國性廢棄物管理則必須仰賴國際公約。廢棄物管理相關的重要國際公約有《巴賽爾公約》，規範有害廢棄物的跨國轉移，以及《倫敦公約》，規範廢棄物的海洋投棄。

- **巴賽爾公約**：有害廢棄物的處理成本高，工業化國家有一些事業將這類廢棄物以金錢補貼方式輸出到低度開發國家，然而進口國往往無法妥善處置這些廢棄物，因而造成嚴重的環境汙染。已開發國家這種做法被稱爲毒性廢棄物殖民主義（toxic waste colonialism）。爲杜絕此一現象，國際間於 1989 年簽署了《巴塞爾公約》，全名爲《巴塞爾有害廢棄物跨境轉移與處置管制公約》（The Basel Convention on the Control of Transboundary Movements of Hazardous Wastes and Their Disposal），公約主要目的在減少有害廢棄物的跨境轉移，尤其是防止工業化國家將有害廢棄物運送到開發中國家。該公約也強調減少有害廢棄物的產生，以及就地處理有害廢棄物，以降低長程轉運汙染環境的可能性。目前開發中國家的環境保護意識逐漸提高，越來越多國家根據巴塞爾公約來限制廢棄物的進口。

  依據巴塞爾公約的精神，我國廢棄物清理法規定，有害事業廢棄物應以國內處理或再利用爲原則，並僅限輸出到聯合國經濟合作暨發展組織（OECD）會員國，或依據國際公約與我國簽署有害廢棄物越境轉移雙邊協定的國家，而且接受國必須有妥善處理及再利用這些廢棄物的能力。我國法律也禁止輸入對環境或人體有害，或國內無法妥善處理的廢棄物。

- **倫敦公約**：公約的全名爲《防止廢棄物等物質汙染海洋公約》（Convention on the Prevention of Marine Pollution by Dumping of Wastes and Other Matter）。該公約目的在管制從船舶、飛機與石油鑽探或開採平台向海洋投棄廢棄物，或在船舶上焚燒陸地產生的廢棄物。公約於 1972 年簽署，1975 年生效，目前有 89 個簽署國。該公約 1996 年議定書對於廢棄物海洋投放採取更嚴格的管制，採用正面表列，只允許 7 大項物質採取海拋處置，並須取得許可：1. 疏濬汙泥；2. 下水道汙泥；3. 漁獲處理廢棄物；4. 船舶或海洋平台及其他海洋結構物；5. 土石；6. 天然有機物；7. 大體積物件包括鋼鐵、混凝土與類似物質等，這類廢棄物對環境僅造成物理性影響，且僅限於產生地點無法做陸地處置的情況。此外，1996 年議定書也完全禁止在海上進行廢棄物焚化，以及簽約國向非簽約國輸出以海洋投棄或海上焚化為目標的廢棄物。

結語

　　全球每年有數億噸廢棄物需要妥善處理，而且數量隨著人口成長以及開發中國家的經濟發展而快速增加，對環境造成沉重負荷。廢棄物固然必須妥善處置，但減少廢棄物的產出才是降低環境負荷的根本方法。廢棄物管理依循減量、再利用與再循環的優先順序，如此不但可以降低廢棄物產量，也可以減少能源與資源的使用，有助於自然資源的永續利用。

　　廢棄物管理的最終目標是建立一個循環型（封閉性）的資源利用體系，來取代傳統的線性（開放性）資源利用體系。共享經濟可以利用既有資源創造數倍的經濟效益與個人體驗，是資源有效利用的前瞻性經濟模式。

本章重點

- 固體廢棄物定義
- 廢棄物的種類與內容
- 廢棄物各種處理與處置方法與優缺點
- 有害廢棄物的定義與類型
- 有害廢棄物管理
- 廢棄物減量 3R
- 廢棄物管理國際公約

問題

1. 什麼是生活廢棄物、事業廢棄物與有害廢棄物？
2. 什麼是廢棄物處置？與處理的定義有何不同？
3. 臺灣廢棄物大多採取焚化，之後將灰渣掩埋，這與生垃圾直接掩埋各造成哪些環境問題？比較這兩種垃圾處置方式的優劣與適用時機。
4. 堆肥如何製作？

5. 有害廢棄物有哪些不同的有害類型？

6. 有害廢棄物如何管理？

7. 什麼是美國的超級基金以及臺灣的土壤及地下水汙染整治基金？這些基金的來源與用途各是什麼？

8. 什麼是廢棄物減量的 3R？它們的優先順序為何？

9. 什麼是商品延伸責任？為何可以減少環境毒物的排放？

10. 在日常生活如何減少生活廢棄物的產生？

11. 巴賽爾公約的全名與目的為何？

專題計畫

1. 下次你上超市時，考慮你如何透過商品選購與包裝來減少廢棄物，並記下此次購物比先前減少了哪些廢棄物。

2. 若有空間，試著使用落葉與廚餘製作堆肥。

3. 了解並參與你居住地區的淨灘活動。

4. 了解你居住地區收集的垃圾最終到哪裡去。

5. 參觀你居住地區的垃圾焚化爐，了解垃圾焚化的原理與設備。

第五部分　永續社會的建構

第16章　都市化與城市生態

圖 16.1　交通堵塞是都市化最常見的問題之一。

近數十年來，全球人口快速往都市集中，都市化成為世界各國一致的現象，而預期這樣的趨勢仍將持續，未來 30 年內，都市的人口占比將超過 70%。都市的生活型態有許多優點，但也存在一些問題，尤其都市擴展太快將造成住宅短缺、公共建設不足、失業與貧窮、傳染病與犯罪等問題。良好的都市發展計畫可以避免許多這類問題。

16.1 全球都市化趨勢

　　都市化是人類社會非常近代的一個發展。如圖 16.2 所顯示，在 1600 年代，居住在都市的人口只占全球人口 5%，這個比例在 1800 年增加到 7%，1900 年再增加到 16%。二十世紀後半，由於產業與社會結構改變，都市人口呈現爆炸性成長，到了二十一世紀，都市人口超過鄉村，且差異逐漸擴大。圖 16.3 顯示全球主要國家以在過去 500 年，尤其是二十世紀之後的都市化情形。目前全球有大約一半人口居住在都市，預估到 2050 年，城市將擁有全球 70% 的人口。都市的數量不但越來越多，規模也越來越大。就人類社會長遠歷史的觀點，都市生活是人類一項全新的體驗。都市固然提供人們前所未有的就業、生活與社交機會，但也對人類的環境適應與健康福祉構成許多挑戰。

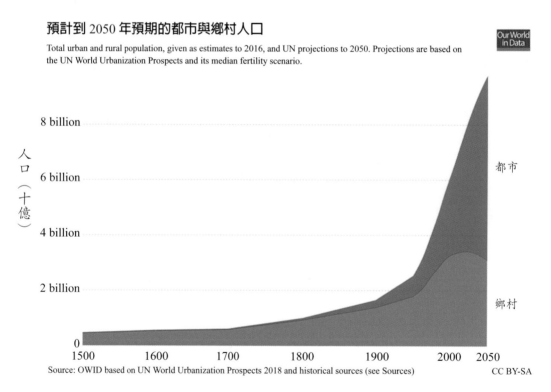

預計到 2050 年預期的都市與鄉村人口

Total urban and rural population, given as estimates to 2016, and UN projections to 2050. Projections are based on the UN World Urbanization Prospects and its median fertility scenario.

Source: OWID based on UN World Urbanization Prospects 2018 and historical sources (see Sources)　　　CC BY-SA

圖 16.2　世界都市與鄉村人口成長情形（2017～2050 年為預估值），紅色部分為都市人口，藍色為鄉村人口。都市化開始在工業革命之後，1950 年代開始，由於公路建設與汽車的大量使用，人口都市化的趨勢更加明顯

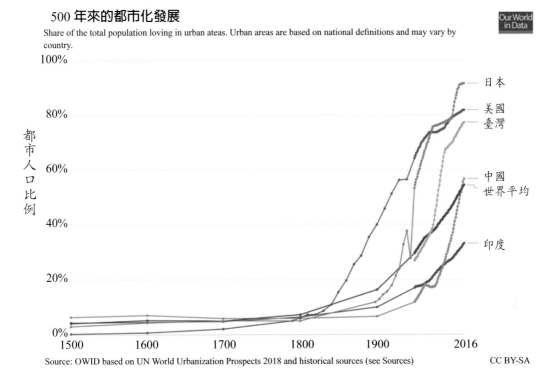

500 年來的都市化發展

Share of the total population loving in urban ateas. Urban areas are based on national definitions and may vary by country.

圖 16.3　世界一些國家不同時期都市人口所占比例。目前臺灣有將近 80% 人口居住在都市，屬於高度都市化的國家。

　　都市化不只發生在進步國家，開發中國家最近數十年來也快速都市化。圖 16.4 比較 1950 與 2018 年全球都市人口變化情形。在 1950 年代以前，都市化主要發生在進步國家，包括北美、西歐、北歐、紐澳。到了 2018 年，許多開發中國家的都市人口也已多於鄉村。全球只剩下部分撒哈拉以南非洲國家以及印度與部分南亞國家都市人口比例低於 50%。都市化的情況預期還將持續，估計到 2050 年，全球人口 97.7 億人口將有 66.8 億人口居住在城市，比例接近 70%。進步國家已脫離快速都市化階段，未來都市人口增加將集中在開發中國家。大量人口往都市集中將對都市環境與社會造成沉重壓力，包括大量失業人口、貧窮、住宅短缺，以及電力、交通、供水、下水道、學校等公共設施建設不足，這些問題影響快速成長都市的生活品質、衛生與安全。

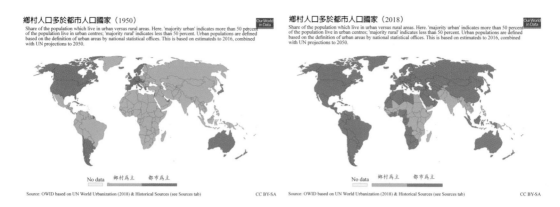

圖 16.4　世界各國鄉村與都市人口的比較。1950 年，大多數國家鄉村人口多於都市，到了 2018 年，大多數國家都市人口多於鄉村。

16.2 都市化的驅動力量

　　根據聯合國估計，全世界每星期約有 300 萬人移居城市。2011 年全世界有 23 個人口超過 1000 萬人的巨型城市，預期 2025 年將增加到 37 個。這些數字顯示全球人口快速往都市集中。在這同時，都市範圍也逐漸擴大。預計到 2030 年，都市將占全球陸地面積的 10%。雖然整體而言，人口正快速往都市移動，但並非每個城市的人口都在成長。以美國為例，部分大城市在 2010～2017 年之間人口呈現減少趨勢，包括芝加哥、底特律、聖路易、紐約與洛杉磯。然而，有更多的城市人口快速增加，如德州的休士頓與奧斯汀、北卡的拉瑞、佛羅里達的奧蘭多、南卡的查爾斯頓，以及許多氣候溫和、適合居住的城市。

表 16.1　全球前 20 大城市的人口數（2016 年）

排名	城市	人口	排名	城市	人口
1	東京	38,140,000	11	深圳	23,300,000
2	上海	34,000,000	12	聖保羅	21,242,939
3	雅加達	31,500,000	13	墨西哥城	21,157,000
4	德里	27,200,000	14	拉哥斯	21,000,000
5	首爾	25,600,000	15	京都—大阪—神戶	20,337,000
6	廣州	25,000,000	16	開羅	19,128,000
7	北京	24,900,000	17	武漢	19,000,000
8	馬尼拉	24,100,000	18	洛杉磯	18,788,800
9	孟買	23,900,000	19	達卡	18,237,000
10	紐約	23,876,155	20	成都	18,100,000

Source: wikipedia

都市化是鄉村人口往城市遷徙的結果。**遷徙**（migration）指人群由一個地區遷移到另一個地區。造成遷徙的因素非常多，但追尋較好生活是人口遷徙的基本動機。我們可以把造成遷徙的複雜因素區分為吸力因子（pull factors）與推力因子（push factors）。尋求就業機會是遷徙最常見的吸力因子。工商業集中在都市，因此都市提供較多的工作機會，也通常有較高的薪資，吸引人們遷入。鄉村的推力因子也造成人口遷徙。農業機械化之後，農村的勞力需求驟減，促使人們離開鄉村，前往都市尋找新的就業機會。另有一些地區人口因為環境變遷、乾旱、洪水、糧食歉收，或政治動盪與戰亂而離開原居住地，這些因素也構成人口遷徙的推力因子。

遷徙對一個社會的人口造成篩選效果，因此都市化對城市與鄉村的人口特性都造成影響。性別是遷徙的重要篩選因子。由於工作與家庭照顧的考量，男性比女性有較高的遷徙動機與機會。年紀是另一個篩選因子，年輕族群到城市尋找進入職場的機會，同時也因較少家庭繫絆，遷往都市的動機強。這些因素造成快速都市化地區鄉村人口的高齡者、婦女與小孩比例高於城市。

16.3 都市化的優點與問題

都市化的好處

充滿活力的都市是國家富裕的必要元素。都市高度集中的財富與人口創造了事業發展機會，並刺激各色各樣的創新，促成技術與產業的進步。都市活躍的經濟活動與多樣的專業人力，提供高品質的教育環境與較佳的健康照護，以及多樣的藝文活動。人口集中也形成規模效應，工商業提供便宜的物資與服務，而政府也可以用較低的成本提供公共設施與服務，例如供水系統、電力、交通。不同宗教信仰、文化背景與社會階層的人口聚居都市，也有助於促進相互的了解，營造開放的社會氛圍。都市化的優點包括：

1. 財富聚集，工商業活躍，創造許多就業與貿易機會；
2. 人口集中、資訊發達，有利於觀念與技術的創新；
3. 豐富的藝術與文化活動；
4. 資源集中，可提供居民較好的教育與公共服務；
5. 人口密集，社交生活與娛樂多元而活躍。

都市化的問題

　　雖然都市提供以上的機會，但並非所有人都享受到這些好處。大量人口湧入城市可能造成失業問題，而政府單位也經常無法滿足人口快速增長所帶來的各種公共服務需求，包括住宅、供水、供電與交通。以下是快速擴張城市常遭遇的一些問題：

•住宅短缺

　　根據聯合國 2012 年的統計，全球有約三分之一都市人口居住在貧民窟或違章建築，其中貧民窟的健康與環境問題尤其嚴重。貧民窟居住空間狹小而擁擠，雜亂拼湊的建築材料無法隔絕病媒或遮蔽風雨，社區沒有穩定的水電供應，汙水與垃圾未妥善處理，汙染生活環境。低劣的居住環境加上健康照護的欠缺，造成貧民窟居民健康不良以及高死亡率。貧民窟居民也缺乏居住的安定性，他們隨時面臨地主或市政管理單位的驅趕。貧窮以及低劣的生活環境導致貧民窟居民營養與健康不良、教育程度低落，並失去與主流社會的連結，形成一個難以逃脫的惡性循環。

圖 16.5　許多移居都市的人口就業困難，無力購買住宅，居住在簡陋的違章建築，形成類似圖中巴西里約熱內盧的違建區（favela）。

•失業與貧窮問題

　　都市吸引許多鄉村人口前往尋求工作機會，但都市往往無法及時滿足大量人口的就業需求，因而造成高失業率。鄉村移入的人口也往往缺乏都市工作所需的技能，只能從事低階的勞力工作，缺乏穩定收入的貧窮家庭子女沒有機會接受良好教育，導致青年失業問題，造成惡性循環。

圖 16.6　都市貧窮家庭小孩沒有機會接受教育，形成難以跳脫的惡性循環。

・公共設施不足

　　都市快速擴張所需的公共建設往往超出市政單位的財政所能負荷，以至於部分市區缺乏必要的公共設施與服務，例如供電不穩或完全沒有電力供應。弱勢族群居住的區域也往往沒有自來水與下水道系統，造成飲用水安全問題。市政單位未能提供垃圾收集服務，開放堆置的垃圾造成臭味與病媒問題，不但生活環境惡劣，且導致社區傳染病流行。

圖 16.7　快速都市化造成公共建設不足，尤其是供水、供電與下水道系統。這個印度孟買的社區沒有自來水系統，居民用水仰賴水車與水桶。

• 交通擁擠

　　快速擴張的城市住宅短缺，人口聚居在市區外圍，這些區域經常道路建設落後，也缺乏有效率的大眾運輸系統，導致交通擁擠，居民每天花費數小時往返於工作與住家。擁擠的交通也造成嚴重空氣汙染。臺灣的都市在快速發展階段大多欠缺前瞻性大眾運輸系統規劃，導致市區交通高度仰賴私人交通工具，包括機車與私人汽車，造成都市交通混亂、噪音、空氣汙染，以及停車問題。雖然政府近年來積極推動，但絕大多數都會區公共運輸系統的普及率仍低。

圖 16.8　臺灣都市過度仰賴私人交通工具，尤其是機車，造成交通混亂、噪音與空氣汙染。

• 汙染

　　都市人口聚集，除了需要大量食物、能源與其他資源之外，也產生廢水與廢棄物。許多開發中國家快速發展的城市廢汙水沒有經過收集與妥善處理，河川受到嚴重汙染，魚蝦絕跡並產生臭味。都市也產生大量廢棄物，包括家庭產生的生活垃圾，以及工業與商業產生的事業廢棄物與汙泥。許多開發中國家城市的廢棄物露天堆置，衍生臭味、病媒滋生，以及土壤與地下水汙染等問題。空氣汙染是都市化最容易被察覺的問題。都會區人口集中、產業發達，來自車輛、商業與工業所排放的廢氣影響市區空氣品質。就全球而言，空氣汙染是威脅人類健康最普遍的因素，都市地區的空氣汙染問題尤其嚴重。

圖 16.9　空氣汙染是快速發展都市普遍遭遇的問題。

‧健康問題

雖然都市有醫院、診所，以及療養院與看護機構，但快速發展的城市往往沒有足夠，或大多數人負擔得起的醫療與保健資源。都市生活也往往對身體健康造成負面影響。例如狹小、壅擠的居住空間造成心理壓力，密集的人口加速傳染病的傳播，許多都市還有毒品氾濫以及愛滋病流行的問題。

‧犯罪問題

失業、貧窮與缺乏教育導致都會區高犯罪率，包括偷竊、搶劫、吸毒與暴力犯罪。雖然臺灣都市大多治安良好，但許多已開發或開發中國家都市有嚴重的犯罪問題，威脅人身安全，並造成社區凝聚力瓦解與人際關係冷漠。

圖 16.10　治安是許多城市所面臨的挑戰。

案例：都市公共運輸系統的典範──巴西的克里提巴

以下資料摘錄自：Joseph Goodman, Melissa Laube, and Judith Schwenk：
Curitiba Bus System is Model for Rapid Transit. RP&E Journal
Reimagine! https://www.reimaginerpe.org/curitiba-bus-system

　　克里提巴（Curitiba）是巴西的一個中型城市，都會區居民有 220 萬，該城市的高效率巴士捷運系統（bus rapid transit, BRT 系統）被認為是汽車大眾運輸系統的典範。1965 年，他們放棄 1943 年所規劃的大型而昂貴的大眾運輸系統，改用簡單而密集的系統，同時也對市中心區進行交通與商業轉型，規劃許多無車區，並限制市中心區的開發密度，鼓勵社區與工商業沿著交通幹線做線性發展，避免集中在市中心區，造成擁擠與交通阻塞。

　　都會區公共交通採取分級規劃，小巴士繞行社區，將乘客集中到市區周邊的集中點，大型巴士再將這些據點串連成完整的巴士系統。在五條輻射狀的幹線，巴士行駛於專用道上。停靠站為透明的管狀結構，車站設有收費閘門，乘客進站時付費，巴士有超寬的車門，讓乘客可以同時上、下車。預先收費系統以及超寬的車門設計將每站停靠時間縮減到 15～19 秒。該市區有 80% 居民使用快速運輸系統，營造了一個沒有交通阻塞與空氣汙染的宜居城市。由於 BRT 系統，克里提巴的燃料使用量比同樣規模的巴西城市少 30%，也是巴西空氣汙染情況最低的城市之一，而交通費用支出大約只占居民收入的十分之一，遠低於巴西的全國平均。

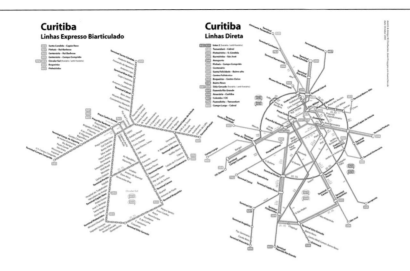

圖 16.11　　克里提巴有完善的巴士交通網，左圖為幹線，右圖為完整的系統。

圖 16.12　　克里提巴的巴士與候車亭。公車專用道以及車站的預先收費與超寬的車
　　　　　　門設計大幅提高公車系統的運輸效率。

16.4 都市更新

　　都市規劃與建築物設計有其時代背景與使用上的考量，早期建築由於土地相對便
宜，且受到建築材料與技術的限制，住宅一般低矮而空間狹小，居住品質不好。老舊

建築也維護困難，並有結構安與消防安全的顧慮。都市更新指對老舊街區建築進行部分或全面性修繕，或者拆除重建，以提高土地利用價值，改善都市景觀，活絡沒落街區，並改善居住安全與居民生活品質。都市更新可以是個別建築物或整個街區的拆除重建，或建築物的部分整建，或僅進行外觀、結構或設施的修繕或維護。

圖 16.13　臺灣城市有許多老舊市區須做都市更新

先進國家的都市更新開始於 19 世紀，並在 1940 年代之後蓬勃發展，改變了許多老舊街區的景觀，並爲沒落的市中心區重新注入活力。臺灣都市舊有街區大多街道狹窄，建築物老舊而且雜亂，不但居住品質不好，而且妨礙都市景觀，並衍生火災或環境衛生問題。1988 年通過的都市計畫法中的都市更新條例賦予都市更新法令依據。都更案件可以由政府辦理或民間自辦。然而三十年來，政府主導的都市更新案件寥寥可數，而民間推動的都更案則大多屬於土地整合開發，與都更的旨意關連性不高。都市更新在臺灣各大都會區推動困難涉及法令不周、土地價格與房價的不確定性，以及個別住戶的利益考量等因素，必須設法加以排除。

近年來世界許多都市進行了大型的都市更新，以下是一些都更的成功案例：

·巴西里約熱內盧的奇蹟港（Porto Maravilha）

該港區自 1980 年代起逐漸沒落，導致許多建築與倉庫老舊、閒置。2011 年，該城市爲慶祝 2015 年的建港 450 週年而進行港區改造，市政單位結合私人投資者進行多個大型的街區活化計畫，整修與保存具有歷史的建築，爲老舊街區帶來現代化的建築景觀與使用的方便性，使該市成爲一個適合居住與觀光的城市（見案例）。

• 澳洲墨爾本港區（Melbourne Docklands）

墨爾本港區計畫是澳洲最大的都市更新計畫之一，該區爲鄰近市中心的歷史港區，在 1997 都市更新開始之前，長期處於荒廢狀態。歷經超過 20 年的更新，該區成爲充滿創意與活力的 8 個街區，包含住宅區、商業區、商店、餐廳以及休閒設施。都更原計畫將在 2025 年完成，但由於新的計畫持續提出，預期將延續更長時間。

• 北京 798 藝術區

北京大山子原是廢棄的工廠與商業建築，2002 年開始，藝術創作者逐漸進駐這個區域，將老舊空間重建成擁有畫廊、餐廳、商店的 798 藝術區。該區雕塑作品點綴悠閒的徒步空間，精品店與藝術品成爲這個街區的特色。798 藝術區的都市更新以其對這區域的文化與藝術注入活力著稱。

• 美國奧瑞岡州波特蘭市（Portland）

波特蘭的都市更新由波特蘭開發委員會（Portland Development Commission）負責，1958 年成立至今的六十多年間執行了 14 個大型的市區更新計畫，以及許多小型個案。都市更新經費來自地方政府的房地產稅以及發行公債，由於財務健全，許多完成的計畫都已還清借貸。都市更新也活絡波特蘭的商業，許多全球性公司在這裡設立總部。波特蘭也取得好幾項美國以及全球的永續城市頭銜（見案例）。

• 高雄駁二藝術特區

駁二藝術特區原爲高雄港區碼頭的許多倉庫之一，「駁二」爲接駁碼頭第二號倉庫之意。一群藝文界人士發現這個有發展性的大型閒置倉庫，於 2001 年成立駁二藝術發展協會，邀集有創意的藝文創作與經營者進駐，進行各種實驗性場域的營造。主要的改善工程於 2002 年完工，但後續的改造與進駐持續進行。駁二特區開放之後吸引大量訪客，成爲都市更新的成功案例，也是臺灣南部地區實驗創作的重要場域。特區每個周末舉辦各種演唱、表演，以及不同的藝文活動。由於駁二的成功經驗，特區營造範圍逐漸擴大到周邊的其他倉庫，形成高雄市主要的都會休閒場域。

圖 16.14　高雄駁二藝術特區由碼頭閒置倉庫改造，是臺灣都市更新的成功案例。

案例：長期的全方位都市更新計畫──美國奧瑞岡州波特蘭（Portland）

　　波特蘭都市更新是一個長期、多區塊的都市更新計畫，由一個名為繁榮波特蘭（Prosper Portland）的市政單位主導。這個單位將注意力以及資源集中在波特蘭市區的幾個老舊城區，使用都市更新技術與創意來改善這些區域的街景，營造成充滿活力的新都區，包括各類的商店、住宅與商業區，以及方便的大眾交通工具。繁榮波特蘭從 1958 年創立至今完成了 25 個都更區域或都更計畫，這些計畫的經費來自地方政府稅收與公債，以及部分聯邦預算。這些計畫不但改善波特蘭市區的景觀與居住環境，同時也活化都市經濟。繁榮波特蘭持續引進新的創意、技術與智慧，使得城市發展與時俱進，符合都市不同階段的發展需求。

　　都市更新也非全無阻力。被列為都更的區域往往是老舊的沒落街區，這些街區的原有住民基於無法負擔新的住宅，或基於成長記憶的情感因素，而組織反對團體。因此，都市更新也涉及與原有居民的溝通以及良好的安置計畫。

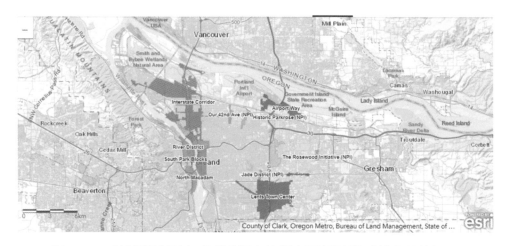

圖 16.15　波特蘭市區完成或進行中的都市更新計畫（著色區塊）。

圖 16.16　　透過持續的都市更新，波特蘭市營造出舒適的都會環境

　　都市更新必須由市政單位、社區居民，以及利害相關的個人或團體，透過開放的討論來形成共識。都市更新並非全是拆除老舊建物進行重建，更多是在活化老舊建築的機能，例如讓商店進駐都更的老街區，將街區加以綠化，成為行人可以優閒步行與購物的徒步區，以及展示街區保留的歷史建築與文物。住家可以進行建物外觀的改善，設置屋頂花園或太陽能板，進行綠化、生態化與人性化。台北市目前也在進行類似的城市復興計畫，對具有歷史意義的建築與街區進行盤點，並選定北投、大稻埕、城中、艋舺、城南 5 個街區進行城市博物館計畫，展示在地的歷史、生活環境與文化內涵，讓區域內每個角落都是博物館。

　　都市更新對於都市發展有許多好處，但也牽涉到許多社會與利益的考量。對於老舊街區原有住民，聚落的拆除也拆散了他們的記憶與社會網絡。對於違建戶的居民，原有房屋的拆除重建可能使他們無法負擔新的住宅。有些住戶可能基於各種原因而沒有意願參與都更，但在法令多數決定的規定與公權力的介入之下被迫接受，衍生強遷民宅的爭議。這些阻力是進行都更前必須考量與協調解決的問題。

16.5 都市生態

　　都市人群集居在以建物為主的人造環境，形成一個都市生態系。目前全球有超過一半人口居住在都市，而且比例還在持續提高，因此都市生態學雖是個新興的生態學領域，但有顯著的重要性。

都市化導致自然環境的全面改造，造成的主要影響包括：

1. **地景改變與生物多樣性降低**：自然環境包含森林、草原、沙漠或凍原等自然地景，都市的發展鏟除了這些天然地景，而以道路、房屋，以及各種人造鋪面取代。市區原有的野生動植物失去他們的棲息環境，從都市生態系中消失，導致都市生物種類與數量大幅減少，生物多樣性低。

2. **水文改變**：自然狀態的土地覆蓋著適應當地氣候的植物，雨水或融雪可以順利滲入土壤，並補充地下水。都市開發之後，取而代之的是建築物、道路等不透水表面，降雨時雨水形成強烈地表逕流，並透過雨水下水道迅速排除，造成河水暴漲，以及都市下游淹水。由於缺乏草木與土壤保水，都市缺乏水分來調節氣溫，加劇都市熱島效應。雨水入滲減少也導致都會區地下水枯竭。河川也因為缺乏地下水滲入，而造成晴天河水乾枯。臺灣許多流經市區的小溪因缺乏晴天水流，成為汙水溝，最終被加蓋封閉，成為下水道，從都市地景中消失。此外，都市所需的大量用水一般來自區外水庫，水壩的興建改變集水河川的水文。

3. **外來物種入侵**：都市依靠外來資源支持，食物與其他民生物資的輸入經常無意之中引進外來物種。城市居民購買與飼養寵物也導致逃逸的寵物在野外建立族群，造成外來種入侵。在臺灣，八哥、埃及聖䴉以及綠鬣蜥等外來種入侵，是類似的案例。都市行道樹與觀賞植物也經常引進外來種，如臺灣有許多道路使用如小葉欖仁等外來樹種做為行道樹。

4. **干擾自然界的元素循環**：自然界的元素透過生物作用在生態系中不斷更新與循環利用。在一個自然生態系，綠色植物吸收水、二氧化碳，以及其他養分，並透過光合作用來合成有機物。所有的有機物最終又被微生物分解成為無機物，可以供給植物再次利用。都市缺乏微生物生存所需的土壤環境，切斷了整個生態系的物質循環，社區排出的有機物成為必須收集處理的廢棄物。都市的公園綠地則仰賴施肥來提供花草樹木所需的養分，肥料的使用造成水池與及河川與湖泊的優養化。都市也使用大量能源，高排碳量加速了地球暖化與氣候變遷。

5. **汙染**：都市產生大量廢水與廢棄物，對水、大氣與土地造成汙染。都市水汙染改變了河川與湖泊生態，機動車輛與工廠產生大量廢氣，汙染都市空氣，廢棄物處理掩埋可能汙染土壤與地下水，焚化則遭造成空氣汙染。

6. **氣候的改變**：都市缺乏自然環境的氣溫調節機制，導致白天高溫。能源的密集使用也產生大量廢熱，加重市區高溫的情況。這些因素改變了都市的微氣候，造成都市熱島效應。在臺灣，位於北部的台北市夏季氣溫經常爲臺灣地區最高，比周邊鄉村高出攝氏 3 到 5 度，是典型的都市熱島效應。

16.6 城市蔓延

　　城市蔓延（city sprawl）指都會區以缺乏規劃的狀態往周邊擴大。城市蔓延的主要原因是都市人口增加造成空間擁擠與生活品質下降或生活費用昂貴，居民嚮往鄉村便宜的住宅與較大的居住與活動空間而移居郊區。都會區範圍擴大遠高於人口增加速率是城市蔓延現象的顯現。若欠缺妥善規劃，城市蔓延將造成能源使用增加、汙染、交通阻塞、社區欠缺特色與凝聚力等現象。大面積土地開發也造成野生物棲息環境的破壞，以及農地與自然區域的零碎化。

　　公路的建造以及汽車的使用是城市蔓延的主要驅動力量。便利的交通使得通勤工作的範圍加大，而逃避市區的擁擠、噪音、空氣汙染、治安問題，則是促成都市擴張的主要推力。美國於 1956 年高速公路大量建設與私人汽車逐漸普及之後所造成的城市蔓延持續至今。城市蔓延並非美國獨有，全球的大型都會區都面臨類似問題。根據歐盟的統計，歐洲國家 1980 到 2000 年的 20 年間人口增加 6%，而住宅區面積卻增加 20%，有些地方土地開發面積的成長更高達人口增加比例的四倍。

　　市區擴張造成土地與住宅價格上升，對原有住民造成經濟壓力。原有的鄉村社區風貌經過改變，也造成社區居民的向心力降低。在生態方面，受市區擴張影響最大的是野生物棲息環境。原有樹林與草木被清除，取而代之的是房屋、道路以及其他人造設施。刻意保存的零碎綠地往往無法支持較大型的野生動物，導致這些野生物種消失。新開發的社區也常因爲排水考量而將天然河道拓寬與水泥化，使得河川失去其原有的生命力。都市擴張顯著加大通勤與購物距離，導致車輛使用增加，除了加重能源支出之外，也增加了二氧化碳以及其他空氣汙染物的排放。郊區較大的住宅也增加空調與暖氣的能源支出。

圖 16.17　美國內華達州拉斯維加（Las Vegas）1984 年與 2007 年的市區範圍，顯示該城快速的城市擴張。

16.7 都會區的明智成長──新都市主義

　　雖然城市蔓延的情況普遍，但並非不能避免。許多歐洲與北美城市努力克服這個問題，並得到很好的結果。這些城市透過完善的土地規劃以及社區住民合作，限制市區範圍以外住宅的建築，阻止城市蔓延。這些可以阻止城市過度蔓延的都市發展方案稱為**都市明智成長**（urban smart growth），或稱為**新都市主義**（new urbanism）。都市明智成長的基本原則是在發展都市經濟的同時，避免市區擴張所造成的各種負面效應。新都市主義 1980 年代在美國興起，並逐漸影響到世界許多城市的都市規劃、住宅開發與土地利用。新都市主義受到汽車大量使用之前的人性化都市規劃影響，希望建構一個更適合工作與居住，而且生態友善的都市環境。新都市主義的都市規劃有兩個主要目標：

1. **建構社區意識**：透過都市計畫與社區規劃塑造社區特色、凝聚社區向心力、促進社區溝通，建立住民的情感連結。

2. **營造生態友善環境**：減少車輛使用，以降低能源需求，並使用再生能源。降低廢氣、廢水與廢棄物汙染。綠化都市空間，營造生物棲息環境，採用環境友善的綠建築。

圖 16.18　美國加州聖地牙哥採用新都市主義的概念來防止都會區擴張與營造友善的市區生活環境。

16.8 都市綠建築

　　綠建築（green architecture）指環境友善的建築技術或建築物。綠建築考慮建築物生命周期各階段的環境友善程度，從選址、設計、材料選用、建造、使用、維護，以及最後的拆除等各個階段來降低環境衝擊。綠建築有以下共同特徵：

- **低基地面積**：降低土地開發造成的環境改變；
- **節能**：採用自然通風、採光以及室內溫度調節；使用省電設備，充分利用可再生能源；
- **節水**：使用省水設備、選用耐旱造景植物、採取廢水回收及雨水利用；
- **使用環保建材**：採用天然、無毒、可回收利用或容易處置的建築材料；
- **高效率建築管理**：使用在地建材，避免長途運送；採用低耗能、低汙染的施工技術。

　　綠建築牽涉到多方面的技術考量，其規劃與設計需要專業技術。許多國家對綠建築訂有嚴謹的評估與審核標準，並對符合規範的建築物核發綠建築證書。在臺灣，綠建築由財團法人臺灣建築中心根據 9 項指標進行綜合評估，並對合格建物核發綠建築標章。

圖 16.19　臺灣綠建築標章。綠建築需經過專業的評估與審核，以取得認證、使用標章。

圖 16.20　台北 101 大樓是取得國際認證的綠建築。

16.9 永續城市的建構

　　永續城市（sustainable city），或稱**生態城市**（eco-city），是有如自然生態一般，可以自我調適以及自給自足的人類居住環境。這類城市的環境衝擊低，並同時適合人類居住與自然生態發展。理想的永續城市必須食物、能源、用水可以自給自足，有最小的生態足跡、產生最少的汙染，並可以完全處理與消化本身產生的廢水與廢棄物。生態城市也必須擁有具競爭力的商業環境以及豐富的人際互動，可以為市民營造富足、舒適的生活。許多研究顯示，城市由於人口集中，可以建構高效率的公共運輸系統，而且工作與生活都在同一城市，可以減少許多交通需求。都市集中的人口讓各種公共設施有較高的使用效率。因此，規劃良好的生態城市往往比郊區或鄉村更具有環境的永續性。

　　理想上，一個永續城市須符合以下準則，除了這些準則之外，許多城市也因應他們的需要或理想去制定不同的永續性目標：

• 自給自足，可就地取得城市所需的天然資源；

• 使用可再生能源，達到碳中和；

• 友善的市區規劃，促進步行、腳踏車與公共運輸系統的使用；

• 促進資源節約，有效利用水、電資源，鼓勵資源回收與再利用，以廢棄物零產出為目標；

• 恢復受到破壞的市區環境；

• 提供舒適與大眾可負擔的住宅，確保弱勢族群的就業機會；

• 支持在地農業，購買在地生產的農產品；

• 為市區未來的發展提供條件。

　　荷蘭凱迪斯（Arcadis）公司使用人文（people）、環境（planet）、經濟（profit）等三個指標來評估全球主要都市的永續性。2018 年永續城市指數（Suatainable City Index）評估結果，世界各主要城市的永續性前 10 名為倫敦、斯德哥爾摩、愛丁堡、新加坡、維也納、蘇黎世、慕尼黑、奧斯陸、香港、法蘭克福。我國台北市排名第 23，分項排名分別為人文指標第 4 名、經濟指標第 13 名、環境指標第 72 名，顯示台北市的環境友善程度比起人文及經濟發展有明顯的落差。

Pepole

Measures social and human implications of mobility systems including quality of life.

Planet

Captures environmental impacts; "green" facotors like energy, pollution and emissions.

Profit

Assesses the efficiency and reliability of a mobility system to facilitate economic

圖 16.21　荷蘭凱迪斯（Arcadis）公司使用社會（people）、環境（planet）與經濟（profit）做為都市永續性評估的三個面向。

案例：生態城市－德國佛萊堡沃邦區（Vauban quarter in Freiburg, Germany）

　　沃邦是德國南部佛萊堡市的一個國際社區，該社區原爲一個違建區，社區居民因抗拒建商的開發而自行進行社區規劃與建設，目前社區居民約五千人。該社區透過共同決策，規劃成一個融入環境與生態的全方位社區，社區規劃有如下特色：

- **交通**：社區採用綠色交通規劃。雖然市區有街道，但汽車極少進入，市區也不提供公共停車場，車輛停在社區周邊由有車家庭出資興建的停車場。自行車道與步道形成一個高度連結的綠網，社區各處步行可及範圍都有輕軌車站，70%的社區家庭沒有汽車。

- **住宅**：所有建築物都須符合每平方公尺小於每年 65 千瓦小時的能耗標準，約爲德國國家標準的一半。公共場所的電力與暖氣由燃燒沼氣與廢棄物的汽電共生廠供應。有 42 個建築物符合被動式建築的規範，能源消耗少於每平方公尺每年 15 千瓦小時。所有建築物屋頂都有太陽能板，其中有 100 個家庭符合正能源標準，亦即電力的產出大於消耗，可將剩餘電力賣給社區電力系統。

- **廢水與廢棄物處理**：社區下水道將廚餘與糞尿透過真空管線吸引，送到處理廠生產沼氣，供社區家庭使用。社區汙水經過生物處後循環使用。

圖 16.22　德國佛萊堡沃邦的輕軌車站。這個社區規劃方便步行與自行車及公共運輸系統的使用，以減少私人車輛。

　　沃邦所在的佛萊堡本身就是個生態城市。城市面積 155 平方公里，居民 22 萬。佛萊堡居民以熱愛腳踏車運動著名，城市與周邊有超過 400 公里的腳踏車道。市區有密集的行人步道與方便的巴士與輕軌系統。70% 的市區居民住家在車站 500 公尺以內，上下班時間每 7.5 分鐘有一班輕軌。大眾運輸系統有政府補貼以鼓勵使用。

圖 16.23　德國佛萊堡是一個有 22 萬居民的生態城市。

佛萊堡市區周邊 5,000 公頃的林地採用森林管理委員會（Forest Stewardship Council）認證的林業管理。市區有 600 公頃的公園與 160 個兒童遊樂場，除提供綠地並可增加生物多樣性。除草工作由每年 12 次減爲每年兩次，大幅提升市區的生物多樣性。市區外圍有 3,800 個私人空地供居民租用來種植蔬菜。農民市場、酒莊、養蜂場、肉舖、麵包店、苗圃等，出售地方出產的農產品。商店與辦公室都位於住宅建築的地面樓層，讓民眾可以步行到達經常前往的場所，而商店也不另外占用綠地空間。聯邦政府透過賦稅減免，地方公共電力系統透過補貼，來鼓勵可再生能源的使用。1995 年佛萊堡市政府立法規定，市區土地只能建造低耗能建築，所有建築必須符合低耗能標準。

佛萊堡成爲生態城市的部分原因是居民的綠色思維，這城市有許多永續行業相關的從業人員。永續城市的建構必須有居民的自發性，並與政府、企業單位與技術單位合作，統合財務、人力與多方面的技術來完成。

案例：永續都市 —— 瑞士蘇黎世

永續都市所須具備的條件相當多，雖然不同評估系統的評估內容與得到的結果有所差異，但名列前茅的永續都市都具備一些主要的永續性特徵。蘇黎世是瑞士聯邦的最大城市，2012 年市區居住人口約 38 萬，整個都會區人口則有 190 萬。蘇黎世是瑞士的商業和文化中心，也是全球重要的商業與金融中心，並數度被評爲全球最適合居住的城市。

蘇黎世最突出的特色在於對地球環境的友善。在不降低生活水準的前提下，該市希望在 2050 年以前成爲一個 2,000 瓦社會，也就是人均能源消耗率低於 2,000 瓦，包含所有隱含的能源的使用。相較之下，西歐目前人均能源使用量爲 6,000 瓦，美國 12,000 瓦，中國 1,500 瓦，瑞士目前爲 5,000 瓦。

蘇黎世將致力於能源效率的提升與可再生能源的使用、永續性建築、前瞻性交通，以及民眾的環境認知教育。蘇黎世的大眾運輸系統是最值得其他都市稱許的永續典範。街車、鐵路、輕軌與巴士構成的公共運輸系統便宜而有效率。蘇黎世是世界的金融中心之一，而且居住環境優良，因此不但吸引企業，也吸引各方面的人才，建立起各種規模的創新產業，使得蘇黎是成爲適合投資、工作與生活的理想城市。

圖 16.24　蘇黎世是瑞士最大城市,也是全球主要的商業與金融中心,城市以其永續性與地球友善的生活方式著稱。

案例:更好的臺灣都市環境

圖 16.25　臺灣都市的永續性仍有很大改善空間。

　　臺灣的城市大多缺乏永續性規劃,雖然台北市根據評估,永續指數居全球主要城市第 23 名,但其它城市的永續性還明顯欠缺。都市發展的發展有其脈絡,臺灣過去五十年的發展使得都市土地成為昂貴資產,土地管理高度利用取向而欠缺公共空間的規劃。近年來,都市的永續性逐漸受到重視,各大都會區開始推動一些都市變革。就幾個永續都市指標來看,臺灣目前都市的永續性仍有以下問題有待努力:

- **大眾運輸系統的建立**：交通是塑造都市風格最重要的因素，便利的大眾運輸系統可以減少道路車輛造成的許多環境問題，如噪音、空氣汙染、行人安全，以及停車問題。臺灣大部分都市街道被車輛主宰，欠缺悠閒的氛圍與人文氣息。車輛管理以及發展大眾運輸，把目前以車輛為中心的城市街道還給行人，是各個城市當務之急。

- **生物多樣性營造**：臺灣的城市缺乏大片綠地，零碎的公園無法成為野生物的良好棲息環境，生物多樣性低。都會區規劃大面積公園與植物園可以提供住民休憩空間，並提高生物多樣性。

- **汙染改善**：臺灣中小型城市都還沒有汙水下水道系統，六個主要都會區，包括台北市、新北市、桃園市、台中市、台南市、高雄市，汙水下水道普及率仍然只有 78%、59%、11%、18%、19%、43%，未經處理的汙水繼續汙染都會區周邊河川。各大都會區空氣與噪音汙染也仍然嚴重。水、空氣與噪音汙染的解決可以明顯改善臺灣都會區的生活品質。

- **產業與就業環境改善**：生態城市講求生產、生活與生態平衡發展，因此發達的工商與服務業是生態城市必備的條件。營造舒適的工作與生活環境可以吸引高附加價值產業與服務業，促進都市經濟繁榮。

- **促進觀光產業**：觀光產業是高附加價值、少汙染的產業，世界各大城市都透過都市環境的改善來發展觀光產業。臺灣民眾以友善、好客著稱，但觀光產業卻不發達。營造友善與舒適的市區環境，可以促進都會區觀光產業的發展。

- **都市美學**：臺灣城市街道普遍雜亂與老舊，廣告招牌與違章建物充斥，嚴重影響市容。由於空間缺乏，市區公共造景與公共藝術也相當欠缺。改善都市景觀必須由法令、管理，以及良好都市與景觀規劃來合作落實。

　　都市營造是一項全方位的持續性工作，需要不同期程的規劃，以及健全的組織與財務，目標是建構一個適合生產、生活與生態的永續城市。

結語

　　都市化是社會發展的趨勢，目前全球人口超過 50% 居住在都市，且這項趨勢仍將持續。都會生活將成為大多數人的生活型態，因此如何營造舒適的都市環境成為未來社會發展的重要課題。都市固然有許多吸引人的優勢，但都會區的人口聚集也為都市環境帶來挑戰。調和都會區的繁榮與鄉間生活的閒適，營造既適合就業也適合家庭生活以及生態發展的環境，是都會區發展的最終目標。生態城市為這樣的目標提供一個典範。生態城市是一個能夠自給自足與自我調適的高韌性社區，適合工作、生活，以及自然生態的維持。除了完善的規劃與有效執行之外，公民參與也是永續都市營造的重要工作。

本章重點

- 全球的都市化趨勢
- 都市化的驅動力量
- 都市的優點與問題
- 都市更新的定義、做法與成功案例
- 都市化對於自然環境的影響
- 城市蔓延的定義、原因與影響
- 都市明智成長的做法
- 都市生態的特性
- 綠建築的定義與評估指標
- 永續城市的建構

問題

1. 說明全球都市化的情形。
2. 都市化的吸力因子與推力因子各有哪些？
3. 都市生活有哪些優點與缺點？
4. 都市貧民窟與違建區有何不同？什麼原因造成這些品質低落的居住環境？
5. 什麼因素造成都市的貧窮？
6. 什麼是都市新？都市更新的目的是什麼？如何進行？
7. 為何都市更新需要社區居民的參與？
8. 說明都市生態的特色。
9. 什麼是都市蔓延？什麼因素造成都市蔓延？都市蔓延造成哪些問題？

10.如何達到都市的明智成長？

11.什麼是綠建築？需要符合哪些指標？

12.永續城市（生態城市）有哪些特色？與傳統城市有何不同？

13.說明永續城市指數的評估內容。

14.如何改善臺灣的都市環境？

專題計畫

1. 描述你所在地區的居住環境，有哪些是你喜歡的？哪些是你不喜歡的？

2. 了解你居住地區的公共運輸系統，你是否使用大眾運輸系統，若不是，原因為何？

3. 了解你所在地區的都市更新計畫，更新的內容為何？居住空間有了哪些改善？

圖 17.1　公民運動可以影響政府政策，是推動環境保護不可或缺的一環。

永續發展代表每個世代在創造美好生活的同時，也必須確定不傷害到未來世代享受美好生活的機會。因此，永續社會的建構是環境保護的終極目標。永續社會的建構仰賴良好的環境政策與完善的環境管理。

17.1 環境倫理

環境倫理的思潮開始於 1970 年代，但更早的保育思想家如約翰·謬爾以及阿爾道·李奧波特就曾提出生物中心的概念，他們認為萬物生而平等，所有生物都有其存在價值與生存權利，不管這些生物對人類有無實質效益，這種**生物中心倫理觀**

（biocentriccism）有別於傳統的**人類中心倫理觀**（anthropocentrism）。人類中心的環境倫理觀由人類的觀點出發，強調生物與環境的利用價值，人類保育自然因爲它們對於人類有直接或隱含的利用價值。這樣的觀點與生態中心的**深層生態學**（deep ecology）對立，因此被稱爲**淺層生態學**（shallow ecology）。許多環境主義者也有著類似人類中心的觀點，他們認同保護環境是爲了人類的利益。

　　生物中心的倫理觀認爲，生物與環境有其固有的存在價值，要求人類不傷害其他生物，避免對其他生物的生命與福祉造成干擾。但要求人類生存不對其它生物造成傷害實際上並非可行。爲了解決這樣的兩難，一部分人認爲可以將人類生命的需求區分爲基本需求與非基本需求，做爲面對這類衝突情境時抉擇的指導原則。生物中心的支持者也提出補償正義的概念，認爲當人類爲了基本需求而對生物造成無可避免的傷害時，必須對於造成的傷害進行補償。例如砍伐森林的同時必須造林，毀壞一個生物棲息地必須創造另一個棲地。

　　生態中心主義（ecocentrism）有別於生物中心主義的生物個體平權觀點，它認爲物種、群落以及生態系整體才是環境保護關切的主體，而非個別的生物體。這種整體觀的環境主義認爲，生態系完整性的維持以及物種或種群的保護，比生物個體的保護更爲重要而且可行。就生態中心主義者的觀點，移除入侵生物以保護生態系的完整性具有道德正當性。他們認爲生物中心論也許可以當成一種美德，但並非可操作的決策模式。在道德層面，生態中心主義將傳統僅對於人類福祉的關切擴展到所有生物，甚至包括支持這些生命的物理環境。就生態學觀點，生態中心主義認知人類與其他生物的依存關係，生態系的完整性對包括人類在內的所有生物都有利。

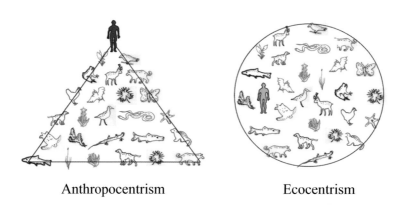

Anthropocentrism　　　　　　　　Ecocentrism

圖 17.2　人類中心主義（anthropocentrism）將人類放在主宰的地位，生態中心主義（ecocentrism）則認為人類與萬物同屬大自然的一部分，相互依存而且地位平等。

17.2 環境政策

環境政策的定義

工商業的發展可以增加社會財富，改善大眾生活，但產業活動也消耗自然資源並造成汙染、危害生物多樣性。政府制訂環境政策來達到良好的環境管理，以保護自然環境，這些政策透過法令規章以及財務計畫來落實。個人或團體可以透過公民參與或政治運作來影響政府的環境決策。由於個人聲音薄弱、影響力有限，許多聚焦環境保護的非政府組織因此形成。這些組織透過社會與政治運動來表達民眾對於環境議題的訴求。非政府環境保護團體有地區性、全國性，以及國際性組織。

在經濟層面，環境資源屬於公共財，若無政府介入管理，將導致浪費與環境汙染，造成**公有財的悲劇**（tragedy of the commons），公共資源遭到少數人濫用。**環境政策**（environmental policy）指政府在進行環境相關決策時所依循的一些準則，其具體內容爲大氣、水、土壤與生物環境的管理方案。

環境政策工具（environmental policy instrument）指政府用來落實環境政策的各種制度或方法，包括法律、經濟與技術層面。在法律層面，政府透過立法與執法來防止各種汙染行爲。在經濟層面，政府透過汙染者付費、稅負減免等手段，來避免汙染，維護環境品質。在技術層面，政府鼓勵低汙染生產技術或高效率汙染控製技術的使用以降低汙染。環境影響評估技術可以對於環境干擾行爲事先加以評估，並提出低環境衝擊的開發方案。

雖然環境管理的概念可以追溯到一、兩千年前，但系統性環境管理制度起源於1950～1960 年代，工業大量排放汙染、農業大量使用農藥與化學肥料之後。1956 年日本水俁（Minamata）發生汞汙染事件，1962 年美國自然作家瑞秋・卡森在其著作《寂靜的春天》揭露農藥對於鳥類與生態造成的危害，類似事件的廣泛報導引起社會大眾對於環境問題的關注，並配合當時的社會背景，引發現代環保運動。隨著社會發展，環境破壞的影響層面逐漸多元與廣泛，環境管理的目標逐漸由汙染控制深化到環境永續的確保。1980 年代開始，永續發展成爲世界各國環境管理的終極目標。雖然政府是環境政策的主要制訂者與執行者，但私人企業、環保團體，以及社區民眾是環境政策最終落實的執行者，他們在環境政策目標的達成扮演重要的角色。

環境政策週期

政策的形成、執行與修訂遵循一定的過程，稱為**政策週期**（policy cycle）。政策週期的細節內容因問題屬性而有一些差異。在環境政策領域，政策週期可以大致分成以下六個主要階段：

1. **問題確認**：這個階段對於待解決的環境相關問題進行了解。在許多情況會有多個待解決問題，這些問題有輕重與緩急之別，此時必須決定問題解決的優先順序。

2. **政策形成**：根據對問題的了解，這個階段確定政策架構，所需考慮的課題包括政策目標、政策內容、政策對於各利害關係者的影響、政策推動時程與所需資源等。

3. **尋求支持**：在民主社會，政府政策必須經過民意機關認可，在得到認可之前必須尋求社會大眾與民意代表的支持。

4. **政策認可**：可能的認可程序包括政府內部決議、立法機關立法，或公民投票。

5. **政策執行**：這個階段必須確定執行機關具備政策執行所需的知識與資源，有些政策需要成立組織來落實或監督執行。

6. **效果評估**：這個階段評估政策的落實情形以及達成的效果，並檢討影響政策效果的因素。效果評估方式可以是定性或定量評估，評估結果可以做為政策修訂的參考依據。

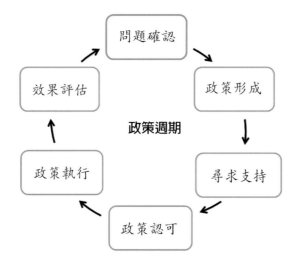

圖17.3　政策週期指政策形成、認可、執行與修訂的完整過程，可分成6個主要階段。

環境政策的重要原則

環境政策的目的在保護環境，以及更長遠的社會福祉。理想的環境政策必須符合一些基本原則：

- **永續性原則**（the sustainability principle）：這個原則強調人類利用環境必須在環境可以乘載的範圍內進行，不應對環境品質或自然界的資源更新能力造成傷害，讓未來世代可以擁有與我們一樣或更好的環境與可利用的自然資源。

- **汙染者付費原則**（the polluter pays principle）：環境資源屬於公共財，若空氣、水，以及其他自然資源可以免費取得，則必造成資源浪費與環境汙染。使用者付費或汙染者付費的原則不但符合社會正義，也可以避免自然資源的無效率使用與汙染。

- **審慎原則**（the precautionary principle）：審慎原則也稱**預警原則**，指在面對環境問題的不確定性時採取謹慎的因應態度，也是就是寧願事前小心而不要事後懊悔。環境系統各單元之間有複雜的互動，某種行為造成的環境改變經常造成難以預期的後果。為了防範預期之外的環境災害，在後果無法確知或缺乏明確科學證據的情況下，我們必須採取保守作法，設想最壞的情況去做環境決策。

- **環境權原則**（the environmental rights principle）：人依靠環境存活，因此環境權是基本人權。根據環境權的概念，每個人都有權利要求合理的生存環境，不因種族、國籍、性別、教育程度或社會地位而有不同。在這樣的原則之下，環境政策必須符合社會與經濟的公平與正義，不應讓某些個人或團體獲利，而其他人或社會大眾的權益受損。

- **大眾參與原則**（the participation principle）：環境權既是基本人權，則所有人都應有權參與環境相關決策，並要求確保其權益。許多環境決策牽涉到偏好問題，這時候讓大眾參與討論與決策也才符合民主精神。

環境政策工具

環境政策工具指為了落實環境政策所採取的策略或方法，這些策略或方法目的在影響問題相關的個人或團體的作為。公共政策的傳統理論將政策執行工具分為法令管制、經濟誘因與訊息提供三大類，各類型工具包含多種不同的制度與做法。

1. 法令管制

環境法令規定環境品質的最基本要求，並為公權力介入環境管理提供法律基礎。法令管制的目的在強化或過止特定行為，以維護環境品質。法令包括 4 種可能形式：

(1)**環境品質標準與汙染排放標準**：政府根據保護人體健康或生態健全的需要，立法規定環境品質所需達到的目標。為達到環境品質標準，權責單位必須考慮技術的可行性與汙染控制成本，制訂各類汙染物的排放標準。

(2)**排放許可**：透過法令，規定汙染物排放必須經過核可，並符合排放標準。

(3)**監測**：環境品質監測用來了解環境品質的符合情形，汙染源監測，用來確定汙染的排放符合法規標準。

(4)**限制與處罰**：對於違反環境法令的行為進行制止或予以懲罰，包括警告、停工、罰款、監禁或其他措施。

2. 經濟誘因

政府可以透過經濟手段來誘導環境相關行為的改變，以達成環境政策目標。使用經濟誘因，汙染源對汙染控制的策略有選擇性，因此一般比強制性的法令限制有較好的經濟效益。經濟誘因可以透過以下幾項制度來達成：

(1)**收費與收稅**：對環境資源的使用或汙染的排放收取費用，例如空氣汙染防制費、水汙染防治費，以及車輛使用所繳納的燃料稅。

(2)**押金制度**：對於可能造成環境汙染的商品課徵額外費用，並於這些商品或殘餘物資收回之後退還。

(3)**排放配額與許可交易**（cap and trade）：政府在可確保某區域環境品質目標的前題下，計算某汙染物的允許總排放量，並將允許的排放量分配給各汙染源，稱為排放配額。各汙染源可以在配額之內排放汙染物。若排放量低於配額，則汙染源可以取得排放權積點（credit），排放權積點可以出售或供未來使用。排放量超出配額的汙染源可以向其他汙染源購買多餘的排放權。排放權的買賣可以讓汙染控制成本低的汙染源多處理其汙染，並將剩餘的排放權賣給汙染控制成本高的排放源。這樣的制度可以降低整體的汙染控制成本。但部分保育人士認為，這項制度有只要付費就可以製造汙染的意涵，有違環境正義。此外，汙染源勢必充分利用排放配額，造成環境品質改善停滯。

(4)**差別價格與稅率**：使用這項政策工具，政府可以透過定價或稅率來誘導汙染源採用低汙染原料、製程，或生產低汙染的商品。

(5)**責任承擔**：汙染者若未善盡汙染防治責任，因而對環境或他人造成損害，則須承擔損害賠償責任。

3. 環境訊息提供

　　環境政策執行工具包括提供決策者或一般大眾環境相關訊息，作為決策或選擇的參考，這些訊息主要內容為環境決策的成本效益，或產品的在環境友善方面的表現。

(1)**環境影響評估**：環境影響評估使用科學方法，系統性預測某開發案件或政府政策可能造成的環境衝擊，做為政府決策的參考。許多國家法令規定特定類型的開發案件或政府政策必須進行環境影響評估，讓決策者了解計畫或政策對環境可能造成的衝擊，以及可行的衝擊減輕策略。

(2)**環境管理系統**：環境管理系統目的在透過一套完整管理措施的執行，來降低事業或組織的資源使用與環境衝擊。最廣為人知的環境管理系統是 ISO14000，這個系統由國際標準組織（International Organization for Standardization, ISO）於 1996 年發行。這個系統幫助企業建構與查核環境目標、降低環境衝擊，並透過認證來確認企業達成環境目標。

(3)**環保標章**：環保證書與標章告知消費者某產品符合環境友善的認證標準。標章的認證有些是自願性的，也有一些是強制性的，例如歐盟生態標章（EU Ecolabel）為強制性標章，標示產品符合歐盟對於消費者安全、健康與環境友善的基本要求。綠建築標章（ Leadership in Energy and Environmental Design, LEED）是另一個常見的環保標章，屬於美國綠建築協會所制訂的建築物環境友善評估系統。

(4)**教育與宣導**：環境教育與宣導活動可以提高大眾的環境覺知，以及對特定環境議題的了解。各種管道的宣傳也可強化大眾對於環境政策的支持。

深入了解：環境經濟

　　資源指人們可以用來產生效益的物質或非物質因子。水、空氣、土地以及生物都是人們賴以生存，或可以用來生產財貨與增進福祉的自然資源。因此，環境在整個經濟體系是有價值的。在人口稀少、工商業不發達的時代，環境資源供應無虞，價值未受到重視。產業發展到一定程度之後，大量生產與消費造成自然資源短缺以及環境汙染，環境成為一種稀有資源，必須加以管理。

　　資源的有效利用可以降低成本，提高獲利，透過市場經濟的自由競爭可以達成效益的最大化。在這樣的經濟體系，如果生產商品所需的某些資源可以免費取得，例如水、空氣的使用，或汙染者不須負擔汙染造成的損失，此時商品的生產含有生產者不需負擔的成本，如此將造成資源的無效率使用，市場經濟無法達成最佳的社會效益，造成**市場失靈**（market failure）。

　　商品生產的實際成本當中，生產者可免負擔的部分稱為**外部成本**，這部分成本由社會整體來承擔，有別於生產者必須負擔的**內部成本**。外部成本的存在不但造成資源浪費，也不符合社會公義。環境經濟學的許多種理論圍繞在如何矯正市場失靈的現象，也就是將外部成本內部化，讓生產者來負擔應負的環境成本，而非由社會大眾來承擔。

　　為了讓環境資源的使用成為生產成本的一部分，必須有方法來對環境資源與生態系服務計價。環境的價值可以分為**使用價值**、**間接使用價值**，以及**非使用價值**。工廠排放汙水造成養殖漁業的損失，所損失的價值可以代表環境的使用價值。旅遊成本法計算民眾為享用某一環境資源，所願意支付的交通、住宿、飲食與門票等費用，可代表該環境的間接使用價值。非使用價值包括存在價值、選擇價值與遺贈價值，這類價值可以透過問卷，由專家或社會大眾來做定價。

　　導正環境成本的外部性必須將外部成本內部化，根據使用者付費、破壞者賠償的原則，讓環境資源成為商品生產成本的一部分，以矯正市場失靈，讓環境資源的使用回歸市場機制，取得最佳效益。汙染防治費的徵收除了有損害賠償的意涵之外，更重要的是可以提高汙染減量的誘因，改善環境品質。

圖 17.4　經濟誘因是有效的環境政策工具。對事業徵收汙染防治費可以讓事業為了減少繳費而願意進行排放減量。

深入了解：環境影響評估制度

　　環境影響評估（environmental impact assessment, EIA）是一項重要的環境政策工具。在執行一個規劃案、實質計畫，或一個關係到環境品質的政策之前，進行環境影響評估可以了解這些案件對環境可能造成的影響，做為決定該方案應否執行的參考。環境影響評估制度首見於 1969 年的美國國家環境政策法，並陸續得到世界各國採用。臺灣於 1993 年通過**環境影響評估法**，規定開發案件到達一定規模，或開發活動位於環境敏感地區，或政府政策對於環境可能造成顯著影響時，都需進行環境影響評估。環境影響評估有兩種不同類型，一個類型是實質開發案件的環評，另一類型是針對政府政策的環評，稱為**政策環評**（strategetic environmental impact assessment）。

　　我國的環評制度與美國一樣，採取兩階段設計，第一階段先對案件的環境影響進行了解，提出**環境說明書**，這一階段經常被稱為第一階段環評。若第一階段環評認為該案件對環境無重大影響，則不須進入第二階段。第二階段環評必須對開發案的環境影響進行詳細的調查、分析與預測，其所需投入的資源與時間都比第一階段環評要大得多。

　　依照環評制度的精神，環評目的在確保決策者對於主管案件的環境衝擊有充分了解，並聽取所有利害關係者的見解。環評的結論可以建議主管機關否決開發案件或政策，或要求調整案件內容，以及進行必要的環境品質監測與環境破壞的預防。

　　環評制度對於我國的環境保護有顯著貢獻，但執行過程也發現許多亟待改善的問題。許多見解認為，我國環評審查對於送審案件有否決權，因而造成環境掛帥，而未能就開發案件或政府政策對於經濟、社會，甚至國家安全等方面的影響做全面考量。此外，環評審查的效率也受到許多檢討。繁複的環評過程經常費時數年，影響到許多開發案件的時效，進而衝擊企業的投資意願。這些問題涉及環評制度的立法與執行兩個層面，需透過修法與執行技術的改善分別加以解決。

深入了解：環境教育

　　環境教育目的在教導大眾認識與保護環境。環境教育的起源很早，早期的保育學家與作者如 19 世紀的亨利・梭羅與約翰・謬爾，20 世紀早期的阿爾道・李奧波特，以及 60 到 70 年代現代環保運動的啟蒙作者瑞秋・卡森，都在著作中表露他們對於自然保育的關切。美國密西根大學的威廉・史特波（Willian Stapp）於

1969 年第一次對環境教育做了明確的定義，他說「環境教育的宗旨在讓公民了解地球的生物與物理環境，以及它們所面臨的問題，並知道如何解決這些問題，也願意動手去解決這些問題。」

環境教育在 1972 年的斯德哥爾摩聯合國人類環境會議（United Nations Conference on the Human Environment）上得到全球性的認識。該會議第 96 項決議建議以環境教育作為解決世界環境問題的重要手段。1975 年在南斯拉夫（Yugoslavia）貝爾格勒（Belgrade）舉行的國際環境教育工作坊呼應斯德哥爾摩會議的建議，並將結論彙整為貝爾格勒憲章，成為全球環境教育的框架文件。1977 年在喬治亞（Georgia）首都提比里斯（Tibilis）舉辦的國際環境教育會議更加完善貝爾格勒憲章，並提出提比里斯宣言，確認環境教育的原則與目標。

環境教育除了正規的學校教育，也包括社會大眾的教育與訊息提供。環境教育的實施方法也非常多元，除了學校學習活動之外，也運用出版品、網路以及大眾媒體，而場域也涵蓋自然環境、自然教育中心、公園、水族館、動物園等。環境教育有多方面效益，包括促進公民的健康生活型態、培養公民對大自然的尊重、教育民眾了解環境問題、讓民眾對環境問題有明辨與創造性的思維，並協助政府達成共同的環境目標。

2010 年環境教育法通過之前，臺灣環境教育主要在學校系統與部分民間組織推動。環境教育法通過之後，環境教育對象擴大到行政機關、企業，以及社會大眾。環境教育法規定，各級環保主管機關必須將一定比例公務預算與機關收入編列為環境教育用途，環境教育因此可以有充足的經費來源。環境教育法也規定主管機關負責對環境教育機構與設施場所，以及環境教育人員進行認證。環境教育法通過至今十多年，政府與學術單位持續對其效益進行檢討與評估。

圖 17.5　戶外教學提供學員實際的環境體驗，是環境教育重要的一環。

17.3 環保法令與國際公約

環境主義是 1960 年代之後西方國家重要的社會思潮,並引發許多影響深遠的社會運動。尤其在《寂靜的春天》於 1962 年出版之後,社會大眾逐漸認識到汙染對於環境造成的傷害,各國紛紛推動立法,進行汙染管制。許多環境問題是跨國或者全球性問題,例如暖化、臭氧層破壞,以及海洋汙染,這些問題需要國際合作來解決。1972 年斯德哥爾摩人類環境會議之後,**聯合國環境署**(United Nations Environment Programme, UNEP)成立,成為主要的全球性環境組織,並在此後主導了許多國際公約的簽署。根據聯合國環境署的統計,自斯德哥爾摩公約簽署以來,國際上共簽署了超過 500 個跨國條約或國際性公約。近年來簽署的公約所涉層面比早期廣泛許多,例如有關溫室氣體排放管制的**聯合國氣候變化綱要公約**、有關臭氧破壞物質排放管制的**蒙特婁公約**,以及關於生物多樣性保育的**生物多樣性公約**,都是影響深遠的國際性環保公約。

17.4 環保團體

雖然環境管理主要由政府透過公權力的執行來落實,但公民團體以及非官方組織透過政治參與及社會運動來影響,甚至形塑政府的政策,對於國家環境保護的進展有顯著的貢獻。民主國家政府環境政策的制定與執行都有公民參與機制,讓個人或團體表達他們的見解與訴求。環保團體包括國際性的跨政府組織、國際性的非官方組織,以及各國的國內環保組織。許多環境議題屬全球性問題,因此各國環保團體都不同程度的參與國際交流,融入全球環保運動。國際間有以下幾個與環境保護相關的跨**政府組織**(intergovernmental organizations)與**非官方組織**(Non-governmental Organizations, NGOs):

・跨政府組織

聯合國環境署以及聯合國跨政府氣候變遷專門委員會為官方參與的國際性環保組織。

聯合國環境署(United Nations Environmental Program, UNEP)UNEP 的主要任務在統合聯合國的環境保護行動,並協助開發中國家落實環境友善的政策與行動。UNEP 的成立為 1972 年的聯合國人類環境會議的成果之一,其任務涵蓋廣泛的環境議題。UNEP 在促成國際環境公約的簽署、推動國際性環境研究,以及協助各國政府制定與落實環境政策等方面都扮演主要的角色。

　　聯合國跨政府氣候變遷專門委員會（Intergovernmental Pannel on Climate Change, IPCC）於 1988 年由世界氣象組織（World Meteorology Organization, WMO）與 UNEP 合作設立，並經聯合國大會認可。IPCC 主要任務在向聯合國氣候變化綱要公約（UNFCCC）秘書處以及國際社會，尤其是有權力決定環境政策的各國領袖，提供科學與客觀的氣候變遷相關訊息，包括氣候變遷的未來趨勢，以及氣候變遷對於經濟、社會與自然生態可能造成的衝擊與因應策略。UNFCCC 的主要任務在穩定大氣溫室氣體濃度在不至於造成災難性氣候變遷的範圍。IPCC 所發表的第五次評估報告對於 2015 年巴黎協議將大氣升溫建議限值由 2.0℃ 調降到 1.5℃ 有關鍵性的影響。

圖 17.6　聯合國環境署是國際間最重要的環境保護推動與協調組織。

圖 17.7　聯合國跨政府氣候變遷專門委員會主要任務在向聯合國氣候變化綱要公約秘書處以及國際社會，提供科學與客觀的氣候變遷相關訊息。

‧非官方組織

　　環保非官方組織（nongovernmental organization, NGO）指獨立於政府以及跨政府國際組織之外的環境保護團體，這些 NGO 可以是地方性的、各國國內的，或國際性的。NGO 環保團體在政府的框架之外推動環境保護工作，同時對各類環境議題提出民間的觀點，影響政府的環境政策。國際性的環保相關 NGO 非常多，以下是比較活躍的幾個組織：

　　世界自然基金會（The World Wide Fund for Nature, WWF）成立於 1961 年，是全球最大的保育組織，在超過一百個國家設有分支機構，其經費主要來自捐款，另有一些來自政府與企業。WWF 的宗旨在「阻止地球自然環境的劣化，建構人與環境和諧共處的未來」。WWF 從 1998 年起，每兩年發表一份地球生命力報告（The Living Planet Report），內容包括地球生命力指數（the Living Planet Index）以及生態足跡（ecological footprint）的計算結果。WWF 也推動外債換取自然（Debt-for-Nature Swap）計畫，由負債國劃定自然保護區，以換取外債的免除。WWF 目前的工作聚焦在食物、氣候、淡水、野生物、森林、海洋等六個主要領域。

　　綠色和平組織（Greenpeace）是另一個國際性非政府環保組織，該組織設立於1971 年，總部在荷蘭阿姆斯特丹，並在 39 個國家設有分支機構。Greenpeace 的宗旨在「確保地球保育其最大生物多樣性」，他們關注的議題包括氣候變遷、森林砍伐、過度漁撈、商業捕鯨、基因工程、反核。雖然 Greenpeace 經常運用體制外的生態破壞演示（ecotage）來引起大眾對特定環境問題的關注，但他們同時也透過遊說以及科學研究來影響各國政府的環境政策。

　　國際自然保護聯盟（International Union for Conservation of Nature and Natural Resources, IUCN）為倡導自然保育與自然資源永續利用的國際性環保團體，其宗旨在「影響、鼓勵與協助國際社會進行自然保育以及永續與公平的使用自然資源」。IUCN 的工作內容包括數據的收集與分析、科學研究、野外調查、宣傳與教育。IUCN 最為人知的貢獻在評估全球野生物的保育狀況，並發表 IUCN 瀕危物種紅色名錄（IUCN Red List of Threatened Species）。IUCN 總部設在瑞士格朗（Gland, Switzerland），並在全球 50 個國家設有分支機構與大約 1,000 名全職雇員。此外，全球有大約 16,000 名科學家與研究人員自願性參與 IUCN 的調查與研究工作。IUCN 在聯合國有觀察員的身份與顧問的角色，並參與多項國際公約在保育與生物多樣性相關議題方面的運作。

圖 17.8　綠色和平組織（Greenpeace）常透過激烈的行動來引起大眾對於個別的環境或自然保育問題的關注。照片中該組織北極日出號（Arctic Sunrise）釋放的動力膠筏試圖阻止日本捕鯨船的作業。

17.5 國際性環境管理認證

ISO 環境管理系統

　　跨國的環境管理主要透過貿易手段來實現，許多國家要求輸入該國的產品或生產者必須通過某種系統性的環境檢核，ISO14000 環境管理標準是這類檢核系統之一。**ISO 為國際標準化組織**（International Organization for Standardization）的簡稱，該組織成立於 1947 年，目前有 162 個會員國。ISO 涵蓋了工商業活動的各種作業標準，其中 ISO14000 為環境管理標準。ISO14000 的目標在促成事業體自願性的建立適用於該事業的管理系統，以降低事業經營造成的環境衝擊與能資源使用。ISO14000 由公正獨立的第三者（如我國的經濟部標準檢驗局）進行查核，並核給證書。

圖 17.9　國際標準化組織（ISO）發行國際性標準化認證系統，其中 ISO14000 為環境
　　　　管理標準，目標在促成事業體自願性的建立適用於該事業的環境管理系統，
　　　　以降低事業經營造成的環境衝擊與能資源使用。

ISO 產品碳足跡認證

　　暖化是目前最被關切的全球性環境議題。溫室氣體排放是造成暖化的主要原因，因此溫室氣體減排是世界各國所一致努力的目標。**產品碳足跡**指某項產品（包括商品與服務）從原料取得、製造、運輸、銷售、使用，到最終廢棄所直接或間接造成的溫室氣體排放量。碳足跡的計算可讓生產者與消費者了解某項產品生產與消費的排碳量與環境衝擊。ISO14067 產品碳足跡國際標準由 ISO 於 2013 年發布，適用於商品或服務，其目的在建立碳足跡計算的一致性基準。

案例：臺灣的碳標籤

　　為了推動商品減碳，世界許多家都有商品碳標籤的制度，使用排碳量標示來做為消費者選擇商品的參考。我國碳足跡標籤如圖 17.10，商品或服務經過認證機構的盤點及查證之後核發碳標籤證書，若在一定年限內達成減碳目標，則可另外申請使用減碳標籤。

碳標籤　　　　　　　　　　　減碳標籤

碳標字第 1714910001 號　　　　減碳標字第 R1714910001 號
每人—每公里（高鐵）

圖 17.10　我國的碳標籤與減碳標籤。碳標籤標示產品生命週期的總排碳量，可做
　　　　　為大眾選擇商品或服務的參考。圖中所示為臺灣高鐵的碳標籤與減碳標
　　　　　籤，顯示每人每公里旅運服務的排碳量為 34 公克，該公司並於 2017 取
　　　　　得減碳標籤，顯示該公司達成碳排放減量的預定目標。

17.6 生態化工業園區

　　生態化工業園區（eco-industrial park）仿效自然生態系食物網與物質循環的概念，
營造一個產業生態系，讓園區內各事業體與其他事業體及鄰近社區建立緊密的共生關
係，透過再利用來提高能資源使用效率，除環境友善之外，也可以降低生產成本。生
態工業園區常見的做法包括廢熱與廢棄物再利用、廢水的級聯利用（例如製程廢水經
過簡單處理之後做為它廠的冷卻水，再作為社區的澆灌用水或環境保育用水）、原料
與貨物的聯合配送，以及共用停車場、綠地及教育訓練與休閒設施。

案例：丹麥卡倫堡生態工業園區（Kalundborg Eco-Industrial Park）
　　丹麥卡倫堡生態工業園區是全球第一個實現事業共生的工業園區。這個園區
的核心是一個可以將工業與社區的資源與能源連結的 1,500 百萬瓦發電廠。發電
廠廢熱用來供應社區 3,500 個住戶的暖氣，蒸氣則供給一個製藥廠。發電廠廢氣

處理產生的石膏則供給一個石膏板工廠，飛灰與底渣用來做為道路鋪面材料或製造水泥的原料。能源與資源的交換與再利用顯著提高園區的環境與經濟效益，並具有其它的無形效益，包括人員、設備與資訊的共享。

　　臺灣設有多個環保科技園區，雖然這些園區原設置目標與執行情況與生態工業區的理想有差距，但仍然朝生態工業區的目標推動。

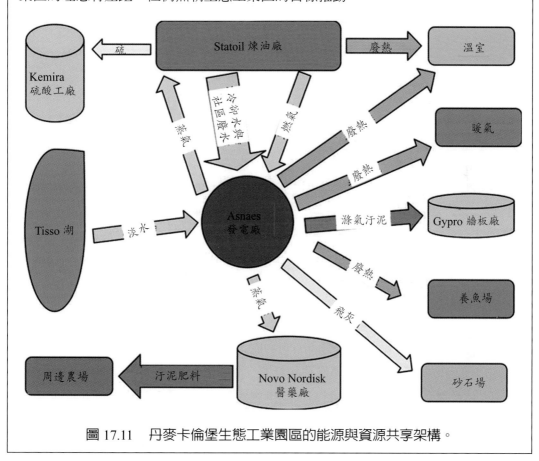

圖 17.11　丹麥卡倫堡生態工業園區的能源與資源共享架構。

17.7 循環經濟

　　傳統的**線性經濟**（linear economy）從環境中取得能源與原料，製造與使用商品，然後以可能傷害環境的方式將廢熱或廢棄物排放到自然界。這樣的經濟模式對全球生態系的生命支持功能造成傷害。**循環經濟**（circular economy）強調從搖籃到搖籃的概念，在產品生命週期的各個階段，透過修復與再利用來回收高品質資源，與線性經濟模式將重點放在最終廢棄物回收的作法不同。循環經濟的產品再利用、再製造、修復要比將廢棄物當成資源來回收節省能源與資源，因此也比較經濟。近年來世界各國積極推動循環經濟，在歐盟以及中國、日本、加拿等國家尤其受到重視。歐盟委員會（European Commission）估計，循環經濟光是在製造業就可以為歐盟國家創造六千億的額外產值，對於全球的經濟效益則可達每年一兆美元。

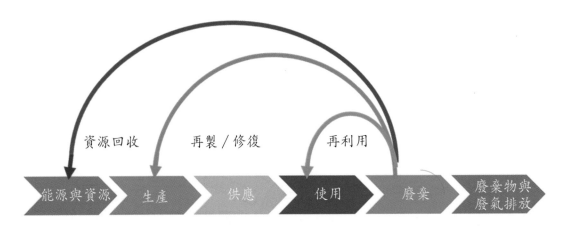

圖 17.12　循環經濟體系在產品生命週期的各個階段回收高品質資源加以利用，稱為「從搖籃到搖籃」的資源利用模式。

　　共享經濟（sharing economy）是循環經濟思維之下的一個消費模式。在這樣的經濟模式，消費大眾與社區共享一些商品的功能、服務與價值，有別於傳統個別擁有的低度利用模式。共享經濟的具體作法包括長、短期租賃、折價收回，以及逆向物流（將不合格的產品或退貨與包裝材料送回供應端），以及許多其他可以共享商品價值與服務的商業模式。共享經濟可以顯著提高產品的使用效益，並為個人創造更多的使用體驗。例如以租房代替買房，交換住所與車輛代替旅館訂房與租車，如此可以讓社會就既有的資源與商品，創造數倍的使用效益。共享經濟是一個蓬勃發展的經濟模式，並有許多成功的大型事業，如 Airbnb、Uber，以及臺灣的 iRent 共享汽機車。

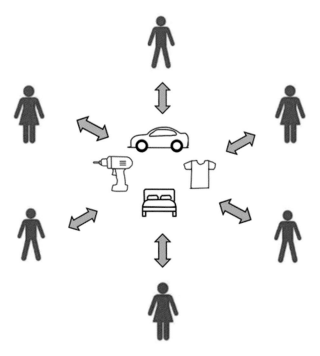

圖 17.13　共享經濟以租賃或共用代替個別擁有。共享經濟可以在既有的資源與商品數
　　　　　量之下創造數倍的效益。

17.8 永續社會的建構

　　永續社會包含環境、經濟與社會三個面向的永續性，缺一不可，稱為永續社會的
三個支柱（the three pillars of sustainability）。**環境永續**指永續的自然資源供應與良好
的環境品質。**經濟永續**指可持續的經濟模式，可以為社會創造長遠的富足生活。**社會**
永續指永續的大眾健康與福祉，包括身心健康以及經濟、政治與機會上的平等。

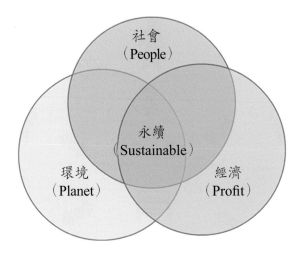

圖 17.14　社會、經濟、環境是永續社會的三個支柱，永續社會必須同時滿足這三個面向的永續性。

案例：永續社會指數

　　永續社會指數（sistainable society index, SSI）是荷蘭永續社會基金會（Sustainable Society Foundation, SSF）所開發的國家永續性評估工具，該指數系統從社會、環境與經濟三個面向評定一個國家的永續性，內容包括 7 大項，21 個指數：

- 領域一：社會福祉
  - 1. 基本需求：食物與飲水供應、生活環境與衛生
  - 2. 個人發展與健康：教育、健康生活、性別平權
  - 3. 均衡的社會：財富分配、人口成長、良好治理
- 領域二：環境福祉
  - 1. 自然資源：生物多樣性、水的再生、資源利用
  - 2. 氣候與能源：能源使用、能源節約、溫室氣體排放、可再生能源
- 領域三：經濟福祉
  - 1. 經濟轉型：有機耕作、實質儲蓄
  - 2. 經濟：國內產值、就業、公債

　　由世界所有國家的平均分數來看，全球在社會福祉方面的永續性得分較高，為 6.4 分。環境福祉與經濟福祉的得分遠低於社會福祉，分別為 4.8 與 4.6 分。

個別指數以食物供應、飲用水供應，以及實質儲蓄三個指數得分最高，而有機耕作、可再生能源與節能三個項目的永續性得分最低。2016 年與 2006 年的指數比較顯示，社會福祉與經濟福祉兩個領域微幅進步，環境福祉則微幅退步。再生能源與溫室氣體指數不但得分偏低，這十年來的評估還顯現退步。

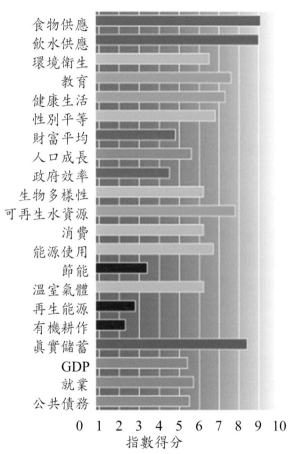

圖 17.15　2016 年全球的永續社會評估結果。

臺灣 2016 年各項永續性指數得分如圖 17.16，顯示臺灣在社會福祉方面的永續性表現遠高於世界平均，經濟福祉也高於世界平均，但環境永續性得分低，尤其在能源使用、溫室氣體與可再生能源方面為最不永續的等級。

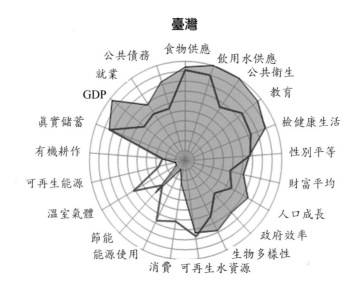

臺灣

圖 17.16　臺灣的永續社會指數──綠色部分為臺灣在各項指數的得分（1-10，最不永續到最永續），紅線為全球平均。這個評估結果顯示臺灣在社會福祉與經濟方面的永續性高於世界平均，環境永續的各項目不但得分低，且分數大多低於世界平均。

永續社會的建構包括政府與個人兩個層面的作為。世界法律協會於 2002 年在印度新德里舉辦的第 70 屆大會（The 70th Conference of the International Law Association）所公布的國際法永續發展 7 項原則可以代表政府在建構永續社會所需的作為：

1. **確保自然資源永續利用**：政府必須確保其管轄範圍的活動不致於造成本國或其他國家顯著的環境破壞。

2. **公平原則與消除貧窮**：公平利用自然資源，避免壟斷或剝奪，並消除資源不平等使用造成的極度貧窮。

3. **共同但分工的責任原則**：國家與非政府部門及公民社會必須承擔各自的責任，並通過合作來共同承擔社會永續的整體責任。

4. **人類健康、自然資源與生態系相關的審慎原則**：對於環境問題採取保守策略，避免造成預料之外的環境損害。

5. **大眾參與及資訊公開原則**：政府須體認公眾參與是良好治理的要件，確保大眾可以自由取得永續發展國家策略的相關訊息，並自由表達他們的看法。

6. **良好治理原則**：政府採取達成永續社會所需的各種良好治理，包括民主與透明的決策、財務監督、打擊貪汙、尊重程序正義與人權、遵循採購相關規定。

7. **整合與互動原則**：政府必須透過行政、立法以及其他必要手段來消除利益衝突，調和永續社會的各種不同目標。

17.9 永續的生活方式

全球思考，在地行動（Think globally, act locally.）的口號鼓勵大眾關心地球環境，並從自己的周邊做起。這個口號強調個人行為在解決全球環境問題上的重要性，不應因為全球環境規模龐大而忽略個人應負的責任以及可做的貢獻。

圖 17.17　「全球思考，在地行動」的口號強調個人行動在保護地球環境的重要性。

永續生活的目的在降低個人對於自然資源的消耗以及對環境造成的負荷，有些人稱這樣的生活為「**零淨值生活**（net zero living）」。採取這種生活方式的個人，盡一切可能降低生態足跡，履行低消費、少排放、與大自然和諧的生活型態。這樣的思考與做法與永續發展的基本精神契合。以下是永續生活的 7 個可行的個人做法：

1. **關心環境**：從各種管道了解當前的環境問題與相關的環境知識。這些訊息可以幫助個人了解解決環境問題所需的個人作為，也讓個人可以有更多知識，來落實永續的生活型態。

2. **減少廢棄物**：降低消費不但可以節省開支，也可以減少製造與廢棄這些商品對環境造成的負荷。必要的物品選購耐用、持久的商品。減少一次性容器與包裝材料的使用，同時避免購買過度包裝的商品。

3. **減少交通能耗**：儘量採取步行、騎腳踏車，或利用公共運輸系統，減少私人車輛的使用。避開交通繁忙的時段與路段，妥善計畫行車路線，避免不必要的旅程。參與共乘以減少通勤里程以及燃料的使用與廢氣排放。

4. **降低食物消耗**：穀物與蔬菜的生產效率遠高於肉類與乳製品，因此蔬食對環境友善。有機生產的農產品不但安全、健康，同時也可以降低食物生產造成的環境衝擊。購買本地生產的食物可以減少食物儲存與運輸的能耗，因此也降低碳排放。注意食物的存量，避免過量囤積導致廢棄。

5. **節約用水與用電**：一些生活細節可以節省大量用水，例如採用淋浴、少用泡澡，洗澡或刷牙、洗手時不要放任水的流失。使用省水設備、檢查與修復漏水，庭園種植耐旱觀賞植物以減少澆灌。在節電方面，選用省電照明與家電用品、隨手關燈、關電，檢查房屋的隔熱以及冷暖氣的洩漏。

6. **避免使用毒化物**：許多生活用品含有毒性化學物質，應避免這類物質的使用。選用水性油漆可以避免有機溶劑汙染環境。未服用完的醫療藥品送醫院回收，或妥善處置，不應丟進沖水馬桶，以免汙染環境。

7. **負責任的休閒旅遊**：規劃一次多天的旅行可以減少交通旅程的能源消耗。避免容易造成浪費的全包套裝行程，採取逐項付費的旅遊行程。居住旅館時用水、用電應跟自家一樣節約。自帶盥洗用具可以減少使用旅館的一次性盥洗用品。減少浴巾的使用，未使用的浴巾保留在原位不用更換。戶外旅遊的消費遠低於市區或遊樂區，這類方式的旅遊可以降低消費。參加生態旅遊行程可以體驗低環境負荷的休閒旅遊型態。

8. **倡導改變**：個人除了自己採取永續的生活方之外，也可以更積極的影響周邊的人。在工作單位或參加的團體倡導永續生活，引導更多人加入。公司或政府管理階層可以營造機關或企業的永續生活文化。參與環保志工團體可以分享並增進永續生活的知識與體驗。

結語

永續性是環境保護的終極目標，而永續的產業與生活則是達到地球永續的途徑。過去半個世紀的人口成長與經濟發展造成地球環境的嚴重破壞。但近年來，我們也看到許多令人鼓舞的改變。許多地方的水與空氣品質獲得改善，森林與動植物以及各種自然資源的保育有明顯的進展。然而，環境保育是持續性工作，必須每個個人在生活細節加以落實。毒性化學物質仍然充斥在我們的生活與環境，新興傳染病持續威脅人類的健康與生命，暖化威脅到地球環境的未來，這些問題的根源都在不永續的生產與生活。因此，永續的生活型態與產業經營模式是建構永續社會的兩大途徑。

本章重點

- 生物中心與人類中心的倫理觀
- 環境政策的定義與重要性
- 環境政策的重要原則
- 環境政策工具的定義
- 各種環境政策工具
- 經濟誘因的環境政策工具
- 環境影響評估制度的目的與做法
- 環境教育的重要性
- 各種環保法令與國際公約
- 國際性環保組織與團體
- 環境管理的國際性認證制度
- 生態化工業區的做法
- 循環經濟的定義與做法
- 永續社會的定義與評估指標
- 永續社會的原則
- 永續的生活方式

問題

1. 說明生物中心倫理觀與人類中心倫理觀，比較這兩種倫理觀的差異。
2. 你如何定義淺層生態學與深層生態學？
3. 生態中心主義有哪些重要論點？
4. 什麼是環境政策工具？環境政策工具有哪些不同類型？

5. 解釋公有財悲劇。為何環境資源容易有類似公有財悲劇的情況？如何避免這樣的情況？

6. .解釋環境政策必須依循的一些原則：永續性原則、汙染者付費原則、審慎原則、環境權原則，以及大眾參與原則。

7. 說明排放配額與許可交易制度。這個制度是否屬於經濟性政策工具？在環境管理上，這制度有何優點與限制？

8. 簡單說明環境影響評估制度。為何環境影響評估可以避免開發活動或政府政策對環境造成重大衝擊？

9. 什麼是市場失靈與外部成本？外部成本如何造成市場失靈？

10. 環境教育在環境保護上有何種要性？

11. 什麼是 ISO 環境管理系統？這系統可以如何促成產業的環境保護？

12. 生態化工業區與傳統工業區有何不同？說明生態化工業區與循環經濟的關係。

13. 什麼是共享經濟？為何這樣的經濟模式有助於達成經濟的永續性？

14. 說明永續社會的三個支柱。

15. 說明永續社會指數的評估系統。

16. 說明「全球思考，在地行動」這個口號的意義，以及為何環境保護必須全球思考與在地行動。

專題計畫

1. 你了解哪些政府的環境政策？內容為何？你認為這個政策可以如何改善我們的環境品質。

2. 你是否認得臺灣的環保標章？到超市找 5 項有環保標章的產品，了解這些商品為何可以取得環保標章的認證。

3. 了解垃圾隨袋徵收制度，說明這項環境政策可以達成哪些環境管理的效果。

第 1 章

圖 1.1　"NASA GOES-13 Full Disk view of Earth May 14, 2010" by NASA Goddard Photo and Video is licensed under CC BY 2.0

圖 1.2　"Milky Way Galaxy of Joshua Tree" by Joshua Tree National Park is marked with CC PDM 1.0

圖 1.3　Source: NASA/Lunar and Planetary Institute

圖 1.4　United States Geological Survey - 公有領域

圖 1.5　"St Bernard Pass landscape" by Tambako the Jaguar is licensed under CC BY-ND 2.0

圖 1.7　By Citynoise - Own work, CC BY-SA 4.0

圖 1.8　由中文維基百科的 Qingdouremodeler: 高柏瑋（Po-Wei Kao, or Powei Kao）- Transferred from zh.wikipedia to Commons by Shizhao using CommonsHelper., CC BY-SA 4.0, https://commons.wikimedia.org/w/index.php?curid=14539238

圖 1.13　By Jeff Schmaltz, MODIS Rapid Response Team, NASA/GSFC - ttp://visibleearth.nasa.gov/view_rec.php?id=4809, Public Domain, https://commons.wikimedia.org/w/index.php?curid=15075

圖 1.14　來源：花東縱谷國家風景區官方網站

圖 1.16　"File:Wujie Overlook.jpg" by 枕羽刑 is licensed under CC BY-SA 2.0

第 2 章

圖 2.1　"#conservationlands15 Social Media Takeover, May 15, Top 15 Trails to Blaze on BLM's National Conservation Lands" by mypubliclands is licensed under CC BY 2.0

圖 2.2　"Uganda railways assessment 2010" by US Army Africa is licensed under CC BY 2.0
"Walmart Grocery Checkout Line in Gladstone, Missouri" by Walmart Corporate is licensed under CC BY 2.0

圖 2.5　Source: Creative Commons Attribution-Share Alike 4.0

圖 2.6　"File:Oxfam East Africa - A family gathers sticks and branches for firewood.jpg" by Oxfam East Africa is licensed under CC BY 2.0

圖 2.7　"childon_garbage_pic" by baselactionnetwork is licensed under CC BY-ND 2.0

圖 2.8　"Wood River Wetland" by BLM Oregon & Washington is licensed under CC BY 2.0
"The polluted Turag River" by reachwater.org.uk is licensed under CC BY 2.0

圖 2.9　"Pollution" by dbakr is licensed under CC BY 2.0

圖 2.10　"E-85 (85% Ethanol) Gas Pump for Flex-Fuel Vehicles" by Tony Webster is licensed under CC BY 2.0

圖 2.11　"fis00478" by NOAA Photo Library is licensed under CC BY 2.0
By Con-struct - FishStat database, CC BY-SA 3.0, https://commons.wikimedia.org/w/index.php?curid=30159916

圖 2.12　"Reduce Reuse Recycle" by Nick Bramhall is licensed under CC BY-SA 2.0

圖 2.13　"Jungle Canopy" by halseike is licensed under CC BY 2.0
"Jungle line" by sweet_redbird is licensed under CC BY-SA 2.0

圖 2.14　"071023-N-2183K-085" by Marion Doss is licensed under CC BY-SA 2.0

圖 2.15　"Mother and Child" by mrhayata is licensed under CC BY-SA 2.0

圖 2.17　Source: International Renewable Energy Agency

圖 2.20　行政院環保署 https://water.epa.gov.tw/Public/CHT/WaterPurif/river_history.aspx

圖 2.21　高屏區環境教育網站 http://www.kpeerc.org.tw/news_detail_03.aspx?Var=aa92a34b-a239-4374-aed5-d4167cdde148

圖 2.24　由 NASA. Collage by Producercunningham. - 1989: aral sea 1989 250mFile:Aralsea tmo 2014231 lrg.jpg, 公有領域, https://commons.wikimedia.org/w/index.php?curid=35813435
由 User:Staecker - 自己的作品, 公有領域, https://commons.wikimedia.org/w/index.php?curid=658367

圖 2.25　"Clean air" by US Department of State is licensed under CC BY 2.0

圖 2.26　"Duckboard Tourists at St Mark's Square" by markltb is licensed under CC BY-SA 2.0

圖 2.27　"Ebola illustration: safe burial" by CDC Global Health is licensed under CC BY 2.0
"Ebola illustration: safe burial" by CDC Global Health is licensed under CC BY 2.0

圖 2.28　"Earth and sun" by kristian fagerström is licensed under CC BY-SA 2.0

"File:Earth recycle.svg" by Jakub T. Jankiewicz (jcubic/kuba) is marked with CC0 1.0

Source: US EPA

圖 2.29　左圖：By RhythmicQuietude at en.wikipedia, CC BY-SA 3.0, https://commons.wikimedia.org/w/index.php?curid=16428603

右圖：By Unknown author - English Wikipedia, originally updated by user:Shward103. Same title page can be seen at The Walden Woods Project, Public Domain, https://commons.wikimedia.org/w/index.php?curid=2226804

圖 2.30　By Underwood & Underwood, Public Domain, https://commons.wikimedia.org/w/index.php?curid=3517191

圖 2.31　By Howard Zahniser - NCTC Archives/Museum, Public Domain, https://commons.wikimedia.org/w/index.php?curid=71981919

By Source, Fair use, https://en.wikipedia.org/w/index.php?curid=10252749

圖 2.32　By U.S. Fish and Wildlife Service, Public Domain, https://commons.wikimedia.org/w/index.php?curid=277288

By http://www.abebooks.co.uk/servlet/BookDetailsPL?bi=10564416107, Fair use, https://en.wikipedia.org/w/index.php?curid=48694009

第 3 章

圖 3.1　"Water" by U.S. Geological Survey is licensed under CC BY 2.0

圖 3.2　By Svdmolen/Jeanot (converted by King of Hearts) - Image:Atom.png, CC BY-SA 3.0, https://commons.wikimedia.org/w/index.php?curid=1805226

圖 3.3　Comparison of a single-stranded RNA and a double-stranded DNA with their corresponding nucleobases, CC BY-SA 3.0, https://commons.wikimedia.org/w/index.php?curid=17505105

圖 3.5　CC BY-SA 3.0, https://commons.wikimedia.org/w/index.php?curid=2623187

圖 3.6　CC BY-SA 3.0, https://commons.wikimedia.org/w/index.php?curid=2521356

圖 3.7　By At09kg, Wattcle, NefronusAt09kg: originalWattcle: vector graphicsNefronus: redoing the vector graphics - This file was derived from: Photosynthesis.gif:, CC BY-SA 4.0, https://commons.wikimedia.org/w/index.php?curid=49183032

圖 3.8　By NOAA Okeanos Explorer Program, Galapagos Rift Expedition 2011 - Flickr NOAA Photo Library, Public Domain, https://commons.wikimedia.org/w/index.php?curid=35246911

圖 3.9　By Provided by the SeaWiFS Project, Goddard Space Flight Center and ORBIMAGE - http://oceancolor.gsfc.nasa.gov/SeaWiFS/BACKGROUND/Gallery/index.html and from en:Image:Seawifs global biosphere.jpg, Public Domain, https://commons.wikimedia.org/w/index.php?curid=387228

圖 3.11　由 Matthew C. Perry - US Geological Survey (USGS)."Chapter 14: Changes in Food and Habitats of Waterbirds." Figure 14.1. Synthesis of U.S. Geological Survey Science for the Chesapeake Bay Ecosystem and Implications for Environmental Management. USGS Circular 1316., 公有領域, https://commons.wikimedia.org/w/index.php?curid=10491372

圖 3.12　"File:Ecological Pyramid.svg" by Swiggity.Swag.YOLO.Bro is licensed under CC BY-SA 4.0

圖 3.14　By USGS - https://water.usgs.gov/edu/gallery/watercyclekids/earth-water-distribution.html - traced and redrawn from File:Earth's water distribution.gif, Public Domain, https://commons.wikimedia.org/w/index.php?curid=10396859

圖 3.15　由 J. Wong, USGSllustration by John M. Evans, USGS, Colorado District 翻譯 Dongying Wei, Environment & Heritage Interpretation Center, Beijing Normal University, and the China Institute of Water Resources and Hydropower Research - Translated from English Version 由英文版翻譯成中文版本, 公有領域, https://commons.wikimedia.org/w/index.php?curid=2053115

圖 3.16　由 J.Wong - File:Carbon cycle-cute diagram.svg, 公有領域, https://commons.wikimedia.org/w/index.php?curid=5994134

圖 3.17　由 Environmental Protection Agency - http://www.epa.gov/maia/html/nitrogen.html, 公有領域, https://commons.wikimedia.org/w/index.php?curid=24820024

圖 3.18　由英文維基百科的 Welcome1To1The1Jungle,CC BY 3.0, https://commons.wikimedia.org/w/index.php?curid=48498089

第 4 章

圖 4.1　"Tortugas Ecological Reserve" by NOAA's National Ocean Service is licensed under CC BY 2.0

圖 4.2　By Unknown author - Quelle: nach einer alten Postkarte unbekannter Herkunft + http://www.gettyimages.co.uk/detail/news-photo/portrait-of-the-german-biologist-ernst-heinrich-haeckel-news-photo/141551169, Public Domain, https://commons.wikimedia.org/w/index.php?curid=372653

圖 4.3　"Sunrise at Blacktail Pond" by YellowstoneNPS is marked with CC PDM 1.0

圖 4.4　"Ecosystem on a Scottish Boulder" by Richard Allaway is licensed under CC BY 2.0

圖 4.5　"African Sunrise, Amboseli National Park" by Ray in Manila is licensed under CC BY 2.0

圖 4.6　By DooFi - Own work, Public Domain, https://commons.wikimedia.org/w/index.php?curid=6627159

圖 4.9　左 "Cincinnati - Spring Grove Cemetery & Arboretum 'Ceder Lake Area - Ginkgo Trees" by David Paul Ohmer is licensed under CC BY 2.0

　　　　右 By H. Zell - Own work, CC BY-SA 3.0, https://commons.wikimedia.org/w/index.php?curid=11669496

圖 4.17　左圖 By Stan Shebs, CC BY-SA 3.0, https://commons.wikimedia.org/w/index.php?curid=3565118

　　　　右圖 By Ryan Somma, CC BY-SA 2.0, https://commons.wikimedia.org/w/index.php?curid=9031974

圖 4.18　1. By kdee64 (Keith Williams) - Flickr, CC BY 2.0, https://commons.wikimedia.org/w/index.php?curid=11394686

　　　　2. By Denali National Park and Preserve - Snowshoe HareUploaded by AlbertHerring, Public Domain, https://commons.wikimedia.org/w/index.php?curid=29614203

　　　　3. By Lamiot - Own work based on Pilovsky et al. 2001 (p. 16, figure 1.13), CC BY-SA 4.0, https://commons.wikimedia.org/w/index.php?curid=45036611

圖 4.19　"Studying sage brush ecosystem _ET5A2992_edited2" by Intermountain Region US Forest Service is marked with CC PDM 1.0

第 5 章

圖 5.1　"India - Chennai - busy T. Nagar market 2" by mckaysavage is licensed under CC BY 2.0

圖 5.2　By Malthus_PL.svg: Kravietzderivative work (translation): Jarry1250 - translated from Malthus_PL.svg, CC BY-SA 3.0, https://commons.wikimedia.org/w/index.php?curid=15063889

圖 5.4　By El T - Public Domain, https://commons.wikimedia.org/w/index.php?curid=1355720

圖 5.6　"A mosaic illustration of hunter gatherers taken from William MacKenzie’s National Encyclopaedia (1891). Digitally enhanced from our own original plate." is marked with CC0 1.0

圖 5.7　By Painter of the burial chamber of Sennedjem - The Yorck Project (2002) 10.000 Meisterwerke der Malerei (DVD-ROM), distributed by DIRECTMEDIA Publishing GmbH. ISBN: 3936122202., Public Domain.

圖 5.8　"Industrial revolution" by blvesboy is licensed under CC BY-ND 2.0.

圖 5.12　"17-03-10 08 Zaatari Refugee Camp" by Felton Davis is licensed under CC BY 2.0

圖 5.14　"The Black Plague Marcello 1348" by pennstatenews is licensed under CC BY-NC-ND 2.0

圖 5.15　Source: 25 Years of HIV – Africa and beyond, Carol Ciesielski, MD. Centers for Disease Control and PreventionChicago Dept of Health

圖 5.16　"Lt. Cmdr. Michael Heimes checks on a patient connected to a ventilator at Baton Rouge General Mid City campus" by Official U.S. Navy Imagery is licensed under CC BY 2.0

圖 5.18　"Pro-choice Activists Interface With Pro Life Rally (Rally For Life)" by infomatique is licensed under CC BY-SA 2.0

圖 5.19　Credit: User: SuzanneKn. https://en.wikipedia.org/wiki/File:Dtm_pyramids.png

圖 5.20　Source：蔡文輝，人口老化與家庭關係新挑戰

圖 5.21　Source：國家發展委員會

圖 5.22　資料來源：經建會

圖 5.23　一孩政策 - 維基百科 https://zh.m.wikipedia.org

圖 5.25　By Max Roser - https://ourworldindata.org/world-population-growth, CC BY-SA 4.0, https://commons.wikimedia.org/w/index.php?curid=87369360

第 6 章

圖 6.1　"Autumn in birch forest, Siberia" by Tatters　is licensed under CC BY-SA 2.0

圖 6.2　Left: By Vid Pogacnik - Own work, CC BY-SA 4.0, https://commons.wikimedia.org/w/index.php?curid=94114011

　　　　Right：黃家勤 拍攝

圖 6.3　"k7743-13" by USDAgov is licensed under CC BY 2.0

圖 6.5　黃家勤 拍攝

圖 6.6　"Packing of seeds at IITA (International Institute for Tropical Agriculture) gene bank in Nigeria before shipment to Svalbard" by Landbruks- og matdepartementet is licensed under CC BY-ND 2.0

圖 6.7　"Seed boxes from many gene banks and many countries stored side by side on the shelves in the Seed Vault" by Landbruks- og matdepartementet is licensed under CC BY-ND 2.0

圖 6.8　Credit: Jon Bodsworth - http://www.egyptarchive.co.uk/html/british_museum_29.html,

圖 6.9　左圖：黃家勤 攝

　　　　右圖："Edenton National Fish Hatchery manager Stephen Jackson watches lake sturgeon flow into the French Broad River" by USFWS/Southeast is marked with CC PDM 1.0

圖 6.10　By John Gould (14.Sep.1804 - 3.Feb.1881), Public Domain, ttps://commons.wikimedia.org/w/index.

第 7 章

第 8 章

圖 8.4　黃家勤 拍攝
圖 8.5　"Sunday market in Paris: all organic food" by smith is licensed under CC BY 2.0
圖 8.6　By Wilsonbiggs - derived work from File:SOIL PROFILE.png by Hridith Sudev Nambiar at English Wikipedia., CC BY-SA 4.0, https://commons.wikimedia.org/w/index.php?curid=46207693
圖 8.7　"File:USDA Soil Texture.svg" by Christopher Aragón is licensed under CC BY-SA 4.0
圖 8.8　黃家勤 拍攝
圖 8.9　"RoundUp Monsanto" by JeepersMedia is licensed under CC BY 2.0
圖 8.10　黃家勤 拍攝
圖 8.11　"Contoured Planting" by Chris Thomas-Atkin is licensed under CC BY-SA 2.0
圖 8.12　"Corn and soy fields" by Oregon State University is licensed under CC BY-SA 2.0
圖 8.13　"20190919-NRCS-LSC-1231" by USDAgov is marked with CC PDM 1.0
圖 8.14　"Aerial view of windbreaks" by nationalagroforestrycenter is licensed under CC BY 2.0
圖 8.15　"Conservation ditch, Bourne South Fen, Lincs" by Rodney Burton is licensed under CC BY-SA 2.0
圖 8.16　"Horses On Farm with Pond Geese Flying Great Blue Heron" by Tempesto is licensed under CC BY 2.0
圖 8.17　"Evidence of salinization in flood irrigation channels, Morocco" by Richard Allaway is licensed under CC BY 2.0
圖 8.18　"File:Piccanins and their charges. Overgrazed Bapedi reserve near Pietersburg, Drakensberg (35016470844).jpg" by Dr Mary Gillham Archive Project is licensed under CC BY 2.0
圖 8.19　By Shannon1 - Own work, CC BY-SA 4.0, https://commons.wikimedia.org/w/index.php?curid=47308146
圖 8.20　By NOAA - U.S. National Oceanic and Atmospheric Administration (NOAA), Public Domain, https://commons.wikimedia.org/w/index.php?curid=31849973
圖 8.21　"Field Irrigation" by UnitedSoybeanBoard is licensed under CC BY 2.0
圖 8.22　"Drip Irrigation" by eutrophication&hypoxia is licensed under CC BY 2.0
圖 8.24　由 International Rice Research Institute (IRRI) - https://www.flickr.com/photos/ricephotos/5516789000/in/set-72157626241604366, CC BY 2.0, https://commons.wikimedia.org/w/index.php?curid=14908001
圖 8.25　By Dr. Lyle Conrad - Centers for Disease Control and Prevention, Atlanta, Georgia, USAPublic Health Image Library (PHIL); ID: 6901http://phil.cdc.gov/, Public Domain, https://commons.wikimedia.php?curid=425975
圖 8.26　By Renée Gordon (FDA), Victovoi - Own work, Public Domain, https://commons.wikimedia.org/w/index.php?curid=9857499
圖 8.27　"k3839-3" by USDAgov is licensed under CC BY 2.0

第 9 章

圖 9.1　"Organic-Clover's cleaning products" by KOMUnews is licensed under CC BY 2.0
圖 9.3　"Obesity in children" by Joe_13 is licensed under CC BY-ND 2.0
圖 9.4　"HIV/Aids Test" by GbergT is licensed under CC BY 2.0
圖 9.5　By Muumi - Own work, CC BY-SA 3.0, https://commons.wikimedia.org/w/index.php?curid=851855
圖 9.6　By U.S. Air Force photo - https://www.nationalmuseum.af.mil/Upcoming/Photos/igphoto/2000281036/VIRIN: 110303-F-XN622-007.JPG, Public Domain, https://commons.wikimedia.org/w/index.php?curid=99397355
圖 9.8　"bottle V" by nerissa's ring is licensed under CC BY 2.0
圖 9.9　Photo credit: Bundesarchiv, Bild 183-20820-0001 / CC-BY-SA 3.0

第 10 章

圖 10.1　"Amazon River" by Astro_Alex is licensed under CC BY-SA 2.0
圖 10.2　By Classic-stream-order.png: Langläufer 19:36, 16 October 2006 (UTC)derivative work: Winniehell (talk) - Classic-stream-order.png, CC BY-SA 3.0, https://commons.wikimedia.org/w/index.php?curid=7303733
圖 10.3　"File:The Carstairs meanders from the air (geograph 5676421).jpg" by Thomas Nugent is licensed under CC BY-SA 2.0
圖 10.4　"Flooding at the Junction of the Mississippi and Ohio Rivers" by NASA Goddard Photo and Video is licensed under CC BY 2.0
圖 10.6　"Drainage ditch, Deeping Fen" by Jeremy Halls is licensed under CC BY-SA 2.0
　　　　"Corps and LA County break ground for Tujunga Wash restoration" by U.S. Army Corps of Engineers Los Angeles District is licensed under CC BY-ND 2.0
圖 10.7　"Pawleys Island Estuary" by Waywuwei is licensed under CC BY-ND 2.0
圖 10.10　"Algal Blooms at Maracaibo Lake, Venezuela" by eutrophication&hypoxia is licensed under CC BY 2.0
圖 10.11　1. "Louisiana Swamp" by MSMcCarthy Photography is licensed under CC BY-ND 2.0
　　　　2. 黃家勤 拍攝
　　　　3. "Great North Woods Bog" by Ronald Douglas Frazier is licensed under CC BY 2.0

4. "Mountaintop Bog (2)" by Nicholas_T is licensed under CC BY 2.0

圖 10.16 By Provided by the SeaWiFS Project, Goddard Space Flight Center and ORBIMAGE - http://oceancolor.gsfc.nasa.gov/SeaWiFS/BACKGROUND/Gallery/index.html and from en:Image:Seawifs global biosphere.jpg, Public Domain, https://commons.wikimedia.org/w/index.php?curid=387228

圖 10.18 黃家勤 拍攝

圖 10.19 Source：經濟部水利署

圖 10.20 黃家勤 拍攝

圖 10.22 "Coral Reef at Palmyra Atoll National Wildlife Refuge" by USFWS Headquarters is licensed under CC BY 2.0

圖 10.23 Source: NASA Millennium Coral Reef Mapping Project

圖 10.25 "Fresh shark fins drying on sidewalk" by nicwn is licensed under CC BY-SA 2.0

圖 10.26 By Marine Photobank - originally posted to Flickr as Oiled Bird - Black Sea Oil Spill 11/12/07, CC BY 2.0, https://commons.wikimedia.org/w/index.php?curid=8979514

圖 10.27 "Exxon Valdez Oil Spill - 0787" by ARLIS Reference is licensed under CC BY-SA 2.0

圖 10.28 "Deepwater Horizon Offshore Drilling Platform on Fire" by ideum is licensed under CC BY-SA 2.0

圖 10.29 By Technical Sergeant Adrian Cadiz - US Air Force public affairs story direct link, Public Domain, https://commons.wikimedia.org/w/index.php?curid=10277175

圖 10.30 "zebra mussels for you" by andres musta is licensed under CC BY 2.0

圖 10.31 "Coral Bleaching" by Mllnmhawk is marked with CC PDM 1.0

圖 10.32 "Majuro aerial" by DFAT photo library is licensed under CC BY 2.0

第 11 章

圖 11.5 By Kbh3rd - Own work, CC BY-SA 3.0, https://commons.wikimedia.org/w/index.php?curid=7428818

圖 11.6 Source：經濟部水利署網站

圖 11.9 Source: WaterGAP 2.0 - December 1999

圖 11.11 By The original uploader was DanMS at English Wikipedia. - Transferred from en.wikipedia to Commons by Roberta F. using CommonsHelper., CC BY-SA 3.0, https://commons.wikimedia.org/w/index.php?curid=5956808

圖 11.14 "Fish Ladder,Bonneville Dam, Columbia River, OR 2006" by inkknife_2000 Licensed under CC BY-SA 2.0

圖 11.15 Source：公共電視

圖 11.16 Source：經濟部水利署水規所 https://en.wrap.gov.tw/cp.aspx?n=26461

圖 11.17 CC BY-SA 3.0, https://commons.wikimedia.org/w/index.php?curid=244805

圖 11.18 By James Grellier - Own work, CC BY-SA 3.0, https://commons.wikimedia.org/w/index.php?curid=11038652

圖 11.19 黃家勤 攝

圖 11.20 "20130920-OC-LSC-1242" by USDAgov is marked with CC PDM 1.0

圖 11.21 Source: Bill Gates/ YouTube

圖 11.23 "MKE-GreenAlley_Southlawn_02" by Aaron Volkening is licensed under CC BY 2.0

圖 11.27 By Tilley, E., Ulrich, L., Lüthi, C., Reymond, Ph., Zurbrügg, C. - Compendium of Sanitation Systems and Technologies - (2nd Revised Edition). Swiss Federal Institute of Aquatic Science and Technology (Eawag), Duebendorf, Switzerland., CC BY-SA 3.0, https://commons.wikimedia.org/w/index.php?curid=42267269

第 12 章

圖 12.1 "Sunset from the International Space Station", NASA

圖 12.2 Source: WHO, 2018

圖 12.5 "London Smog 1952." by Alan Farrow is marked with CC PDM 1.0

圖 12.6 "Smog over LA" by steven.buss is licensed under CC BY-SA 2.0

圖 12.7 Liweichao.vivian, CC BY-SA 4.0 <https://creativecommons.org/licenses/by-sa/4.0>, via Wikimedia Commons

圖 12.8 由 Nino Barbieri - 自己的作品, CC BY 2.5, https://commons.wikimedia.org/w/index.php?curid=1609477

圖 12.9 資料來源：行政院環保署

圖 12.10 By Rastrized and improved by RedAndr - Earth Observing System (EOS) Science Plan. Chapter 7. Ozone and Stratospheric Chemistry, Public Domain, https://commons.wikimedia.org/w/index.php?curid=2269127

圖 12.12 By NASA - https://svs.gsfc.nasa.gov/30602, Public Domain, https://commons.wikimedia.org/w/index.php?curid=61499809

圖 12.15 By JohanTheGhost - Photo by S/V Moonrise, CC BY-SA 3.0, https://commons.wikimedia.org/w/index.php?curid=553043

圖 12.17 "Clean air" by US Department of State is licensed under CC BY 2.0

圖 12.18 Source：環保署

圖 12.19 "20120106-OC-AMW-0011" by USDAgov is marked with CC PDM 1.0

第 13 章

圖 13.1 "Wind turbines/generators at sea - FranceHouseHunt.com" by www.FranceHouseHunt.com is licensed under CC BY 2.0

圖 13.13 By James St. John (jsj1771) https://www.flickr.com/people/jsjgeology/ - https://www.flickr.com/photos/jsjgeology/8512480279/sizes/o/in/photostream/, CC BY 2.0, https://commons.wikimedia.org/w/index.php?curid=26853953

圖 13.14 "File:Colorado Oil Shale.jpg" by Georgialh is licensed under CC BY-SA 3.0

圖 13.15 Public Domain, https://commons.wikimedia.org/w/index.php?curid=1410278

圖 13.16 By Alfa_beta_gamma_radiation.svg: User:Stannereddderivative work: Ehamberg (talk) - Alfa_beta_gamma_radiation.svg, CC BY 2.5, https://commons.wikimedia.org/w/index.php?curid=8845766

圖 13.17 Source: SlideShare

圖 13.18 By Robert Steffens (alias RobbyBer 8 November 2004), SVG: Marlus_Gancher, Antonsusi (talk) using a file from Marlus_Gancher. See File talk:Schema Siedewasserreaktor.svg#License history - Version using font based on File:Schema Siedewasserreaktor.svg, GFDL, https://commons.wikimedia.org/w/index.php?curid=14617356

圖 13.19 "Nuclear Fuel Pellets" by NRCgov is licensed under CC BY 2.0

圖 13.20 "Massive containers hold spent nuclear fuel" by NRCgov is licensed under CC BY 2.0

圖 13.21 By Wykis (talk · contribs) - This file was derived from: D-t-fusion.png:, Public Domain, https://commons.wikimedia.org/w/index.php?curid=2069575

圖 13.22 EUROfusion/CC BY 4.0

圖 13.23 By IAEA Imagebank - 02790015, CC BY-SA 2.0, https://commons.wikimedia.org/w/index.php?curid=63251598

圖 13.24 By Tim Porter - Own work, CC BY-SA 4.0, https://commons.wikimedia.org/w/index.php?curid=63469363

圖 13.25 By Digital Globe - Earthquake and Tsunami damage-Dai Ichi Power Plant, Japan, CC BY-SA 3.0, https://commons.wikimedia.org/w/index.php?curid=14630274

圖 13.28 "solar panels" by h080 is licensed under CC BY-SA 2.0

圖 13.29 Source: Gemasolar

圖 13.30 左圖 "Wind Turbines and Mt. Hood" by lamoix is licensed under CC BY 2.0
右圖 "Windmills at the windmill farm Middelgrunden" by andjohan is licensed under CC BY-SA 2.0

圖 13.31 Le Grand PortageDerivative work: Rehman - File:Three_Gorges_Dam,_Yangtze_River,_China.jpg, CC BY 2.0, https://commons.wikimedia.org/w/index.php?curid=11425004

圖 13.32 By Gringer (talk) 23:52, 10 February 2009 (UTC) - vector data from [1], Public Domain, https://commons.wikimedia.org/w/index.php?curid=5919729

圖 13.33 "Nesjavellir Power Plant" by lydurs is licensed under CC BY 2.0

第 14 章

圖 14.1 "Climate change protesters march in Paris" by Jeanne Menjoulet is licensed under CC BY-ND 2.0

圖 14.2 "Ice core West Antarctica" by Oregon State University is licensed under CC BY-SA 2.0

圖 14.3 By Fabrice.Lambert - [1], CC BY-SA 4.0, https://commons.wikimedia.org/w/index.php?curid=47918199

圖 14.4 Skeptical Science Graphics by Skeptical Science is licensed under a Creative Commons Attribution 3.0 Unported License. Based on a work at www.skepticalscience.com.

圖 14.5 By Kaidor - Own work based on File:NASA depiction of earth global atmospheric circulation.jpg, CC BY-SA 3.0, https://commons.wikimedia.org/w/index.php?curid=23902538

圖 14.6 Public Domain, https://commons.wikimedia.org/w/index.php?curid=184623

圖 14.7 By Robert Simmon, NASA. Minor modifications by Robert A. Rohde also released to the public domain - NASA Earth Observatory, Public Domain, https://commons.wikimedia.org/w/index.php?curid=3794372

圖 14.8 Image credit: NOAA Pacific Marine Environmental Laboratory.

圖 14.9 CC BY-SA 3.0, https://commons.wikimedia.org/w/index.php?curid=2623187

圖 14.10 黃家勤 繪圖

圖 14.11 Source: NOAA

圖 14.12 Source: Ed Dlugokencky, NOAA/GML (www.esrl.noaa.gov/gmd/ccgg/trends_ch4/)

圖 14.13 Source: Ed Dlugokencky, NOAA/GML (www.esrl.noaa.gov/gmd/ccgg/trends_n2o/)

圖 14.14 By Femke Nijsse and Eric Fisk - Own work, CC BY-SA 4.0, https://commons.wikimedia.org/w/index.php?curid=81034563

圖 14.15 By NASA Goddard Institute for Space Studies - https://data.giss.nasa.gov/gistemp/graphs_v4/, Public Domain, https://commons.wikimedia.org/w/index.php?curid=24363898

圖 14.17 左圖 By Original uploader was Mauri Pelto at en.wikipedia - The source is the North Cascade glacier climate project website, which is administered by Mauri Pelto. Transferred from en.wikipedia to Commons by Cameta using CommonsHelper., Public Domain, https://commons.wikimedia.org/w/index.php?curid=4819449

右圖 By Peltoms at English Wikipedia - Transferred from en.wikipedia to Commons by Cameta using CommonsHelper., Public Domain, https://commons.wikimedia.org/w/index.php?curid=4819498

圖 14.18 Source：天下雜誌 (2007/4/11)

圖 14.19 Source: IPCC report SR1.5 (2018)

圖 14.20 "Total CO2 emissions by country in 2017 vs per capita emissions (top 40 countries)" by Mgcontr - Own work. Licensed under CC BY-SA 4.0 via Commons

圖 14.21 Source：行政院環保署

第 15 章

圖 15.1 Source: IPWCA

圖 15.4 "Microplastic" by Oregon State University is licensed under CC BY-SA 2.

圖 15.6 "DSC05657 composting" by Plant pests and diseases is marked with CC0 1.0

第 16 章

圖 16.1 "World Class Traffic Jam 2" by joiseyshowaa is licensed under CC BY-SA 2.0

圖 16.5 "Riocinha Favela - Rio de Janeiro Brazil" by David Berkowitz is licensed under CC BY 2.0

圖 16.6 "Supervivència a Cambotja" by art_es_anna is licensed under CC BY 2.0

圖 16.7 黃家勤 攝

圖 16.8 By Lord Koxinga, File:2010 07 22510 6999 Xinyi District, Taipei, Streets in Taipei, Traffic signals, Taiwan.JPG, CC BY-SA 3.0

圖 16.9 "Bridge of 6th October" by Daveness_98 is licensed under CC BY 2.0

圖 16.10 "coppin'" by D.C.Atty is licensed under CC BY 2.0

圖 16.11 By Maximilian Dörrbecker, File:Curitiba PublicTransport.png, CC BY-SA 3.0

圖 16.12 Mario Roberto Duran Ortiz Mariordo. File:Curitiba 161 RIT.jpg. CC BY 3.0

圖 16.13 NagonoTianmu peter, File:Taipei Hope Plaza and Bade Road 20080723c.jpg CC BY-SA 3.0

圖 16.14 ABOVE THE SKY - 自己的作品 , CC BY-SA 4.0, https://commons.wikimedia.org/w/index.php?curid=92007176

圖 16.16 "The Pearl District, Portland, Oregon" by LikeWhere is licensed under CC BY 2.0

圖 16.17 Credit: NASA/USGS

圖 16.18 By Joe Mabel, CC BY 3.0, https://commons.wikimedia.org/w/index.php?curid=38849564

圖 16.20 "Taipei 101 from basement #taipei101 #taiwan #taipei #4thtallest #skyscraper #building" by Swami Stream is marked with CC0 1.0

圖 16.22 Andreas Schwarzkopf. Infotafel in Freiburg-Vauban an der Endhaltestelle Innsbrucker Straße, CC BY-SA 3.0.

圖 16.23 Andreas Schwarzkopf. Infotafel in Freiburg-Vauban an der Endhaltestelle Innsbrucker Straße, CC BY-SA 3.0.

圖 16.24 黃家勤 攝

圖 16.25 黃家勤 攝

第 17 章

圖 17.1 "Power_Of_Great_Barrier_Reef_004" by powerofgreatbarrierreef is licensed under CC BY 2.0

圖 17.4 "L1007414 Damn that Smoke" by Dai Luo is licensed under CC BY 2.0

圖 17.5 黃家勤 拍攝

圖 17.8 By Greenpeace / Jeremy Sutton-Hibbert - Unknown; Image ID number: 285767, https://en.wikinews.org/w/index.php?curid=103258

圖 17.11 By Nagilmer - Own work, CC BY-SA 3.0, https://commons.wikimedia.org/w/index.php?curid=25638116

圖 17.12 CC BY 4.0, https://commons.wikimedia.org/w/index.php?curid=97396208

圖 17.15 Source: SSF

圖 17.16 Source: SSF

國家圖書館出版品預行編目資料

環境科學概論：原理與台灣環境／黃家勤編
著. -- 初版. -- 臺北市：五南圖書出版股
份有限公司, 2022.09
　　面；　公分
ISBN 978-626-343-122-5（平裝）

1.CST: 環境科學

445.9　　　　　　　　　　111011643

5I64

環境科學概論
——原理與台灣環境

作　　　者 — 黃家勤（304.7）

發 行 人 — 楊榮川

總 經 理 — 楊士清

總 編 輯 — 楊秀麗

副總編輯 — 王正華

責任編輯 — 張維文

封面設計 — 姚孝慈

出 版 者 — 五南圖書出版股份有限公司

地　　　址：106臺北市大安區和平東路二段339號4樓

電　　　話：(02)2705-5066　　傳　　真：(02)2706-6100

網　　　址：https://www.wunan.com.tw

電子郵件：wunan@wunan.com.tw

劃撥帳號：01068953

戶　　　名：五南圖書出版股份有限公司

法律顧問　林勝安律師事務所　林勝安律師

出版日期　2022年9月初版一刷

定　　　價　新臺幣950元

經典永恆・名著常在

五十週年的獻禮——經典名著文庫

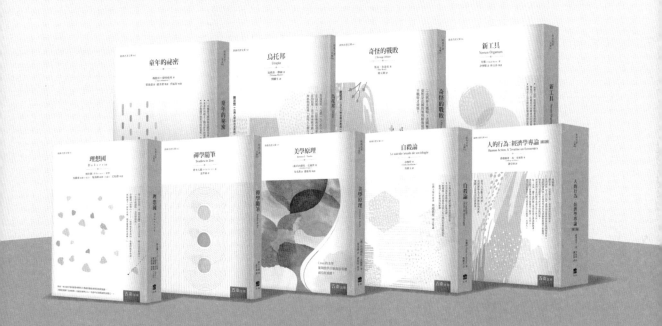

五南，五十年了，半個世紀，人生旅程的一大半，走過來了。
思索著，邁向百年的未來歷程，能為知識界、文化學術界作些什麼？
在速食文化的生態下，有什麼值得讓人雋永品味的？

歷代經典・當今名著，經過時間的洗禮，千錘百鍊，流傳至今，光芒耀人；
不僅使我們能領悟前人的智慧，同時也增深加廣我們思考的深度與視野。
我們決心投入巨資，有計畫的系統梳選，成立「經典名著文庫」，
希望收入古今中外思想性的、充滿睿智與獨見的經典、名著。
這是一項理想性的、永續性的巨大出版工程。
不在意讀者的眾寡，只考慮它的學術價值，力求完整展現先哲思想的軌跡；
為知識界開啟一片智慧之窗，營造一座百花綻放的世界文明公園，
任君遨遊、取菁吸蜜、嘉惠學子！